PORTS FRANCS

D'AUTREFOIS ET D'AUJOURD'HUI

PORTS FRANCS

D'AUTREFOIS ET D'AUJOURD'HUI

PAR

PAUL MASSON

Professeur d'Histoire et de Géographie économiques à l'Université
d'Aix-Marseille.

AVEC UNE SÉRIE DE PLANS

PARIS

LIBRAIRIE HACHETTE & Cie

79, Boulevard Saint-Germain, 79

1904

INTRODUCTION

On s'est beaucoup occupé des ports francs depuis quelques années. L'ardeur des polémiques engagées a attiré sur eux l'attention du grand public qui ne s'intéresse pas toujours assez aux questions économiques, même les plus graves. Celle-ci n'est pas seulement à l'ordre du jour ; elle est presque à la mode.

C'est en 1896 qu'elle a été soulevée pour la première fois avec quelque éclat. Les chambres syndicales, commerciales et industrielles de France et les chambres de commerce françaises de l'étranger, réunies en congrès, à Paris, émettaient le vœu : « Que les ports ou partie des ports de Dunkerque, le Havre, Bordeaux, Marseille et un emplacement à déterminer dans Paris, ou sa banlieue, soient constitués ports francs, à l'exemple de ce qui existe en Allemagne, en Autriche, en Italie et en Danemark ». L'année suivante, l'idée était reprise, avec une publicité plus grande, par la Commission extra-parlementaire instituée au ministère du commerce pour étudier les moyens de venir en aide à notre marine marchande.

Bien que lancée aussi à Paris, on peut dire que la question des ports francs, au début tout au moins, a été marseillaise. C'est à Marseille, surtout, qu'elle a été étudiée. C'est là que les franchises ont trouvé leurs défenseurs les plus ardents. C'est le bruit fait autour d'elles dans notre grand port qui a ému l'opinion publique. C'est un Marseillais, M. Jules Charles-Roux, qui a peut-être le plus contribué à la propagation de l'idée. Déjà, dans son rapport sur le budget du commerce de l'exercice 1896, il avait attiré l'attention sur les services rendus par les ports francs à l'étranger ; il revint à la charge dans celui de 1897, puis dans son bel ouvrage, *Notre marine marchande*, paru en 1898, enfin, en 1900, dans un rapport adressé au Congrès du commerce et de l'industrie.

Dès le début de l'année 1897, la *Société pour la défense du commerce et de l'industrie de Marseille*, qui justifie son titre par sa remarquable activité, avait envisagé l'établissement de ports francs comme le remède cherché aux difficultés commerciales. Son président d'alors, M. Lucien Estrine, en avait émis l'idée dans un remarquable article du *Journal commercial et maritime* de cette Société, en date du 8 mars 1897. Presque aussitôt, elle était reprise et discutée, le 15 mai, devant la *Société d'études économiques de Marseille*, par son président, M. Barthelet, membre de la Chambre de Commerce et économiste distingué. Le résultat de ces premières discussions fut la présentation d'un projet de port franc à Marseille, adopté par la *Société pour la défense*, le 25 novembre 1897. En même temps, la municipalité entrait en scène ; l'adjoint Bertas présentait à l'Hôtel de ville, le 30 novembre 1897, un rapport sur *Marseille port franc*.

L'année suivante, le Congrès national des sociétés de géographie, tenu à Marseille au mois de septembre, adopta un vœu en faveur de la création d'un port franc, à la suite d'une intéressante communication de M. Estrine. Un autre négociant, plein d'idées et habitué à les exposer dans un style primesautier, M. Adrien Artaud, publia, presque en même temps, une remarquable brochure sur la franchise du port de Marseille. Peu après, la Chambre de Commerce qui étudiait mûrement la question entendait à son tour, à sa séance du 7 février 1899, un rapport fortement motivé d'un homme d'une grande compétence spéciale, M. le Sérurier, ancien directeur des douanes, directeur général de ses services. Enfin, c'est encore un Marseillais, M. Thierry, digne successeur à la Chambre de M. Charles-Roux, qui avait achevé d'attirer l'attention du Parlement sur la question par ses rapports sur le budget du commerce des exercices 1898 et 1899 (1).

C'est alors que le Parlement en fut définitivement saisi. Trois

---

(1) Journal commercial et maritime de la Société pour la défense du commerce et de l'industrie de Marseille, 8 mars 1897.— Bulletin de la Société d'études économiques de Marseille. juillet 1898 : *Marseille port franc*, par M. Barthelet.— Estrine, Richard et Gouin : *Un port franc à Marseille*, projet présenté à la Société pour la défense du commerce, le 25 novembre 1897. — P. Bertas, *Marseille port franc* rapport au Conseil municipal, 30 novembre 1897.— J. Charles-Roux : *Rapports sur le budget du commerce* des exercices 1896 (Journal off. annexes. p. 766) et 1897 (Ibid.. p. 886) ; — *Notre marine marchande*, Paris. Colin. 1898 : — *Les ports francs*, Bulletin de la Société des études coloniales et maritimes, 31 janvier 1898. — Estrine : *Un port franc à Marseille, les enseignements de l'histoire et les desiderata*

projets de loi furent présentés presque simultanément, le premier, le 30 mars 1899, par M. Louis Brunet, deux autres, le 4 mai, par MM. Thierry, Rispal, Brindeau, Jourde, et par M. Antide Boyer. La Commission du commerce et de l'industrie, chargée de les condenser en un projet unique, confia à une délégation composée de son président et de sept de ses membres le soin de faire une enquête sur place. Cette délégation visita Hambourg, Brême, Copenhague, Gênes, Trieste et Fiume. Son président, M. Alexis Muzet, rédigea un intéressant rapport, suivi d'un projet de loi en 8 articles. Malheureusement, le dépôt ne put en être fait sur le bureau de la Chambre que le 6 juillet 1901 (1), trop près de la fin de la législature pour que la discussion pût en être entamée. Devant la nouvelle Chambre, à la fin de 1902, MM. Thierry, Rispal, Paul Beauregard, Brindeau, Ballande, ont déposé une nouvelle proposition de loi qui n'est autre que l'ancien projet de la Commission. Deux propositions différentes furent présentées par MM. Antide Boyer, Cadenat, Carnaud et par MM. Louis Brunet et Charruyer.

Le nouveau ministre du commerce, M. Trouillot, bien que représentant d'un pays protectionniste, le Jura, était entièrement gagné à la cause des zones franches et déposait, au nom du gouvernement, un projet de loi en 13 articles, sensiblement différent de tous les précédents, le 4 avril 1903. De nouveau, la Commission du commerce et de l'industrie fut chargée d'examiner projet et propositions. Elle y mit une louable activité, puisque M. Charles Chaumet pouvait remettre son rapport sur le bureau de la Chambre, le 4 juillet (2). La commission avait adopté le projet du gouvernement en y introduisant quelques heureuses modifications. On pouvait penser que la discussion allait enfin être entamée. Mais les pérégrinations

actuels. Compte rendu des travaux du Congrès national des sociétés de géographie de 1898, p. 307-24 et broch., Marseille. Barlatier. 1898. — Adrien Artaud : *La franchise du port de Marseille*. Marseille, Aubertin et Rolle, 1898. — Le Sérurier : *Question du port franc*. Rapport présenté à la Chambre de Commerce. Marseille, imprimerie du Journal de Marseille, 1899. — Thierry : Discours à la Chambre des Députés (J. O., 10 février 1898, p. 103). Rapports sur le budget du commerce des exercices 1898 et 1899 (annexes n° 610 au procès-verbal de la séance du 16 janvier 1899 et 1114 au procès-verbal de la séance du 4 juillet 1899).

(1) Rapport n° 2624. 149 pages.
(2) Rapport n° 1178. 137 pages.

des projets de loi à travers les commissions parlementaires sont souvent très longues ; il ne semble pas que celles des projets de zones franches soient terminées. La commission des douanes, en effet, a récemment nommé une sous-commission, composée de MM. Noël, Debussy, Sarrault, Cadenat, Siegfried, pour examiner la question.

Ces atermoiements ont du moins permis à l'opinion publique de se prononcer. Partisans et adversaires ont pu se compter depuis plus de cinq ans. La commission parlementaire avait décidé, en 1899, de demander l'avis des chambres de commerce des ports intéressés ; les autres ont eu l'heureuse initiative d'étudier d'elles-mêmes la question et d'envoyer leurs vœux à la commission, si bien qu'il n'y en a guère d'importantes qui n'aient pris officiellement position. Sur 41 qui l'ont fait, 19 ont émis des vœux favorables, 22 ont été nettement hostiles (1). Malheureusement, cette consultation des représentants de notre haut commerce n'est pas aussi précieuse qu'elle aurait dû l'être. Un certain nombre de chambres ont visiblement adopté, sans mûr examen, et répété les arguments mis en avant par d'autres. Quelques-unes ont trop laissé voir leur jalousie pour les grands ports appelés à bénéficier de la nouvelle institution.

D'autres assemblées importantes, chargées de défendre les intérêts de l'industrie, du commerce ou de l'agriculture, ont aussi rédigé des rapports et envoyé leurs avis. Ainsi on a vu successivement se déclarer favorables au principe des ports francs, le Syndicat des commerçants réunis du Havre, la Société pour la défense des intérêts de Cette, le Comité des conseillers bordelais du commerce extérieur, la Société d'agriculture du Var, la Chambre des négociants-commissionnaires et du commerce extérieur, le Groupe colonial des conseillers du commerce extérieur, le Syndicat des exportateurs de Marseille, la Chambre syndicale du commerce en gros des vins et spiritueux de Paris, le Syndicat du commerce en gros des vins

(1) Leurs délibérations se sont succédé depuis 1899 jusqu'au début de 1904. — Favorables : Agen, Alger, Bayonne, Bordeaux, Calais, Cette, Cherbourg, Douai, Dunkerque, Le Havre, La Rochelle, Marseille, Nantes, Oran, Orléans, Paris, Saint-Nazaire, Troyes, Saint-Etienne. — Défavorables : Amiens, Angers, Angoulême, Armentières, Beauvais, Belfort, Béthune, Bolbec, Carcassonne, Châlons-sur-Marne, Clermont, Cholet, Dijon, Elbeuf, Lille, Périgueux, Péronne, Perpignan, Rouen, Saint-Quentin, le Tréport, Tourcoing.

et spiritueux de la Gironde, le Syndicat national du commerce en gros des vins, spiritueux et liqueurs de France, le Comité central des armateurs de France, l'Union des chambres syndicales ouvrières de Bordeaux et du Sud-Ouest, etc.

En 1900, le Conseil supérieur du commerce et de l'industrie, chargé par le ministre d'étudier le programme des travaux les plus urgents à exécuter pour améliorer notre commerce, se prononçait en faveur du principe des ports francs; ses rapporteurs, MM. André Lebon et Charles-Roux, proclamaient que le rétablissement de la franchise de Marseille serait d'un intérêt national. Le Congrès international de la marine marchande, réuni au moment de l'Exposition, adoptait chaleureusement un vœu rédigé dans le même sens, tandis que M. Charles-Roux, apôtre infatigable, se faisait avec succès le défenseur des ports francs devant le Congrès du commerce.

Les adversaires ont été représentés par la puissante Association de l'industrie et de l'agriculture françaises, l'Association syndicale des viticulteurs-propriétaires de la Gironde, le Syndicat des négociants de l'Ain, le Syndicat de l'industrie du jute, la Chambre syndicale des mécaniciens, chaudronniers et fondeurs de Paris. La Société d'économie politique nationale leur a apporté l'appui de sa haute influence.

De leur côté, plusieurs conseils généraux et un certain nombre de communes ont voté des motions favorables aux ports francs (1).

Enfin, les revues et les journaux, surtout dans les ports intéressés, ont maintes fois remis la question sur le tapis. Tandis que les publications libre-échangistes ont soutenu les projets présentés, les organes attitrés du protectionnisme, tels que la *Réforme économique* et le *Travail national*, n'ont pas cessé de les combattre violemment dans toutes les occasions. La *Revue politique et parlementaire*, qui n'est inféodée à aucune doctrine, a publié deux très intéressantes études de MM. Redier et Dollot, dont les conclusions sont favorables aux projets (2).

Des travaux plus importants ont même été suscités par l'im-

---

(1) Conseils généraux des Bouches-du-Rhône, de la Gironde, de la Charente-Inférieure. — Conseils municipaux de Calais, Marseille, Toulouse, 150 communes de la Gironde (Rapport Chaumet, p. 102).

(2) Antoine Redier : *Les ports francs* (Rev. polit. et parlem., septembre 1901). — René Dollot : *Le port franc de Hambourg* (Ibid. 10 décembre 1903).

portant problème économique des franchises. Trois thèses de doctorat en droit qui lui étaient consacrées ont été soutenues, en 1899 devant la faculté d'Aix, en 1899 et en 1902 devant celle de Paris (1).

Le projet de loi déposé le 1 avril 1903 ne vise ni les colonies, ni les pays de protectorat. Cependant, la question des ports francs intéresse nos possessions tout autant que la métropole. En Algérie et en Tunisie, comme en France, elle est à l'ordre du jour depuis plusieurs années. La Chambre de Commerce d'Alger a accumulé, depuis 5 ou 6 ans, les délibérations et les rapports. Dès 1890, celle de Tunis a émis un vœu. Dans sa séance du 22 mai 1903, la Conférence consultative a admis à l'unanimité des votants, sauf quelques abstentions, le principe de la création des zones franches en Tunisie. De chauds plaidoyers ont été écrits en faveur de Bizerte (2).

Malheureusement, dans nos deux colonies, il est à craindre que les rivalités locales, ainsi qu'il arrive trop souvent, ne nuisent au succès de la cause. Si Oran, Bône, Bougie, qui espèrent obtenir des franchises, se sont prononcées en leur faveur, Philippeville et Constantine se sont montrées récalcitrantes. Tunis trouve qu'une zone franche serait très désirable pour elle, mais n'admet pas qu'elle puisse convenir à Bizerte (3), non plus qu'aux ports du centre, Sousse ou Sfax, qui pourraient lui faire concurrence ; Tabarca et Gabès, dont elle n'a rien à redouter, lui paraissent, au contraire, toutes désignées pour en obtenir une. Mêmes rivalités regrettables entre l'Algérie et la Tunisie. « Au Congrès de Géographie d'Alger, en 1899, un vœu fut émis en faveur de la création de zones franches dans quelques grands ports français, ainsi qu'à Alger. Quelqu'un

---

(1) F. Amiot, avocat à la cour d'appel d'Aix. *Un port franc à Marseille. Etude historique, théorique et pratique.* Marseille, Aubertin et Rolle, 1899. — Duthoya, commis principal des douanes. *Villes franches. Ports francs. Entrepôts de douanes.* Laval. Barnéoud, 1899. — Edmond Boucher. *Des ports francs.* Paris, imprim. Boyer, 15, rue Racine. 1902.

(2) V. Delécraz. *Bizerte port franc.* Tunis, 1902. — Remy. *Un port franc à Bizerte.* Tunis, 1904. (Brochures extraites de la *Revue tunisienne.*

(3) V. Médina. *Etude critique sur l'établissement d'une zone franche à Bizerte.* Tunis, 1904. (Extrait de la *Revue tunisienne).*

proposa d'ajouter « et à Bizerte. » La motion souleva dans l'sasemblée algéroise un tolle d'indignation et dut être écartée (1). » Est-ce à cause de jalousies analogues entre Tunisiens qu'une communication annoncée sur les ports francs, qui devait être faite au même Congrès des Sociétés de Géographie, réuni à Tunis en avril 1904, a été retirée au dernier moment?

Les ports francs ne passionnent pas autant les esprits dans nos autres colonies. A vrai dire, la plupart semblent même s'en désintéresser. Elles ont répondu sans empressement à l'enquête faite sur ce sujet, en 1900, par le Groupe colonial des conseillers du commerce extérieur. Seule, l'Indo-Chine, éclairée sans doute par le voisinage de Singapour et de Hong-Kong, a montré quelle confiance elle mettait dans les franchises pour le développement de son commerce et de sa prospérité. Les chambres de commerce de la colonie, réunies en Congrès à Hanoï, ont adopté à l'unanimité un vœu demandant que la loi soumise au Parlement autorise les colonies à créer des zones franches et l'ont transmis au Gouverneur général, avec instante prière de l'appuyer de sa haute autorité.

Phénomène remarquable : au moment où le problème est si vivement agité en France, il l'est aussi, quoique avec moins d'ardeur peut-être, autour de nous, en Italie, en Espagne, en Norvège, en Belgique.

En Italie, Gênes s'est sentie, la première, menacée par les projets marseillais ; les appréhensions se sont propagées et, depuis deux ans, plusieurs ports, notamment Naples, Venise, Messine, réclament la création de zones franches. En février 1902, le bruit s'étant répandu, à tort, que le gouvernement avait ouvert un crédit de 10 millions de lires pour commencer les travaux qui feraient de Naples un port franc, un député réclama aussitôt la même faveur pour Messine. Depuis, les Italiens auraient décidé « l'ouverture d'un port franc à l'extrémité orientale du golfe de Tarente, à 60 milles de Brindisi, à Santa-Maria-di-Leuca. Le port doit être construit par une Société anglaise déjà constituée sous une étiquette italienne (2). »

(1) Remy, p. 51.
(2) Id. p. 26.

En Espagne, Barcelone a pensé que les franchises lui permettraient de mieux tenir son rang de métropole commerciale et industrielle de la péninsule. Plusieurs brochures y ont été récemment publiées pour étudier la question et des projets ont été soumis à l'assemblée municipale.

Parmi les plans de réformes du ministre Villaverde figurait, en 1903, la création de dépôts francs dans les ports ayant un bureau de douane de première classe, et ce projet soulevait l'opposition des députés protectionnistes des Castilles.

Chez les Norvégiens, c'est le désir de créer un mouvement industriel qui a donné faveur aux idées de ports francs. Ils ont pensé qu'aidés par cette institution, grâce au bon marché exceptionnel du fret chez eux et aux forces hydrauliques considérables qu'ils possèdent, ils pourraient donner un grand essor à leur industrie (1). En Belgique, c'est depuis que le pays incline de plus en plus vers le protectionnisme que des voix se sont élevées en faveur des franchises. Depuis assez longtemps déjà des Anversois en ont envisagé l'utilité pour leur port.

Parce qu'on a parlé beaucoup des ports francs depuis sept ans, on se tromperait fort en pensant que la question a été examinée à fond sur toutes ses faces et qu'il n'y a plus rien à dire de nouveau. Les discussions ont été souvent bien superficielles ; on peut aussi leur reprocher d'avoir été trop théoriques. L'institution des ports francs n'est pas nouvelle, elle a été longuement et assez souvent expérimentée. N'est-il pas nécessaire, pour se faire sur elle une opinion solide, d'avoir étudié minutieusement les expériences qui en ont été faites ?

Personne n'a sérieusement interrogé ce passé, pourtant très intéressant. M. Duthoya n'a fait qu'une toute petite place à l'histoire dans son intéressante thèse ; il vaut mieux ne pas insister sur la valeur de la partie historique de l'ouvrage de M. Boucher. M. de Saint-Léger, maître de conférences à la Faculté des lettres de Lille, auteur d'une récente et intéressante thèse : *La Flandre maritime et Dunkerque sous la domination française*, avait publié auparavant, dans une revue locale, une *Histoire de la franchise du port de Dunkerque.*

(1) *Réforme économique*, 1901, p. 117.

M. C. Léon-Hiriart, archiviste de la ville de Bayonne, a donné d'utiles renseignements sur l'ancien port franc de Bayonne, dans le premier chapitre d'un travail consacré à *Bayonne sous la Révolution*. Ces deux études, précieuses à consulter, ont passé inaperçues ; d'ailleurs, elles n'ont pas été conçues en vue de faire ressortir les avantages ou les inconvénients des franchises.

A Marseille, les souvenirs du passé sont très vivants ; aussi, la plupart des Marseillais qui ont écrit sur ce sujet ont senti la nécessité de les invoquer. Mais aucun d'eux n'a eu, ni le loisir, ni le dessein, ni les moyens, faut-il ajouter, de retracer avec quelque vérité ce que fut ce fameux port franc de leurs ancêtres. Ils ont reproduit fatalement les inexactitudes nombreuses des historiens de leur ville, dont les ouvrages, comme celui de Julliany (1), le meilleur pourtant, sont trop souvent des guides qui risquent d'égarer. De bons esprits tirèrent même d'une connaissance, ou d'une compréhension insuffisante de l'histoire, des conceptions dangereuses telles que celle du rétablissement de l'ancienne franchise du port, de la ville et du territoire de Marseille, chimère qui suscita un moment des divisions fâcheuses.

Si on a très insuffisamment parlé de nos anciens ports francs, personne n'a semblé se douter que des expériences au moins aussi intéressantes avaient été faites à l'étranger. Aucun essai d'étude comparée n'a été tenté. On n'a jamais eu une idée de l'importance considérable qu'avait prise l'institution de la franchise à la fin de l'ancien régime.

On a mieux essayé de profiter des expériences qui sont poursuivies actuellement dans notre voisinage. Un certain nombre de Français sont allés les étudier sur place. La Commission parlementaire a été suivie à Gênes, à Trieste, à Fiume, par une Commission de la Chambre de Commerce de Marseille, qui y a recueilli les éléments d'un remarquable rapport (1902). Des députés, des publicistes, des journalistes, ont visité surtout Hambourg, Brême, Copenhague. Ces visites nous ont valu des articles intéressants, même de belles études comme celles de

---

(1) Julliany. *Essai sur le commerce de Marseille*, Marseille, 1842, **3** vol. in-8°. — Cf. Berteaut.

MM. Aftalion, de Rousiers, sur Hambourg, ou d'utiles rapports comme celui de M. Ferrière sur Copenhague (1).

Malgré cet ensemble de travaux, on peut dire que les expériences présentes ne sont pas non plus assez connues. On a un peu trop exclusivement concentré l'attention sur Hambourg et sur Copenhague. C'est en multipliant les comparaisons qu'on peut mesurer avec plus d'exactitude les avantages ou les inconvénients des franchises. Même pour les deux grands ports francs du Nord, nous ne sommes pas suffisamment renseignés. On en parle souvent aussi vaguement et aussi superficiellement que des ports d'autrefois. On s'extasie sur la prospérité de Hambourg, comme d'autres sur celle de Marseille port franc. Mais on ne se préoccupe pas toujours assez de mesurer exactement quelle est l'influence de la franchise sur cette prospérité.

C'est donc chose en grande partie nouvelle que d'entreprendre une enquête sur les ports francs du passé et même sur ceux d'à présent. On a appliqué et on applique le même nom générique de ports francs à des villes maritimes soumises en réalité à des régimes douaniers très différents. Si notre enquête parvient à préciser quel a été ou quel est le degré de franchise de ces ports, quels ont été ou quels sont les avantages et les inconvénients du régime des franchises, à la fois pour ces ports eux-mêmes et pour les pays auxquels ils appartiennent, elle mettra plus de clarté dans la confusion des opinions ; elle apportera des éléments nouveaux et importants, sinon décisifs, à la discussion engagée, au moment où elle est près d'être close par un vote du Parlement.

L'histoire des ports francs ne nous fera pas remonter bien haut dans le passé. L'institution n'est pas très ancienne parce qu'elle exige à la fois des organisations politiques et économiques perfectionnées. L'antiquité ne l'a certainement pas

(1) A. Aftalion, professeur à la faculté de droit de Lille : *Les ports francs en Allemagne et les projets de création des ports francs en France* (Rapport présenté à la Société d'économie politique nationale, le 9 janvier 1901).— P. de Rousiers : *Hambourg et l'Allemagne contemporaine*. Paris, Colin, 1902, in-12. — André Ferrière : Mémoire présenté à la Chambre de Commerce de Bordeaux (Congrès international de la marine marchande de 1900. Compte rendu, p. 130 et seq.)

connue. Quand on dit que la fameuse ville grecque de Sybaris, par les avantages qu'elle accordait aux étrangers pour les attirer dans son port, peut être regardée comme le prototype des ports francs, il n'y a là qu'une vague et lointaine assimilation.

De même, on peut affirmer que le moyen âge n'a pas eu de ports francs, bien qu'il faille remonter jusque là pour retrouver les origines de plusieurs de ceux des temps modernes. Les privilèges, exemptions, franchises de toutes sortes étaient fréquents, il est vrai, et, même, presque la règle, à cette époque où celle-ci était plutôt constituée par des exceptions.

Les républiques commerçantes du xiie ou du xiiie siècle étaient particulièrement intéressées à développer chez elles le négoce. Elles furent souvent amenées à favoriser les marchandises, les navires, les marchands étrangers chez elles, mais elles n'accordèrent jamais l'exemption totale des taxes à payer dans leurs ports, parce que leur perception était nécessaire pour alimenter leur trésor, pour fournir aux besoins de leur administration, à l'entretien de leurs armées et de leurs flottes. Elles songeaient encore moins à la suppression de surveillance et de formalités qui est l'un des deux grands avantages de la franchise d'un port.

Quant aux ports qui dépendaient de souverains féodaux, plus ou moins puissants, ils en recevaient souvent des privilèges analogues à ceux qui étaient concédés aux villes de foires pour y attirer les étrangers. Ainsi, déjà les rois d'Angleterre avaient accordé de grands avantages à Bayonne, les rois normands à Messine, mais, ni l'un, ni l'autre n'étaient des ports francs.

Les foires franches, pendant « la durée desquelles les marchands ne payaient aucun droit, soit de l'achat, soit de la vente des marchandises », étaient tout autre chose que l'exemption permanente qui constitue les ports francs.

L'exemption des droits de douane, même passagère, n'y était pas complète. Les franchises des foires de Lyon, restées les plus célèbres des foires franches, consistaient au xviie siècle « en ce que toutes les marchandises destinées pour les pays étrangers qui sortaient de la ville de Lyon, pendant les 15 jours de chacune des quatre foires, ne devaient aucuns droits de sortie du royaume, sinon ceux de la traite domaniale (1). »

(1) Peuchet. *Dict. de la géogr. commerçante.* V° Foire franche et Foire.

M. Duthoya, qui a fait ressortir les différences entre les foires franches et les villes franches, se trompe en affirmant que la franchise des premières était plus complète parce qu'elle « n'était pas subordonnée à la réexportation des produits ou à la consommation sur place (1). » Elle n'existait, comme pour les ports francs, que dans ces deux cas. Si les marchandises apportées aux foires de Champagne n'étaient pas réexportées, elles payaient les taxes douanières pour être consommées sur les terres du comte.

Tandis que les foires franches représentaient une franchise temporaire, on connut aussi les exemptions limitées dans des ports à un espace restreint. Les empereurs byzantins, les rois de Jérusalem, les soudans d'Egypte, accordèrent des sortes de quartiers francs aux marchands occidentaux établis dans les échelles du Levant. Ils étaient surtout soustraits dans ces quartiers à la juridiction des pouvoirs locaux ; ils jouissaient aussi de franchises fiscales. Mais il faut plutôt rapprocher ces quartiers francs des concessions européennes dans les ports chinois que de nos zones franches. Il s'agissait surtout pour les marchands d'obtenir des garanties pour leur sécurité et pour leurs biens, non de jouir d'exemptions douanières.

Enfin, il y avait au moyen âge un autre genre de franchises, limitées celles-ci à une provenance spéciale. Souvent les villes ou les seigneurs, de gré ou de force, accordaient dans leurs ports des exemptions particulières à des marchands de tel ou de tel pays. Au xiiᵉ siècle, les Vénitiens jouissaient de véritables franchises à Constantinople ; les Hanséates n'étaient pas moins bien traités à Londres au xivᵉ siècle. De nombreux traités conclus entre les villes méditerranéennes, particulièrement entre les deux grandes cités provençales, Marseille et Montpellier et leurs voisines, telles que Gênes ou Barcelone, montrent des exemples analogues. Même après le moyen âge, on vit accorder de ces sortes de franchises. Après avoir découvert le port d'Arkhangelsk, les Anglais y obtinrent des Moscovites, en 1561, une exemption complète de droits, ce qui faisait considérer ce port par les gens du xviiᵉ siècle comme un port franc (2). A la fin du xviiᵉ siècle, Louis XIV accordait des faveurs analogues aux Hanséates dans le port de Marseille,

____

(1) p. 33.

(2) V. Savary. *Dict. du comm.* Vᵒ Port franc.

pour les détourner des ports italiens. On trouve donc au moyen âge des types très variés de franchises, mais pas de ports francs.

L'institution est moderne. Elle apparaît avec les grandes monarchies, avec les systèmes douaniers et économiques bien établis. Due en partie aux traditions d'exemptions et de privilèges, legs du moyen âge, elle existait déjà au xvie siècle. Elle s'est précisée et développée au xviie et au xviiie, en devenant un correctif au système protecteur.

Malgré les rigueurs croissantes de celui-ci, elle resta une exception dans les États modernes. Ce n'est pas un argument contre elle ; il est évident que les ports francs ne peuvent être que l'exception dans un pays. En outre, les nécessités financières de plus en plus grandes de ces États ne pouvaient les engager à aliéner des ressources aussi commodes à percevoir que les droits de douane. D'un autre côté, les gens du xviie siècle souffraient moins que nous ne nous l'imaginons du régime des prohibitions. La paix et l'ordre monarchiques succédant à l'anarchie ou à la tyrannie féodale, les découvertes maritimes et la fondation de colonies avaient donné au commerce une extension et aux grands ports une activité inconnues au moyen âge. Les gouvernements n'étaient donc pas poussés à accorder des franchises, ni les négociants à les solliciter.

Ainsi, les ports francs d'autrefois ne furent pas nombreux. Malgré cela, il est difficile d'en dresser la liste exacte, parce que certains ports qui jouissaient de privilèges plus ou moins étendus étaient alors appelés francs, sans cependant en mériter le titre. D'un autre côté, il est possible que plusieurs d'entre eux échappent à un premier essai. Mais il importe peu que la nomenclature soit complète ; il suffit que nous étudiions la franchise et ses effets là où elle a réellement joué un rôle.

Les ports francs d'autrefois ont disparu presque tous, les uns après les autres, dans le courant du xixe siècle. Il n'y eut cependant pas d'interruption dans l'existence des franchises. Bien plus, les dernières années du siècle semblent avoir marqué pour elles le prélude d'une véritable renaissance, qui aura son plein développement au xxe siècle. En présence de la multiplication des récentes zones franches en Allemagne, en Autriche, en Danemark, du mouvement puissant d'opinion qui pousse la France, l'Italie, l'Espagne, à suivre ces exemples, on peut penser que les ports francs d'aujourd'hui seront bientôt plus nombreux que ceux d'autrefois. Il n'en est pas encore ainsi et la seconde partie de notre étude ne sera pas plus complexe que la première.

Une enquête d'ensemble sur le rôle des ports francs est donc assez restreinte ; cela ne veut pas dire qu'elle soit facile. Il faut même se hâter de dire qu'elle est impossible à mener à bien sans de très longues recherches, faute de travaux préparatoires pour chacun des ports à étudier. Pour la France, il n'y a rien à signaler en dehors des travaux cités ci-dessus, de MM. de Saint-Léger, Hiriart, Duthoya et Boucher. A l'étranger, rien n'a été fait. Les érudits locaux n'ont pas été tentés par les riches archives de villes telles que Gênes, Livourne, Messine, Trieste. C'est donc par de longues recherches d'archives, faites en France et à l'étranger, qu'il serait nécessaire de préparer un travail définitif sur les anciens ports francs.

Les travaux récents ont rendu plus facile l'étude des zones franches actuelles. Cependant ils ne l'ont qu'ébauchée. Aucune n'a été l'objet de recherches un peu approfondies, comme celles auxquelles a donné lieu le Freihafen de Hambourg. Nos agents consulaires, qui sont les témoins permanents de leur fonctionnement, auraient été mieux à même que personne de les entreprendre. Mais c'est depuis peu seulement que quelques-uns de leurs rapports, de ceux, du moins, qui sont portés à la connaissance du public par le « Moniteur officiel du commerce », contiennent des indications à ce sujet. Les consuls de Hambourg, de Gênes, de Copenhague, entre autres, ont envoyé des renseignements intéressants, mais sont loin d'avoir éclairci toutes les obscurités. Les statistiques multiples et abondantes publiées par les différents gouvernements, ou par les chambres de commerce, ne fournissent pas toujours les chiffres qui seraient nécessaires pour bien faire ressortir le rôle des ports francs. Les comptes rendus publiés par celles-ci le laissent aussi dans l'ombre.

Même si on avait entre les mains tous les matériaux nécessaires, l'enquête n'en resterait pas moins très délicate, comme toutes les recherches d'histoire économique. Il est toujours conjectural de prétendre connaître les causes ou les conséquences des faits économiques, tellement ils sont soumis à des influences complexes. Aussi, dans les chapitres qui suivent, il faudra faire deux parts, celle des faits qui ont été recueillis

le plus exactement possible, celle des idées et des conclusions
évidemment sujettes à caution. L'essentiel est même que la
connaissance des faits provoque la réflexion et la discussion
et suggère à d'autres des vues plus approfondies et plus
justes.

Ce travail n'est qu'un essai très imparfait. Il n'était même
pas destiné à l'impression. Les chapitres qui le composent
sont la réunion de leçons professées, cette année, à la faculté
des sciences de Marseille. Des amis imprudents m'ont engagé
à en faire profiter un public plus étendu. Mais le public des
lecteurs a le droit d'être plus exigeant que celui des auditeurs
et je sens le besoin de solliciter son indulgence.

Le passé de Marseille m'est heureusement connu par des
recherches poursuivies déjà depuis de longues années. Les
chapitres du livre qui le concernent, plus développés parce
que le rôle du port franc de Marseille a été exceptionnel, sont
la seule partie réellement approfondie du livre. Pour les autres
ports, je n'ai pu faire, dans les archives, que des recherches
très limitées. Je dois remercier ici M. de Saint-Léger, de Dunkerque, M. Léon-Hiriart, de Bayonne, M. Osvaldo Testi, secrétaire de l'archivio storico cittadino de Livourne, des renseignements ou des pièces qu'ils ont eu l'amabilité de me communiquer. Pour les zones franches actuelles, je regrette vivement
de n'avoir pu élucider sur place un certain nombre de points
obscurs. MM. les consuls, de Laigue, de Trieste ; de Clercq, de
Gênes ; Lefaivre, de Hambourg ; Bœufvé, de Brème ; de
Jouffroy d'Abbans, de Dantzig ; Arène, de Livourne, ont bien
voulu répondre obligeamment à mes questions ; qu'ils reçoivent ici l'expression de ma gratitude.

Marseille, juin 1904.

PREMIÈRE PARTIE

PORTS FRANCS D'AUTREFOIS

CHAPITRE PREMIER

Ports Français. Marseille: *Les Origines du Port Franc*

La France fut autrefois, avec l'Italie, le pays d'élection des ports francs. C'est chez elle qu'on en trouve les types les plus anciens, sinon les plus nombreux ; c'est chez elle aussi, peut-être, que cette institution donna les résultats les plus remarquables.

De tous les ports francs d'autrefois, Marseille est certainement le plus célèbre et celui dont l'étude offre le plus d'intérêt. Les écrivains marseillais, qui en ont parlé, ont cédé au penchant naturel de donner plus de lustre à ces vieilles franchises, dont le souvenir est resté très vivace, en reculant le plus possible leur origine. Ce n'est pas seulement au moyen-âge qu'on les a fait remonter, mais jusqu'à l'antiquité, jusqu'au berceau de la cité phocéenne. La franchise du port aurait été, dans la série des siècles, le palladium de sa prospérité. Quelque séduisante que puisse être cette tradition, il est impossible de l'adopter, parce qu'elle ne repose sur rien.

La République de Massalia attira l'attention des écrivains grecs, entre autres d'Aristote, par ses institutions. Or, aucun d'eux n'a remarqué qu'elle en ait eu, pour son port, qui lui fussent particulières ; leur silence à cet égard permet de penser que, chez elle, le commerce et la navigation étaient soumis au même régime que dans les autres cités grecques.

1

Ce n'est évidemment pas la domination romaine, mérovingienne ou carolingienne qui dota Marseille de la franchise. Quand, au milieu de l'anarchie féodale et du mouvement d'affranchissement des villes, elle recouvra pour quelque temps son autonomie, au xiiᵉ siècle, elle suivit la même politique que les autres républiques maritimes des bords de la Méditerranée : elle organisa comme elles ses finances et son commerce. Pour suffire aux dépenses du gouvernement, de la défense de la ville, les droits sur les navires et sur les marchandises fournissaient le principal revenu. Les officiers chargés des finances et du trésor de la commune s'appelaient des *clavaires*, nom significatif, car le mot de *claverie* désignait les droits de douane.

Suivant les idées d'alors, les bourgeois de Marseille tenaient surtout à se réserver pour eux-mêmes le commerce et la navigation dans leur port, à écarter le plus possible les navires et les marchands étrangers. Aussi voit-on, dans les statuts rédigés en 1228, que les droits de claverie ou de douane n'étaient perçus que sur les marchandises apportées par des navires étrangers, tandis que les bourgeois en étaient exempts. La même différence de traitement fut maintenue pendant tout le moyen-âge. Les bourgeois tenaient singulièrement à leur exemption complète, comme le montre l'un des statuts réunis dans le fameux manuscrit du xivᵉ siècle, conservé à l'Hôtel de Ville sous le nom de Livre rouge. Ce statut, adopté le 16 des calendes de novembre 1253, établissait qu'il était défendu de parler au Conseil général de la ville des droits de claverie, ou de la table de la mer, ou de toute autre chose dont les citoyens étaient affranchis. Si un citoyen de Marseille, par un excès d'audace téméraire, faisait au Conseil une proposition à ce sujet ou la soutenait, le viguier et les consuls devaient le frapper d'une amende de cent livres royales couronnées.

Il est vrai que les droits d'entrée ou de sortie étaient peu élevés, s'il faut prendre les textes au pied de la lettre, puisque, d'après les statuts de 1228, on percevait 1 denier pour livre, c'est-à-dire 1/240 de la valeur des marchandises. De plus, il était stipulé que les marchandises qui auraient payé le droit à l'entrée, et qui seraient ensuite réexportées, n'auraient rien à payer à la sortie. Aussi peut-on dire que les étrangers étaient favorisés à Marseille, comparativement à d'autres ports. Mais, d'un autre côté, les droits d'entrée, de claverie, de la table de la mer, ou de dacita, n'étaient pas les seuls que dussent payer les navires étrangers. On lit, par exemple, au paragraphe LX des Chapitres de paix de 1257 : « Les citoyens de Marseille seront également déchargés des droits de gabelle et des impôts sur la chair salée, sur l'huile, le miel, ainsi que sur toutes les autres choses. Quant aux étrangers, ils ne paieront rien au-dessus des droits accoutumés. »

De plus, les Marseillais avaient édicté des mesures de protection radicales pour empêcher les étrangers de s'emparer du commerce et de la navigation : un navire étranger ne pouvait faire de chargement dans le port, tant qu'il restait à charger un navire marseillais.

Sans doute, ils accordèrent à certains étrangers un traitement plus avantageux, mais ce fut à la suite de traités de commerce, comme en conclurent en si grand nombre les villes du moyen-âge, traités imposés par la force, ou résultat d'une entente amiable, dont la principale clause était la réciprocité des avantages accordés par les deux villes.

Ainsi, la république marseillaise du début du xiiie siècle n'annonçait encore en rien le port franc de Colbert, sauf en ce qu'elle était déjà, puisque autonome, étrangère au reste de la Provence.

Son indépendance cessa en 1257 et, pendant plus de deux siècles, la communauté eut à sa tête les viguiers nommés par les comtes de Provence des deux maisons d'Anjou. Les Chapitres de paix, accordés par Charles d'Anjou en 1257, furent la charte de la ville pendant cette période, et devaient même rester la base de sa constitution jusqu'en 1639. Les documents renfermés dans un autre célèbre registre des archives de l'hôtel de ville, le Livre noir, nous apprennent quelles modifications subit celle-ci, du XIIIe à la fin du XVe siècle.

Marseille, en perdant son indépendance, avait su conserver plus que des vestiges de son autonomie. Ses libertés, désormais des privilèges, stipulées dans les Chapitres de paix, lui faisaient une situation enviable parmi les villes provençales. Charles d'Anjou s'était engagé à ne « rien innover dans les usages de la commune », à n'imposer « aucunes tailles ou autres impositions, sous quelque prétexte que ce fût », ni aux Marseillais, ni aux étrangers établis dans la ville. Les citoyens de Marseille « seraient déchargés à toujours du droit de la table de la mer, pour lequel les étrangers ne donneraient qu'un denier pour livre, comme ils avaient payé en tout temps, sans que l'on pût exiger quelque chose de plus d'eux. »

Les viguiers, gouverneurs de la ville, et les sénéchaux, représentants du comte en Provence, ne se firent pas faute de chercher à restreindre, sinon à détruire, les immunités marseillaises. Mais les bourgeois résistèrent avec énergie à leurs empiètements. Comment les successeurs de Charles d'Anjou n'auraient-ils pas écouté leurs représentations? Engagés dans leurs luttes malheureuses pour reprendre Naples et la Sicile aux Aragonais, sans cesse à court d'argent, mal obéis même en Provence, ils avaient besoin de ménager la puissante cité dont la défection aurait pu être désastreuse pour leur cause. D'un autre côté, les Marseillais avaient un intérêt capital à ce que les ports du sud de l'Italie et de la Sicile, étapes si commodes sur la route du Levant, fussent aux mains de leur comte. Aussi, embrassèrent-ils avec ardeur, dans toutes les luttes du XIVe et du XVe siècle, le parti des deux maisons d'Anjou; ils ne ménagèrent, à leur service, ni leur argent, ni leurs bras, ni leurs navires. Entre les comtes et la ville, l'alliance, fondée sur un intérêt réciproque, fut donc intime et le devint de plus en plus, jusqu'au temps du bon roi René dont la mémoire est restée si populaire dans les traditions marseillaises.

Le Livre noir est rempli d'actes par lesquels les comtes
jurent d'observer les Chapitres de paix, les confirment
et désavouent leurs officiers quand ils les violent, de
lettres et de chartes qui précisent les franchises de la
ville et les étendent. Ainsi, le 20 août 1385, la reine
régente, Marie, exemptait solennellement les Marseillais
de tous péages et impositions; son fils, Louis II, confirmait l'exemption en 1399 et en 1410.

Le roi René se montra plus prodigue encore de faveurs
envers une ville qu'il affectionnait particulièrement et
qu'il habita les dernières années de sa vie. Par ses lettres
patentes du 30 décembre 1447, il lui accorda à perpétuité
deux foires franches qui dureraient dix jours chacune.
La première commençait le jour de la fête de Saint-Jean-
Baptiste et l'autre à la Saint-Martin. En 1472, un diplôme
royal donna la liberté pour un an à tous les marchands
de l'univers, chrétiens ou infidèles, amis ou ennemis,
sujets ou rebelles, d'entrer dans le port et d'y trafiquer à
leur gré. Cet acte a été parfois interprété à tort comme
étant la concession temporaire d'une franchise absolue.
En réalité il n'était pas question d'exemption de droits,
mais d'un sauf-conduit accordé à tous les marchands
étrangers. Cette sauvegarde, précieuse au commerce dans
des temps troublés, fut sans doute prolongée au-delà
d'un an. En 1481, Charles du Maine, héritier de son
père, la renouvelait pour toutes les nations, sauf pour les
corsaires.

Ce sont sans doute toutes ces faveurs qui ont pu faire
parler du port franc du roi René. Mais celui-ci n'avait
rien changé à la constitution de la ville, tout en augmentant encore ses anciens privilèges. La concession de deux
foires franches suffirait à elle seule à prouver que la
franchise n'existait pas le reste de l'année. Faut-il rappeler que, parmi les faveurs signalées accordées aux
Marseillais par le roi René, figure la confirmation du
pouvoir, qu'ils avaient gardé de leur autonomie, de taxer
comme ils le voulaient les étrangers, leurs vaisseaux et
leurs marchandises dans leur port ? A la fin du xvᵉ siècle,

Marseille n'était donc pas encore port franc. Cependant en maintenant intacts ses privilèges pendant deux siècles, elle avait échappé aux charges fiscales de plus en plus lourdes qui pesaient sur la Provence. Les étrangers, assujettis à ne payer que les vieilles coutumes ou les taxes nouvelles que les Marseillais voulaient leur faire payer, y échappaient eux aussi. Cette situation à part était un acheminement vers la véritable franchise.

La réunion de Marseille à la France, en 1481, fut aussi avantageuse à la ville qu'au royaume. Montpellier, dont nos rois avaient voulu faire leur grand port, voyait la mer s'éloigner d'elle de plus en plus. Elle ne pouvait désormais lutter avec sa rivale provençale, dotée par la nature d'un port merveilleux. Marseille allait être définitivement pour la France la seule porte de l'Orient.

Les derniers Valois semblent avoir bien compris l'importance et le rôle de leur nouvelle acquisition. Ils multiplièrent pour elle les faveurs et les témoignages de bienveillance. On retrouve dans le Livre noir la confirmation des Chapitres de paix, droits et privilèges de Marseille, par Palamède de Forbin, au nom de Louis XI, le 20 janvier 1481, par Charles VIII, le 8 mars 1485, par Louis XII en juin 1498, par Henri II en février 1547. Les archives de l'hôtel de ville conservent d'autres confirmations royales de novembre 1485, mai 1511, février 1515, mai 1530, janvier 1544, juillet 1548, août 1564, janvier 1575. Aussi la ville témoignait-elle le même attachement aux rois de France qu'aux comtes angevins. Elle recevait magnifiquement François Ier et sa cour, en 1516 et en 1533, Charles IX en 1564, Catherine de Médicis en 1579.

Or, tandis que Marseille conservait ses anciennes immunités, les impositions royales s'accroissaient sans cesse. C'est au XVIe siècle que se constitue peu à peu le système des douanes royales. On voit apparaître les traites foraine et domaniale, les fermiers ou traitants qui les perçoivent. Ceux-ci ne manquèrent pas de chercher à assujettir au paiement des nouveaux droits le port du royaume où ils auraient produit le plus d'argent. Ils y réussirent à diverses reprises, comme le montre une série d'actes royaux, au XVIe siècle.

Des lettres patentes de François Ier, en date de juillet 1543 (1). rendues « ensuite des supplications des consuls et conseillers, manants et habitants de Marseille », déclarèrent que les suppliants demeureraient « en tel état de franchises et libertés qu'ils étaient auparavant le renouvellement de l'édit touchant l'imposition foraine » et, en conséquence, abolirent les offices créés à Marseille par cet édit, pour la perception de ce droit. Il est vrai que les Marseillais durent acheter cette faveur par le paiement de 4.000 livres tournois et le remboursement des sommes payées pour l'achat de ces offices.

La royauté allait trouver, dans la création d'offices, dont elle faisait payer ensuite la révocation par ceux qui en étaient lésés, une source peu louable de revenus. Ainsi Henri II, après avoir garanti de nouveau l'exemption de la foraine aux Marseillais, par ses lettres du 14 octobre 1547, recréa un bureau et des officiers pour la percevoir dans leur ville, puis en accorda l'abolition par lettres patentes, en octobre 1556.

D'autres lettres de Charles IX, en date du 15 juillet 1569, en confirmant les Marseillais dans l'exemption « des droits et impositions foraines, resve, hault passage et domaine forain », attestent que leurs privilèges avaient été violés, puisqu'elles ordonnaient la restitution de ce qui « se trouverait avoir été exigé desdits habitants ou d'aucuns d'eux pour raison d'iceulx ». En mai 1584, Henri III renouvelait l'exemption ; enfin, Henri IV, qui avait déjà confirmé les franchises par ses lettres de pardon de juillet 1596, adressa aux Marseillais celles du 27 novembre 1598, puis celles de 1603, pour les maintenir « à présent comme auparavant les troubles, dans l'exemption et affranchissement des droits de foraine, pour raison de tout leur négoce et commerce ».

____

(1) François Ier avait déjà exempté les Marseillais, par lettres patentes de 1538. et confirma de nouveau ce privilège en 1545.

En dehors des traites foraines, des droits spéciaux furent établis à l'entrée du royaume, sur certaines marchandises, telles que les drogueries et épiceries. Pour mieux surveiller la perception de ce droit lucratif, François Ier avait décidé, par un édit du 22 octobre 1539, confirmé par ceux du 25 novembre 1540 et du 25 mars 1543, que les drogueries et épiceries ne pourraient entrer dans le royaume que par Lyon, Rouen et Marseille.

Ce ne fut pas sans peine que celle-ci évita, chez elle, l'établissement du bureau des drogueries. On voit dans un édit du 10 septembre 1549, que des receveurs furent institués dans chacune des trois villes, et Charles IX abolit ceux de Marseille dans son voyage en Provence, en 1564. Les lettres patentes de 1577, reconnaissant que les Marseillais s'étaient opposés à la perception des droits qu'on avait voulu les contraindre à payer, ordonnèrent de les faire jouir de l'exemption, « nonobstant quelconques ordonnances et lettres à ce contraire ». Ils eurent moins de succès pour le droit sur les aluns du Levant, d'un écu par quintal, établi en 1554 ; le fermier en fit la perception dans leur port.

Ils avaient jugé à propos d'établir au moyen-âge, pour la commodité du commerce, un bureau du Poids auquel les particuliers pouvaient recourir, en cas de discussion, et avaient fixé un tarif modéré, désigné sous le nom de droit de poids et casse, dont le taux était doublé pour les étrangers. Réuni au domaine royal, ce droit dut être payé par toutes les marchandises pour les achats et les ventes ; les tarifs furent élevés, et le poids et casse devint une imposition onéreuse qui pouvait monter à 12 sols par quintal pour les étrangers. Enfin, le xvie siècle vit paraître les officiers et les tribunaux de l'amirauté, chargés entre autres choses de donner leurs congés et passeports aux capitaines de navires. Tous les bâtiments partant de Marseille furent soumis à leur visite, dans laquelle ils s'assuraient que les navires n'emportaient pas de marchandises prohibées, avant de les laisser partir. Outre le droit de visite qu'il fallait payer, c'était, pour les capitaines, une gêne et une occasion de tracasseries.

Les immunités de Marseille ne restèrent donc pas entières, mais elles ne furent que légèrement entamées. Malgré ces atteintes, on peut la regarder dès lors comme un véritable port franc. Elle échappe en effet à la plupart des charges fiscales et douanières qui frappent les autres ports du royaume. En dehors du droit sur les aluns, du poids et casse, du droit de visite, on ne paie dans son port que les anciennes redevances stipulées dans les statuts de la cité. Celles-ci ne pèsent que légèrement sur les étrangers, tandis que les bourgeois en sont exempts. Par une faveur importante, François Ier, après avoir introduit le droit d'aubaine en Provence, par son édit de janvier 1539, déclare, le 15 octobre 1543, que les étrangers qui s'établiront à Marseille n'y seront pas assujettis. Peut-être le régime du port est-il alors plus libéral pour eux qu'il ne le sera à l'époque de Colbert.

Il résulte de ce court exposé qu'il est impossible de fixer à une date, ou même à une époque précise, l'origine du port franc. Il ne dut pas sa création à des conceptions économiques des souverains, comtes ou rois, ou des bourgeois ; son existence au XVIe siècle doit être considérée comme le résultat d'une évolution, comme un dernier legs du moyen-âge, recueilli et conservé précieusement. La franchise du port fut l'un des vestiges de l'autonomie marseillaise, la plus précieuse de ces libertés que l'énergie et l'habileté des bourgeois surent conserver après la ruine de l'indépendance.

Pendant ce seizième siècle, Marseille releva son commerce de la langueur où il était tombé à la fin du moyen-âge et lui donna une activité remarquable. Elle fonda des comptoirs prospères dans les Échelles du Levant et de Barbarie ; elle parvint à ramener en partie, vers les ports déchus de la Méditerranée orientale, une partie du courant commercial détourné par la découverte de la route du Cap ; elle put se vanter d'avoir supplanté Venise comme grand entrepôt des riches produits de l'Orient. Les troubles de la Ligue, qui l'agitèrent si profondément, la peste de 1580 qui fit 30.000 victimes et laissa une telle frayeur qu'au retour du fléau, en 1588, la ville fut presque vidée en trois jours, ne gardant pas quinze cents habitants, d'autres influences défavorables, comme les progrès de la piraterie barbaresque, arrêtèrent un moment l'élan de cette prospérité, mais sans la compromettre.

Dans les premières années du xvii° siècle, au dire de Savary de Brèves, l'ambassadeur d'Henri IV, le commerce de Marseille avec le Levant, le plus important du royaume, atteignait 30.000.000 de livres et occupait mille navires, et le général des galères d'Alger voulait la guerre avec la France parce que la Méditerranée était « toute grouillante » de vaisseaux provençaux. Achevant de supplanter Venise, les Marseillais venaient de lui enlever le marché des soies du Levant.

Mais quelle avait été, dans cet essor, l'influence de la franchise du port ? Il n'est pas plus possible de la préciser que de la nier. Sans doute des influences puissantes suffiraient à expliquer la nouvelle prospérité de Marseille : union de la ville au royaume, brillante situation économique de celui-ci, alliance avec les Turcs et avec les Barbaresques, tandis que Venise leur faisait la guerre, décadence du commerce portugais à la fin du xvi° siècle, monopole du commerce des épiceries et des drogueries. Mais ce rôle d'entrepôt des marchandises du Levant, et de marché distributeur dans la Méditerranée occidentale, que Marseille joua dans la seconde moitié du xvi° siècle, s'explique encore mieux si l'on se rappelle les avantages, uniques alors, par lesquels la cité provençale pouvait attirer le commerce dans son port.

Dans la première moitié du xvii° siècle, la franchise subit de rudes atteintes, à cause des exigences croissantes du fisc royal ou des besoins financiers de la ville elle-même. Des lettres patentes, du 17 septembre 1616, l'avaient confirmée et avaient expressément obligé les commis de la foraine (1) à maintenir leurs bureaux aux extrémités

(1) Cf. lettres patentes de septembre 1610, arrêt du Conseil du 14 juillet 1612, édit de 1654, au sujet de la foraine.

du territoire de Marseille. Ceux-ci n'avaient pas, pour cela, renoncé à leurs empiétements coutumiers; la correspondance entre les consuls de Marseille et leur avocat au conseil est remplie, sous Louis XIII, de leurs démêlés avec les fermiers ; il est vrai qu'en général ils obtinrent gain de cause. Ces querelles causaient une irritation si vive, qu'en 1636 quantité de mutins sortirent un jour de la ville, avant l'aube, et égorgèrent tous les commis des bureaux, sans qu'il en échappât un seul.

Les fermiers furent plus heureux pour le droit sur les *épiceries et les drogueries :* sous Louis XIII ils perçurent couramment, à Marseille même, deux écus par quintal sur les unes et 4 o/o sur les autres. En 1644, il fut question d'abolir cette imposition ainsi que le vieux droit de poids et de casse devenu de plus en plus onéreux et gênant. Mais le chancelier Séguier demandait 200.000 livres à la Ville pour le rachat, sans compter, naturellement, le remboursement des offices des commis chargés de la perception : les pourparlers n'aboutirent pas. Le droit sur les aluns du Levant continuait d'être perçu dans la ville et tous les navires étaient assujettis à la visite des officiers de l'amirauté. Lors de l'inspection ordonnée par Richelieu dans les ports, en 1633, les Marseillais se plaignirent vivement des exactions de ces officiers qui exigeaient beaucoup plus que les droits qui leur étaient dus.

A côté des droits du roi on vit apparaître une série d'impositions perçues au profit de la ville. Les avanies des Turcs, parfois aussi la maladresse ou l'inconduite des ambassadeurs du roi à Constantinople, chargés des intérêts du commerce, suscitèrent un amoncellement de dettes que le commerce dut rembourser. Tantôt les navires entrant à Marseille devaient payer un *cottimo*, droit fixe quelle que fût la valeur du chargement, qu'on vit monter jusqu'à 500 piastres par vaisseau après 1648 ; tantôt des droits d'entrée et de sortie, variant de 1 à 3 1/2 pour cent en 1621. Ces droits qualifiés d'extraordinaires furent, en réalité, perçus à peu près régulièrement, surtout à partir de 1610 ; il y eut des années où les deux catégories furent levées en même temps.

Si la franchise était très diminuée, pour ne pas dire disparue, pour les citadins de Marseille, elle n'était plus qu'un souvenir pour les étrangers. Assujettis, en effet, au paiement de toutes les taxes qui pesaient sur ceux-là, ils en payaient une série d'autres qui leur étaient particulières.

L'ancien droit de la *table de la mer*, autrefois leur charge la plus lourde, n'était plus le denier pour livre payé au XIII⁰ siècle ; il s'élevait à 1/2 o/o pour l'ensemble des marchandises, à 1 o/o même pour les épiceries et les drogueries. Un tel impôt, remarque Forbonnais, « rendait toute réexportation impossible ». Aux officiers de l'amirauté, les étrangers acquittaient une taxe double pour le droit de visite. En 1633, ils devaient au fermier de la gabelle du port, établie par la ville, un denier par livre de la valeur des marchandises qu'ils apportaient, plus 6 livres 8 sols par vaisseau pour droit d'ancrage, et pareille somme au sieur de Roquefort, pour droit d'attache, en vertu d'engagements faits par le domaine royal à la famille de ce gentilhomme. Il y avait un droit d'adoub de 4 sols par quintal et 4 francs par tonneau, par navire ; un droit de vingtain de carène, taxe de 5 o/o sur les navires, mâts, antennes et autres agrès vendus aux étrangers ; un droit de vingtain à rompre carène, de 20 écus par mille quintaux pour les navires démolis par les étrangers.

Ajoutons encore une série de menus droits : un sol par millerolle d'huile et de miel, un sol par baril de chair salée, à l'entrée ou à la sortie, droits d'estaque, de barque, de l'huile et fanons de baleines, sardes, chiens et loups de mer et autres poissons, de la poix noire. La ville exigeait un mousquet de chaque navire étranger, droit qu'elle avait converti en une taxe de 12 livres 16 sols. Le sieur de Pilles, gouverneur du Château d'If, leur prenait une pistole quand ils abordaient aux îles.

Sans doute, beaucoup de ces impositions étaient peu onéreuses, mais, ajoutées les unes aux autres, elles ne

laissaient pas d'être une charge sensible pour les capitaines étrangers; surtout elles étaient vexatoires. Les
capitaines, en arrivant à Marseille, se trouvaient aux
prises avec une foule de commis; ils devaient se soumettre à leurs visites et à leurs tracasseries. Plusieurs de
ces menus droits gênaient le ravitaillement des navires
étrangers. En 1662, les Marseillais chargeaient leurs
députés à la Cour de parler à Colbert « de l'affaire des
fanons et huiles de baleine qui obligeait trois vaisseaux
hollandais de n'entrer pas dans leur port et de s'en aller à
Livourne. » Enfin les négociants étrangers, établis à
Marseille, supportaient dans toute sa rigueur le droit
d'aubaine dont François Ier les avait exemptés.

Pendant la minorité de Louis XIV, deux nouvelles
impositions, suscitées par l'extrême pénurie des finances,
vinrent encore frapper les étrangers. En 1646, la villa créa
un droit de 10 sols par quintal sur le poisson salé, qui
eut pour résultat de lui faire perdre l'entrepôt des morues
que les Ponantais, Anglais et Hollandais apportaient en
quantités considérables, pour être distribuées dans la
Méditerranée. Enfin le dernier coup fut porté au commerce des étrangers par le fameux droit de 50 sous par
tonneau, qui équivalait à peu près à une entière prohibition. Quelques années auparavant, en mai 1654, Louis XIV
avait approuvé et confirmé les privilèges, libertés et
exemptions de Marseille. Mais la parole royale n'avait
plus guère de sens.

Il est à remarquer que les Marseillais d'alors, comme
beaucoup de leurs contemporains, avaient gardé un
grand nombre des préjugés du moyen-âge et ne comprenaient qu'à moitié les avantages de la franchise. Pendant
tout le xviie siècle, leur politique vis-à-vis des étrangers
fut double : d'un côté ils voulaient faire de leur port un
grand entrepôt de marchandises du Levant, comme il
l'avait été à la fin du xvie siècle, et, pour cela, ils voulaient
y attirer les vaisseaux étrangers par une entière franchise
de droits. Mais ils tenaient à se réserver l'entier monopole du commerce dans les Échelles, ainsi que du trans-

port des marchandises du Levant à Marseille ; c'est pourquoi ils réclamaient, non moins vivement, des droits spéciaux sur les bâtiments étrangers chargés de ces marchandises. Leurs consuls envoyèrent à la Cour de nombreux mémoires pour se plaindre de la concurrence que faisaient, aux négociants de la ville, les Arméniens et Syriens qui apportaient les soies du Levant à Marseille ; ils firent tant que les Arméniens transportèrent le marché des soies à Livourne. Ainsi, l'esprit d'exclusion avait contribué à rendre plus complète la ruine des franchises.

En 1660, la prospérité de la fin du xvie siècle avait fait place à la plus profonde décadence. Le commerce du Levant, le plus important du royaume jusqu'en 1620, était loin d'atteindre la valeur de celui du Ponant. De 30.000.000 de livres, il était tombé presque à 3.000.000 ; la marine provençale si puissante, qui nolisait ses navires en grand nombre au commerce étranger, ne suffisait plus qu'avec peine aux besoins de ce trafic ruiné ; l'entrepôt des échanges entre le Ponant et le Levant avait été transporté de Marseille à Livourne, ou à Gênes. Tel était le bilan d'un demi-siècle de malheurs et de fautes.

Il serait, en effet, très exagéré d'attribuer uniquement à la perte de la franchise du port la ruine de Marseille. Des influences défavorables ou désastreuses multiples avaient accumulé leurs effets. Le refroidissement de l'alliance turque et la multiplicité des avanies, la brouille avec les Barbaresques et les ravages de leurs corsaires, l'anarchie dans les échelles et la mauvaise conduite des marchands, les exactions des ambassadeurs et des consuls, les taxes établies dans les échelles pour payer leurs dettes, toutes ces causes avaient complètement désorganisé et rendu bien aléatoire ou ruineux le commerce du Levant. Les droits de douane accumulés sur la route de Marseille à Lyon, surtout la douane de Valence et celle de Vienne, faisaient chercher d'autres voies aux marchandises pour pénétrer dans le royaume. Enfin les Marseillais se laissèrent trop absorber par les rivalités qui divisaient les familles nobles de la ville. Elles atteignirent, au moment de la Fronde, une acuité presque aussi forte qu'à l'époque de la Ligue et Louis XIV pouvait prétendre, sans trop d'exagération, dans son édit de mars 1660, que les cabales et les factions avaient détruit le commerce et éloigné du port, par leurs désordres, les étrangers et les marchands du royaume.

Mais il n'en est pas moins vrai, qu'au milieu de tous ces malheurs, la ruine des franchises n'avait pas été un des moindres. Forbonnais n'exagère pas en disant qu'avant Colbert le port de Marseille était presque prohibé aux étrangers. C'est ce qu'affirmaient les Marseillais eux-mêmes dans les remontrances qu'ils adressaient au roi, en 1659, au sujet du droit de 50 sous par tonneau. « Il est constant, disaient-ils, que si ce droit là y a lieu, comme les vaisseaux étrangers qui y viennent des mers du Ponant n'y sauraient faire que des profits fort limités... cela les obligera tous d'aller décharger à Ligourne, Gennes et Villefranche. L'expérience a déjà fait voir que, de 30 ou 40 vaisseaux étrangers qui y venaient, il n'y en vient plus que 7 ou 8, les autres allant à Ligourne, Gennes et Villefranche, où on les attire par l'exemption de tous droits. Et si en Provence le droit de 50 sols par tonneau est ajouté aux autres droits, il n'y en viendra du tout point, et il faudra même que vos dits sujets aillent quérir en Italie les marchandises du nord que l'Italie venait quérir chez nous, avant l'imposition de tous ces droits. »

En mars 1660, Louis XIV, irrité de la turbulence des Marseillais, avait modifié leur vieille constitution communale : il ne restait plus grand'chose des fameux Chapitres de paix de 1257. Sans le génie commercial de Colbert, il est probable que les progrès de la centralisation, et les besoins croissants du trésor royal, eussent assuré la disparition plus complète encore de la franchise. Non seulement Colbert la rétablit, mais il fixa nettement pour la première fois le régime du port franc, si bien que c'est en 1669 qu'on peut faire remonter sa création définitive.

CHAPITRE II

Ports Français. Marseille: *Le Port Franc de Colbert* (1)

Colbert, esprit souverainement méthodique, conçut véritablement un système pour le relèvement en France du commerce et de l'industrie. Il en eut un pour Marseille qu'il voulait faire une des premières villes du monde : la franchise du port en était comme la base.

Dès 1662, il avait manifesté ses tendances en affranchissant Dunkerque. Bientôt il créait le régime des entrepôts dans les ports du Ponant, par le fameux édit de septembre 1664, qui supprimait en partie les douanes intérieures et simplifiait heureusement le chaos des taxes douanières. Il ne put manquer d'être frappé par les plaintes des Marseillais, dont la situation continuait à s'aggraver, et qui rappelaient sans cesse, dans leurs doléances, la fortune si brillante de Livourne.

Le duc de Savoie semblait lui donner l'exemple, en faisant des ports francs à Nice et à Villefranche, en 1666. Son homme de confiance en Provence, Arnoul, intendant des galères, très mal disposé pour les Marseillais, lui répétait qu'on ne pourrait jamais « rien faire avec ceux de la ville », qu'ils étaient incapables de donner eux-mêmes au commerce le grand essor que le ministre rêvait, qu'il fallait attirer dans la ville des étrangers qui donneraient le « branle ».

C'est au mois d'avril 1667 que Colbert fit proposer à la Chambre de Commerce le projet de port franc, qu'il mûrissait depuis quelque temps, mais il fallut deux ans de négociations épineuses pour aboutir à une solution.

---

(1) Pour plus de détails et pour l'indication des sources, voir : Paul Masson. *Histoire du commerce français dans le Levant au XVIIe siècle.*

On a soutenu récemment que les Marseillais avaient fait opposition à Colbert, que la franchise avait été établie malgré eux, et on en a tiré argument contre le système des ports francs. Il importe donc de remettre les choses au point.

Le ministre ne proposait pas, en 1667, le rétablissement des anciennes libertés et immunités marseillaises ; c'était un régime tout nouveau qu'il offrait d'établir dans le port. Or, les Marseillais étaient, avec raison, très attachés à leur passé. D'un autre côté, l'expérience leur avait appris à se défier des innovations royales, même quand on les leur présentait comme favorables à leurs intérêts. Enfin, dans le projet qui leur était présenté, deux objections frappèrent vivement leur esprit : on leur demandait d'indemniser le roi et les propriétaires des droits engagés par le domaine royal de la suppression de leurs revenus. Or, il s'agissait de grosses sommes et le commerce était absolument ruiné ; où trouverait-on l'argent nécessaire ? Surtout, il leur paraissait dur d'être mis sur le même pied que les étrangers pour le paiement des droits ; ceux-ci ne pouvaient manquer de s'emparer de tout le commerce et de la navigation, parce qu'ils avaient le fret à meilleur compte. La Chambre dressa donc une sorte de contre-projet. Elle tenait essentiellement à ce que la franchise ne fut admise pour les étrangers que s'ils apportaient des marchandises de leur cru. Quant aux « marchandises du Levant, Perse et Barbarie, commerce naturel de la ville, pour le conserver tout entier aux Français il fallait charger de 20 o/o celles qui pourraient être apportées dans la ville par les étrangers. » C'était une conception évidemment inspirée par l'acte de navigation des Anglais. Faut-il reprocher aux Marseillais d'avoir été en cette circonstance plus protectionnistes que le fondateur du protectionnisme ? Ce serait mal comprendre la différence de situation qui ne leur permettait pas d'avoir les mêmes vues sur ce point.

En somme, après deux ans de discussions, dans lesquelles les Marseillais défendirent énergiquement leurs intérêts, ils firent prévaloir auprès du ministre la plupart de leurs réclamations. Cependant le projet définitif qui leur fut présenté, en janvier 1669, ne les satisfit pas pleinement, mais Colbert passa outre à leurs dernières objections en promulguant l'édit du 26 mars 1669. Ainsi le rétablissement de la franchise avait été une délicate affaire ; mais il ne faut s'exagérer l'importance des divergences de vues entre le ministre et les Marseillais. Elles ne portaient pas sur le principe mais sur des détails d'organisation.

Le régime institué à Marseille par l'édit, et la déclaration annexe du 26 mars 1669, n'a jamais été bien approfondi par ceux qui ont parlé du port franc. Il était en réalité bien plus compliqué qu'on ne se le figure communément.

Le préambule de l'édit, remarquable par la largeur des idées et l'ampleur du style, mérite, quoique souvent cité, d'être encore reproduit :

« Comme le commerce est le moyen le plus propre pour concilier les différentes nations et entretenir les esprits les plus opposés dans une bonne et mutuelle correspondance ; qu'il apporte et répand l'abondance par les voyes les plus innocentes ; rend les subjets heureux et les États plus florissants, aussy n'avons-nous rien obmis de ce qui a dépendu de nostre authorité et de nos soins pour obliger nos subjets de s'y appliquer, le porter jusques aux nations les plus éloignées pour en recueillir le fruit et en retirer les avantages qu'il amène avec soy, et establir partout en même temps, aussy bien en paix comme en guerre, la réputation du nom françois..........

.... Et, comme les roys nos prédécesseurs ont bien connu les avantages qui peuvent arriver à leurs États par la voye du commerce, et que l'un des principaux moyens pour l'attirer est d'establir quelqu'un des premiers ports de nostre royaume, libre et exempt de tous droits d'entrée et autres impositions ; la ville de Marseille leur ayant semblé la plus propre pour y establir cette franchise, ils luy auroient accordé un affranchisse-

ment général de tous droits. Mais comme, par succession
de temps, les meilleurs establissements et plus favorables
au public desgénèrent et s'affoiblissent aussy, nous avons
trouvé ladicte ville autant surchargée de droits d'entrée
et de sortie qu'aucune autre de nostre Royaume, bien que
les nostres n'y fussent pas establis ; et l'application que
nous avons donnée au commerce depuis que nous prenons
nous-mêmes le soin de nos affaires, nous ayant faict
clairement connaître les avantages que nostre royaume
recepvoit de la franchise de ladicte ville, lorsqu'elle étoit
observée, combien les estrangers ont profité de cette sur-
charge de droits establis de temps en temps, en attirant
chez eux le commerce qui s'y faisoit, nous avons bien
voulu, pour ajouter encore cette marque à tant d'autres
que nous avons données à nos peuples.......... nous
priver d'un revenu considérable que nous apportent les-
dicts droits, et même pourvoir au remboursement de
ceux qui estoient aliénés ou donnés depuis longtemps
pour causes très favorables pour rétablir entièrement la
franchise dudict port, et convier par de si extraordinaires avantages tant nos subjets que les estrangers d'y
continuer et d'en augmenter le commerce et le porter
dans son plus grand éclat. »

Le début de l'édit semblait ensuite promettre une franchise absolue :

« A ces causes, et autres considérations, à ce nous
mouvant, de l'avis de nostre dict conseil et de nostre
grâce spéciale, pleine puissance et authorité royale, nous
avons déclaré, et, par ces présentes, signées de notre
main, déclarons le port et havre de nostre ville de Marseille franc et libre à tous marchands et négociants, et
pour toutes sortes de marchandises, de quelque qualité
et nature qu'elles puissent être. Ce faisant, voulons et
nous plaît que les estrangers et autres personnes de toutes nations et qualitez puissent y aborder et entrer avec
leur vaisseaux, bastiments et marchandises, les charger
et décharger, y séjourner, magaziner, entreposer, et en
sortir par mer librement, quand bon leur semblera, sans

qu'ils soyent tenus de payer aucuns droits d'entrée, ny de sortie par mer : et de la même grâce et authorité que dessus, voulons et nous plait que les marchandises qui seront cy-après transportées par mer, de la ville de Marseille hors nostre royaume, soyent et demeurent exemptes de tous droits, sans que les vaisseaux et bastiments qui en sortiront soyent tenus de raisonner aux bureaux des foraines et douanes establis dans les ports. »

Il est impossible d'être plus catégorique, et cependant les restrictions renfermées dans la suite de l'édit ou dans la déclaration rendaient la franchise bien incomplète. Pour plus de clarté, il importe d'examiner à part la situation toute différente faite aux Marseillais et aux étrangers.

Tous les bureaux de perception des différentes fermes devaient être enlevés de la ville et reportés aux limites de son territoire ; cependant l'un d'eux, le bureau du poids et casse, était maintenu et même le tarif des droits était doublé. Le poids et casse n'était pas un droit de douane, mais son maintien n'en était pas moins une fâcheuse violation du principe que les fermiers du roi ne pouvaient rien percevoir dans le territoire franc. Colbert créait un précédent dangereux comme l'avenir devait le faire voir.

L'établissement du droit de cottimo fut encore plus contraire à l'idée que nous nous faisions de la franchise. Il devait être payé par tous les bâtiments partant pour le Levant et le tarif en était très élevé, puisqu'il était de 200 piastres pour les vaisseaux allant à Alexandrie ou à Smyrne. Sans doute il n'était pas perçu au profit du roi, mais par la Chambre de commerce ; il était nécessaire pour payer les dépenses particulières concernant le commerce du Levant et liquider les dettes des échelles ; il devait être transitoire dans la pensée de Colbert. En réalité il ne put être supprimé qu'en 1766 ; tout ce que purent obtenir auparavant les Marseillais, ce furent des réductions successives du tarif, en 1669 même, à deux reprises, parce que le premier était si exorbitant qu'il menaçait d'arrêter complètement le commerce. Tel qu'il resta fixé, à partir de 1686, ce fut une charge qui pesa lourdement sur le développement du commerce marseillais.

Enfin, il ne faut pas oublier que les Marseillais ne jouissaient de la franchise que pour le commerce du Levant et de Barbarie. Pour le commerce en dehors de la Méditerranée, surtout avec nos colonies d'Amérique, qui prit une grande importance au XVIIIe siècle, ils étaient soumis à la loi commune des autres ports. A côté du bureau de poids et casse il y eut alors dans la ville ceux de la ferme du domaine d'Occident, du tabac, des chairs et poissons salés. Et cependant n'aurait-il pas été aussi séduisant de faire de Marseille le grand entrepôt des tabacs, des sucres, des cafés et autres produits coloniaux dans la Méditerranée ? Mais, en 1669, ni Colbert ni les Marseillais ne songeaient que Marseille dût faire un grand trafic en dehors de la Méditerranée, son domaine naturel. Il s'en faut donc de beaucoup que la franchise accordée aux Marseillais par Colbert ait été absolue.

Quant aux étrangers, l'édit les favorisait tout spécialement. C'étaient eux qui bénéficiaient le plus de la suppression de tous les droits de douane dans le port, puisque plusieurs de ceux-ci, comme les droits de la table de la mer, ne frappaient qu'eux auparavant. Tandis que les bourgeois de la ville n'obtenaient que le rétablissement de privilèges anciens, les étrangers, c'est-à-dire aussi bien les Français du Ponant que ceux qui n'étaient pas du royaume, se voyaient octroyer des avantages tout nouveaux. Ce n'était pas seulement des navires étrangers que Colbert voulait attirer. Il désirait peut-être, par dessus tout, l'établissement à Marseille de négociants nombreux, pour peupler les nouveaux quartiers qu'il venait de faire tracer, pour accroître par ces nouveaux habitants la richesse et la puissance du royaume, pour servir aux Marseillais de guides et leur apprendre les méthodes du grand négoce que le ministre leur reprochait d'ignorer. Aussi attachait-il une impor-

tance spéciale à deux clauses de son édit qui n'ont pas suffisamment attiré l'attention. « Et pour convier les estrangers de fréquenter le port de Marseille, même de s'y
venir establir, en les distinguant par des grâces particulières, voulons et nous plait que lesdits marchands
estrangers y puissent entrer par mer... sans qu'ils soyent
subjects au droit d'aubeyne, ny qu'ils puissent être
traités comme estrangers. Voulons aussy que les estrangers qui prendront party à Marseille et espouseront
une fille du lieu, ou qui acquièreront une maison dans
l'enceinte du nouvel agrandissement, du prix de dix
mille livres et au-dessus, qu'ils auront habitée pendant
trois années, ou qui en auront acquis une de cinq jusqu'à
dix mille livres et qui l'auront habitée pendant cinq
années, même ceux qui auront establi leur domicile et
faict un commerce assidu pendant le temps de douze
années consécutives dans ladicte ville de Marseille,
quoiqu'ils n'y aient acquis ni biens ni maisons, soient
censez naturels françois, réputés bourgeois d'icelle et
rendus participants de tous droits, privilèges et exceptions ». On peut penser que Colbert aurait même été
plus libéral si les Marseillais n'avaient eu une grande
répugnance à accorder leur droit de bourgeoisie, dont ils
étaient si fiers et si jaloux.

Mais tout en étant très libéral, l'édit de 1669 était, par
ailleurs, très protectionniste. Les étrangers n'étaient in-
demnes du paiement de tout droit que pour les marchandises du cru de leur pays. S'ils s'avisaient de vouloir
faire concurrence aux Marseillais, pour le transport des
marchandises du Levant, ils devaient payer le droit à peu
près prohibitif de 20 o/o, imaginé par les Marseillais eux-
mêmes. C'était vouloir forcer les étrangers à maintenir à
Livourne, ou à Gênes, l'entrepôt des marchandises du
Levant destinées à être distribuées dans la Méditerranée
occidentale. Et cependant Colbert voulait précisément
ramener cet entrepôt à Marseille. Dans ce but, les navires
français qui, de retour des échelles, touchaient à un port
étranger, au lieu de revenir directement à Marseille,
devaient payer le droit de 20 o/o sur tout leur chargement.

Ainsi, en définitive, le principe de la franchise absolue, formulé en tête de l'édit, était violé plus encore pour les étrangers que pour les Marseillais eux-mêmes. Le droit de 20 o/o faisait un leurre des autres avantages qui leur étaient accordés.

Une dernière disposition, conséquence de ce fameux 20 o/o, complétait le régime du nouveau port franc. L'énormité du droit aurait pu pousser les étrangers à la fraude. Écartés de Marseille, ils pouvaient songer à introduire les marchandises du Levant par d'autres ports du royaume; sans doute, ils y auraient été soumis au paiement du droit de cinquante sous par tonneau, mais il était possible d'y parer en faisant passer leurs bâtiments pour français à l'aide de prête-noms. C'est pourquoi, dans le but de faciliter la surveillance, l'édit de 1669 portait que les marchandises du Levant ne pourraient entrer dans le royaume que par Marseille et par Rouen. Dans tous les autres ports, même chargées sur des bâtiments français, elles devaient payer le 20 o/o, à moins qu'elles n'eussent été prises à Marseille. Or, les Rouennais, pas plus que les autres Ponantais, n'étaient habitués à aller dans le Levant où ils n'avaient pas de correspondants; ils recevaient, auparavant, les marchandises des Échelles par des navires des ports méditerranéens, ou allaient déjà les chercher à Marseille ou à Livourne; le port de Rouen ne profita donc pas de la permission qui lui était accordée. Le 20 o/o eut ainsi pour conséquence dernière de donner entièrement à Marseille le monopole du commerce de la France avec le Levant, privilège qui devait soulever contre elle de violentes jalousies.

Donc la franchise du port, au moment même de son institution, avant qu'elle eût subi aucune altération, était déjà limitée. Mais la situation faite à Marseille était tout à fait privilégiée. En dehors de ses exemptions, son monopole lui créait sur les autres ports un avantage énorme.

Les Marseillais firent cependant des protestations dernières contre certaines dispositions de l'édit dont ils essayèrent d'empêcher l'enregistrement par le Parlement d'Aix. Ils se plaignaient que le Roi voulût leur faire payer la moitié de l'indemnité due aux engagistes du droit de la table de la mer, évaluée à 211.508 livres, que le poids et casse fût maintenu et doublé, que le tarif du cottimo fût absolument destructeur du commerce. Ils n'obtinrent satisfaction que sur ce dernier point. Mais ces remontrances légitimes ne doivent pas tromper sur leur état d'esprit. Leur satisfaction avait été vive et la lettre de leur Chambre de Commerce à Colbert, du 30 mars 1669, suffit à montrer leurs sentiments à l'égard du ministre : « Nous ne pouvions pas recevoir une nouvelle qui pût davantage nous combler de joie que celle que vous avez bien voulu nous donner par une grâce singulière.... et puisque vous nous permettez de nous adresser à vous en toutes les occurrences des affaires comme à notre bienfaiteur, dans les occasions nous oserons bien vous donner connaissance de tout ce qui pourra être important en notre commerce. » Ce qui montre mieux encore combien, dès le début, les Marseillais apprécièrent les avantages de leur nouvelle situation, ce fut le zèle que déploya la Chambre de Commerce pour assurer l'exécution de l'édit de 1669.

Le plus difficile, au début, fut d'obtenir l'exécution de la clause relative au 20 o o, parce que le ministre ne prêtait qu'à contre cœur l'appui de son autorité. Les étrangers avaient trouvé des biais pour introduire les marchandises du Levant à Marseille sans payer le droit ; ils s'associaient avec des négociants français, faisaient commander leurs navires par des capitaines français et obtenaient des passeports des officiers de l'amirauté. Ceux-ci y mettaient de la complaisance et la Chambre de Commerce demandait en vain au ministre une intervention énergique. Il y avait contradiction apparente dans la conduite de Colbert, qui avait établi le 20 o/o à la demande des Marseillais, et semblait favoriser sous main les étrangers. Mais c'était une tactique transitoire suivie par le ministre, adaptée aux nécessités de la situation : il trouvait la marine et le commerce ruinés ; il voulut d'abord attirer les marchandises et les navires à Marseille, sans se préoccuper par qui ce trafic serait fait ; il comptait qu'ensuite les armateurs et négociants français auraient assez d'initiative pour profiter du mouvement ainsi créé. C'est ce qu'explique très bien l'économiste Forbonnais : « Lors du rétablissement du commerce du Levant en 1669, M. Colbert trouva notre nation dans une impuissance absolue de soutenir par elle-même tout son commerce au Levant.... Dans ces circonstances, M. Colbert appela les étrangers, leur industrie, leur argent, leurs matelots, et il se conduisit en homme de génie. Il était question, non pas de tirer beaucoup d'argent de notre commerce au Levant, mais d'en avoir un, d'en établir l'entrepôt à Marseille, d'en faire sortir beaucoup de vaisseaux, sans examiner à qui la propriété en appartenait, de répandre l'argent dans nos manufactures pour leur rendre la vie et non de choisir ceux dont on accepterait l'argent ; enfin il fallait tirer de la main des Anglais et des Hollandais le commerce du Levant par une grande concurrence quelconque où les Français trouvassent un bénéfice. » (1).

Mais, plus tard, quand le nombre des bâtiments français fut suffisant pour alimenter le commerce et quand la concurrence des bâtiments étrangers devint un danger pour le développement de notre marine marchande, au lieu d'être un utile stimulant, Colbert changea de tactique. De nombreux arrêts du Conseil interdirent aux marchands français de s'associer avec des étrangers pour faire le commerce du Levant, à moins de se servir de vaisseaux français, construits en France, dont les 2 5 de l'équipage et le capitaine fussent Français, et dont l'armement et le désarmement fussent faits réellement en France. Les Marseillais entraînèrent Seignelay beaucoup plus loin dans les mesures de protection contre les étrangers. En 1686, il révoqua la permission d'abord accordée de les associer

(1) *Questions sur le com. du Levant*, p. 102-103. — Cf. *Recherches et considérations sur les finances*, p. 431 (année 1669).

pour un tiers à la propriété des navires. L'ordonnance du 21 octobre 1687 alla plus loin encore : il n'était même plus permis à des étrangers d'introduire les marchandises du Levant sur des bâtiments français. Elle défendit « à tous marchands français résidans au Levant et à tous autres de prêter leur nom aux Arméniens, Juifs et autres étrangers, directement ou indirectement, pour charger des soies ni autres marchandises pour les apporter en France, et à tous capitaines de recevoir lesdites soies et marchandises dans leurs bords, ni les personnes desdits Arméniens et Juifs, à peine de confiscation desdits vaisseaux et marchandises et de 3.000 livres d'amende. » L'exclusion des étrangers de toute participation au commerce du Levant à Marseille fut maintenue aussi rigoureuse par Pontchartrain et les ministres qui lui succédèrent. Les Marseillais, toujours animés du même esprit exclusif, avaient donc réussi, non seulement à assurer l'exécution, mais à aggraver les dispositions protectionnistes de l'édit de 1669.

Ils eurent beaucoup plus de peine à faire respecter les franchises qui y étaient stipulées, ou, pour mieux dire, ils n'y réussirent pas. La Chambre de Commerce soutint une lutte sans trève pour les défendre jusqu'en 1789.

Les premières atteintes vinrent des successeurs de Colbert dont le protectionnisme n'était plus tempéré par le sentiment très vif des intérêts du commerce. Il faut dire qu'ils étaient entraînés chaque jour plus loin dans la voie de la protection, par les sollicitations des industriels qui se plaignaient de la concurrence étrangère. C'est ainsi que pour encourager l'industrie cotonnière, alors à ses débuts, ils multiplièrent à partir de 1686 les édits de plus en plus rigoureux, interdisant dans le royaume l'entrée des toiles de coton, peintes, teintes et blanches, l'un des articles les plus importants du commerce du Levant. Pour empêcher les fraudes, l'interdiction fut étendue au port de Marseille en 1691. Dans un de ses mémoires, la Chambre de Commerce remontrait, en 1694, que Livourne, profitant de ces prohibitions, était devenue l'entrepôt de ces toiles. Pour compléter ces mesures, l'arrêt du Conseil du 11 décembre 1691, en faveur des cotons des Antilles, frappa les cotons filés du Levant d'une imposition de 20 livres par quintal, « ce qui causa une diminution de plus de la moitié du commerce qui se faisait à Marseille de cette marchandise » très importante. En 1692, ce fut l'entrée des bourres de soie et de coton du Levant, des toiles de lin d'Egypte, qui fut interdite dans le port franc. A côté des prohibitions à l'entrée, il y en eut à la sortie : celle des plombs travaillés, entre autres des plombs de chasse, en 1686.

Enfin, les deux guerres de la fin du règne de Louis XIV firent prohiber, même dans le port franc pour la réexportation, l'entrée des marchandises anglaises et hollandaises nécessaires aux assortiments pour le Levant. D'autre part, plusieurs marchandises, telles que les cafés et les cassonades du Brésil, ne purent être introduites à Marseille qu'en étant soumises à l'entrepôt, dans les magasins fermés à deux clefs.

Toutes ces prohibitions avaient entraîné d'autres violations de la franchise : elles avaient servi au mieux les intérêts des fermiers des droits du roi qui, peu à peu, avaient réussi à introduire de nouveau leurs bureaux de perception dans la ville, en dépit de l'édit de 1669.

Dans un long mémoire, adressé à la Cour en 1694, pour demander le rétablissement de la franchise, la Chambre de Commerce écrivait, en rappelant la situation du commerce avant l'édit de 1669 : « On est sur le point de se voir dans une bien plus pire situation que jamais..... Les étrangers ne veulent plus venir à Marseille ; les naturels même se délivrent volontiers de l'oppression qu'ils trouvent en entrant dans ce port, voyant leurs bâtiments abordés par un nombre de bâtiments chargés de commis qui montent et entrent dedans comme à un pillage, pour trouver, les uns du café, les autres du sucre, du tabac, du sel, de la poudre, des glaces de miroir, etc., ce qui est insupportable surtout aux étrangers, et aux matelots en particulier, qui pestent et jurent de ne revenir plus à Marseille, où ils n'ont pas la liberté qu'ils ont chez les étrangers d'y apporter pour leur compte des bagatelles. »

Il faut ajouter qu'à partir de 1691 une nouvelle imposition, jointe au cottimo, pesait sur tous les navires qui revenaient du Levant à Marseille. Le paiement des appointements des consuls des Échelles avait été attribué à la Chambre de Commerce. Celle-ci, pour y suffire, perçut sur les navires le droit de tonnelage, remplacé en 1722 par le droit de consulat. Les Marseillais ne protestèrent pas parce que l'établissement de cette nouvelle taxe avait été rendu nécessaire par une heureuse réforme des consulats. Ce n'en était pas moins une charge de plus pour les navires qui fréquentaient le port franc.

La restauration de la franchise, devenue nécessaire moins de trente ans après son établissement, fut négociée activement en 1695, mais l'opposition des fermiers la fit échouer. La création du Conseil du Commerce, le 29 juin 1700, permit aux Marseillais de rouvrir le débat dans des conditions plus favorables et de triompher après trois ans de discussions bien que, dans cette lutte mémorable, les fermiers du roi eussent trouvé des auxiliaires puissants et ardents dans la coalition des ports du Ponant. Le conflit entre ces ports et Marseille occupa, jusqu'après 1705, un grand nombre de séances du Conseil de Commerce, et fit rédiger aux deux parties de volumineux mémoires. Dunkerque, Rouen, Nantes, Bordeaux, Bayonne, protestèrent vivement contre les privilèges de Marseille. Ce n'était pas le principe de la franchise qu'elles attaquaient ; Bayonne et Dunkerque n'auraient pu le faire puisqu'elles étaient ports francs elles-mêmes. Mais c'était le monopole attribué à Marseille pour la vente des produits du Levant qui leur paraissait intolérable. Seulement le monopole semblait tellement lié au régime conçu par Colbert qu'en l'attaquant on menaçait l'édifice tout entier. A force de ténacité, d'intrigues et même de sommes d'argent distribuées à propos dans l'entourage du Conseil, ou de cadeaux donnés aux membres eux-mêmes, la Chambre obtint enfin l'arrêt du Conseil du 10 juillet 1703, portant rétablissement de la franchise de la ville, port et territoire de Marseille.

Le préambule, fort développé, rappelait les privilèges accordés par l'édit de mars 1669, les arrêts qui les avaient confirmés et étendus ; il énumérait ensuite les arrêts subséquents qui avaient altéré la franchise et concluait ainsi : « Quoique tous ces règlements semblent n'avoir été faits que pour favoriser le commerce des sujets de S. M. et lui donner quelque avantage sur le commerce des étrangers, ils n'ont pas laissé cependant de produire un effet tout contraire. Depuis les difficultés auxquelles l'exécution de ces règlements a donné lieu dans Marseille, les étrangers qui y avaient pris des habitudes vont faire commerce à Gênes et à Livourne, qui sont devenues par ce moyen les places les plus fréquentées et les plus considérables pour le commerce de Levant et d'Italie ».

L'édit commençait par déclarer que « les habitants de la ville de Marseille et les marchands et négociants, tant sujets de S. M. qu'étrangers et autres personnes de toutes nations et qualités, jouiraient dans toute l'étendue de la ville, port et territoire de Marseille, des exemptions, privilèges et franchises accordés en faveur du commerce et portés par l'édit du mois de mars 1669 » ; mais il renfermait ensuite plusieurs restrictions. Les prohibitions subsistaient en partie : « les draps, étoffes et bas de laine de manufactures étrangères, les étoffes des Indes de toutes sortes, même celles d'écorces d'arbres, les toiles peintes des Indes, les morues sèches de la pêche des étrangers et les cuirs tannés, venant de Levant et d'ailleurs, ne pourraient entrer dans ladite ville et port de Marseille, ni en être fait commerce par les marchands et négociants de ladite ville à peine de confiscation des marchandises et de 3.000 livres d'amende. »

Les bureaux des fermes étaient reportés, comme en 1669, aux limites du territoire, « à l'exception, néanmoins, du bureau des chairs et poissons salés dépendant de la ferme des gabelles, du bureau des poids et casse, de celui de la ferme du domaine d'Occident et de celui de la ferme du tabac ». Les entrepôts établis pour les cassonades du Brésil et pour le café n'étaient supprimés que pour trois ans ; il est vrai que la liberté du commerce de ces deux denrées fut renouvelée régulièrement tous les trois ans, jusqu'en 1715.

La franchise établie en 1703 n'était donc pas aussi complète que celle de 1669 ; elle était cependant un bienfait considérable ; les Marseillais obtenaient la liberté pour les trois marchandises qui avaient fait surtout l'objet de leurs sollicitations : les toiles de coton du Levant, les sucres et le café. En même temps que l'édit de 1703 rétablissait la franchise du port, il maintenait le 20 o o et le monopole de Marseille, et déboutait les villes du Ponant de leurs demandes.

C'eût été se bercer de trompeuses illusions que de croire que l'édit de 1703 serait mieux respecté que celui de 1669. Cependant, il porta ses fruits : en 1789, la franchise restait certainement plus intacte qu'elle ne l'était vers 1700. C'est que les nouvelles idées économiques avaient fait, peu à peu, leur chemin dans les esprits ; le temps des ministres protectionnistes à outrance était passé : ce ne fut plus contre les atteintes du gouvernement que les Marseillais eurent à se défendre. Ainsi, la liste des prohibitions ne fut pas allongée. Bien plus, les lettres patentes du 28 octobre 1759 supprimèrent celle qui avait été établie sur les toiles de coton blanches et sur celles de coton, de lin, de chanvre, peintes ou imprimées. La franchise du port fut, de ce fait, étendue à un groupe d'articles très important, jusqu'en 1789. On peut même remarquer que certaines prohibitions ne furent maintenues que sur la demande des Marseillais ; en avril 1735, la Chambre de Commerce envoya à la Cour un mémoire pour se plaindre de la ruine des tanneries de Marseille, parce qu'on tolérait les cuirs étrangers depuis 1724. C'est à la suite de cette démarche que l'arrêt du conseil du 7 mai 1735, renouvela les défenses portées par celui du 10 juillet 1703 de faire entrer à Marseille les cuirs tannés à l'étranger. Les Marseillais furent un peu moins heureux pour maintenir l'exemption de tous droits d'entrée et de sortie qu'ils considéraient comme le fondement de la franchise, car, depuis 1703, ils s'étaient résignés au système des prohibitions. Différents droits d'entrée furent établis dans le port même de Marseille : en 1759, sur les cuirs tannés et apprêtés à Marseille ; en 1767, sur les toiles ; en 1771, sur les papiers et cartons, puis sur les amidons étrangers. Il faut ajouter que, depuis 1727, un droit sur les huiles était perçu au profit de la Chambre de Commerce. Somme toute, il faut reconnaître que le gouvernement royal, malgré sa politique économique et ses besoins fiscaux, n'avait porté que faiblement atteinte à la franchise, telle que l'avait rétablie l'arrêt de 1703.

Mais les fermiers des droits du roi avaient été pour elle de rudes adversaires. Ils mirent à soumettre le premier port du royaume à leurs exactions une ténacité et un acharnement remarquables. Leurs entreprises étaient devenues beaucoup plus dangereuses qu'au xvii siècle, parce qu'au lieu d'avoir à se défendre contre des partisans isolés, le commerce devait lutter contre la puissante compagnie des fermiers généraux, les quarante colonnes de l'État, comme les appelait Fleury, rendus plus indispensables à mesure que les besoins du trésor étaient plus pressants. Aussi, dans cette lutte inégale, il n'est pas étonnant que la Chambre de Commerce ait été impuissante.

A plusieurs reprises, les fermiers réussirent à faire percevoir à Marseille des impositions qui ne leur étaient point dues. Ils savaient faire revivre d'anciens usages abolis, profiter d'une ordonnance nouvelle où les droits de Marseille n'avaient pas été expressément réservés, interpréter en leur faveur les termes ambigus d'un nouveau règlement.

Cependant, la perception de quelques droits, introduite dans Marseille, n'était rien à côté des vexations renouvelées à chaque instant par les commis des fermes, sous prétexte d'exercer leurs droits ou d'empêcher les contrebandes. Les édits de 1669 et de 1703 avaient laissé subsister quatre bureaux de perception pour le poids et casse, les chairs et poissons salés, le domaine d'Occident et le tabac. Les commis apportaient dans leurs fonctions un esprit de tracasserie qui causait beaucoup de gêne au commerce. Ceux du poids et casse, surtout, ne cessèrent d'exciter des plaintes contre eux. Pour se ménager leur bienveillance, les négociants se décidèrent à leur donner des gratifications qui finirent par surpasser même le montant des droits du roi : si le paiement de ceux-ci s'élève à 50 livres, écrit la Chambre en 1726, il faut leur donner en outre 60 livres.

De plus, par un zèle intempestif, ces commis cherchaient à suppléer à l'absence des autres bureaux des fermes à Marseille. Ils voulaient exercer partout leur surveillance pour empêcher les contrebandes. L'édit de 1703 leur permettait de faire des visites dans les maisons pour les besoins de leur régie, mais ils ne devaient les faire qu'accompagnés d'un « officier de l'Hôtel de ville ou de police » pour éviter les abus. Ils outrepassaient leurs droits de deux façons : ils faisaient leurs visites sous toutes sortes de prétextes et pratiquaient des saisies pour des objets qui ne les concernaient pas; ils visitaient et saisissaient sans être accompagnés de personne. Cependant, l'édit de 1703 était formel : la répression de la contrebande des marchandises prohibées dans le port de Marseille était exclusivement réservée à la Chambre de Commerce.

Entraînés par leur exemple, les commis des bureaux placés aux limites du territoire de Marseille prétendirent aussi pouvoir faire des visites, au moins dans les maisons et bastides des alentours de la ville. Ils n'avaient pour cela absolument aucun titre, mais ils n'hésitaient pas à s'appuyer sur une interprétation absolument insoutenable d'un passage de l'édit de 1703. Plus tard ils obtinrent un arrêt du Conseil, du 3 mai 1723, par lequel le roi défendait « de faire amas et entrepôt de marchandises dans l'étendue du terroir de Marseille, et permettait aux employés des fermes d'y faire des recherches et visites. » Les auteurs des entrepôts, et les propriétaires des bastides où on les trouverait, seraient condamnés à une amende de 3.000 livres. La Chambre de Commerce travailla en vain à faire rapporter cet arrêt.

Ce n'était pas assez de saisir la contrebande quand les marchandises étaient débarquées : les commis poussèrent le zèle jusqu'à faire des visites dans le port et dans les navires même, violation la plus grave de la franchise et la plus propre à détourner les étrangers du port de Marseille. S'ils y pratiquaient des saisies de marchandises prohibées, ils accusaient audacieusement la Chambre de Commerce de négligence, tandis que celle-ci se bornait à respecter l'édit de 1703. En la chargeant de la répression de la contrebande, cet édit lui interdisait de faire pratiquer des visites sur les bâtiments.

A quel traitement celles des commis exposaient les étrangers, c'est ce qu'on peut imaginer en lisant cette lettre adressée par la Chambre de Commerce à Maurepas. en 1728. « Les brigades du sel et celles du tabac, établies en cette ville, ont saisi un bâtiment espagnol dont le capitaine et l'équipage ont été liés et attachés avec des cordes comme des criminels, gardés pendant huit jours en cet état à bord de la barque et ensuite conduits en prison où ils sont encore. Une violence si extraordinaire commise sous nos yeux, dans un port franc, et dont la Cour d'Espagne est informée à ces heures, nous a engagés à en faire nos représentations à Mgr le Contrôleur général. »

Les commis des fermes voulurent enfin poursuivre la contrebande jusque sur mer, dans le voisinage de Marseille. Interprétant abusivement des arrêts du Conseil de 1719 et 1752, rendus pour les autres ports, ils prétendirent avoir le droit d'arrêter à deux lieues en mer et de visiter tous les petits bâtiments de 50 tonneaux et au-dessous et de confisquer tous ceux sur lesquels ils trouveraient de la contrebande. La Chambre de Commerce fit nettement ressortir l'absurdité d'une telle prétention. « Pour faire le commerce d'entrée et de sortie de Marseille, écrivit-elle, il faut qu'il y arrive ou qu'il en sorte une foule de petits bâtiments chargés de marchandises permises et exemptes de droits à Marseille quoiqu'elles ne le soient pas ailleurs. Ces petits bâtiments.... doivent par une nécessité physique se trouver, en faisant leur route, à moins de deux lieues au large des côtes du royaume ; donc, suivant le fermier, il devra saisir et confisquer tous les petits bâtiments entrant et sortant du port de Marseille. Donc il faut abolir la franchise du port..... ou du moins il faudrait en interdire l'usage quant aux petits bâtiments au-dessous de 50 tonneaux. »

A l'avènement de Louis XVI, la Chambre de Commerce tenta un vigoureux effort pour faire renouveler et confirmer solennellement une fois de plus la franchise menacée de totale destruction. Un véritable krach financier venait d'amener une grave crise en 1774 : le nouveau règne semblait ouvrir une ère de réformes. Donc l'occasion était favorable et la nécessité urgente, comme la Chambre l'expliquait dans le premier mémoire qu'elle adressait à la Cour. Elle essayait habilement d'y faire ressortir que les privilèges de Marseille ne lui avaient été accordés que pour l'avantage du royaume, et que l'intérêt même du trésor royal était de les maintenir : « Malgré tous les raisonnements possibles des fermiers ou traitants, disait-elle, malgré toutes les subtilités qu'ils pourront imaginer, ils ne parviendront jamais à affaiblir cette vérité incontestable que la franchise du port de Marseille n'a été créée, par l'édit de 1669, que pour le bien des peuples français, pour l'intérêt du royaume de France et par opposition à l'intérêt des royaumes étrangers, que la politique qui présida à la formation de cet édit n'eut pour objet que d'écarter le commerce qui se faisait dans les places de Gênes, de Livourne et autres places voisines, pour le ramener dans un port de France et procurer aux sujets du roi des avantages qu'une politique mal entendue laissait prendre aux nations étrangères. »...

La question des ports francs était alors à l'ordre du jour ; en 1778, on avait promis aux Américains, dans le traité d'alliance conclu avec eux, de leur ouvrir des ports francs. Cette faveur était nécessaire puisqu'ils rompaient avec l'Angleterre ; elle aurait pu attirer en France un courant commercial important. D'un autre côté, la franchise de Dunkerque et celle de Bayonne étaient discutées au Conseil, comme celle de Marseille.

Malgré l'insistance de la Chambre et la bienveillance du ministre Sartines, il ne sortit rien de ce grand débat. L'affaire resta en suspens ; pendant dix ans les querelles de détail continuèrent entre les Marseillais et les fermiers, sans que la question de la franchise fût abordée dans son ensemble. Mais ces différends, qui renaissaient sans cesse, créaient une situation intolérable. Des deux côtés on songea à en finir, une fois pour toutes. De 1786 à 1789, une dernière lutte fut entamée où les uns poursuivaient la restauration complète, les autres la limitation définitive ou même l'anéantissement des franchises de Marseille.

Tout conspirait contre celles-ci. Les fermiers généraux avaient pour les soutenir, au Conseil du Commerce, les représentants des autres villes du royaume dont l'hostilité pour le port franc persistait, à cause du monopole qui y était attaché. De plus, il y avait un courant d'opinion très puissant, à la veille de la Révolution, en faveur de l'égalité des droits et des charges, et de l'abolition de tous les privilèges. Enfin on songeait, à la cour, à simplifier et à unifier le système des douanes, à supprimer toutes les douanes intérieures, à les remplacer par des droits uniformes sur toutes les frontières, à l'entrée et à la sortie.

En face de cette coalition d'influences, les Marseillais n'eurent pas la décision ni la vigueur nécessaire parce que la division se mit parmi eux, au sujet du régime qu'il fallait solliciter pour leur port. Il ne suffisait pas, en effet, pour faire cesser toutes les difficultés, de réclamer, comme on l'avait fait pendant longtemps, l'exécution des édits ou arrêts de 1669 et de 1703. Deux transformations capitales dans le commerce de Marseille, au xviii° siècle, avaient créé des complications nouvelles qui rendaient plus difficile encore le maintien ou le rétablissement de l'ancienne franchise.

D'un côté, la transformation de Marseille en une ville presque aussi industrielle que commerçante avait été un des résultats principaux, pour ne pas dire le principal, de la franchise. On verra au chapitre suivant quelles difficultés inextricables en résultaient. D'un autre côté, le commerce de Marseille avec les colonies françaises, insignifiant encore en 1703, puisqu'il n'avait été régulièrement autorisé qu'en 1719, avait pris une importance de plus en plus grande, au xviiie siècle. Comme il n'en avait été question, ni en 1669, ni en 1703, Marseille n'était pas port franc pour les colonies. Elle n'avait pas intérêt à demander qu'elle le devint car les droits sur les importations des colonies, dans le royaume, étaient peu élevés, tandis que les produits venant de Marseille en eussent acquitté de très considérables, s'ils avaient été traités comme produits étrangers en entrant dans les colonies. Aussi la Chambre de Commerce était-elle très fixée sur ce point et donnait-elle pour instructions à ses représentants à la cour, en 1787, de demander que le port « fût considéré comme territoire étranger, sauf pour le commerce des colonies qui devait être soumis aux mêmes règles que dans les autres ports. »

Tandis que les Marseillais recherchaient un système capable de concilier toutes les contradictions et de ménager tous leurs intérêts, la Chambre apprit tout à coup confidentiellement, en 1788, qu'un projet de lettres patentes avait été dressé pour substituer à la franchise du port un système d'entrepôts généraux. « Vous verrez, lui écrivait son agent Rostagny, que, par ce projet, votre franchise serait complètement anéantie... Je ne dois pas vous dissimuler que j'aperçois un système de liberté contraire à tous privilèges et que j'entrevois de la propension à l'anéantissement de toutes franchises et de toutes exceptions. » La Chambre se hâta d'envoyer aux ministres, et à tous ceux qu'elle pouvait faire intervenir auprès d'eux, un mémoire de protestation, demandant qu'au moins elle fût consultée au sujet des projets qui concernaient Marseille; elle obtint gain de cause. Sur ces

entrefaites, la fixation de la convocation des Etats généraux et la chute du ministre de Brienne sauvèrent
momentanément Marseille du coup qui la menaçait.
C'était devant la Constituante que devait être plaidée une
dernière fois la cause du port franc ; le courant d'opinion
qui venait de se manifester, si puissamment déjà, pouvait
nettement faire prévoir l'issue définitive du procès.

La conclusion à tirer de cette brève étude est très
nette : le régime économique auquel Marseille était soumis, depuis 1669, était des plus compliqués malgré son
titre de port franc. Le principe de la franchise absolue
avait bien été nettement formulé, mais l'édit de 1669 ne
l'avait pas respecté et moins encore l'arrêt de 1703. De
plus, comme jamais les édits ni l'arrêt n'avaient été
observés, il est bien difficile de se faire une idée du
degré de franchise dont jouissaient les Marseillais, à un
moment quelconque du XVIIᵉ ou du XVIIIᵉ siècle.

Ajoutons toutes les contradictions du régime du port :
Marseille, ville étrangère pour le Levant, port national
pour les colonies, ni étrangère ni nationale pour ses
industries, dotées comme on disait d'un régime mixte (1),
la franchise créée pour attirer les étrangers, puis
les mesures de protection accumulées contre eux. Il n'est
pas étonnant que de toutes ces contradictions soient sorties ces interminables querelles qui avaient rempli tout
le XVIIIᵉ siècle, sans pouvoir être résolues. Il serait aussi
injuste de les attribuer aux prétentions inconciliables, ou
à la mauvaise foi, des Marseillais et des fermiers généraux
qu'à la franchise elle-même. La vraie cause des difficultés, c'est que Marseille n'avait jamais été port franc
absolu. C'est pourquoi chacun était d'accord, à la veille
de la Révolution, qu'on ne pouvait maintenir plus longtemps ce régime bâtard et incohérent, compromis curieux
entre le système du libre échange et celui de la protection, où ce dernier tenait certainement autant de place
que celui-là.

(1) Voir le chapitre suivant.

Pourtant, avec toutes ses imperfections, il assurait à Marseille de grands avantages sur les autres ports, qui supportaient sans aucun adoucissement le poids des droits de douane, la gêne des prohibitions, surtout la tyrannie des abus et des vexations exercée par les fermiers. Par comparaison, il représentait une somme très grande de liberté. On comprend donc, malgré tout, l'attachement des Marseillais pour le port franc de Colbert qu'ils regardaient comme le palladium de leur prospérité. C'est à lui, en effet, qu'ils devaient en partie le nouvel éclat de leur commerce et le développement de leur ville au XVIIIe siècle.

CHAPITRE III

PORTS FRANÇAIS. MARSEILLE : *La prospérité de Marseille
et celle du royaume*

Il n'est pas besoin de rechercher longtemps quel résultat Colbert se proposait d'atteindre en créant le port franc
de Marseille. Il suffit de relire le texte de l'édit de 1669. Ce
que désirait le ministre, c'était rendre à Marseille la situation qu'elle avait acquise au xvi⁰ siècle, en faire le grand
entrepôt commercial de la Méditerranée occidentale, le
rendez-vous préféré des navires et des négociants étrangers, au détriment surtout de Gênes et de Livourne.

Il est impossible de préciser bien exactement l'influence
que la franchise put avoir sur le commerce des étrangers,
mais il est absolument certain qu'elle ne produisit pas ce
« grand concours » espéré par Colbert. La Chambre de
Commerce écrivait bien, en 1677 : « Le droit de 20 o/o a
comme transporté en France le magasin des marchandises du Levant qui était auparavant à Livourne, Gênes
ou ailleurs et les étrangers sont presque réduits à venir
s'en pourvoir chez nous. » Il fallait comprendre par là
que les Français n'allaient plus chercher les marchandises du Levant aux entrepôts étrangers, pour éviter le
paiement du 20 o/o. Quant aux étrangers, ce droit à lui
seul aurait suffi pour les empêcher de déserter Livourne,
Gênes et les autres ports rivaux de Marseille. S'ils furent
attirés au début par la nouvelle franchise, c'est parce que
la politique tolérante de Colbert leur permit, pendant
quelque temps, d'échapper souvent au paiement du droit.
En dehors de cette imposition et du cottimo, qui éloi-
gnaient les Anglais et les Hollandais, les guerres de
Louis XIV achevèrent de leur faire préférer des ports
dont la neutralité assurait en tout temps une sécurité
complète à leurs opérations.

Tous les vaisseaux qui fréquentaient les Echelles faisaient donc leur retour à Livourne, à Gênes ou à Messine comme avant l'établissement de la franchise. S'ils avaient à s'arrêter à leur voyage d'aller, pour entreposer des marchandises ou pour se ravitailler, ils le faisaient naturellement de préférence dans les mêmes ports où ils avaient leurs correspondants. En définitive, Marseille ne devint l'entrepôt des marchandises du Levant que pour les Français du Ponant, et pour les gens du Nord, Danois, Suédois, Hanséates, qui n'envoyaient pas de navires dans les Echelles, mais venaient échanger dans les entrepôts de la Méditerranée occidentale les produits de leur pays contre les marchandises du Levant. Elle fut aussi, en concurrence avec ses rivales italiennes, un centre de distribution important pour l'Espagne et pour l'Italie elle-même. Ce trafic occupait en tout temps des centaines de caboteurs, provençaux, italiens ou espagnols.

La franchise ne produisit donc pas son effet ordinaire, en faisant baisser les prix de fret par la concurrence d'un grand nombre de navires. Les prix de fret restèrent plus élevés à Marseille que dans les ports anglais, hollandais ou italiens, pendant tout le xviie et tout le xviiie siècle. C'était une des infériorités dont les Marseillais se plaignaient fréquemment.

Un autre désir non moins vif de Colbert avait été de décider, par des faveurs spéciales, les négociants étrangers à venir s'établir en grand nombre dans le port franc. Mais les Marseillais étaient plus hostiles encore à ces vues du ministre. Ils firent tous leurs efforts pour dégoûter les étrangers de se fixer dans leur ville, tandis que Colbert, au courant de leur état d'esprit, cherchait à triompher de leur mauvaise volonté. « Je vous prie, écrivait-il au président d'Oppède en 1671, de donner aux Arméniens toute la protection que l'autorité de votre charge vous permettra, et de les garantir de toutes les chicanes des habitants de ladite ville, qui ne connaissent pas en quoi consistent leurs avantages. » Les Arméniens étaient précisément, avec les Juifs, les concurrents que redoutaient le plus les Marseillais. Grâce à leur habileté, au peu de scrupules dont on les accusait, aux correspondances qu'il leur était facile de nouer avec leurs coreligionnaires, intermédiaires obligés du commerce dans toutes les Echelles, on pensait qu'il leur serait facile de s'emparer de tout le trafic.

N'avait-on pas sous les yeux l'exemple de Livourne ? C'étaient eux qui faisaient la fortune de cette ville, mais aussi ils étaient les maîtres de la place. Cependant Colbert était décidé à protéger les Juifs aussi bien que les Arméniens. La Chambre de Commerce lui demandait, en 1672, l'expulsion de trois marchands juifs qui avaient obtenu deux ans auparavant du ministre, de Lionne, la permission d'habiter Marseille, d'où leurs coreligionnaires avaient été chassés depuis plus d'un siècle.

Colbert répondait, l'année suivante, à l'intendant Rouillé : « Vous ne devez pas vous étonner si les Marseillais vous ont tant parlé des Juifs qui s'établissent à Marseille ; la raison est qu'ils ne se soucient pas que le commerce augmente, mais seulement qu'il passe tout par leurs mains et se fasse à leur mode. Il n'y a rien de si avantageux pour le bien général du commerce que d'augmenter le nombre de ceux qui le font, en sorte que ce qui n'est pas avantageux aux habitants particuliers de Marseille l'est fort au général du royaume. »

Pourtant, quelques années plus tard, les Marseillais réussirent à convertir Colbert lui-même à leurs idées. Le 2 mai 1682, était expédié l'ordre du roi de faire sortir les Juifs de Marseille : l'année suivante, il était exécuté par l'intendant contre les sieurs Villeréal, Abraham, Arias et autres. Jusqu'à la fin du xviiᵉ siècle, les Arméniens et les Juifs restèrent frappés du même ostracisme de la part des Marseillais. Cependant les vieilles ordonnances au sujet des Juifs étaient tombées en désuétude. A la veille de la Révolution, plusieurs familles israélites, d'origine algérienne surtout, étaient domiciliées à Marseille.

Les Marseillais avaient obtenu, des successeurs de Colbert, une série de restrictions rigoureuses au commerce

des étrangers, qui ne permettaient guère à ceux-ci de
s'établir dans leur ville. D'après les règlements ou ordonnances de 1686 et 1687, il y avait pour eux défense de
charger des marchandises à Marseille sur des bâtiments
français, d'en adresser aux négociants français des
Echelles, ou d'en recevoir. Aux capitaines français,
il était interdit de prendre à leur bord, dans les
Echelles, des cargaisons appartenant à des étrangers, ou
qui leur étaient expédiées. L'ordonnance du 21 octobre
1687, renforcée par un arrêt du conseil du 27 janvier 1694,
défendait expressément l'entrée en France des marchandises pour le compte des Arméniens, Juifs et autres
étrangers, à peine de confiscation et de 3.000 livres
d'amende. Les opérations des négociants étrangers à
Marseille étaient donc singulièrement limitées, et leur
situation peu tentante.

Cependant il y eut des étrangers envers lesquels les
Marseillais se montrèrent plus hospitaliers. Les Suisses
furent toujours bien accueillis dans la ville. Par une
faveur spéciale, ils y jouissaient sans avoir obtenu le
droit de bourgeoisie, ni même la naturalisation française,
des mêmes priviléges que les citoyens français : ils pouvaient commercer avec le Levant au même titre et même
résider dans les Echelles, où il jouissaient de la protection
de nos consuls. Pareille générosité n'était évidemment
pas désintéressée. Les Marseillais cherchaient à attirer
chez eux le commerce important de transit, fait avec
l'Allemagne à travers la Suisse, qui leur était déjà disputé
par Gênes et plus tard par Trieste. Aussi y eut-il toujours,
à Marseille, une colonie importante de Suisses et particulièrement de Génevois. Suivant l'espoir de Colbert,
plusieurs se signalèrent par leur initiative et se firent
une grande place parmi les négociants.

A la veille de la Révolution, deux d'entre eux, Jacques
de Seymandi et Dominique Audibert, brillaient au premier rang par leur fortune et par leur influence. Ils devin-
rent échevins et jouèrent un rôle important à l'Hôtel de
Ville ou à la Chambre de Commerce. Instruits et éclairés

ils figuraient, seuls négociants, parmi les membres de l'Académie de Marseille ; Audibert en devint même secrétaire perpétuel. Ils entretenaient avec le ministre Necker, leur compatriote, une correspondance suivie. Le bel hôtel que se fit bâtir Audibert est aujourd'hui celui du commandant du xv⁰ corps d'armée. On retrouve, parmi les familles de l'aristocratie marseillaise actuelle, tout un noyau de descendants des Suisses attirés par le port franc.

Les Hollandais jouirent aussi, au xviii⁰ siècle, d'une situation privilégiée que la force des armes leur avait acquise. Aussi ne recevaient-ils pas le même accueil que les Suisses, car c'était bien des concurrents qui venaient prendre pied dans la place. Un article du traité de Ryswick, reproduit dans le traité d'Utrecht, accordait aux Hollandais les mêmes privilèges qu'aux Français, pour le commerce du Levant, et cette clause fut renouvelée dans le traité de commerce du 21 décembre 1739. Pendant la longue période de paix qui s'étendit de 1713 à 1743, plusieurs familles hollandaises vinrent à Marseille et y acquirent droit de cité. En 1750, les de Veer et les Fraissinet étaient regardés « comme bourgeois et citadins, attendu leur longue résidence ».

Enfin, pendant la guerre de la Ligue d'Augsbourg, Louis XIV avait accordé aux Hanséates toutes facilités pour leur commerce et leur établissement dans les ports du royaume, mais il ne semble pas qu'ils en aient beaucoup profité, du moins pour se fixer à Marseille. Le consul hambourgeois, qu'on y voyait à la fin du xvii⁰ siècle, était là pour surveiller et protéger les navires hanséates attirés assez fréquemment à Marseille par les avantages du port franc et par ceux de leur neutralité.

Le gouvernement de Louis XVI, gagné en partie aux nouvelles idées économiques, voulut inaugurer vis-à-vis des étrangers un régime plus libéral. L'ordonnance du 3 mars 1781 supprimait la plupart des entraves établies et maintenues, ou aggravées, depuis Seignelay. Désormais, il était permis aux négociants étrangers de charger à Marseille, ou dans les Echelles, toutes sortes de marchandises, sauf les draps, sur des bâtiments français, en payant les mêmes droits que les Français; les navires français pouvaient être adressés de Marseille à des négociants étrangers des échelles.

Pendant quatre ans, la Chambre de Commerce ne cessa d'adresser des représentations fortement motivées au sujet des facilités accordées et de la concurrence établie: les étrangers s'emparaient du commerce parce qu'ils avaient des facilités plus grandes et moins de charges à supporter; ils bouleversaient les prix et causaient des pertes énormes; les faillites se succédaient; on était sur le point d'abandonner le commerce. La Chambre invoquait à ce sujet l'exemple des Anglais : « Jamais, disait-« elle, ils n'ont admis les étrangers dans leurs colonies, « jamais aucune nation d'Europe n'a pu pénétrer dans « leurs établissements dans l'Inde... Ils sont si jaloux du « commerce du Levant que nous allons leur céder, ils y sont « si rigides, qu'aucun Anglais ne peut y importer ni en « exporter quelque marchandise que ce soit, sans affirmer « par serment que les effets qu'il expédie ou qu'il reçoit « sont pour son compte propre, comme vrai Anglais, ou « pour celui de toute autre personne franche, appartenant « à la Compagnie de Turquie, et pouvant y trafiquer. »

Le ministre finit par donner raison à la Chambre; non seulement les facilités accordées furent révoquées par l'ordonnance du 29 avril 1785, mais celle-ci fut accompagnée d'ordres sévères, pour faire exécuter de la façon la plus rigide les règlements antérieurs concernant les étrangers. Ainsi, jusqu'à la Révolution, l'une des préoccupations constantes des Marseillais fut d'empêcher les négociants, et les navires étrangers, de participer au commerce du Levant qu'ils considéraient comme un commerce national, ou plutôt comme leur propre patrimoine. Ce n'est pas ici le lieu de juger leur conduite; bornons-nous à dire qu'il serait injuste de condamner à la légère leur exclusivisme, inspiré de la politique qui dicta l'Acte de navigation et toutes les lois semblables, si nombreuses sous l'ancien régime. Mais, ce qu'il importe de constater ici c'est que, si le but principal visé par Colbert ne fut atteint que très partiellement, il n'y a pas lieu de s'en étonner. Il ne faut pas songer à en accuser l'inefficacité du système de la franchise. Au contraire, si Marseille parvint à jouer un rôle important comme port d'entrepôt au xviiie siècle, si des étrangers vinrent s'y fixer, malgré les efforts systématiques faits pour que l'édit de 1669 restât lettre morte sur ce point, ces résultats attestent, avec une force singulière, quels avantages aurait pu produire l'application loyale et intégrale de la franchise.

Le principal et brillant résultat de celle-ci avait été celui auquel ni Colbert, ni son entourage, ni les Marseillais n'avaient songé. Aucun d'eux, en effet, n'avait eu l'idée que le port franc pourrait donner un essor tout nouveau au commerce en suscitant la création d'industries spéciales, produisant des articles d'exportation. L'une des préoccupations dominantes des promoteurs actuels de projets de ports francs était donc totalement absente de l'esprit des gens du xviie siècle. Or, Marseille vit naître une série de manufactures sur son territoire franc; on peut dire qu'elle était, vers la fin du xviiie siècle, ville presque aussi industrielle que commerçante.

Parmi ses industries, dont la simple énumération serait longue, plusieurs des principales, telles que la fabrication des savons, du papier, des bonnets, des chapeaux, la tannerie, remontaient au xvie siècle, c'est-à-dire à l'époque de l'ancienne franchise. Elles avaient été très atteintes par la ruine de celle-ci et leur décadence avait influé sur celle du commerce, au début du xviie siècle. Ce n'est qu'après l'édit de 1669 qu'elles avaient pris leur essor définitif. La plus ancienne, celle des savons, était restée aussi la plus prospère : on comptait, en 1707, en Provence, plus de cinquante manufactures de savon blanc et marbré, presque toutes concentrées à Marseille. Celles de chapeaux employaient plus de 6000 ouvriers ou ouvrières. La fabrication des bonnets de laine teints en rouge et la sparterie, qui travaillait les auffes ou joncs d'Espagne, donnaient de quoi subsister à tous les pauvres gens de la ville et du terroir, hommes, femmes et enfants. La Chambre de Commerce soutenait que, sans la main-d'œuvre qu'elles exigeaient, plus de 20,000 bouches perdraient leur subsistance. Il y avait en Provence, mais à Marseille surtout, soixante papeteries qui fabriquaient toutes sortes de papiers excellents. Les tanneries étaient très nombreuses dans la ville et son terroir. Les blanchisseries de cire et ciergeries, l'industrie du coton, les fabriques de toiles diverses, entre autres de toiles à voiles, de bas de laine et de coton, méritent encore d'être signalées parmi les anciennes industries marseillaises dont la prospérité atteignit tout son éclat au xviii siècle.

Parmi les industries que fit naître l'édit de 1669, il faut citer au moins les deux plus importantes : les raffineries de sucre et les soieries. La première raffinerie, établie en 1671, sous l'impulsion de Colbert, par la Compagnie du Levant, était devenue, vingt ans après, une des plus importantes du royaume. Au xviii siècle, le nombre des raffineries s'était grandement accru ; à côté des trois principales, on en comptait un grand nombre de secondaires. Quant à l'industrie de la soie, elle avait été introduite grâce à l'initiative de Joseph Fabre, l'un des plus fameux négociants de Marseille à la fin du xvii siècle, le vrai chef de la Compagnie de la Méditerranée, créée en 1685. Cette Compagnie s'était proposé surtout d'établir à Marseille des manufactures de toutes sortes d'étoffes de soie, d'or et d'argent, encore inconnues en France, et fabriquées à Venise et à Gênes, principalement à destination du Levant. Dès 1686, près de 2000 personnes travaillaient à ces manufactures.

Pendant le xviii siècle apparurent quantité d'industries nouvelles, sous l'influence de l'arrêt du conseil de 1703. Les amidonneries qui utilisaient les blés du Levant furent un exemple frappant de l'influence de la franchise : en 1738, on n'en comptait encore que 8 ; en 1770, leur nombre s'élevait à 31. Un édit de février 1771 imposa de 2 sols par livre l'amidon fabriqué dans le royaume, et fut appliqué à Marseille, malgré la franchise : « deux ans après, 4 des fabriques étaient passées à Livourne, Nice et Port-Mahon, 5 avaient été fermées, 8 avaient discontinué de travailler faute de débit, 8 autres avaient cessé de travailler les deux tiers du temps, 6 avaient diminué de plus de moitié leur fabrication ». C'était une industrie à peu près ruinée ; des fabriques s'étaient créées à l'étranger et approvisionnaient le marché (1).

Par une contradiction bizarre, le développement de ces industries, résultat le plus heureux de la franchise, créa des complications nouvelles qui en rendirent le maintien plus difficile encore. Il y eut en effet, surtout vers la fin du xviii⁰ siècle, des discussions très vives au sujet du régime des industries marseillaises, dont la prospérité croissante faisait l'envie des manufacturiers de l'intérieur. Il serait, sans aucun doute, très intéressant et très instructif d'étudier par le menu ces anciennes querelles, puisqu'aujourd'hui l'une des objections auxquelles tiennent le plus les adversaires des ports francs est que la concurrence des industries qui s'y créeraient serait ruineuse pour celles de l'intérieur.

Il faut remarquer que la difficulté de concilier les intérêts opposés était plus grande encore, sous l'ancien régime, qu'aujourd'hui. Il s'agissait d'abord, comme maintenant, de décider quel traitement serait accordé aux produits manufacturés du port franc, à leur entrée dans le royaume. Mais, de plus, il y avait alors des droits de sortie, qui n'existent plus, sur les matières premières fournies par la France, pour empêcher les étrangers d'en profiter ; devait-on les faire payer aux industriels du port franc qui utiliseraient ces produits nationaux ? La logique, dont se sont inspirés les auteurs actuels de projets de ports francs en France, aurait évidemment exigé qu'à

(1 La liste des industries marseillaises, au xviii⁰ siècle, comprendrait les fabriques de draps, de couvertures de laine, de galons, de satins, les teintureries de draps et de cotons filés, la verrerie, la poterie, les célèbres faïences, la porcelaine, la corderie, la raffinerie du soufre, l'orfèvrerie, la grenaille de plomb, la taille du corail, les premières fabriques de produits chimiques (huile de vitriol, eau forte, acide marin, alun), etc.

ces deux points de vue le port franc fût considéré comme
territoire étranger, qu'on y payât intégralement les droits
d'entrée sur les produits fabriqués, les droits de sortie
sur les matières premières.

Cependant les ministres de l'ancien régime furent beaucoup plus libéraux et moins simplistes. Ils pensèrent que,
s'ils assimilaient complétement les industries marseillaises à celles du dehors, ils limiteraient singulièrement
leur essor, peut-être même ils les condamneraient à la
ruine. Il eût pu arriver, en effet, qu'elles fussent à la fois
en état d'infériorité vis-à-vis des producteurs étrangers,
et vis-à-vis des nationaux. Ceux-ci, par exemple, payaient
les droits d'entrée sur les matières premières venues du
dehors, mais ces droits étaient faibles en général ; les
Marseillais auraient eu à payer les droits de sortie sur les
matières premières du royaume beaucoup plus élevés.
Il y aurait eu là une sorte de compensation de charges
douanières. Or, les fabricants du dedans avaient toutes
sortes de facilités pour exporter leurs produits ; ils recevaient parfois des primes, comme pour les draps, ou la
restitution de certains droits, comme pour les papiers;
n'eussent-ils pas eu de grands avantages sur les Marseillais privés du marché intérieur ?

En vertu de ces raisonnements, les industries marseillaises ne furent pas considérées comme étrangères. D'un
autre côté, personne ne pouvait songer à les traiter comme
nationales, car elles eussent été trop privilégiées. On leur
accorda donc un régime intermédiaire dont il est difficile
de donner une idée très nette, parce qu'il ne fut réglé par
aucune mesure d'ensemble, mais constitué par une série
de règlements particuliers à chaque industrie et souvent
contradictoires. Cependant la politique du gouvernement
s'en dégage très nettement. Il s'efforça d'établir pour chaque industrie une balance égale entre les Marseillais et
les manufacturiers de l'intérieur. Pour cela, il permit aux
premiers d'écouler dans le royaume les produits qu'ils ne
pourraient pas exporter, en leur accordant un traitement
plus favorable qu'aux étrangers : les droits modérés

qu'ils payaient devaient compenser ceux qui grevaient les manufactures du royaume pour leurs matières premières.

Ainsi, l'arrêt du conseil du 15 septembre 1674 expliquait que les sucres raffinés à Marseille paieraient des droits d'entrée proportionnés à ceux que payaient les sucres bruts employés par les raffineries du royaume. C'est pourquoi, si les droits d'entrée sur les matières premières étaient augmentés ou diminués, les mêmes réductions ou augmentations étaient appliquées aux produits fabriqués à Marseille.

Les diminutions de droits d'entrée dont bénéficiaient ces derniers étaient très sensibles. D'après le tarif de la douane de Lyon, de 1632, le savon de Marseille payait en entrant dans le royaume 10 sols, le savon étranger 24 sols 6 deniers, par quintal : d'après le tarif de 1664, les mêmes droits étaient respectivement de 30 sols et de 3 livres 10 sols ; d'après celui de 1667, le droit pour les Marseillais était resté le même : pour les étrangers il avait été élevé à 7 livres. De plus, un arrêt de la Cour des Comptes, du 28 juin 1679, fit défense d'exiger du savon de Marseille le droit de droguerie et épicerie dû par celui des fabriques étrangères. Par l'arrêt du conseil du 5 décembre 1667, confirmé en 1688, les autres produits des industries de Marseille avaient été soumis au tarif modéré de 1664, tandis que les droits prohibitifs de 1667 atteignaient ceux des étrangers. Par exception, quelques produits de Marseille, tels que les cires blanches, étaient exemptés de tout droit d'entrée. La seule condition imposée, en vue d'éviter les fraudes, pour qu'ils pussent jouir de ce traitement de faveur, était qu'ils fussent munis d'un certificat d'origine, visé par la Chambre de Commerce.

Par ce système de droits modérés, les charges étant égalisées entre les manufacturiers de Marseille et ceux de l'intérieur, il en résultait que les premiers devaient avoir la permission de tirer du royaume des matières premières sans payer les droits de sortie, ou en n'acquittant que des droits modérés. La défense de sortir certaines matières ne pouvait pas non plus leur être appliquée. C'est en effet ce qui leur avait été accordé, dès 1651, par un édit royal, pour les soies de Provence et du Languedoc. Mais c'est surtout dans la première moitié du xviiie siècle, à cause des besoins croissants des fabriques marseillaises, que la question des matières premières fut réglée par une série d'arrêts du conseil. En 1749, les permissions particulières accordées aux fabriques de chapeaux, de papiers, de soieries, de draps, furent étendues à toutes « les manufactures qui étaient actuellement établies à Marseille ou qui pourraient l'être dans la suite ». La sortie de ces matières était entourée de toutes sortes de formalités pour qu'elles ne pussent être exportées de Marseille et profiter aux manufactures étrangères. Tous les ans, chaque fabricant devait indiquer à la Chambre de Commerce la quantité de soies, de laines, poils de lapin, chiffons, qui lui était nécessaire. La Chambre en dressait un état général adressé au ministre qui accordait la permission de sortie et la franchise de droits, pour une quantité déterminée.

Il aurait pu y avoir une troisième source de difficultés pour fixer le régime des industries de Marseille : c'était le commerce avec les colonies françaises. On sait qu'en vertu du pacte colonial celles-ci étaient à peu près fermées aux produits étrangers. Il n'y eut à ce sujet ni tâtonnements ni discussions. Les lettres patentes de 1719, qui ouvrirent pour la première fois largement les colonies au commerce marseillais, stipulèrent en même temps que les produits fabriqués de Marseille seraient assimilés à ceux du royaume, à leur entrée aux colonies ; le même certificat d'origine, visé par la Chambre de Commerce, suffirait à les faire reconnaître. Dans les projets actuels de ports francs, il ne semble pas qu'on ait prévu leur exportation aux colonies ; il faudrait pouvoir espérer qu'on les traitera avec le même libéralisme que les protectionnistes de l'ancien régime.

Tel fut le système industriel qu'on désignait sous le nom de *régime mixte* de Marseille, parce que la ville n'était ni étrangère ni nationale pour ses manufactures. Il contribua grandement à leur prospérité et remplit ainsi l'attente de ceux qui l'avaient établi. Les fabricants marseillais, en effet, travaillaient surtout pour l'exportation mais ils écoulaient aussi une partie de leurs produits dans le royaume. Pour le savon, le marché intérieur était certainement le principal débouché, car tous les pays riverains de la Méditerranée fabriquaient chez eux du savon. Les savons marseillais étaient d'ailleurs particulièrement favorisés ; il y avait un droit d'entrée tout à fait prohibitif sur les savons étrangers ; de plus, les teinturiers en laine, en soie, ou en fil, du royaume, ne devaient, suivant les règlements de 1664, employer que du savon de Provence. De même les cuirs des tanneries de Marseille alimentaient plusieurs provinces.

Mais les ministres du xviie et du xviiie siècle s'étaient trompés s'ils avaient cru éviter les mécontentements, et prévenir les jalousies, des manufacturiers de l'intérieur. On ne trouve, il est vrai, pas trace de plaintes au xviie siècle. Les mémoires présentés au Conseil du commerce, en 1701, par les députés des principales villes du royaume, dont plusieurs sont si violents dans leurs attaques contre les privilèges de Marseille, ne parlent même pas de ses industries. Beaucoup, en effet, étaient propres à Marseille, comme les savonneries, et n'avaient pas de concurrentes jalouses à l'intérieur. Ou bien elles ne travaillaient que pour l'exportation comme les fabriques de bonnets, de chapeaux, de papiers, de cotonines, de grenaille de plomb, de corail ouvré, etc. Quant aux matières premières, huiles, sucre, soie, laine, coton, elles leur venaient de l'étranger.

L'essor de ces anciennes manufactures et l'apparition de nouvelles, la place que prirent leurs produits sur le marché national, amenèrent des réclamations de plus en plus vives, des villes et des fermiers généraux qui se plaignaient, les unes de ne pouvoir supporter une concurrence inégale, les autres d'être frustrés d'une partie de leurs droits. Aussi, à la suite des vives attaques dont elles étaient l'objet, les exemptions de Marseille subirent-elles des atteintes. En 1757, 1759, 1760, des droits nouveaux établis sur les étoffes de soie et les toiles de coton étrangères, sur les plombs travaillés, furent aussi imposés aux produits similaires fabriqués à Marseille.

En même temps, les fermiers généraux parvinrent, en dépit de l'arrêt de 1749 et d'une tradition séculaire, à soumettre aux droits de sortie plusieurs des matières premières destinées à Marseille. Bien plus, le coton en laine envoyé de Marseille en Provence pour y être filé dut payer à son retour 8 livres le quintal comme s'il sortait du royaume. De même, les cuivres vieux envoyés aux martinets de Provence pour y être raffinés et qui en revenaient furent soumis aux droits d'entrée et de sortie établis par l'arrêt du 22 juillet 1760.

Les fermiers accumulaient les difficultés pour empêcher les Marseillais de recevoir les matières premières du royaume et ne cachaient pas l'intention de pousser plus loin leurs avantages. L'alarme fut répandue dans les manufactures de Marseille. « On y voit avec autant « d'étonnement que d'inquiétude, écrivait la Chambre « de Commerce en 1760, l'introduction d'un nouveau « système aussi ruineux pour elles, qui tend à leur faire « supporter par gradation toutes les rigueurs établies « contre celles des pays étrangers. C'est à quoi aboutis- « sent les vues des fermiers généraux ; elles ne sont ni « équivoques, ni cachées, puisqu'ils avancent comme un « principe reçu et certain, dans un de leurs mémoires, « présenté au Conseil le 12 mai dernier, que Marseille ne « doit pas être considérée comme une ville de fabrication. »

Ces craintes étaient heureusement exagérées. Malgré quelques innovations contraires, le régime mixte des fabriques de Marseille fut maintenu jusqu'à la Révolution. De nouvelles industries établies dans la ville pendant le règne de Louis XVI, purent même bénéficier de son application.

Mais, puisque ce régime ne paraissait plus solidement établi et attirait contre le port franc de violentes attaques.

beaucoup de Marseillais n'y étaient plus attachés. C'est à son sujet que les négociants se divisèrent en deux partis quand on négocia, de 1774 à 1789, pour demander le renouvellement de la franchise. Rostagny, député de la Chambre de Commerce auprès du Conseil de commerce, aurait voulu la décider à y renoncer. Il faisait observer justement que « Marseille en se regardant tantôt comme ville nationale avait souvent donné des armes contre elle. » Si elle était réputée absolument étrangère, elle y gagnerait beaucoup, car personne n'aurait à se plaindre de sa concurrence. Elle aurait une constitution stable et simple qui la « dédommagerait bien à l'étranger du peu qu'elle avait à perdre dans le royaume.... Le but du port franc serait exactement rempli. »

La Chambre, moins optimiste que son député, craignait d'entraîner la ruine des manufactures en renonçant à la constitution actuelle. « Nos raffineries de sucre, nos « savonneries, répondait-elle, sont ce que nous avons de « plus précieux.... Nous trouvons aussi à conserver dans le « royaume nos bas de soie et de coton, nos chapeaux, nos « maroquins, notre faïence, notre cire ouvrée, notre amidon « et divers autres objets de fabrication qu'il serait trop long « de récapituler, qui ne pourraient se soutenir sans la « consommation intérieure. Devons-nous les abandon- « ner?.... Ces considérations nous font sentir que Marseille « doit, à tous égards, être toujours ce qu'elle est à présent « pour les fabriques qui lui restent. » Seulement, comme la Chambre craignait de ne pouvoir obtenir satisfaction sur tous les points, elle n'osa pas présenter de plaintes au sujet des atteintes portées déjà aux manufactures. Ses mémoires furent muets à cet égard ; elle demandait simplement l'exécution de l'édit de 1703. C'est la tactique qu'elle imposa à ses négociateurs à Paris dans l'affaire de la franchise.

De quel côté était la politique la plus prévoyante? Il est bien difficile de le dire. Mais il est intéressant de constater que le maintien du régime mixte avait soulevé de grandes difficultés et qu'en 1789 un groupe de Marseillais éclairés, la minorité il est vrai, inclinait vers la solution radicale adoptée par les auteurs actuels des projets de ports francs pour désarmer leurs adversaires. Mais, pour enlever à ceux-ci tout prétexte d'objection, est-il nécessaire d'aller aussi loin dans la voie de la rigueur et d'imposer aux produits des futurs ports francs le paiement des droits du tarif maximum augmenté de la surtaxe d'entrepôt. N'est-ce pas vouloir leur interdire l'entrée en France? Et alors n'y a-t-il pas à redouter, comme autrefois le craignait la Chambre de Commerce de Marseille, que la plupart des industries ne puissent vivre en étant privées absolument du marché national, placé si commodément pour absorber au moins l'excédent de leur production? Si on répond qu'en effet les zones franches sont destinées seulement à l'établissement d'industries d'exportation et qu'il y a lieu de prévoir qu'elles seront en très petit nombre, pourquoi attacher tant d'importance aux zones franches et faire tant miroiter la création d'industries qui en serait le principal avantage?

Il serait peut-être sage de ne pas vouloir imposer aux ports francs une constitution qui risquerait de les rendre inutiles. Il est incontestable que c'est l'ancien régime mixte qui avait fait la fortune industrielle de Marseille. N'y aurait-il rien à y prendre? Serait-il exagéré de demander pour les produits fabriqués dans les zones franches le bénéfice du tarif minimum? Les usines de ces zones seraient traitées comme étant en pays étranger, mais pourquoi ne mériteraient-elles pas le traitement accordé aux pays avec lesquels nous faisons le plus de commerce? Il y a l'argument de la fraude ; a-t-il plus de valeur que sous l'ancien régime? Les chambres de commerce seraient-elles moins qualifiées qu'autrefois pour assurer la sincérité des certificats d'origine, des plombs et des marques des produits des zones? La surveillance ne serait-elle pas autrement facile à exercer sur des fabriques concentrées sur un terrain peu étendu qu'autrefois sur des manufactures dispersées dans un vaste territoire?

Après avoir envisagé les avantages directs que la franchise de son port procura à Marseille, il faudrait, pour avoir une idée plus complète de ses heureuses conséquences, faire le tableau de la prospérité du commerce du grand port méditerranéen au XVIIIe siècle. C'est à la veille même de la Révolution, qui devait y mettre un terme, qu'elle atteignit son apogée. Le développement de la ville arrêté quelque temps par la terrible peste de 1720 et devenu plus rapide ensuite, l'encombrement inquiétant de son port, en offraient la preuve vivante aux voyageurs de passage. Les nouveaux quartiers tracés sur l'emplacement et au-delà des anciens remparts, dont le peuplement inquiétait Colbert, avaient été débordés. Sous Louis XVI même, les vastes terrains occupés par l'ancien arsenal des galères s'étaient couverts de rues nouvelles et de constructions monumentales. La population atteignait près de 120.000 habitants.

La franchise du port n'avait pas été la seule cause du relèvement de Marseille. Colbert avait très bien compris à quelles influences multiples était due sa décadence et s'était appliqué à les détruire toutes. La liquidation des dettes des échelles, la réforme des consulats, le renouvellement des Capitulations et le raffermissement de l'Alliance turque, plus tard la cessation des hostilités avec les Barbaresques, la paix moins fréquemment troublée au XVIIIe siècle, enfin l'essor général du commerce en France, avaient eu leur part d'influence. Celle de la franchise du port n'en avait pas moins été des plus considérables, plus grande encore que ne le fait voir la simple étude de ses conséquences immédiates.

Resterait à élucider une question qui tient une grande place dans les préoccupations actuelles. Cette prospérité de Marseille avait elle été profitable au reste du royaume comme le promettait le préambule de l'édit de 1669, ou, au contraire, avait elle grandi au détriment des sujets du roi ? On serait tenté d'incliner vers cette dernière réponse, en se souvenant des plaintes continuelles portées à la Cour contre la franchise de Marseille. Mais il importe de ne pas précipiter un jugement. Les plaintes furent en effet répétées et multiples, mais, de qui venaient-elles ? Il y eut les doléances des fermiers, celles des ports jaloux du monopole de Marseille pour le Levant, celles des industries de l'intérieur.

Les fermiers ne nous sont nullement sympathiques. Ils trouvaient parfois dans leurs mémoires contre la franchise des arguments d'une certaine solidité. En définitive, leur intérêt personnel et immédiat, celui de la durée de leur bail, les inspirait et non l'intérêt de l'État. Cependant un de leurs arguments très fréquemment employé parce qu'il avait beaucoup de force sur l'esprit des ministres, et aussi parce qu'il répondait en partie à la réalité des faits, a été repris par les adversaires actuels des ports francs. Ils en font une de leurs objections favorites ; il importe donc de l'examiner. Selon les fermiers, la franchise avait donné naissance à une énorme contrebande de marchandises prohibées ou fortement taxées, qui pénétraient en Provence par les limites du territoire franc, malgré la surveillance active de leurs commis et celle de la Chambre de Commerce, ou plutôt, comme ils ne craignaient pas de l'affirmer, grâce à la négligence ou à la connivence de celle-ci. Les accusations étaient intéressées, les démentis non moins formels de la Chambre l'étaient aussi. On exagérait des deux côtés.

« Depuis l'affranchissement du port de Marseille,
« disaient les fermiers généraux, dans un mémoire de
« 1726, cette ville est devenue le dépôt général de toutes
« les marchandises prohibées dans le reste du royaume
« et de celles sujettes à des droits considérables lors-
« qu'elles entrent dans la province. Les bourgeois ne
« sont peut-être pas toujours les auteurs de la fraude et
« de la contrebande qui se fait journellement à main
« armée, ou par l'adresse des fraudeurs ; mais on n'ignore
« pas que le soin des bastides est confié pendant presque
« toute l'année à des paysans qui les habitent, d'où l'on
« peut conclure que les fraudeurs et les contrebandiers
« peuvent sans obstacle, d'intelligence avec lesdits pay-
« sans, déposer leurs marchandises dans lesdites bastides

« où ils sont plus à portée de sortir du terroir et d'y
« assembler leur escorte ». Or, on peut remarquer qu'à
l'appui d'une accusation aussi formelle, les fermiers ne
citaient que deux exemples de contrebande, l'un de 1701,
l'autre de 1724 ; pour une durée de 25 ans c'était peu. On
serait tenté de croire aux dénégations énergiques de la
Chambre, d'autant plus que les ministres lui donnèrent
souvent raison contre les fermiers.

Néanmoins, il faut admettre, sans qu'on en ait de
preuves directes, que la contrebande était, en effet, avérée
et audacieuse. Certain village, placé aux limites du territoire de Marseille et de la ceinture de collines qui l'entoure, s'en était fait une spécialité et en tirait sa principale ressource. La tradition en a été observée jusqu'à
nos jours ; la réputation de fraudeurs est restée attachée
au nom de ses habitants. Thiers, qui vint à Marseille en
1822, s'en faisait l'écho quand il écrivait dans ses curieu-
ses notes de voyage (1) : « Je connais un village autre-
« fois fort riche qui, placé sur la limite du territoire franc
« de Marseille et près d'une espèce de gorge, s'y était voué
« exclusivement à la contrebande. Il a presque abandonné
« la culture de ses terres et maintenant il nourrit un trou-
« peau oisif, méchant et joueur... La contrebande, ajoute-
« t-il, avait monté très haut, et, avant la Révolution, les
« grands seigneurs, dont la voiture n'était pas visitée
« sur la ligne des douanes, faisaient le trafic le plus
« scandaleux. »

Mais comment s'étonner que la contrebande eût été
considérable autrefois sur les limites du territoire franc ?
Tout n'était-il pas réuni pour la favoriser ? La prohibition complète ou les droits presque prohibitifs sur des
marchandises d'un prix élevé sous un faible poids, faciles
à transporter, comme les toiles de coton ou autres étoffes,
promettaient des bénéfices alléchants. La nature tour-
mentée, la multitude de ravins tortueux, encaissés et

____

(1) Elles ont fait l'objet d'une intéressante communication de
M. Legré, secrétaire perpétuel de l'Académie de Marseille, à sa séance
publique du 22 mars 1903.

boisés, des collines qui entourent Marseille rendaient la surveillance difficile. Les fraudeurs avaient beau jeu à se dissimuler dans cet inextricable maquis. Pour ceux-ci, les milliers de bastides disséminées à proximité des passages étaient autant d'entrepôts commodes et de postes avancés. Il est inutile d'ajouter que la fraude ne trouverait aucun de ces avantages dans les ports francs tels qu'ils existent actuellement et tels qu'on songe à en créer. L'argument de la contrebande, puissant contre les ports francs d'autrefois, ne l'est pas du tout contre les zones franches ou quartiers francs, tels qu'on les comprend aujourd'hui.

Les plaintes des ports de l'Océan, de Cette et de Toulon, contre Marseille ne méritent guère d'être retenues et examinées. Elles ne visaient pas, en effet, le principe lui-même de la franchise mais le monopole exclusif qui était attaché à celle de Marseille. Or, si le système du port franc tel qu'il avait été conçu en 1669 avait entrainé presque nécessairement l'établissement d'un monopole et son maintien jusqu'en 1789, c'est là un cas particulier qui n'apprend rien sur la valeur générale du système des ports francs.

Il importerait, au contraire, de bien élucider ce qu'il y avait de vrai dans les affirmations des manufacturiers du royaume, qui prétendaient que les privilèges du port franc et son régime mixte les mettaient en état d'infériorité pour lutter contre les industries de Marseille. L'objection est reprise aujourd'hui avec prédilection par les adversaires des ports francs.

Or, sous l'ancien régime, on peut remarquer, d'abord, que les attaques des manufacturiers du royaume contre Marseille furent moins nombreuses et moins ardentes que celles des ports et surtout des fermiers. Surtout il semble bien que leurs doléances ne furent guère justifiées et que, malgré les avantages du régime mixte, les industries du territoire franc ne leur portèrent pas un préjudice appréciable. Les fabricants de soieries de Lyon se plaignirent le plus haut et surent se faire écouter, puisque les soieries de Marseille, en 1722 et en 1760, furent grevées des mêmes droits que celles de l'étranger. Cependant le développement des manufactures de Marseille ne fut jamais bien considérable ni menaçant pour la métropole des soieries, d'autant plus que les Marseillais avaient cherché à introduire des tissus spéciaux, inconnus en France. Mais les Lyonnais, qui avaient réussi à tuer à peu près les industries de Tours, ne pouvaient admettre qu'une nouvelle rivale vînt porter atteinte à leur monopole.

Sans doute deux anciennes industries, dispersées en Provence, la savonnerie et la tannerie, s'étaient concentrées de plus en plus à Marseille, surtout la première. Toulon avait, à diverses reprises, déploré la décadence de ses savonneries. Mais, faut-il bien en accuser la franchise du port ? Les facilités que présentait la mise en œuvre des matières premières lourdes telles que les huiles étrangères, les barilles et les cendres, les peaux brutes, près du port qui les recevait, suffiraient à expliquer la localisation des deux industries. On peut remarquer que, pour ces deux industries, la franchise n'était pas un avantage bien efficace, puisque toutes deux, la savonnerie surtout, la plus centralisée, écoulaient une partie de leurs produits dans le royaume. Or, les droits d'entrée payés sur les matières premières par les fabricants provençaux étaient certainement moins lourds que les droits, mêmes réduits, payés sur les savons et les cuirs par ceux de Marseille. L'avantage principal de ceux-ci consistait dans l'absence de frais de transports, dans la facilité d'approvisionnement pour les matières premières. D'ailleurs, à la fin du XVIIIe siècle, la savonnerie et la tannerie étaient encore très actives en Provence, la première particulièrement à Toulon.

Quant aux autres industries marseillaises les plus importantes, elles comptaient dans le reste de la Provence des établissements nombreux et prospères. Elles envoyaient même à Marseille une partie de leurs produits, exportés concurremment avec ceux du port franc. Sous Louis XVI on comptait à Aix et à Toulon douze maîtres chapeliers, à Orange vingt, à Marseille cinquante. Les chapeaux de Toulon étaient vendus en Italie et en Espagne. On fabriquait à Toulon, Solliès, Cuers, Carnoules, Draguignan, Lorgues, au Luc, deux sortes de penchinats. L'une de ces espèces de draps était envoyée en Italie, en Barbarie, dans l'Archipel ; il s'en fabriquait environ 4.000 pièces par an. On faisait aussi des cadis et d'autres tissus de laine, débités dans le royaume et en Savoie, dans huit fabriques, à Aix. Apt, Gordes, Ayquiers (Eyguières ?), Auriol, Signes, Colmars et Digne. La production totale de toutes les étoffes en Provence était estimée en moyenne à plus de 30.000 pièces par an. Citons encore les soixante papeteries de la province. Leur papier à écrire était particulièrement renommé. Elles le vendaient à Paris et dans le reste du royaume, mais aussi dans le Levant.

Dans un mémoire de 1802 le Marseillais Sinéty faisait ainsi valoir les services rendus par la franchise :
« Elle favorisait les parfumeries et les tanneries de Grasse,
« elle entretenait les papeteries nombreuses des vallées de
« Saint-Pons, de Gémenos, de Saint-Zacharie, les filatures
« et les fabriques de velours d'Aix, les tanneries de Bri-
« gnoles et de Cotignac, celles de poudre et d'amidon, les
« blanchisseries des toiles, les teintures de coton d'un
« grand nombre de bourgs et villages extérieurs au terri-
« toire de Marseille, les poteries et faïenceries d'Aubagne
« et d'Apt, les fabriques de cire de cette dernière ville,
« les récoltes de garance et de soie du département de
« Vaucluse et autres contrées voisines, les distillations
« d'eau-de-vie, etc., en procurant à toutes ces denrées
« ou marchandises l'immense exportation chez toutes
« les nations étrangères. Depuis l'abolition de la fran-
« chise de Marseille l'industrie et l'agriculture dans toutes
« ces contrées sont paralysées et ruinées par la non valeur
« des denrées et des objets de fabrication. »

Sinéty aurait pu invoquer un autre exemple bien plus typique, celui des fameuses manufactures de drap du Languedoc. Pendant les 120 années précédant la Révolution, elles fournirent sans interruption aux négociants de Marseille leur principal article d'exportation. Or les fabricants de Carcassonne et de la région ouvraient, sans doute, les laines des Cévennes, mais ils en recevaient des quantités considérables du Levant, de Barbarie, d'Espagne, par Marseille. Ils dépendaient absolument des négociants de Marseille pour l'écoulement de leurs produits : c'étaient ceux-ci qui leur indiquaient les assortiments, les qualités à fabriquer. Toutes les conditions semblaient donc réunies pour que le territoire franc devînt le centre exclusif de fabrication de la draperie destinée à l'exportation, dans toute la Méditerranée. En effet, des manufactures de draps furent créées à Marseille, mais leur rôle resta jusqu'à la fin très secondaire ; leurs progrès n'inquiétèrent jamais les drapiers du Languedoc. Il est vrai que ceux-ci jouissaient des privilèges attachés aux manufactures royales, mais ce n'était pas là un avantage décisif. L'exemple de la draperie n'en reste pas moins frappant pour montrer que la concurrence du port franc n'était pas aussi redoutable qu'on aurait voulu le faire croire.

Une objection pressante encore des protectionnistes d'aujourd'hui contre les ports francs c'est celle de la concurrence de la marine étrangère. Les pavillons étrangers s'empareront de tout le fret, c'est pour eux que les ports francs seront créés ; le résultat sera la ruine de la marine nationale. On a vu comment les Marseillais avaient été toujours hantés de cette crainte et comment, malgré Colbert, ils y avaient pourvu par leur droit de 20 o/o. La franchise du port loin de nuire au développement de la marine provençale lui donna une vigoureuse impulsion, mais cette constatation ne nous apprend rien puisque ce résultat fut obtenu précisément par la violation de la franchise.

Enfin, de bons esprits s'inquiètent même de la répercussion que pourraient avoir les zones franches sur notre agriculture. L'histoire de Marseille ne nous apprend que peu de chose à cet égard. Le port franc était bien déjà le plus grand marché d'importation de blés du royaume. Mais à l'époque où la subsistance des provinces du midi était toujours précaire, à la merci d'une mauvaise récolte, les énormes approvisionnements qui existaient dans les magasins de Marseille étaient regardés comme un gage de sécurité. L'alimentation assurée de la Provence et des pays voisins était, aux yeux de tous, un des principaux bienfaits du port franc.

En somme, quelque difficulté qu'il y ait de répondre à la question que nous nous sommes posée, la réponse ne paraît pas douteuse. Il ne semble pas possible de soutenir qu'il y ait eu opposition pendant plusieurs siècles entre les intérêts marseillais et les intérêts nationaux. Le but de Colbert, plutôt mal disposé pour les Marseillais, n'avait pas été de les favoriser, mais de faire œuvre profitable à tout le royaume. Qu'on relise le préambule de l'édit de 1669, le roi n'y parle que d'accroître la prospérité de ses États et de ses peuples. Il n'y est nullement question d'accorder une faveur à Marseille, de rétablir ou d'accorder des privilèges. Si Colbert s'était trompé, il fallut bien de l'aveuglement aux ministres qui lui succédèrent pour maintenir aussi longtemps un système préjudiciable à l'État, sur les inconvénients duquel des critiques passionnées et intéressées ne cessaient d'attirer leur attention. C'est qu'en réalité ils sentaient bien que la prospérité de Marseille augmentait celle du royaume. Sans doute des intérêts particuliers avaient été lésés, mais la richesse nationale avait été accrue, par l'essor donné au commerce méditerranéen, par l'activité rendue à un grand nombre de manufactures qu'il faisait vivre, par l'aliment qu'il donnait à la marine provençale. Dans le préambule de l'édit de 1669, le roi déclarait qu'il n'avait rien omis pour obliger ses sujets au commerce afin d' « établir partout en même temps.... la réputation du nom français. » Les Marseillais avaient brillamment rempli ce rôle en établissant solidement la prépondérance de l'influence française dans tous les pays du Levant. Sur les côtes de Barbarie ils avaient fait plus : leurs patients efforts avaient préparé les brillantes destinées de la France dans l'Afrique du nord.

CHAPITRE IV

PORTS FRANÇAIS. MARSEILLE : *La suppression
de la franchise.*

On n'a parlé jusqu'ici que fort vaguement de la suppression de la franchise de Marseille, comme s'il n'y
avait aucun intérêt à en examiner les causes. On croit
communément qu'elle subit tout naturellement le sort
des institutions de l'ancien régime et qu'elle disparut
sans bruit.

En réalité, la franchise des ports en général, et celle
de Marseille en particulier, ont fait, de 1789 à 1815, l'objet
de très importants débats, très intéressants à étudier de
près, à cause de l'ampleur prise par la discussion. La
question des ports francs y a été retournée sous toutes
ses faces : on y a mis en parallèle la valeur respective
de la franchise et de l'entrepôt, de la franchise étendue
à une ville, ou à un territoire, ou bien restreinte au port,
à une partie de port. Bien des polémiques d'aujourd'hui
ne font que reproduire celles d'alors.

Les Marseillais qui négociaient instamment à la Cour
depuis 1774, pour le rétablissement de l'intégrité de leur
franchise, ne pouvaient manquer d'en faire l'un des
principaux articles de leurs réclamations dans les cahiers
envoyés aux États Généraux. Ils rappelaient, en effet, en
les exagérant singulièrement, les atteintes qu'elle avait
reçues et leurs funestes conséquences : « Peut-on voir
« sans gémir, une grande cité déchue de ses prospérités et
« de ses espérances, surtout quand on a droit de dire que
« ses maux proviennent de l'absurde régime des finances,
« des extorsions et des rapines des financiers ?.... Le
« ministre immortel qui sut peser les vrais intérêts du

« commerce avait obtenu la franchise de notre port; qu'on
« nous dise aujourd'hui en quoi consiste cette franchise. »
On s'attendrait à trouver dans les cahiers des autres ports
des plaintes contre les privilèges des ports francs qu'elles
avaient souvent attaqués. Ils n'en renferment aucune
sauf le cahier de la Ciotat.

La Constituante dans son arrêté du 11 août 1789, résultat de la nuit du 4 août, avait déclaré que « tous les pri-
« vilèges particuliers des provinces, principautés, pays,
« cantons, villes, et communautés d'habitants, soit pécu-
« niaires, soit de toute autre nature, étaient abolis sans re-
« tour et demeureraient confondus dans le droit commun
« de tous les Français. » Cette déclaration de principes
semblait laisser peu d'espoir aux Marseillais qui sollicitèrent bientôt à la fois pour le maintien de leur franchise, de leur Chambre de commerce, de leur compagnie d'Afrique. Les mémoires de la Chambre de commerce furent appuyés par la municipalité. Par une délibération unanime, du 2 août 1790, le Conseil général de la
Commune exprima son « vœu pour la conservation de
« la franchise comme essentielle à la prospérité du com-
« merce national, d'après la concurrence des divers ports
« francs de la Méditerranée ».

Les franchises des ports furent d'abord discutées dans
l'Assemblée des députés extraordinaires du commerce,
établie auprès de la Constituante comme le Bureau du
commerce de l'ancien régime. Un de ses membres, Mosneron, de Nantes, rappelait plus tard à la Législative que
les délégués des villes, manufacturières ou maritimes,
consultés sur la question des ports francs en avaient
voté à peu près unanimement la suppression.

Cependant le comité d'agriculture et de commerce de
la Constituante adopta une tout autre solution. L'affaire
avait été longtemps laissée en suspens. Ce n'est qu'à la
séance du 26 juillet 1791 (1) que le rapporteur du Comité,

____

(1) Voir aux chapitres suivants les premières discussions de l'Assemblée sur la question des ports francs, à propos de Bayonne et de
Dunkerque. Le député de Calais, Francoville, avait présenté des « Con-

Meynier de Salinelles, député du Gard, présenta un projet de décret sur le régime douanier à donner au port et
au territoire de Marseille.

Le rapport commençait par déclarer que, s'il était question de privilèges particuliers, il n'y aurait pas à remettre
en discussion l'arrêté du 11 août 1789. Mais il s'agissait de
« savoir s'il était de l'intérêt du royaume d'avoir des ports
« francs et si les inconvénients que pouvaient présenter
« ces franchises, étaient contrebalancés par les avantages
« qu'elles procuraient. » Ces inconvénients il les indi-
quait plus loin : « La facilité avec laquelle les mar-
« chandises étrangères ont pu pénétrer de ces ports dans
« le royaume en fraude..... a été infiniment nuisible à
« nos productions territoriales et industrielles. La main
« d'œuvre de nos rivaux a mis, sur beaucoup d'objets, la
« nôtre dans l'inaction et le commerce étranger a envahi
« une partie du commerce national. Il en est résulté de
« grands bénéfices pour quelques individus et une perte
« réelle pour la nation. »

Ces accusations n'étaient pas dirigées particulièrement
contre Marseille, car le rapporteur montrait le danger de
se prononcer en bloc au sujet des franchises : « Si vous
« vous déterminiez par un principe unique vous pourriez
« sacrifier des biens réels à des craintes éloignées, combler
« des sources qui fécondent les lieux qu'elles arrosent
« parce que, dans un point opposé, vous craindriez les
« ravages d'un torrent. La franchise de Marseille, par
« exemple, ne ressemble en rien à celles de Dunkerque
« et de Bayonne. »

Meynier justifiait ensuite, par le tableau de l'importance
nationale du commerce de Marseille, la nécessité de maintenir sa prospérité : « Toutes les années elle met en mer
« 1.500 bâtiments. Sa navigation est la base des classes de

sidérations sur la franchise des ports » à la séance du 31 octobre 1790.
Hostile surtout à Dunkerque, il avait tenu à déclarer que « les moyens
opposés à cette franchise ne s'élevaient pas contre les autres, et
qu'ainsi la franchise de Marseille et de Dunkerque étaient indépendantes. »

« la Méditerranée ; elle occupe plus de 80.000 ouvriers
« et ses échanges s'élèvent annuellement à la somme de
« 300 millions..... Si l'on considère ensuite la nature des
« exportations de Marseille à l'étranger, on voit que près
« des quatre cinquièmes consistent en productions de no-
« tre sol, de nos colonies et de notre industrie, et que
« les productions étrangères n'y entrent guère que pour
« un cinquième. D'après ce tableau, on ne peut pas se
« dissimuler que le royaume entier ne retire de grands
« avantages de la franchise de Marseille et qu'en chan-
« geant le régime qui, jusqu'ici, a favorisé ce commerce,
« il serait à craindre qu'on n'obstruât un des principaux
« canaux qui portent la fécondité dans toute l'étendue
« de l'empire. On ne peut s'empêcher de se livrer à cette
« crainte quand... on aperçoit au voisinage très prochain
« de Marseille quatre ports francs, Gênes, Nice, Livourne
« et Trieste qui sont prêts à saisir tout ce que des combi-
« binaisons erronées pourraient faire perdre à leur
« rivale. »

Dans ses grandes lignes le projet de décret, voté sans
discussion ni modification dans cette même séance du
26 juillet, maintenait l'ancienne franchise telle qu'elle
subsistait en 1789. Elle était étendue à tout le territoire
de la ville, à cause des rapports étroits et journaliers
qui existaient entre elle et son territoire et parce que
la contrebande avait paru plus facile à réprimer aux
passages des collines qu'aux portes.

La prohibition des marchandises dénommées dans le
tarif général des douanes, du 15 mars 1791, était maintenue
pour Marseille ; le nombre en était un peu plus considérable que dans l'arrêt de 1703. De plus, un certain nombre
de marchandises, énumérées à l'article 4, qui pouvaient
faire concurrence à l'agriculture, à l'industrie, ou à la
pêche nationale, étaient assujetties au paiement des droits
du tarif à Marseille, pour qu'elles fussent écartées de la
consommation de la population. Mais, pour faciliter la
réexportation, ces deux catégories de marchandises pouvaient être mises en entrepôt réel, dans des magasins
distincts.

L'extension du régime de l'entrepôt à un plus grand nombre de marchandises restreignait la franchise plus qu'elle ne l'était auparavant. Mais, d'un autre côté, la Constituante voulut se montrer plus libérale pour les étrangers et faciliter la navigation, en supprimant le droit de poids et casse et le droit de manifeste. Elle espérait attirer en grand nombre des étrangers à Marseille et le rapporteur faisait montre, à cet égard, d'un grand optimisme : « Votre nouvelle constitution appelant tous les « peuples à venir se naturaliser en France, il est à présu- « mer qu'aucun préjugé ne retiendra désormais sur un « sol asservi des hommes riches et industrieux qui sou- « pirent après la liberté. Une portion de ces hommes..... « se fixera sans doute à Marseille..... Si l'ancien gouver- « nement eût pu calculer ainsi, Marseille, qui n'a qu'une « prospérité relative aux combinaisons étroites des temps « passés, serait peut-être aujourd'hui la ville d'Europe la « plus commerçante et la plus peuplée. C'est à la « sagesse actuelle à réparer les erreurs de l'ancienne « politique. »

Le régime mixte des industries marseillaises était maintenu : en entrant dans le royaume, leurs produits ne devaient payer que des droits représentatifs de ceux qu'auraient payés, à l'entrée des autres ports, les matières premières qui entraient dans leur fabrication. Quant aux matières premières du royaume nécessaires aux industries marseillaises, celles-ci pourraient les obtenir sans payer des droits de sortie. Enfin, le port de Marseille restait soumis à la loi commune pour le commerce des colonies et de l'Inde. On peut encore remarquer qu'il n'était plus question dans le nouveau décret du fameux droit de 20 o/o. Par conséquent, le régime du port de Marseille était plus favorable aux étrangers ; d'autre part le monopole commercial des Marseillais dans le Levant était aboli.

Ainsi, dans le naufrage des anciennes institutions et des anciens privilèges, le maintien de la franchise de Marseille avait paru nécessaire à la prospérité nationale.

Cependant, à mesure que les exigences égalitaires devenaient plus intransigeantes, le régime d'exception des ports francs ne devait plus paraître tolérable aux yeux de niveleurs farouches. Bien loin donc que la franchise de Marseille ait été solidement établie par le décret du 26 juillet 1791, elle fut violemment attaquée quelques mois après.

Dans la séance de la Législative du 6 janvier 1792, la question fut soulevée incidemment avec une grande violence au cours de la discussion d'une loi sur la circulation des grains dans le royaume, dont un article spécial concernait Marseille. Séranne, député de l'Hérault, dont le port de Cette était animé d'une vieille jalousie contre Marseille, s'écria que les privilèges de certains ports étaient contraires à la Constitution et présenta une motion pour que l'Assemblée fît cesser ces abus et décrétât l'abolition des franchises. Deux autres membres, il est vrai, Ramond, de Paris, et Emmery, du Nord, soutinrent que, s'il fallait discuter les franchises des ports, ce n'était pas pour les retirer, mais pour les étendre. L'Assemblée renvoya la question aux comités de marine et de commerce réunis.

Un rapport fut, en effet, rédigé au nom de ces Comités par Mosneron, député de Nantes, et imprimé en juin 1792. Le rapporteur soutenait cette thèse que le commerce des ports francs de Bayonne et de Dunkerque était contraire à l'intérêt national (1) et proposait, en conséquence, la suppression de leur franchise, mais il était tout à fait favorable à Marseille. « Le commerce du Levant, disait-il, est le commerce le plus précieux que la France puisse faire.... Le Levant est un vaste marché où nos colonies, où notre sol, où nos fabriques, versent leurs productions respectives et rapportent, en retour, des matières premières qui servent d'aliments à ces mêmes fabriques.... Autant le commerce de Bayonne et Dunkerque, disait-il, est destructeur de notre industrie, autant celui du

____

(1) Voir le chapitre suivant.

Levant l'anime et la vivifie. » Aussi, en maintenant le décret de 1791 pour Marseille, proposait-il de donner une activité nouvelle à ce commerce en rendant plus étroite l'alliance avec la Porte, en restituant son importance à la route de Suez « que l'expédition de Vasco de Gama a fait trop promptement abandonner », en faisant de grands établissements à Candie qui assureraient notre empire dans la Méditerranée, en ressuscitant l'immense commerce fait autrefois par les Génois dans la mer Noire.

Mais les évènements se précipitaient. Ce rapport ne fut jamais lu à l'Assemblée. Il avait d'ailleurs été violemment attaqué dans les comités par le député Séranne, qui avait soulevé la question des ports francs. Celui-ci y proposa la suppression pure et simple des douanes, et c'est ainsi qu'il traitait son collègue Mosneron dans une note annexée au rapport qu'il présenta aux mêmes comités : « Il est bon de faire remarquer ici que ce rapporteur si actif, si zélé, n'est que le prête-nom à la fois des douaniers qui veulent supprimer les ports francs de Dunkerque et de Bayonne, et d'un ex-député permanent de Marseille, italien de nom et de caractère, qui voudrait faire consolider par un nouveau décret les privilèges monstrueux de cette ville. Il est assez plaisant qu'on lui fasse souffler dans le même rapport le froid et le chaud. »

La franchise faillit même survivre à la Convention bien que les agitations royalistes eussent attiré sur Port-la-Montagne les représailles des représentants en mission et le courroux de la terrible assemblée. » Ce n'est qu'à la séance du 11 nivôse an III (31 décembre 1794), après un premier ajournement, que fut enfin adopté le décret sur l'abolition de la franchise de Marseille. Le rapporteur Scellier n'invoquait qu'un motif : « Le régime de Marseille, relativement aux douanes, est contraire aux « principes d'unité, de liberté et d'égalité qui sont la base « de notre gouvernement. » Il faisait valoir que, grâce à l'entrepôt, Marseille continuerait de pouvoir réexporter à l'étranger les excédents de ses importations du Levant; d'ailleurs, jusqu'à la paix, elle n'aurait pas de ces excédents. En effet, l'article 2 de la loi du 11 nivôse accordait aux Marseillais un entrepôt de 18 mois pendant la durée duquel les marchandises du Levant pourraient être réexportées sans payer aucun droit de douane. Tant que la guerre et les agitations révolutionnaires durèrent, les Marseillais se contentèrent du régime que leur avait imposé la loi de nivôse. Mais, en 1801, avec le renouveau du consulat et le rétablissement de la paix continentale, qui semblait annoncer la paix maritime, les espérances se réveillèrent. Dès le mois d'avril 1801 (floréal an IX), un premier mémoire était présenté au Gouvernement en faveur du rétablissement de la franchise. L'auteur soutenait qu'il était impossible de l'étendre comme autrefois à tout le territoire sans faire reparaître en même temps l'abus de la fraude. « A l'époque où la franchise fut détruite, affirmait-il, on connaissait à Marseille des maisons ouvertes d'assurance pour le transport à Aix, en fraude des droits, de toute espèce de marchandises. »

Il proposait donc de limiter la franchise à l'enceinte de la ville telle qu'elle devait être reconstruite. Mais il jugeait préférable encore de créer dans la ville une vaste enceinte fermée où le commerce jouirait d'une liberté presque illimitée, sur le modèle de ce qui existait à Gènes. C'est ainsi qu'apparait pour la première fois l'idée des zones franches actuelles. Notre auteur proposait même, pour l'installation de son entrepôt franc, divers emplacements dont le nom a été prononcé, récemment encore : les Vieilles infirmeries, en y faisant quelques réparations et en y construisant une jetée, le fort Saint-Nicolas qui aurait nécessité des aménagements considérables. Mais aucun emplacement ne lui paraissait mieux convenir que le quartier entouré par le canal de la Douane, qu'il suffirait de fermer par des grilles à ses issues. Cette vaste enceinte, disait-il, renfermait déjà la plupart des grands magasins de Marseille, avec les chais où on recevait les vins pour les travailler.

Au moment où ce dernier plan était adressé au Conseil de Commerce, le gouvernement s'occupait d'organiser, dans les principaux ports, le régime des entrepôts. La loi du 25 floréal, an x, accorda à treize d'entre eux un entrepôt réel pour les marchandises étrangères. Puis un arrêté, du 10 messidor an x, prolongea de 18 mois à deux ans la durée de l'entrepôt et distingua l'entrepôt réel pour les marchandises prohibées, pour celles qui étaient sujettes au certificat d'origine, pour les denrées coloniales venant de l'étranger, l'entrepôt fictif pour les denrées et marchandises non prohibées. Enfin Marseille jouit, en vertu de la loi du 8 floréal, an xi, d'un entrepôt sans bornes.

C'est alors qu'un Marseillais établi à Paris, le jurisconsulte Guieu, ancien conseil de la ville et de la Chambre de Commerce, envoya plusieurs mémoires au Conseil pour combattre le nouveau système. Dans celui du 28 prairial, an x (juin 1802), Guieu s'attachait à démontrer que les entrepôts, réels ou fictifs, ne pouvaient pas remplacer la franchise ; il développait avec force et netteté leurs inconvénients : « Nous le disons avec la conviction « que donnent l'expérience et de longues méditations, « écrivait-il, une semblable institution opérera la ruine « entière du commerce de Marseille ; elle appelle à tous « les abus par cela seul qu'elle associe deux éléments « hétérogènes, Franchise et fiscalité : l'opposition de « ces deux mots dans le langage n'est que le résultat de » leur opposition naturelle dans le principe et dans les « faits. Et que l'on ne s'y trompe pas : le triomphe de la « fiscalité sera toujours plus sûr que celui du commerce... « Le régime d'un port franc ne consiste pas seulement « dans l'exemption des taxes : il tient encore à l'affran- « chissement des formalités, des vérifications, de tous « les assujettissements que l'intérêt du fisc réclame. »

Guieu demandait donc la franchise pour Marseille, mais ce n'était pas celle de l'ancien régime. Il essayait de prouver que la situation politique actuelle ne permettait pas de la rétablir, et même que l'intérêt bien entendu du commerce ne l'exigeait pas. Il se ralliait à l'idée d'un port franc conçu sur le modèle de celui de Gênes. Pour lui, l'exécution en était très possible : le gouvernement avait même reçu des plans.

Presque en même temps, un autre Marseillais distingué, Esprit de Sinéty, élu l'année suivante secrétaire perpétuel de l'Académie de Marseille, soutenait une troisième théorie dans un long mémoire daté de 1802. Comme Guieu, Sinéty faisait le procès de l'entrepôt réel ou fictif, et soutenait que ce régime ne pouvait remplacer la franchise. Mais l'idée de la zone franche ne le séduisait pas.

C'était donc l'ancienne franchise qu'il fallait rendre à Marseille et Sinéty s'efforçait de répondre à toutes les objections.

On trouve développée, à la fin de son intéressant mémoire, cette curieuse opinion, couramment adoptée sans doute à Marseille, que la suppression de la franchise avait été l'œuvre de la jalousie des Anglais. « On a « reconnu l'influence du gouvernement anglais, disait-il, « dans tous les événements malheureux dont Marseille a « été victime. Cette place, dans les jours prospères, avait « offert à sa jalousie trop de sujets de rivalité pour qu'il « ne cherchât pas tous les moyens de la détruire. ».

Sinéty avait emprunté quelques-uns de ses arguments à un mémoire que venait de présenter au ministre de l'intérieur le publiciste Peuchet, dont le nom faisait alors autorité. Peuchet le publia dans le numéro de prairial an XI de sa Bibliothèque commerciale. Il y distinguait nettement les avantages de l'entrepôt et de la franchise. « D'abord l'entrepôt ne présente aucun attrait à l'étranger pour y former des maisons de commerce... On n'y trouve point l'occasion et les facilités propres aux entreprises commerciales : en un mot, c'est un magasin fermé où les marchandises sont en garde jusqu'à ce qu'elles sortent et non un marché ouvert à la vente, à l'achat et aux opérations qui constituent le commerce... Jamais l'un ne peut remplacer l'autre et l'on attendrait vainement de celui-ci les avantages résultant de la première. »

Ainsi le gouvernement était appelé à choisir entre trois systèmes différents. Le temps passa. Au moment où Napoléon devint empereur, l'affaire était encore en suspens devant le conseil général de commerce. Le vieux Dominique Audibert, qui y représentait Marseille, entretint, en 1804, une intéressante correspondance à ce sujet avec la Chambre de Commerce nouvellement reconstituée. Dans son impatience, celle-ci se laissa même aller à des reproches parce que, dans l'audience accordée par l'empereur aux délégués marseillais, pour la présentation d'une adresse à l'occasion de sa proclamation, Audibert n'avait pas saisi l'occasion de parler de la franchise. « Nous désirons avec tant d'ardeur et de vivacité, lui « écrivait-elle à titre d'excuse, le retour de ce régime « tellement nécessaire à nos relations commerciales... « que nous n'avons pu contenir les expressions de notre « sensibilité. »

Cependant l'affaire était en bonne voie. Thibaudeau, préfet des Bouches-du-Rhône, et Collin, le directeur général des douanes, s'y intéressaient. Ils étaient d'accord sur ce point que Marseille avait besoin d'un régime à part, mais ils hésitaient entre « un établisse-« ment pareil à celui de Gênes ou la restitution de la « primitive franchise. L'empereur devait aller visiter « les départements du Midi, Collin l'accompagnerait dans « ce voyage ; ce serait alors le meilleur moment pour « obtenir une solution. » « Il y a lieu de penser, écrivait Audibert, qu'elle serait mieux et plus promptement décidée sur les lieux, *proprio motu* de l'empereur, de concert et sous les yeux de M. Collin, sans doute aussi de M. Crétet, et vous jugez qu'il n'est plus question alors de passer par la filière des discussions du Conseil d'Etat, des réclamations des villes rivales, des critiques des écrivains en économie politique. »

Pour préparer les voies, la Chambre de commerce fit imprimer et répandre à un grand nombre d'exemplaires un mémoire très développé sur la franchise, en novembre

1804 (brumaire an XIII) (1). La Chambre y affirmait sa conception de la franchise dans une définition souvent reproduite : « Un port franc est une ville hors de la ligne des douanes, c'est un port ouvert à tous les bâtiments de commerce sans distinction, quels que soient leur pavillon et la nature de leur chargement, c'est un point commun où vient aboutir, par une sorte de fiction, le territoire prolongé de toutes les nations : il reçoit et verse de l'un à l'autre toutes les productions respectives, sans gênes et sans droits. »

Le mémoire s'appuyait habilement sur l'autorité des rapporteurs de la Constituante et de la Législative, sur les arguments de Peuchet et de Sinéty ; il invoquait les noms de Montesquieu et de d'Argenson. Il montrait de nouveau l'insuffisance de l'entrepôt, la nécessité de la franchise pour lutter contre les ports francs de Gênes, Nice, Livourne et Trieste, auxquels l'Autriche venait de joindre Venise. La Chambre terminait par ce qui lui tenait le plus à cœur : la franchise réduite à une enceinte, comme à Gênes, ne pouvait convenir à Marseille. « Indépendamment des inconvénients inséparables de ce régime tronqué », Marseille ne se prêtait pas du tout à un pareil établissement.

C'est par une véritable invocation à l'empereur que finissait le mémoire. « Illustre Napoléon, Conquérant et Pacificateur, Fondateur de la liberté des peuples, Législateur des Français, ajoutez à tant de titres de gloire le titre de Restaurateur du commerce ; que la sœur de Rome et la rivale d'Athènes, que Marseille puisse vous nommer son second Fondateur, son Libérateur et son Père.

« Rendez-lui, rendez à votre Empire cette unique Fran-
« chise qui fit fleurir son Commerce et que, désormais,
« elle ne veut posséder que pour la faire servir à la Gloire
« de votre Règne et à l'accroissement de votre Prospérité. »

---

(1) Une seconde édition fut tirée en septembre 1805 (fructidor an XIII) — En même temps paraissaient les *Réflexions sur l'entrepôt de Marseille*, par M. Jean Abeille, ancien député du commerce de cette ville (près de la Constituante).

Mais, en 1805, l'empereur au lieu de partir pour le Midi partit pour Austerlitz. Il fallut attendre de nouveau l'occasion favorable. Au mois de mars 1806, trois Marseillais furent envoyés à la Cour par le Conseil municipal de Marseille, en qualité de députés de la ville et du commerce, et furent reçus par Napoléon. Celui-ci leur dit qu'il savait que le commerce n'allait pas à Marseille, et leur exprima le désir de voir disposer un emplacement convenable pour l'établissement d'un port franc, semblable à celui de Gênes. L'empereur ajouta que les Marseillais ne voulaient sans doute pas s'isoler du reste de la France et y être étrangers.

D'un mot, le maître de qui on attendait tout avait détruit toutes les espérances. Le lendemain les députés furent reçus par le directeur général des douanes, Collin, et achevèrent de se convaincre que le dessein du gouvernement était bien arrêté. Collin leur déclara que l'empereur lui avait donné l'ordre de lui présenter un projet de décret pour que, dans l'espace de trois mois, il fût établi un port franc sur le modèle de celui de Gênes. S. M. répugnait trop fortement au rétablissement de l'ancienne franchise pour qu'on pût espérer la faire changer de détermination. Les Marseillais n'avaient donc à donner leur avis que sur l'emplacement à choisir et sur les moyens de payer la dépense ; l'empereur était disposé à leur donner le fort Saint-Jean ou la citadelle Saint-Nicolas.

Ces nouvelles causèrent grand émoi à Marseille. Autant on cherchait auparavant à hâter une décision, autant on songea dès lors à chercher des atermoiements pour empêcher la mise à exécution du projet impérial. La Chambre envoya les délégués marseillais présenter des observations au ministre de l'intérieur, Champagny. Le 21 mai, le Conseil municipal déclarait s'unir à elle pour réclamer la franchise entière « au nom de tous les Marseillais dont « l'assentiment unanime lui était bien connu. »

Un comité s'était formé à Paris, sur l'invitation de la Chambre, pour s'occuper de la grande question. Réuni

avec les délégués de la ville chez le Marseillais Guieu, le
16 août 1806, il avait décidé, puisque le moment n'était
pas favorable pour solliciter la franchise, que les délégués
feraient une démarche auprès du ministre Champagny, et
du directeur des douanes Collin, pour leur demander
« de surseoir au projet jusqu'à l'époque fortunée où Mar-
« seille serait honorée de la présence de S. M. »

Mais le fameux voyage n'eut jamais lieu : l'empereur
allait être de plus en plus absorbé par ses guerres, tandis
que la conception du blocus continental devait l'éloigner
encore plus d'accepter les vues des Marseillais. La Chambre dut garder par devers elle le projet de loi sur la franchise, calqué sur le décret de 1791, qu'elle avait rédigé en
22 et en 24 articles.

En 1813, il fut encore question de l'établissement de
quartiers francs dans les ports français. Chaptal, qui en
avait fait la proposition en 1803, la reprit alors. Elle fut
adoptée par le comte de Sussy et par Perrier, directeur
général des douanes, mais le gouvernement refusa de
l'accepter. Jusqu'en 1814, Marseille resta soumise au
régime de l'entrepôt, établi en 1795.

A la fin de l'empire la ville était véritablement ruinée.
On trouve le tableau de sa misère dans les mémoires et
les discussions de 1814, sur le rétablissement de la franchise.

Le nombre des habitants était tombé de 120.000 à
moins de 80.000, et la moitié, privés des ressources du
commerce et de l'industrie, étaient réduits à recourir à la
charité publique. « Et qu'on ne croie pas, disait la
« Chambre de Commerce, qu'on exagère le nombre des
« malheureux que Marseille renferme dans son enceinte.
« Le prix du pain était, il y a environ deux ans (en 1812),
« à six sous la livre dans cette ville. Les dernières classes
« du peuple, à cause de la stagnation du commerce, ne
« pouvant atteindre à ce prix, et se trouvant ainsi sans
« aucun moyen d'existence, imaginèrent, pour ne pas
« mourir de faim, d'aller dans les boucheries recueillir le
« sang des animaux et de s'en nourrir en l'épaississant

« avec du son. Un pareil aliment occasionna bientôt une
« épidémie funeste. Alors, et afin d'administrer les
« secours en proportion du besoin, on prit le parti de
« faire le recensement de tous les citoyens qui étaient
« dans une complète indigence. Le nombre s'en monta
« à 36.000. Le préfet, effrayé, ne put pas croire que le
« recensement fût fidèle. En conséquence il choisit des
« personnes dans lesquelles il avait une entière confiance
« et les chargea d'en faire un nouveau. Le résultat de
« celui-ci fut, non plus de 36.000 individus, mais de
« 40.000. » Fauris de Saint-Vincent disait à la Chambre
que la ville ne comptait, en 1789, que trois mille pauvres
sur ses 120.000 habitants, et que les impositions, réparties
autrefois sur 117.000 citoyens, ne l'étaient plus que sur
36.000, en 1814.

Les causes de cette situation étaient multiples : troubles
de la révolution, anarchie financière, crise monétaire,
brouille avec les Turcs, puis, sous l'empire, continuation
des guerres, blocus continental, surtout, pendant vingt
ans, insécurité des mers dont les Anglais étaient les
maîtres.

Bien que l'accumulation de tous ces désastres eût suffi
à expliquer les ruines de toutes sortes, à tort ou à raison
les négociants y joignaient, comme l'un des facteurs
essentiels, la perte de la franchise du port ; ils ne voyaient
aucun remède efficace sans son rétablissement. Il faut
dire, pour comprendre leur état d'esprit, que le commerce du Levant, source séculaire de la prospérité de Marseille, était l'objet principal de leurs préoccupations et
qu'ils voyaient avec terreur grossir le nombre des ports
auxquels on donnait la franchise pour le lui enlever : à
Livourne, à Gènes, à Nice, à Trieste, les Anglais ne
venaient-ils pas d'ajouter Malte ?

Aussi, à peine les Bourbons rentraient-ils, et pouvait-on
espérer le retour de la paix que, d'un mouvement unanime, les Marseillais s'unirent pour réclamer la franchise.
Au dire de Julliany (1) qui put être témoin, « ces illusions

(1) *Essai sur le commerce de Marseille.*

ne purent être détruites par quelques hommes éclairés qui, sachant au juste ce qu'avait été cette franchise tant regrettée et les plaintes qu'elle avait excitées, ne partageaient pas l'engouement général. » Ce qu'il y a de certain c'est que, quand la Chambre de Commerce chargea trois délégués de présenter au roi un mémoire, en juin 1814, un mois après son entrée à Paris, ce mémoire parut revêtu de l'adhésion des députés de la ville et de ceux du département à Paris. Ceux-ci s'exprimaient en termes à retenir : « Les députés du département des Bouches-du-Rhône, considérant que Marseille est une de ces villes principales qui ne peuvent déchoir ou prospérer sans associer à leur destinée toutes les villes et toutes les contrées avec lesquelles elles correspondent, et que c'est surtout à Marseille, à l'étendue de ses relations commerciales, à ses richesses toujours croissantes, à l'immensité des ressources qu'elle renfermait dans son sein, que la Provence a dû les progrès de son agriculture et de son industrie ; que ce qui rendait, au reste, cette ville si florissante, c'était uniquement sa franchise..... déclarent que....., dans leur opinion, le plus grand bien que S. M. puisse proccurer à la Provence, c'est le rétablissement de ce droit que tant de circonstances démontrent aujourd'hui non moins avantageux que nécessaire. »

Le mémoire présenté par les députés de la Chambre reproduisait dans ses grandes lignes et parfois textuellement celui de 1805. Il insistait sur les avantages que toutes les provinces du royaume retiraient autrefois de la prospérité de Marseille, rappelait que les marchandises étrangères ne figuraient dans son ancien commerce que pour 1/5, aussi bien aux exportations qu'aux importations, et concluait qu'on « ne pouvait se dispenser de reconnaître qu'il y avait un rapport tellement certain entre la prospérité du commerce de Marseille et la prospérité du commerce entier du royaume, que l'une ne pouvait souffrir que l'autre ne souffrît également. »

Les Marseillais obtinrent satisfaction avec une promptitude et une facilité qu'ils n'espéraient peut-être pas. La

Chambre de Commerce de Lyon se joignit à eux, puis le Conseil général du commerce de France vota bientôt un vœu en faveur de la franchise. En même temps le Gouvernement étudiait un projet de loi et, dès le 21 septembre, le directeur général de l'agriculture et du commerce, Becquey, était en mesure de le présenter aux comités réunis du commerce et des finances de la Chambre des Députés.

En lisant les *Observations* qu'il fit devant ces comités pour expliquer le projet, on est frappé des précautions qu'il prit pour en atténuer la portée. Le Gouvernement craignait évidemment de rencontrer de l'opposition en favorisant trop Marseille. En réalité, c'était l'apparence, une ombre de franchise, qu'il semblait lui promettre. La suite des faits montre que les adversaires furent en effet rassurés. Quant aux Marseillais, ou bien ils furent tenus dans l'ignorance des vrais projets du Gouvernement, ou bien l'annonce seule du rétablissement de la franchise suffit pour les aveugler sur leur véritable portée. Il en résulta un malentendu dont les conséquences devaient être déplorables.

Sciemment ou non, le Gouvernement contribua à créer cet aveuglement par un coup de théâtre qui semble avoir été habilement préparé. Le comte d'Artois visitait alors les départements royalistes du Midi. Le 1er octobre, Marseille qui attendait du nouveau régime un remède à tous ses maux lui fit une chaude réception : pendant plus de deux lieues, depuis les limites du territoire, le peuple voulut traîner sa voiture. Le soir, le prince assista au Grand-Théâtre à un spectacle de gala : on jouait la *Partie de chasse de Henri IV*. L'enthousiasme était déjà très vif; des chansons étaient lancées sur la scène et dites pendant les entr'actes. Tout à coup on entendit les couplets sur la *Franchise* de M. Sabin Peragallo, ancien négociant de Marseille, fixé à Paris.

C'est la franchise
Qu'il faut chanter en ce beau jour.
Car, vous savez que la devise
Du prince cher à notre amour.
    C'est la franchise.

. . . .

Cette franchise
Des bons cœurs doit être la loi ;
Mais, maint impôt nous paralyse.
Et Marseille attend de son Roi
    L'autre franchise.

. . . .

Par la franchise
Nous réussissons toujours bien.
Car, c'est par là que l'on nous prise
Et le commerce ne vaut rien
    Sans la franchise.

Cette franchise
Mettrait le comble à nos souhaits,
Et, si notre Roi l'autorise,
Nous aurons, chantant ses bienfaits
    Double franchise.

« Comme entraîné par la certitude et le plaisir de com-
« bler d'un bonheur inattendu des cœurs qui ne respi-
« raient que pour l'adorer », le comte d'Artois se leva
dans sa loge. Il annonça que le roi travaillait au rétablissement et qu'il était autorisé à le promettre en son nom.

Ce fut alors une scène indescriptible. Le maire, le marquis de Montgrand, « cédant à une impulsion irrésistible »
tomba aux genoux du prince. « On peut dire, ajoute le
« procès-verbal, que tous les spectateurs y étaient pros-
« ternés avec leur premier magistrat. Les vœux, les accla-
« mations, les applaudissements, tous les signes d'un
« enthousiasme dicté par le sentiment le plus légitime
« ont éclaté avec une énergie proportionnée à un si grand
« bienfait. » Le lendemain, malgré la pluie, et les deux
jours suivants, les ovations continuèrent dans la rue partout où passait le frère du roi. « Les Marseillais parurent
« avoir oublié leurs anciens malheurs ; ils se crurent
« reportés à cette époque heureuse de leurs annales où
« Mgr le comte de Provence, aujourd'hui leur souverain
« bien aimé, vint visiter cette ville, fière alors de son
« opulence et des richesses que la franchise de son com-
« merce lui avaient procurées. »

La joie fut portée à son comble quand, à peine arrivé à
Toulon, le comte d'Artois fit écrire, le 6, au préfet des
Bouches-du-Rhône que, dans le conseil tenu le 3, le roi
avait rétabli la franchise « sur les bases qu'elle avait
« avant la Révolution. » Le préfet courut porter la lettre
au Conseil municipal alors en séance. Aussitôt, maire et

Conseil l'entraînèrent dans la salle de la Bourse, pour faire connaître sans retard la nouvelle aux négociants. Elle y fut accueillie avec transport. Dans l'intervalle, la lettre avait été affichée « aux cris de vive le roi ! vive Monsieur ! « que ne cessait d'élever jusqu'au ciel un peuple trans-« porté de joie. » Quand le comte d'Artois repassa le 8 à Marseille, à son retour de Toulon, il put savourer pleine-ment les joies de la popularité (1).

La discussion du projet de loi présenté à la Chambre le 4 novembre ne put qu'entretenir les Marseillais dans leurs illusions. Dans son exposé des motifs, le conseiller d'État Becquey parlait bien des restrictions nécessaires à apporter à l'ancienne franchise, dans l'intérêt des manu-factures, et pour éviter la contrebande ; mais il n'entrait pas dans les détails du régime qu'on se proposait d'appli-quer. C'était le principe de la franchise seulement que la loi devait décider. Toutes les conditions du commerce étaient changées depuis 25 ans ; le gouvernement voulait donc les étudier à loisir pour établir un règlement que l'autorité serait toujours en mesure de modifier, suivant les conseils de l'expérience. Ce que Becquey faisait sur-tout ressortir, c'était la nécessité de la franchise et son intérêt national.

Le rapport présenté par Fauris de Saint-Vincent, à la séance du 21 novembre, était plus de nature encore à flatter les espérances des Marseillais que l'exposé des motifs. Ils y trouvaient la condamnation du régime de l'entrepôt, l'affirmation que Marseille « n'était point bâtie « pour recevoir un établissement pareil » à celui de Gênes et celle, plus agréable encore, que « le premier « mode d'exécution de la franchise à Marseille et le pre-« mier règlement porterait sans doute, essentiellement, « sur le système qui était suivi en 1789. »

Enfin, la discussion, ouverte le 3 décembre et conti-

(1) Procès-verbal de ce qui s'est passé à l'arrivée et pendant le séjour de son Altesse Royale. — Imprimé. Arch. de la ville). — Cf. *Moniteur* du 17 octobre.

nuée à la séance du 5, ne fut guère qu'un long plaidoyer en faveur de la franchise, répété ou repris sous d'autres formes par tous les orateurs qui semblaient vouloir renchérir les uns sur les autres. Le baron Lezurier de la Martel, le chevalier Girard, Raynouard, refirent le tableau de l'ancienne prospérité de Marseille et de l'importance du commerce du Levant, du danger de le voir accaparé par Livourne, Gênes, Trieste, Malte, les autres ports francs, des inconvénients des entrepôts, réels ou fictifs. Ils insistèrent tous sur la nécessité du rétablissement de la franchise étendue à ses anciennes limites ; ils montrèrent l'inanité des craintes de contrebande ou de pertes pour le fisc.

« La fraude, disait Raynouard, Colbert, les Assemblées
« Constituante et Législative, ne l'ont pas redoutée ; le
« gouvernement actuel ne la redoute pas. Un auteur
« français (1) qui a écrit sur les ports francs, et qui a
« considéré les franchises spécialement sous le rapport
« du préjudice qu'elles peuvent causer aux douanes, a eu
« la bonne foi de convenir que la franchise de Marseille
« ne donnait pas lieu aux abus qu'il reproche aux autres
« ports francs..... Ce témoignage en faveur de Marseille
« est d'autant plus précieux qu'il émane d'une personne
« qui, par le rang qu'elle occupe dans l'administration
« des douanes, possède une connaissance plus sûre et
« plus directe des faits. »

Raynouard terminait son discours sur le mode lyrique :
« Et toi Marseille, toi qui fus si justement appelée la digne
« sœur de Rome, la noble émule d'Athènes, la redoutable
« rivale de Carthage, hâte-toi de montrer aux nations
« étrangères ton pavillon redevenu libre, hâte-toi de faire
« participer la France entière aux succès de ta franchise :
« tu pourras, tu voudras oublier l'époque funeste où elle
« te fut ravie, mais tu ne pourras jamais oublier l'époque
« heureuse où elle t'est rendue. »

____

(1) Ferrier, directeur général des douanes, *Essais sur les ports francs*, p. 44.

Le comte d'Astorg s'attacha à répondre aux objections faites contre les franchises en général dans une brochure que l'auteur, M. de Francoville, député à la Chambre, avait déjà imprimée autrefois et distribuée à la Constituante dont il était membre. Le comte Riquet de Caraman soutint « que le rétablissement de la franchise de Marseille était aussi avantageux au fisc qu'aux autres branches de la prospérité publique. » Mais ce fut l'Aixois Emeric David qui plaida avec le plus d'ampleur et de chaleur la cause des franchises et celle de Marseille. Il trouva quelques formules heureuses : « Un port franc est, dans « des siècles de lumière, ce qu'une foire franche était « dans des temps d'ignorance et de confusion. Un port « franc est une foire franche ouverte tous les jours. La « franchise est fondée sur des principes de liberté chers à « tous les peuples..... L'entrepôt est à la franchise ce que « l'emprisonnement est à la liberté. »

« Deux considérations bien faibles à mes yeux, disait-il « ailleurs, alarment les antagonistes des franchises : l'une « est la crainte de la concurrence qui doit s'établir entre « les produits de nos manufactures et les ouvrages « manufacturés à l'étranger. Il faut d'abord considérer « que le choix de l'étranger entre nos manufactures et « celles de nos concurrents ne dépend de nous que par « le progrès de nos manufacturiers. La consommation « se trouve naturellement limitée par le goût et les « habitudes des consommateurs..... Mais, soit que le « marché s'établisse à Constantinople, à Marseille, à « Hambourg, le consommateur qui préfère des marchan- « dises étrangères aux nôtres n'achètera pas celles-ci. « Le placement en sera plus considérable, pour la « généralité de la France, avec ses ports francs que sans « ce secours, par la raison qu'une plus grande masse « d'affaires offre plus d'occasions et plus de ressources ; « voilà tout ce qu'il y a de certain. »

Dans ces deux longues séances, il ne se trouva qu'un seul orateur, Francoville, l'ennemi déclaré et persistant des franchises, pour parler contre le projet. Trois autres députés cependant avaient fait des réserves : Faure et Labbey de Pompierres avaient demandé que le règlement préparé par le gouvernement pour la franchise de Marseille fût soumis à la Chambre et joint à la loi. Le député Delaville avait montré ses préférences pour l'établissement d'un quartier franc comme à Gênes.

Malgré le raisonnement serré de son discours, Francoville n'obtint qu'un succès d'estime car le projet de loi fut voté par 137 boules blanches contre 21 noires. Présenté à la chambre des pairs le 10 décembre, il fut accepté sans discussion, le 15 du même mois.

Quand on essaie de revivre le détail de ces événements, on comprend avec quelle joie les Marseillais purent accueillir la loi du 16 décembre 1814. Elle ne fut pas de longue durée. Au sortir de ces rêves dorés le réveil devait être dur. L'ordonnance du 20 février 1815, portant règlement sur la franchise, trompa les espérances les plus légitimes. Julliany et récemment MM. Artaud et Amiot ont bien montré comment elle ne donnait qu'un semblant de franchise. La plupart des marchandises étaient soumises à l'entrepôt; la réexportation n'était permise que par des bâtiments au-dessus de 100 tonneaux, tandis qu'il était avéré que tout le cabotage avec l'Espagne et l'Italie était fait par des bâtiments plus petits; le marché national était fermé aux produits manufacturés de Marseille. Au lieu de l'ancienne franchise, corrigée suivant les besoins d'une situation nouvelle, comme elle l'avait été déjà en 1791, ce n'en était que la caricature qu'on offrait aux Marseillais.

D'ailleurs l'ordonnance de 1815 n'eut pas le temps d'être exécutée : huit jours après (1er mars) Napoléon débarquait au Golfe-Jouan ; le « vol de l'aigle » le portait aux Tuileries. Avec une décision et une promptitude remarquables, au milieu de soucis plus pressants, l'empereur chercha à remédier aux difficultés soulevées par l'exécution de l'ordonnance du 20 février en revenant au projet, qui lui était cher, de créer à Marseille un quartier franc, sur le modèle du port franc de Gênes. La proposition en fut faite à la Chambre de Commerce par une lettre du ministre d'état Chaptal, directeur-général du commerce et manufactures, en date du 29 avril, publiée in extenso par M. Estrine, dans une communication faite au congrès des Sociétés de Géographie de 1898. Dans cette lettre, d'une remarquable netteté, Chaptal reconnaissait que l'ordonnance « n'accordait pas au commerce un seul avantage qui constituât essentiellement une franchise. » Il énumérait les « grands abus » qu'entraînaient les franchises, « utiles sous beaucoup de rapports », et, d'un autre côté, les « graves inconvénients » des entrepôts pour le commerce et il concluait : « Ne pourrait-on pas concilier l'intérêt du commerce avec celui du trésor et de l'industrie nationale par des enceintes franches? »

Dans sa séance du 9 mai 1815, la Chambre de Commerce décida de répondre que l'ordonnance du 20 février était sans doute peu satisfaisante, mais qu'elle la préférait cependant au projet impérial, parce que celui-ci était impossible à exécuter à Marseille, tandis que le règlement établi par l'ordonnance pouvait être réformé.

On a accusé un peu légèrement la Chambre d'avoir manqué de clairvoyance en ne prévoyant pas les inconvénients de l'ordonnance de 1815. Elle les sentait très bien, mais elle comptait la faire amender et obtenir véritablement le rétablissement de la franchise, proclamé par la loi du 16 décembre 1814. Si elle l'eut obtenu, il est certain que la franchise, même plus atténuée qu'en 1791, eût offert bien plus de libertés et de commodités au commerce qu'un entrepôt restreint comme celui de Gênes. L'expérience était là pour le prouver. Mais l'erreur de la Chambre fut de ne pas comprendre que le rétablissement qu'elle rêvait devait rencontrer trop d'adversaires et qu'il valait mieux, comme pis aller, se rallier au projet de quartier franc.

Quoi qu'il en soit, dès le retour du roi, on n'eut qu'un but à Marseille, faire corriger la malencontreuse ordonnance du 20 février. La question fut portée à la Chambre, le 13 mars 1816, par les députés des Bouches-du-Rhône, d'accord en cela avec la Chambre de Commerce de Marseille. L'un d'eux, Rolland, appuyé par ses collègues, le marquis de Beausset, le marquis de La Goy et Regnaud de Trets, demanda à la Chambre de solliciter le roi de présenter un projet de loi en dix-neuf articles, qui avait pour but de rétablir autant que possible la franchise « sur le même pied qu'en 1789 ». On y voyait stipulé le rétablissement du droit de 20 o o, de l'ancienne autorité de la Chambre de Commerce, des Bureaux de poids et casse et d'Occident. « La loi du 16 décembre 1814, s'écria Rolland dans son discours, avait recréé la franchise du port de Marseille, l'ordonnance du 20 février 1815... dans laquelle la religion du roi ne fut pas assez éclairée, l'anéantit. »

Personne ne songeait à défendre l'ordonnance. Aussi, la Chambre prit-elle en considération la proposition Rolland. Mais il était moins facile de se mettre d'accord sur le régime à instituer pour Marseille. Le Gouvernement n'était pas disposé à aller aussi loin dans la voie des concessions et du privilège ; une pareille loi, si elle fût venue en discussion eût, sans doute, rencontré d'ardents adversaires. D'ailleurs, une opposition très vive contre la franchise venait de se former à Marseille même. Le député Rolland l'avait démasquée et combattue dans son discours.

D'un côté, une industrie importante, née pendant les guerres de l'Empire, celle des soudes artificielles pour la fabrication du savon, demandait la protection contre les soudes végétales de Sicile et d'Espagne. D'un autre côté, « les marchands détaillants des produits de nos manufactures et les débitants des denrées coloniales » se plaignaient des entraves apportées à leur commerce par la ligne de douanes qui séparait Marseille du reste du département. Eux et les fabricants de soude avaient inspiré un Mémoire demandant le retour au régime de l'entrepôt, répandu à profusion dans les bureaux de la Chambre et chez les ministres. Rolland qualifiait ce mémoire d'œuvre ténébreuse, de véritable libelle que, ni le rédacteur qui avait vendu sa plume, ni ceux qui avaient payé la publication, n'osaient avouer. Il traitait de paradoxe singulier, pour ne pas dire imposture révoltante, l'affirmation que

« Marseille était aujourd'hui aussi intéressante par ses fabriques que par son commerce », et se moquait de « la nomenclature fastueuse de ces prétendues fabriques de Marseille opprimées par les douanes de Septêmes ». Il n'en est pas moins vrai que les longues guerres de la Révolution et de l'Empire avaient changé les conditions du commerce et rendu plus important, pour les Marseillais, le débouché du marché intérieur. Les défectuosités de l'ordonnance de 1815 firent mieux sentir les nécessités nouvelles et donnèrent plus de force à l'opposition des manufacturiers et d'une partie du commerce.

Ces divisions étaient bien de nature à rendre encore le Gouvernement plus circonspect. Tout était en suspens quand la Chambre reçut une pétition de 300 marchands et manufacturiers de Marseille, demandant l'abolition de la franchise et le rétablissement de l'entrepôt.

A la séance du 15 janvier 1817, la Chambre décida que la pétition serait renvoyée au ministre de l'intérieur. Celui-ci chargea le préfet des Bouches-du-Rhône de réunir une commission de vingt-un membres, pris en partie dans la Chambre de Commerce, dans le Conseil municipal, parmi les négociants et les manufacturiers. Cette commission, chargée de choisir entre le système de la franchise et celui de l'entrepôt, se prononça contre le premier.

Le préambule de l'ordonnance du 10 septembre 1817, qui abolit définitivement la franchise, indique bien quel était l'état d'esprit des Marseillais : « L'expérience..... a démontré aux habitants que les anciennes barrières..... contrariaient les intérêts de leur industrie dans l'état actuel des rapports avec le reste du royaume. Ils ont reconnu que le commerce extérieur ne trouvait pas actuellement une compensation suffisante de cette gêne dans un régime qui avait déjà reçu d'anciennes modifications, et auquel il avait été indispensable d'en ajouter de nouvelles pour la protection de l'industrie française. »

Les manufacturiers l'avaient emporté sur les armateurs et les négociants, mais le conflit n'eût-il pas été évité, ou du moins atténué, si le règlement de 1815 avait établi, en même temps qu'une liberté plus grande pour le commerce, un régime mixte pour les fabriques de Marseille, analogue à celui de 1789 ou de 1791 ?

C'est donc le régime bâtard, établi en 1815, qui fut condamné par les Marseillais, en 1817, plutôt que le système de leurs anciennes franchises.

L'ordonnance de 1817, publiée *in extenso* par Julliany, accordait encore à Marseille un régime de faveur, notamment l'exemption des droits de navigation pour les navires étrangers, et surtout un régime spécial des entrepôts. Ces avantages, tout appréciables qu'ils fussent, étaient loin de satisfaire les Marseillais. Puisqu'il ne fallait plus compter sur l'ancienne franchise, le quartier franc offert par Napoléon, qui paraissait auparavant un avantage bien insuffisant en comparaison de celle-là, devint très désirable. Julliany, porte-parole autorisé des négociants de son temps, écrivait en 1833 : « Pour permettre à Marseille de lutter avec ses rivales à armes égales.... il lui faut ce que Napoléon lui offrit si souvent, un quartier franc. » Parmi les emplacements proposés, il déclarait sa préférence pour les Vieilles Infirmeries (anse des Catalans) et il préconisait le plan dressé déjà en 1805, par l'ingénieur Guimet, qui donnait au quartier franc 48 hectares de superficie.

Bientôt, le système des docks adopté en Angleterre parut offrir des avantages analogues à ceux d'un quartier franc Dans la deuxième édition de son livre, c'était la création de docks que préconisait Julliany. Mais il avait soin de dire qu'il entendait par dock « une enceinte franche jouissant d'un régime de liberté absolue, un port franc isolé. » De 1830 à 1840, une série de projets de docks avaient été lancés à Marseille. En 1845, Berteaut, secrétaire de la Chambre de Commerce, réclamait aussi des docks, mais il entendait seulement par là des magasins donnant « précision, sécurité, promptitude et bon marché » à la manutention des marchandises. L'essor extraordinaire et absolument imprévu du commerce, après 1840, devait faire oublier de plus en plus les anciennes franchises que quelques-uns seulement persistaient à regretter. Berteaut écrivait en 1845 : « Ce port « franc qu'idolâtra la génération passée, à cette heure « même, est encore l'idée fixe de quelques Marseillais. » L'arrêt de l'essor de cette prospérité qui semblait devoir être illimité, la menace grandissante de concurrents plus favorisés, devaient réveiller après cinquante ans les souvenirs assoupis et faire réclamer le secours d'une arme, autrefois si efficace, qui n'avait plus paru nécessaire. Mais, comme l'ancienne franchise est plus impossible encore à ressusciter en 1900 qu'en 1815, c'est le quartier franc cher à Napoléon, souhaité par les Marseillais de 1830, qui fait l'objet des vœux ardents de leurs arrière petits-fils.

La franchise de Marseille ne fut donc abolie qu'après une longue lutte. Jusqu'après 1815, les Marseillais n'oublièrent jamais leur ancien port franc et ne négligèrent aucune occasion pour le faire rétablir. La suppression, en 1795, avait été due à la puissance des idées d'unité et d'égalité, à l'aversion pour les anciens privilèges, plutôt qu'aux inconvénients reconnus de l'institution. La disparition complète en 1817 ne fut amenée que par les divisions des Marseillais. La Chambre de Commerce, composée de gros négociants et d'armateurs, restait attachée aveuglément au régime qui avait fait autrefois la prospérité de Marseille. Or, le rétablissement de l'ancien port franc était devenu impossible, parce qu'il aurait rencontré l'opposition générale du royaume et parce qu'il aurait lésé, à Marseille même, des intérêts nouveaux. Le Gouvernement profita de ces divisions pour réduire Marseille au droit commun. Sans le manque d'esprit politique de la Chambre, Marseille aurait eu la zone franche, réclamée aujourd'hui, dès 1806 ou dès 1815.

CHAPITRE V

Ports Français : *Bayonne* (1).

Au moment de la révolution il y avait en France trois autres ports francs : Bayonne, Dunkerque et Lorient. On pourrait trouver singulier, au premier abord, que deux ports secondaires et situés aux deux extrémités du pays aient été choisis comme ports francs sur l'Océan, au lieu de grandes villes commerçantes, bien placées pour servir de débouchés, comme le Havre, Nantes ou Bordeaux. Mais les préoccupations des gens du xviie et du xviiie siècle n'étaient pas de donner un plus grand essor aux exportations, en créant les franchises. Colbert voulait détourner les navires et le commerce des ports des pays voisins, faire des ports francs le rendez-vous des étrangers, des entrepôts et des centres de distribution. Pour remplir ce but, il valait mieux alors qu'ils fussent placés près des frontières, dans le voisinage des pays étrangers.

Bayonne ne porta officiellement le titre de port franc que depuis 1784, mais elle jouissait auparavant d'une franchise de fait dont les origines remontaient, comme pour Marseille, au moyen âge. A ce point de vue, celle-ci est la plus intéressante à étudier après celle de Marseille. Devenue anglaise en 1152, à la suite du mariage d'Aliénor d'Aquitaine avec Henri Plantagenet, Bayonne fut comblée

(1) A consulter. Archives de Bayonne et particulièrement : *Mémoire de la Chambre de Commerce de Bayonne*, de 1738. — Savary de Bruslons. *Dict. du commerce.* — Encyclopédie méthodique, Commerce. — Peuchet. *Dict. de la géographie commerçante.* — Archives parlementaires. — Henri Lion. *Étude historique sur la Chambre de Commerce de Bayonne. Paris*, 1869. — C. Léon Hiriart. *Bayonne sous la Révolution.*

de privilèges par ses nouveaux maîtres. En 1159, Henri II lui accorda « l'exemption de tous subsides et du paiement de tous droits en Guienne, Gascogne, Poitou et généralement dans l'étendue de ses domaines et seigneuries. » Tous les rois anglais confirmèrent successivement ces immunités jusqu'à la réunion de la ville à la France, en 1451. Plusieurs, comme Edouard III et Richard II, les étendirent. Au xviii° siècle, les Bayonnais purent retrouver tous les anciens titres de leurs privilèges dans leurs archives et dans celles de la Tour de Londres. La Chambre de Commerce les énumérait dans un grand mémoire adressé au roi, en 1738. Outre ses immunités commerciales, Bayonne jouissait de libertés politiques qui lui donnaient une véritable autonomie. Elles ont été étudiées par Giry dans son livre sur les Établissements de Rouen, prototype des chartes accordées par les rois anglais à leurs villes françaises.

Ces franchises stimulèrent puissamment l'activité des marchands. Bayonne, sous la domination anglaise, tint, parmi les ports français de l'Océan, une place qu'elle ne devait pas garder plus tard. Comme à Marseille, c'étaient surtout les bourgeois qui en profitaient ; les étrangers supportaient de nombreuses charges et payaient les droits destinés à alimenter les finances de la ville. Le principal, connu sous le nom de *coutume*, avait une origine inconnue : les ordonnances royales autorisaient la ville à percevoir 4 deniers par livre sur toutes les denrées et marchandises, comme un droit patrimonial dont la ville jouissait depuis les temps les plus reculés. Les bourgeois de la ville en étaient complètement exempts.

Comme pour Marseille, les rois de France confirmèrent solennellement les privilèges de leur nouvelle possession. Par ses lettres patentes, du 22 septembre 1452, Charles VII déclare « qu'il veut et entend que les droits, prérogatives, rentes et revenus anciennement appartenant à la ville, lui demeurent en entier, casse et annule toutes lettres qui pourraient avoir été données ou qui pourraient l'être à l'avenir, à ce contraires. » Peu après, il est vrai, le roi s'empara pour son propre compte du revenu de la coutume, mais le restitua à la ville par lettres du 26 septembre 1455. Par celles de mai, octobre et novembre 1462, Louis XI finit par s'attribuer la moitié du produit de la coutume qui fut alors fixée à 12 deniers pour livre, c'est-à-dire à 5 o/o. Ainsi les droits d'entrée et de sortie étaient triplés pour les étrangers, mais le roi affranchissait en même temps les bourgeois à perpétuité de tous droits de la coutume « pour toutes denrées et marchandises à eux appartenantes qu'ils feraient en leur nom sans fraude, entrants et issants en ladite ville de Bayonne et ès-ports de Saint-Jean-de-Luz et Cap Breton... sans que dorénavant ils, ne leurs successeurs, pussent être contraints aucune chose en payer en quelque manière que ce fût. » Il est impossible d'énumérer toutes les lettres de confirmation qui furent expédiées par nos rois, non seulement à leur avènement, mais plusieurs fois pendant leur règne. Outre la nécessité qu'il y avait de se prémunir contre des violations, en donnant une nouvelle vigueur aux anciens droits, il paraît que les magistrats de Bayonne étaient tenus théoriquement d'en demander la confirmation tous les six ans. Ce fut Louis XIII qui les dispensa de cette obligation gênante, onéreuse et dangereuse, par ses lettres patentes d'octobre 1617. Il confirmait les privilèges des Bayonnais « pour en jouir de règne en règne, sans limitation d'autre temps, ni être tenus à autre chose qu'à en obtenir la confirmation au changement et avènement des rois à cette couronne. » Louis XIV employait une formule analogue dans ses lettres de juin 1643.

Comme les Marseillais, les Bayonnais avaient été assez heureux pour voir croître l'étendue de leurs immunités à mesure que le reste du royaume avait été soumis au système des impositions et des douanes royales. L'exemption du droit de 5 o/o de la coutume fut étendue, pour les habitants, à tous les droits payés dans les autres ports. « Iceux avons quittés, affranchis et exemptés.... par ces présentes, disait Henri II dans ses lettres du 24 juillet 1557, du fait et paiement de tous droits de traite et imposition foraine, entrée, issue, et autres droits et impositions quelconques pour raison des marchandises et denrées qu'ils prendront et enlèveront tant de ladite ville de Bayonne, que juridiction d'icelle, mèneront et conduiront, feront mener et conduire par mer, eau douce, et par terre. » Les lettres patentes de mars 1717, expédiées au nom de Louis XV, en confirmant une dernière fois ces privilèges, rappelaient date par date presque toutes les précédentes, depuis Charles VII.

Ainsi, sans que jamais Bayonne eût été proclamée port franc et sans que sa franchise eût été définie par un titre spécial, comme celle de Marseille ou de Dunkerque, cette ville jouissait d'une situation analogue à celle de ces dernières. Comme Marseille, elle n'avait pas cessé, depuis le milieu du moyen-âge, d'être, par son régime douanier, une ville étrangère au reste du pays. Les documents du xviie et du xviiie siècle, et même des arrêts du Conseil, comme celui du 3 octobre 1702, la mentionnent, à côté de Marseille et de Dunkerque, comme n'étant pas soumise au régime commun des fermes.

Cependant, Bayonne différait profondément d'un véritable port franc tel que le concevait Colbert, en ce que les étrangers n'y étaient attirés par aucune faveur spéciale. Le paiement du coutumat et de tous les autres droits du Roi devait les empêcher de s'y établir. Il est vrai que les faveurs théoriquement accordées aux étrangers à Marseille, par l'édit de 1669, restèrent en grande partie lettre-morte.

Au point de vue territorial, la franchise de Bayonne était plus étendue que celle de Marseille. Ce n'était pas seulement le terroir de la ville qui en jouissait, avec le faubourg de Saint-Esprit sur la rive droite de l'Adour, mais tout le pays de Labourt, limité par l'Adour au Nord, sur un espace de trois lieues, et s'étendant au Sud jusqu'aux Pyrénées, avec toute l'étendue de côtes qui en dépendait, où se trouvaient les ports de Saint-Jean de Luz et de cap Breton. C'était ce qu'on appelait le pays du

coutumat. Un cordon de bureaux des fermes l'entourait.
A d'autres points de vue encore, Bayonne était particulièrement favorisée. Par ses lettres-patentes de 1462, Louis
XI l'avait dotée à perpétuité de deux foires franches, pendant la durée desquelles les étrangers eux-mêmes étaient
exempts de toutes impositions, même de la coutume, à
l'entrée et à la sortie. Surtout, le commerce des colonies,
soumis à Marseille à la règle commune, y jouissait de la
même franchise que tous les autres. Même, les lettres
patentes d'avril 1717, qui établirent un règlement général
pour ce commerce dans tous les ports du royaume et
pour la levée des droits du Domaine d'Occident, ne furent
pas exécutées à Bayonne.

Mais cette ville n'était pas en situation, comme Marseille, de jouir de tous ses avantages. Dans les discussions
de la Constituante et de 1814, on répéta souvent que le
grand commerce de Marseille n'était pas dû aux faveurs
des rois, mais qu'il était un privilège de la nature. La
nature n'avait pas destiné Bayonne à jouer un très grand
rôle.

Adossée à des pays pauvres, comme la Gascogne et la
basse Navarre, placée entre les déserts des Landes et les
vallées pyrénéennes, réléguée à l'extrémité du royaume, à
l'écart des grandes routes commerciales qui aboutissaient
à Bordeaux, Bayonne, même avec un bon port, n'eut
jamais pu devenir une place commerciale de premier
ordre. Or, pour comble de disgrâce, son fleuve capricieux
et indiscipliné, avec la barre mouvante de son embouchure, n'avait jamais livré aux navires un passage sûr et
commode.

Bien plus, à plusieurs reprises, dans le courant du
moyen-âge, les tempêtes avaient déplacé l'embouchure.
Depuis longtemps, celle qui s'ouvrait à moins d'une lieue
de la ville avait été abandonnée par le fleuve vagabond,
qui atteignait la mer à vingt kilomètres plus au Nord, à
cap Breton, en face du fameux Gouf. A la fin du xiv siècle,
il fut repoussé plus au Nord encore, à 36 kilomètres de

Bayonne, à Vieux-Boucau. Une autre tempête l'y rejeta définitivement, dans les premières années du xviᵉ siècle.

Outre l'inconvénient de la distance, le nouveau lit, mal établi, n'était praticable qu'aux bateaux de rivière ou à de petits bâtiments de mer. En vain, à diverses reprises, le gouvernement royal essaya de rétablir le port, d'ouvrir au moins une embouchure plus rapprochée et plus commode, au cap Breton. Sous Henri III seulement, le 28 octobre 1579, les travaux de l'ingénieur Louis de Foix réussirent, grâce à une crue extraordinaire, qui précipita la rivière dans le lit depuis longtemps abandonné et dégagea l'embouchure actuelle des sables qui l'obstruaient (1). Pour comble de malheur, Bayonne avait été ravagée par la peste en 1508, 1519 et 1547. Aussi, la ville s'était-elle dépeuplée ; on voyait deux de ses trois faubourgs abandonnés et tombés en ruine, une grande partie de la ville même inhabitée. Le commerce était ruiné : les vaisseaux étrangers avaient complètement désappris le chemin de Bayonne.

Bien que les bancs de sables eussent continué de rendre l'accès de son port difficile, elle parvint à relever son commerce parce que sa position offrait pourtant un avantage. Placée au fond du golfe de Gascogne, elle était un débouché commode pour les provinces du nord de l'Espagne comme la Navarre et l'Aragon, aussi rapproché et au moins aussi favorisé pour les communications à travers les Pyrénées que Saint-Sébastien et Bilbao, ses rivales pour ce commerce. Grâce à sa franchise et à celle du pays de Labourt, l'inconvénient des frontières fut supprimé. Le commerce espagnol, attiré par les facilités qu'il y trouvait, déserta les ports nationaux pour le port français.

Ainsi, Bayonne fut indistinctement le port des pays pyrénéens des deux versants. Même, l'influence de la franchise fut beaucoup plus efficace du côté étranger

---

(1) Au commencement du xviiⁱᵉ siècle, Bayonne fut encore menacée de perdre son port. L'embouchure fut cette fois chassée vers le Sud, du côté de Biarritz. Le cours du fleuve fut alors définitivement rectifié et endigué.

que du côté français. Bordeaux, en effet, et la voie de la Garonne offraient trop d'avantages pour que le courant commercial pût être détourné vers Bayonne; en France, le rayon d'action de celle-ci fut donc extrèmement limité. Les ports espagnols de la Biscaye, au contraire, n'ayant pas d'avantage signalé à offrir au commerce, se trouvèrent, par suite de la franchise de leur rivale, en état d'infériorité. Il arriva même que l'attraction commerciale du port franc s'exerça non seulement sur les provinces basques, la Navarre et l'Aragon, mais jusque dans les Castilles et à Madrid. Les rois de France avaient parfaitement compris les avantages de cette situation géographique de Bayonne et comment la franchise permettrait d'en tirer parti. Déjà, François Iᵉʳ, confirmant ses privilèges, disait que c'était « par considération de la situation dudit lieu, qui est un pays stérile sur le bord de la mer, proxime et limitrophe du royaume d'Espagne. » Le même considérant est répété dans d'autres lettres patentes, notamment dans celles de Louis XV, en 1717.

Ainsi, il est certain que si Bayonne resta une place commerciale d'une certaine activité jusqu'à la Révolution, ce fut grâce à sa franchise. « A la faveur de cette constitution, écrivait la Chambre de Commerce en 1774, le commerce de Bayonne s'était considérablement accru. Il rassemblait toutes les marchandises nationales et étrangères propres pour l'Espagne ; il en attirait les matières premières nécessaires aux manufactures françaises et les métaux précieux qui venaient alimenter les monnaies du royaume. Aussi, la prospérité de cette ville la rendit-elle, jusqu'au commencement du siècle, une des plus importantes de la France, par l'étendue et la variété de son commerce, par ses entreprises pour la pêche de la baleine et de la morue, et par ses armements contre les ennemis de l'Etat en temps de guerre. »

Il y avait là, peut-être, quelque exagération, mais le commerce de Bayonne avec l'Espagne, tel que le décrit Savary dans son Dictionnaire du commerce, était plus actif qu'on ne peut actuellement l'imaginer. Les laines, alors principal article d'exportation espagnol, faisaient l'objet du trafic le plus important. D'après Savary, on chargeait, année commune, à Bayonne, trente ou quarante bâtiments, portant 200 à 350 balles de laines fines pour Rouen et pour Nantes et huit ou dix pour la Hollande. Même les manufactures du Languedoc en faisaient venir de ce port. La racine de réglisse était un article spécial apporté par les Navarrais. En retour les Espagnols achetaient à Bayonne, à côté de marchandises anglaises et hollandaises, un grand nombre d'articles français, notamment des draps d'Elbeuf, de Rouen et de Carcassonne. Les denrées des colonies françaises y avaient trouvé un débouché qui n'était pas négligeable, surtout le sucre, le cacao et le tabac. Vers 1725, quinze ou seize vaisseaux de Bayonne étaient employés à transporter ces produits des Antilles, sans compter ceux qui venaient sur des bâtiments de Bordeaux et de Nantes. D'après Savary, 12.000 quintaux de cacaos des îles passaient annuellement en Navarre. Une maladie des cacaoyers ayant ruiné ce commerce, les Bayonnais y substituèrent celui des tabacs qu'ils considérèrent bientôt comme un des éléments essentiels de la prospérité de leur ville. Même ils étaient entrés en relations avec les marchands de la Havane, attiraient leurs tabacs dans nos colonies et les revendaient aux Espagnols. S'il faut en croire l'Encyclopédie méthodique, « les envois considérables d'argent que les Espagnols faisaient à Bayonne rendaient le commerce de change de cette ville l'un des plus considérables de France. »

Par suite du mouvement relativement restreint du commerce, la franchise n'avait pas pu produire à Bayonne cet essor industriel si remarquable à Marseille. On n'y voyait pas, en effet, affluer cette masse de matières premières que fournissait le commerce du Levant ni refluer ce courant d'exportations portées vers tous les clients du grand port méditerranéen. Les Bayonnais ne furent donc pas excités à se servir des unes et à alimenter les autres.

7

Les laines que leur vendait l'Espagne leur étaient deman-
dées d'avance par les manufactures de France. Cependant
dant la ville et le pays de Labourt possédaient quelques
industries, et c'était bien la franchise qui les avait fait
naître. Les deux principales étaient celles du travail des
cuirs et de la construction des navires.

« Depuis longtemps, lit-on dans un mémoire de 1774,
le pays de Labourt s'occupait des tanneries et de la cha-
moiserie : il en faisait un commerce immense avec l'Espagne, et principalement pour la consommation de la
Navarre : c'était, pour ainsi dire, son unique industrie.
Les cuirs verts et secs, venant des colonies ou des ports
du royaume, n'acquittaient d'autre droit que celui de la
coutume. »

Il y avait à Bayonne des chantiers de construction
actifs qui travaillaient pour les particuliers, et aussi pour
la marine royale. « On peut, dit Savary, bâtir les vaisseaux plus commodément et à meilleur marché qu'en bien
d'autres ports, à cause de la facilité d'avoir des bois et du
fer d'Espagne, des chanvres pour les cordages par la
Garonne et du goudron et du brai qu'on tire des Landes,
mais ce ne peut être que des frégates de 40 à 50 pièces de
canon, à cause que son port est un port de barre, dont
l'entrée n'est pas extrèmement profonde. »

Le mémoire de 1774 parle d'une autre industrie toute
spéciale et que seule la franchise aussi faisait vivre : « Il
se fabriquait en cette ville pour plus de cent mille écus
par an de cartes à jouer, qui, par la différence des figures
et des couleurs, n'étaient propres qu'à la consommation
de l'Espagne. La vente exclusive de cet article a fait tomber cette branche et a forcé les ouvriers du pays de transporter leur industrie à Pampelune, Saint-Sébastien et
Vittoria. »

La franchise avait produit à Bayonne tout ce qu'on
pouvait en attendre. Sans doute, les Bayonnais faisaient
surtout ce que Montesquieu appelait un commerce d'économie. Ils servaient d'intermédiaires entre les Espagnols
et les négociants français ou étrangers, dont les marchan-

dises étaient réunies et échangées dans leur port. Leurs bénéfices étaient surtout ceux de commissionnaires et de transitaires. Cependant la franchise leur faisait aussi jouer un rôle plus actif : les Bayonnais se rendaient eux-mêmes en Espagne pour l'achat des laines ; ils armaient des bâtiments pour les colonies et y négociaient ; ils avaient créé des industries.

Si la prospérité de Bayonne dépendait entièrement de la franchise, le royaume en retirait aussi des bénéfices. Les manufactures utilisaient les matières premières d'Espagne, obtenues à meilleur compte, et trouvaient en retour à écouler une quantité notable de leurs produits. Les esprits chagrins pouvaient trouver que quantité de marchandises étrangères passaient par la même voie, et que les facilités offertes par le port de Bayonne favorisaient la concurrence étrangère. Mais il était plus vrai de dire que le courant commercial, établi par Bayonne avec l'Espagne, servait de véhicule aux produits français qui n'eussent pas trouvé un écoulement aussi facile, s'il leur avait fallu passer par Saint-Sébastien, Santander ou Bilbao, où la concurrence étrangère aurait été pour eux plus dangereuse infiniment. Dans leur mémoire de 1774, les Bayonnais faisaient nettement ressortir cette heureuse influence de la franchise.

On peut rappeler aussi, à ce sujet, cette phrase typique de Savary : « Le commerce de Bayonne avec la Biscaye et Guipuscoa n'est guère différent de celui que les Bayonnais font dans la Haute-Navarre, avec cette différence que les Hollandais et les Anglais fournissant à Saint-Sébastien et à Bilbao des marchandises à peu près semblables, *on s'y passe assez aisément d'une partie de celles de France.* » Les avantages de ce commerce faisaient écrire à l'économiste Forbonnais : « La ville de Bayonne a des privilèges qui ne sont pas moins précieux à la totalité du royaume qu'à ses habitants. Troubler son commerce avec les Pyrénées, ce serait tarir une mine d'argent. »

Cependant il en fut de la franchise de Bayonne comme

de celle de Marseille. Jamais, au xviie et au xviiie siècle, elle ne fut respectée des fermiers. Ceux-ci purent d'autant mieux pousser leurs entreprises qu'aucun acte solennel, analogue à l'édit de 1669, n'avait défini et fixé le régime de Bayonne. Aucun ne spécifiait que leurs bureaux ne pourraient pas être établis dans la ville. Il fallait, d'ailleurs, que ceux de la perception du coutumat, faite au nom du roi, y fussent installés. Aussi, en 1730, la direction même des fermes, de tout temps fixée à Dax, fut transportée à Bayonne, comme une menace perpétuelle. La ville n'avait pas, pour résister aux fermiers, l'autorité, l'influence, ni les ressources de la Chambre de Commerce de Marseille. Celle de Bayonne, créée seulement en 1726, observait plus tard que la longueur du règne de Louis xiv avait pour ainsi dire fait perdre de vue les anciens privilèges. « La ville ayant eu le temps de voir se renouveler ses habitants, dans l'intervalle de 67 ans qui se sont écoulés entre les lettres patentes confirmatives de Louis xiv et celles de Louis xv, les esprits étant d'ailleurs préoccupés, on ne savait que confusément et comme par tradition que Bayonne avait des privilèges ; c'est dans ces circonstances, qu'en caractérisant d'abus le reste des privilèges dont cette ville jouit, on a entrepris de la mettre au rang des autres villes. »

Bayonne lutta sans relâche pour le maintien de ses libertés, mais l'énumération des atteintes qu'elles reçurent serait longue. Comme à Marseille, les commis de la foraine se signalèrent par leurs entreprises continuelles, bien que la ville eût été nominalement exemptée de cette imposition par lettres patentes et arrêts du conseil. En 1691, l'intendant de la généralité avait débouté de ses prétentions l'adjudicataire des fermes ; à la suite d'une condamnation analogue par l'intendant de Lesseville, en 1724, le fermier avait porté l'affaire au conseil ; elle était encore en suspens en 1738.

Les fermiers avaient cherché à faire interdire aux Bayonnais le commerce des épiceries et drogueries, ou à les assujettir aux droits. Le coutumat avait été porté abusivement, par des combinaisons très habiles, de 5 à 7 %. Seuls, les juifs portugais, établis dans la ville, avaient trouvé moyen, on ne savait à quel moment ni de quelle façon, de jouir d'une réduction de droits, désavantageuse à la fois pour les fermiers et pour les Bayonnais.

En même temps les prohibitions inaugurées par Seignelay avaient mis des entraves au commerce avec l'étranger. « Ce fut vers 1687, lit-on dans le mémoire de 1738, qu'on fit les premières tentatives pour ôter à la ville de Bayonne la liberté de tout commerce étranger indistinctement, dont elle jouissait par une possession qui n'avait jamais été interrompue. » Dès lors, une série de marchandises, surtout celles des colonies, furent assujetties à l'entrepôt; pour passer en Espagne elles devaient être munies d'acquits à caution. Le commerce important des sucres et des tabacs fut surtout profondément atteint, à la fois par les arrêts du conseil et par les entreprises des fermiers. En 1735, un nouveau fermier général voulut faire payer aux sucres raffinés 22 livres 10 sols par quintal, au lieu de 28 sols, tarif de la coutume. Quant au tabac, le mémoire de 1738 s'étendait longuement sur les atteintes portées à ce commerce, très important pour la ville, et donnait à ce sujet des détails curieux. Le premier bureau de la ferme du tabac était autrefois à 6 lieues de Bayonne, puis il avait été transporté à 3 lieues; en 1675, le fermier du tabac le rapprocha à une lieue et, quelques années après, malgré l'opposition de la ville, réussit à le placer dans une paroisse contiguë à un faubourg; en 1715, les commis s'avisèrent de visiter les bateaux sur l'Adour, au sortir même de la ville. Bientôt, les fermiers généraux, plus puissants, procédèrent plus hardiment. En 1738, il y avait sept ou huit brigades de gardes qui parcouraient le pays de Labourt, et les commis pour la perception du coutumat, dans la ville, étaient chargés d'une nouvelle consigne pour le tabac.

La Chambre de commerce, organisée en 1726, résolut de faire un vigoureux effort. Elle adressa au roi, en 1738, un long mémoire où elle établissait solidement tous les titres de Bayonne; elle y faisait ressortir les conséquences funestes des atteintes portées à la franchise. « Cependant, ajoutait-elle, la Cour d'Espagne, attentive aux progrès du commerce des villes de Saint-Sébastien et Bilbao, l'a favorisé de plus en plus; les droits établis dans ces ports n'étaient pas forts, ceux de la province de Guipuscoa avaient été totalement supprimés et, en septembre 1728, le roi donna un décret pour l'établissement de la compagnie des Caraques à Saint-Sébastien. Par un autre décret, du 27 juillet 1734, les Adouanilles de Biscaye furent levées et cette exemption de droits fut le coup de mort pour Bayonne. Après avoir primé longtemps sur ces deux villes... enfin elle a succombé. »

Le traité d'Utrecht avait favorisé le commerce anglais en Espagne et les Espagnols, ne trouvant plus à Bayonne les assortiments d'étoffes françaises et étrangères et d'autres produits, avaient pris le chemin de Bilbao et Saint-Sébastien. Les tracasseries et l'entrepôt avaient ruiné le commerce des denrées coloniales. Au lieu de 15 à 16 vaisseaux que Bayonne envoyait aux Antilles, trois seulement servaient à cette navigation et un seul était en voyage.

Enfin, les foires franches étaient complètement tombées. « Autrefois, disait le mémoire, les Castillans, Aragonais, Navarrais, les marchands de la côte d'Espagne et les forains français formaient un concours considérable, également avantageux à cette ville et au royaume; aujourd'hui et depuis bien des années, tout se réduit à environ 15 ou 20 merciers du voisinage de Bayonne, qui viennent étaler pendant les deux foires quelques marchandises de peu de valeur, dont le peu de débite compense à peine les frais de leur voyage ; aussi, le nombre en diminue annuellement et annonce la chute entière de ces foires. »

Malgré l'éloquence probante des faits allégués dans le mémoire de 1738, les Bayonnais n'obtinrent pas satisfaction. La situation s'était encore aggravée quand la ville et la Chambre de commerce résolurent de profiter de l'avènement de Louis XVI pour faire une dernière tentative. Leur mémoire de 1774 citait de nouvelles violations de la franchise, et montrait la ruine progressive du commerce détourné vers les ports espagnols. La marine avait décliné avec lui. Les armements pour la pêche de la baleine avaient cessé depuis longtemps ; il ne restait que cinq bâtiments du port de 80 à 200 tonneaux pour le commerce de l'Amérique, onze de la même grandeur pour la pêche de la morue et douze pour le cabotage : encore ces derniers naviguaient-ils souvent pour les autres ports.

La population de la ville, disait le mémoire, était de 22 000 habitants, en 1713 ; elle n'est plus que de 9.452. Le recensement des quatre dernières années présente une émigration de 1.000 personnes. Cette émigration a déterminé M. le comte de Lhospital, commandant pour le roi, à diminuer de plus de moitié le nombre d'hommes que la milice bourgeoise fournissait pour le service de la place. De 940 maisons dont la ville est composée, 123 \ sont dans ce moment exposées en vente et 250 appartements manquent de locataires..... L'état du pays de Labourt n'est pas moins déplorable. Il est sorti du bourg de Hasparren plus de 400 corroyeurs, mégissiers, tanneurs et cordonniers, qui ont porté leur industrie dans la Navarre et la Castille. Les forgerons et les cloutiers se réfugient dans l'Alaba et le Guipuscoa. Les matelots basques, l'élite des matelots français, font appréhender qu'ils n'aillent offrir à l'étranger des bras si nécessaires à l'État. » Il n'y avait rien à ajouter à ce tableau, sans doute un peu poussé au noir, à la mode du temps, bien que les Bayonnais s'y défendissent de toute exagération.

Ce que demandaient les Bayonnais, en 1774, ce n'était pas seulement le redressement de leurs griefs ; les longues difficultés qu'ils venaient de traverser leur avaient fait concevoir tout un nouveau système pour l'organisation de leur franchise. Par suite des nombreuses atteintes portées à leurs anciens privilèges, par suite aussi du traitement de faveur accordé à leurs produits entrant dans le royaume, ils étaient soumis à un régime *mixte* analogue à celui de Marseille. C'était à cette situation bâtarde qu'ils attribuaient en partie leurs malheurs. « Il n'est que trop évident, disait le mémoire de 1774, que, depuis 1702, Bayonne n'a pas eu de constitution fixe. On l'a traitée, tantôt comme étrangère effective, tantôt comme réputée étrangère et tantôt comme ville intérieure. Sa *nature mixte* a servi de prétexte à mille innovations destructives de son commerce. »

Si telle était la cause du mal, il fallait à tout prix la faire disparaître. Aussi, il se produisit dans les esprits, à Bayonne, la même évolution qui s'opéra quelques années plus tard à Marseille (1). Réclamer le rétablissement des anciennes franchises, sans pouvoir se flatter de l'obtenir complètement, c'était maintenir le régime mixte avec les occasions d'empiètements des fermiers et de conflits perpétuels. Mieux valait faire déclarer la ville port franc, c'est à dire ville complètement étrangère au royaume, et en exclure les bureaux des fermes.

Cependant, les Bayonnais ne voulaient pas se fermer complètement le marché du royaume ; aussi, songèrent-ils à une ingénieuse combinaison, inspirée naturellement par la topographie de leur ville. Le faubourg du Saint-Esprit, sur la rive droite de l'Adour, avait, jusqu'ici, participé aux franchises de la ville ; ils songèrent à le faire comprendre dans la ligne des douanes. Ainsi, sur la rive gauche de l'Adour, Bayonne aurait eu son port franc, sur la rive droite son port national. C'est à Saint-Esprit, par exemple, qu'auraient eu lieu dorénavant tous les armements pour les colonies françaises et les retours. L'exécution de ce plan aurait doté Bayonne d'une sorte de zone franche étendue à la plus grande partie du port.

Enfin, en renonçant au régime mixte, les Bayonnais voulaient exceptionnellement le maintenir pour quelques commerces qu'ils ne pouvaient facilement transporter à Saint-Esprit. « La pêche de la morue, disaient-ils, est, sans

1) V. ci-dessus. p. 53.

oontredit, une des opérations les plus utiles à l'État... Saint-Jean-de-Luz, Ciboure et Bayonne cultivent encore cette branche ; mais elle ne peut subsister que par le débouché de ses produits dans le royaume... On fabrique à Bayonne et dans le pays de Labourt des ferrements et outils de toute espèce, et des clous très recherchés dans les ports du royaume pour l'usage des colonies..... Saint-Jean-de-Luz s'occupe aussi, très utilement pour l'État, du pressage et de la manufacture des sardines qu'il distribue à la Chalosse, au Béarn, et à la Basse-Navarre, l'Espagne en étant abondamment pourvue par elle-même. Il paraît de toute nécessité que ces objets puissent circuler dans le royaume, comme ci-devant.

Il n'est pas moins important que les cuirs tannés et corroyés provenant des tanneries du pays... entrent et circulent librement dans le royaume. Mais, pour que ces exceptions soient admises sans inconvénient pour l'État, et pour éviter que des articles de la même espèce venant de l'étranger ne puissent être introduits dans le royaume comme nationaux, il faudra que les morues, les ferrements, les clous, les cuirs tannés et corroyés et les peaux apprêtées de toute espèce, venant de pays étranger, acquittent à leur entrée à Bayonne les mêmes droits auxquels toutes ces marchandises seraient sujettes dans les ports de l'intérieur, et que la sardine étrangère y soit entièrement prohibée. Ces précautions... lèvent tous les obstacles qui pourraient se présenter. »

Telle fut la combinaison, ébauchée déjà dans un mémoire de 1762, rédigé par le président de la Chambre de Commerce, développée dans celui qui fut adopté unanimement par les trois corps de ville, officiers municipaux, Chambre de Commerce, juges-consuls, réunis avec les plus notables négociants de l'Hôtel-de-Ville, le 27 janvier 1774. Mais il s'agissait de modifier profondément la Constitution de la ville et les habitudes des négociants, aussi le nouveau projet rencontra une vive opposition et suscita de nombreux mémoires adverses. La ville fut divisée en deux partis (1). Dans une Assemblée générale, tenue le 19 juillet 1775, la majorité des assistants très nombreux se prononça contre le projet de port franc, et quatre commissaires furent chargés de rédiger et de faire imprimer le *Choix des anciens privilèges de la ville de Bayonne* à présenter au roi.

Le temps avait passé en inutiles assemblées et conférences avec l'intendant. Dupré de Saint-Maur, quand l'alliance conclue avec les Américains, en 1777, vint donner un nouvel aspect à la question. En effet, l'article 30 du traité du 6 février, promettait aux Américains des entrepôts francs dans les ports du royaume. Aussitôt les partisans du port franc demandèrent qu'il en fût créé un à Bayonne, spécialement pour faire le commerce avec les États-Unis. Des négociations furent engagées à la Cour par les trois corps de ville. Ils rédigèrent un nouveau et long mémoire pour le port franc, en janvier 1783, et obtinrent l'adhésion de 99 notables bourgeois et négociants. De leur côté, les opposants ne désarmaient pas et faisaient parvenir au ministre, en février 1783, un mémoire clandestin signé par de nombreux négociants à la tête desquels était le président de la Chambre de Commerce. Les corps de ville finirent par triompher : l'arrêt du Conseil du 9 mai 1784 déclara francs le port et la ville de Bayonne, ceux de Saint-Jean-de-Luz et leur territoire. Les lettres patentes du 4 juillet 1784 fixèrent le régime du nouveau territoire franc.

Dans ses grandes lignes il était conçu d'après le plan présenté en 1774. Bayonne et tout le pays de Labourt entre la Nive et la mer étant déclarés « libres et exempts de toute espèce de police, de formalités et de droits », l'antique droit de coutume était supprimé. Saint-Esprit devenait le port national ou douanier des Bayonnais, et les lettres patentes établissaient un règlement fort libéral pour les navires qui feraient en

____

(1) Pour ce qui suit et pour plus de détails, voir le livre de C. Léon Hiriart, chap. I

partie leur chargement ou leur déchargement dans les deux ports. Elles accordaient le privilège demandé pour l'introduction dans le royaume des produits de la pêche basque, pour la sortie des subsistances nécessaires à la population du territoire franc, des matériaux pour la construction et le gréement des navires.

Les fermiers généraux cherchèrent en vain par leurs chicanes à éluder l'exécution des lettres patentes. Quatre ans après, le corps de ville pouvait envoyer au ministre Vergennes un *Tableau comparatif du commerce de Bayonne avant et depuis l'affranchissement*, dont il commentait les chiffres avec une légitime satisfaction.

« Le commerce maritime d'importation, disait-il, a augmenté de moitié et celui d'exportation d'un tiers ; le transit des marchandises destinées pour l'Espagne a presque triplé ; la population s'est accrue d'un 14e ; le produit des ports est plus fort d'un 20e ; toutes les maisons de la ville sont occupées à des loyers d'un quart plus considérables. »

Les chiffres d'un autre tableau comparatif, dressé en 1790, pour les deux périodes quinquennales, 1771-1775 et 1785-1789, n'étaient pas moins éloquents : Le mouvement annuel moyen de la navigation avait été respectivement de 51.308 tonnes et de 75.141, et la navigation française avait progressé comme celle des étrangers, puisqu'elle s'était élevée de 30.826 tonnes à 41.033. Le nombre des ballots expédiés en Espagne avait été de 6.600 par an, pour les années 1782-84 et 22.960 pour les années 1785-1789. Cette augmentation de trafic supposait l'emploi de 8.000 mulets de plus pour le transport. L'importation des piastres, attirées à Bayonne en paiement des achats que les Espagnols venaient y faire, était actuellement d'une valeur de 30 millions. Les manufactures du royaume profitèrent de ce mouvement. D'après un mémoire des négociants, qui s'offraient à faire la preuve du fait, « les fabriques de Laval, Mayenne, Pontivy, Château-Gontier, etc., pouvaient si peu suffire au débouché de Bayonne dans ce genre qu'il avait fallu quelque fois s'inscrire six mois à l'avance chez les fabricants, pour obtenir les étoffes qu'on leur achetait. » Le corps de ville avait donc raison d'écrire au ministre : « Il n'est pas douteux que la franchise du port de Bayonne a opéré un bien réel, et pour l'État et pour les différentes classes de nos citoyens. » Cependant les adversaires du nouveau régime n'avaient pas désarmé et la question du port franc allait servir de prétexte, sinon de véritable cause, aux graves divisions qui troublèrent la ville au début de la Révolution.

Au milieu de ces querelles, les passions soulevées des adversaires leur firent porter les uns contre les autres des accusations violentes, fausses ou exagérées, dont les ennemis des franchises allaient se faire une arme dans les discussions de l'Assemblée Constituante.

C'est le 25 novembre 1790 que fut abordée pour la première fois, à l'Assemblée, la question des ports francs, précisément au sujet de Bayonne. Lasnier de Vaussenay, député du tiers de la sénéchaussée du Maine, fit, au nom du comité d'agriculture et de commerce, un rapport très hostile à la franchise de cette ville. Il y rappelait d'abord que le comité avait reçu une infinité de pièces des deux factions qui divisaient la ville. « Le parti contraire, dit-il, soutient que la franchise n'est utile qu'à quelques gros négociants qui font la fraude avec l'Espagne et la France ; qu'elle est destructive du commerce national en introduisant dans les deux royaumes, exemptes de droits, les marchandises du nord et de l'Angleterre ; qu'elle a détruit beaucoup de foires et de marchés utiles au commerce national, et qu'enfin elle a plongé dans la misère la classe des marchands et des ouvriers qui vivaient du commerce légitime des articles de nos manufactures... Les armateurs de Saint-Jean-de-Luz et de Ciboure prétendent que la franchise écrase leur industrie pour la pêche, qu'elle ruine 3.000 matelots. La partie du Labour hors de la franchise, le pays des Landes, le pays de Soule vous exposent : que depuis l'établissement de la franchise, les campagnes se désertent ; que les laboureurs quittent la charrue pour courir à la fraude... que la franchise de Bayonne obstrue le débouché de leurs denrées... et porte un préjudice effrayant à leur pays..... MM. les députés du pays des Landes à l'Assemblée Nationale, au nombre de quatre, ont signé cette déclaration. Enfin, Messieurs, dix-sept municipalités voisines, dont les délibérations sont en bonne forme, ainsi qu'une autre des habitants de Bayonne, qui a huit pages de signatures, en sollicitent l'anéantissement. »

Il n'était pas difficile de démêler, dans ces accusations, la part des rancunes des détaillants et des artisans contre le haut commerce, et des jalousies des pays environnants contre Bayonne. Lasnier de Vaussenay reprenait pour son propre compte le grief de la fraude et insistait sur son importance. « Bayonne, au milieu de deux rivières, a le « double et terrible avantage de glisser la fraude dans « deux royaumes. Si les contrebandiers du Labour bravent « aisément les dangers qu'elle court sur la frontière de « l'Espagne, ils ne sont pas moins heureux de notre « côté. »

Le rapporteur faisait une distinction entre le cas de Bayonne et celui de Dunkerque et de Marseille. S'il s'agissait, disait-il, d'un port comme Marseille, retirant de la faculté d'entreposer les marchandises étrangères « un « grand lucre dont la réaction dédommagerait le com- « merce national des inconvénients d'une filtration légère « de fraude, il serait encore de l'intérêt général de lui en « conserver la faveur. » Mais tel n'était pas le cas pour Bayonne, car « nous pouvions avec le produit de notre sol et de nos fabriques fournir à cette puissance tout ce que les étrangers pouvaient lui vendre. »

Lasnier terminait par cette proposition singulière : « Au surplus si Bayonne veut faire le commerce d'étranger à l'étranger, elle peut aller chercher les marchandises étrangères et les déposer dans les ports francs de l'Espagne qui sont à sa porte, sans venir emprunter notre territoire pour les affranchir des droits de l'entrée et détruire l'avantage de nos manufactures dans ce royaume. »

L'accueil peu favorable fait à ce rapport montre qu'il était loin de répondre à l'opinion générale de l'assemblée sur les ports francs. Il donna lieu à l'intervention de plusieurs des orateurs les plus écoutés de la Constituante. Tout en demandant l'ajournement d'une question aussi importante à une législature moins occupée, qui pouvait l'approfondir comme elle le méritait, ils laissèrent voir que leur opinion était toute différente. Mirabeau, l'abbé Maury et Barnave se succédèrent à la tribune.

« On nous a dit, fit remarquer le premier, que la franchise de Bayonne faisait de ce port un foyer de contrebande. Il me semble qu'il faut savoir, avant de donner de l'importance à cette objection, si la contrebande ne peut pas être arrêtée. » Maury s'attaqua à l'autre objection favorite : « D'abord il faut écarter de cette question l'idée de privilège. Pourquoi avez-vous trois ports francs en France ? C'est parce qu'ils sont voisins de ports francs étrangers ; c'est parce que vous avez à côté de Dunkerque celui d'Ostende, à côté de celui de Bayonne les ports de la Corogne et de Saint-Sébastien et à peu de distance de celui de Marseille celui de Livourne. Si vous ôtez la franchise de ces trois ports, vous envoyez dans les ports rivaux tous les vaisseaux étrangers. Quand on a voulu suspendre pour un instant la franchise de Marseille tous les manufacturiers se sont transportés à Livourne et y sont encore. Les ports de Bayonne, du Havre, qui ont l'air de plaider leur cause, plaident donc réellement celle des ports étrangers. »

Barnave répondait à la même objection de privilège et d'inégalité en se plaçant aussi sur le terrain pratique : « Cette question ne doit point être discutée comme une maxime du droit des hommes... mais elle doit être discutée comme une question de commerce et d'administration... La franchise d'un port n'est autre chose que la loi qui fait de ce port un entrepôt franc pour les marchandises étrangères qui sont réexportées par nos négociants et constituent une branche importante de notre commerce. L'importation de ces marchandises dans le royaume, étant soumise à des droits considérables, ne peut nuire aux manufactures nationales et est entièrement indépendante de la franchise... supprimer les franchises ne serait-ce pas renoncer entièrement au commerce des denrées étrangères ? »

Dupont de Nemours fit bon marché de l'accusation de fraude : « Pour un peu de contrebande facile à réprimer, vous sacrifierez les franchises de deux de vos ports, tandis que les royaumes qui entourent la France, et qui sont d'une étendue bien plus considérable que la circonférence de nos ports, faciliteront toujours les versements frauduleux ; et certes vous n'aurez pas supprimé le royaume d'Espagne quand vous aurez supprimé la franchise de Bayonne. » Conformément à la demande de tous ces orateurs, la question des ports francs fut ajournée indéfiniment, « toutes choses restantes en état. »

Elle revint sur le tapis en 1791 quand, au mois de mai, l'assemblée eût voté un tarif uniforme des douanes pour tout le royaume. De nouveau les privilèges des ports francs parurent à beaucoup d'esprits une anomalie inacceptable. A la même séance de la Constituante où fut discuté et décidé le maintien de la franchise de Marseille, le 26 juillet 1791, des rapports furent déposés sur celles de Bayonne et de Dunkerque. L'anarchie croissante depuis deux ans avait singulièrement favorisé les fraudeurs. Aussi le rapporteur, Delattre, député de la Somme, put-il insister sur ce grief et déclarer que la contrebande était faite autour de Bayonne, manifestement et à force ouverte. La franchise nuisait donc à nos manufactures ; le commerce d'Espagne, fait avec des articles étrangers, pourrait parfaitement être continué avec des articles français. « L'effet de la destruction du privilège de Bayonne serait le même que celui de la destruction de tant d'autres, une perte pour le petit nombre, c'est-à-dire pour une vingtaine de riches maisons, mais leurs sacrifices seraient utiles à la chose publique, ils tourneraient au profit de l'industrie nationale. » Delattre cherchait aussi à montrer que la question n'était pas la même pour Marseille et pour Bayonne.

La distinction était subtile et il eût été facile d'en montrer le peu de solidité, mais les grands intérêts attachés au commerce de Marseille avaient fait sentir la nécessité d'une exception qu'on cherchait à légitimer, en montrant qu'elle ne portait pas atteinte au principe sacré de l'unité et de l'uniformité.

Le rapport concluait donc à la suppression de la franchise de Bayonne et du ci-devant pays de Labourt, à partir du 1er octobre. Cette fois encore, l'Assemblée n'adopta pas les vœux du comité d'agriculture et de commerce ; le rapport ne fut pas discuté ; à la suite du vote du décret relatif à Marseille, les mêmes dispositions, sur la demande d'un membre, furent adoptées pour Bayonne et Dunkerque.

Dans son rapport à la Législative de juin 1792 (1), Mosneron, de Nantes, attaqua vivement Bayonne et Dunkerque, « les deux seuls ports du royaume qui fussent entièrement francs, car Marseille n'avait qu'une franchise partielle. » On retrouvait plus développés, et sous une forme encore plus emphatique, les mêmes arguments : « N'est-il pas évident que si Bayonne fait travailler les fabriques de tricots, de velours, de draperies d'Allemagne, de Suisse, de Hollande et d'Angleterre, tout ce travail sera un vol fait à nos propres fabriques ?.... Lorsque vos ateliers languissaient, lorsque vos ouvriers étaient sans pain, on le leur arrachait pour le porter à des puissances rivales, à vos propres ennemis.... Et quel était le fruit de cette direction meurtrière ? D'enrichir une vingtaine de maisons dans chacun de ces ports francs. » Enfin Bayonne perdit sa franchise, comme Marseille, par le décret du 11 nivôse an III.

L'histoire de celle-ci s'arrête définitivement à cette date. Raynouard citait à la Chambre de 1814 les *Réflexions sur le Commerce de France*, publiées par Garonne aîné en 1804 : « Bilbao et Saint-Sébastien, ports francs espagnols dont, pendant la franchise de Bayonne, le commerce et

____

1) Voir ci-dessus, chap. 4, p. 68.

la population avaient infiniment diminué, sont dans un
état très florissant et profitent de tous les avantages que
la suppression de cet établissement a fait perdre à
Bayonne... Tant que la France n'aura pas le monopole
de l'Espagne, tant que la concurrence sera ouverte, dans
ce royaume, aux marchandises étrangères, il est bien plus
sage d'attirer cette concurrence à Bayonne, où on peut
l'influencer, que de la laisser s'établir à Bilbao et à Saint-
Sébastien, où nous sommes sans aucun moyen d'influence. » Mais il n'y eut pas d'essai de rétablissement de
la franchise. La perte de celle-ci, les troubles et les
guerres, avaient ruiné Bayonne. La difficulté d'accès de
la passe de l'Adour ne devait plus lui permettre de
reprendre, parmi les ports français, son rôle d'autrefois.

L'histoire de ce second port franc suggère des conclusions analogues à celle de Marseille. Le port basque n'eut
jamais, comme le port provençal, qu'une franchise bien
incomplète. Des libertés restreintes dont il jouissait, le
commerce retira pourtant de grands avantages. On peut
dire, qu'à chaque période de son histoire, la prospérité de
Bayonne pouvait être mesurée par le degré d'intégrité
laissé à ses vieilles immunités. Le régime *mixte* auquel,
en définitive, Bayonne fut soumise au xviiie siècle, donna
lieu aux mêmes conflits continuels qu'à Marseille. Il fut
remplacé, en 1784, par une organisation intéressante, que
les troubles de la Révolution et sa prompte suppression
ne permettent guère de juger. Enfin, les raisons alléguées
pour l'abolition de la franchise furent les mêmes que
pour le port méditerranéen : nécessité de prévenir les
fraudes, de protéger les industries nationales contre les
concurrences étrangères, et, par dessus tout, de détruire
les anciens privilèges et les inégalités.

CHAPITRE VI

PORTS FRANÇAIS : DUNKERQUE (1), LORIENT, SAINT-MALO, CETTE.

Les origines de la franchise de Dunkerque sont mal connues, mais il ne semble pas qu'elle ait été une faveur octroyée par Louis XIV à ses nouveaux sujets. Si l'on en croit la tradition constante, adoptée au XVIIᵉ et au XVIIIᵉ siècle (2), celui-ci n'aurait fait que rétablir ou confirmer des privilèges qui remontaient au moyen âge. Tout le monde sait, écrivait encore un rapporteur de la Législative en 1792, que, lorsque Louis XIV acheta cette ville des Anglais, il lui continua la jouissance de ce privilège, afin de se l'attacher davantage. » Des adversaires des Dunkerquois avaient écrit, en 1790 : « La franchise du port de Dunkerque n'a été accordée dans le principe que pour récompenser les habitants des services importants qu'ils avaient rendus aux comtes de Flandres, en chassant de leurs côtes les corsaires qui les infestaient (3) ». Aujourd'hui même les Dunkerquois citent une date précise : c'est Philippe d'Alsace, comte de Flandre, qui leur aurait concédé la franchise en 1170. Celle-ci aurait donc été pour Dunkerque, comme pour Marseille et pour Bayonne, un legs du passé brillant de la vieille cité.

(1) V. A. de Saint-Léger. *Histoire de la franchise du port de Dunkerque* (Extrait du Bulletin de l'« Union Faulconnier », société historique de Dunkerque. 1898. nᵒ II. 40 p. in 8ᵒ). — *La Flandre maritime et Dunkerque sous la domination française* (1659-1789). Lille. Tallandier, 1900, in 8ᵒ (Thèse de doctorat).

(2) Voir Savary de Bruslons. *Dict. du commerce* et *l'Encyclopédie méthodique. Commerce* Vᵒ France.

(3) Mémoire des Lillois. Séance de la Constituante du 31 octobre 1790. Archiv. parlem. T. XX, p. 178.

Quoi qu'il en soit de cette question des origines, qui aurait besoin d'être éclaircie, c'est la Déclaration de novembre 1662 qui établit définitivement et fixa sans doute nettement, pour la première fois, la franchise du port flamand. Les termes en sont aussi catégoriques que ceux de l'édit de 1669 relatif à Marseille, dont il est intéressant de les rapprocher : « Voulons et nous plaît que tous marchands, négociants ou trafiquants, de quelque nation qu'ils soient, y puissent aborder en toute sûreté et décharger, vendre et débiter leurs marchandises franchement et quittement de tous droits d'entrée, foraine, domaniale, et de tous autres, de quelque nature et qualité qu'ils soient, sans aucun excepter, ni réserver : comme aussi que lesdits marchands et négociants puissent acheter et tirer de la ville toutes les marchandises que bon leur semblera, les charger et transporter sur leurs vaisseaux, pareillement franchement et quittement de tous droits de sortie et autres quelconques. »

Comme à Marseille, Colbert tenait à exciter les étrangers à s'établir à Dunkerque, en leur donnant toutes sortes de facilités pour obtenir le droit de *naturalité*, et pour jouir des mêmes avantages que les anciens habitants de la ville. Plus tard, quand il eut organisé le recrutement des équipages de la marine royale, Colbert accorda une nouvelle faveur signalée aux Dunkerquois en dispensant leurs matelots du service des classes. Une ordonnance, du 16 février 1759, leur en assura la possession qu'on menaçait de leur enlever au xviiⁱ siècle.

Il y eut, dès le début, des contestations et des hésitations au sujet de l'organisation de la franchise parce que la situation de Dunkerque, en 1662, était singulière. Elle était comme un îlot de territoire français isolé au milieu des possessions espagnoles. Bientôt la guerre de Dévolution nous donnait un certain nombre de villes de Flandre, isolées les unes des autres et de Dunkerque ; ce n'est qu'après les traités de Nimègue (1678) que fut constituée la Flandre française, avec une frontière rationnelle. Aussi est-ce seulement alors que fut réglé d'une manière

définitive le fonctionnement de la franchise par l'arrêté
du conseil du 6 décembre 1681. Les bureaux des fermes
furent placés aux portes de la ville et Dunkerque, port
franc, débouché d'une province *réputée étrangère*, se
trouva exactement dans les mêmes conditions que Marseille vis à vis de la Provence.

Cependant le port franc, tel qu'il resta constitué en
1681, était moins favorisé que ceux de Marseille et de
Bayonne à un double point de vue. Les limites assignées
à la franchise étaient beaucoup moins étendues : ce
n'était pas tout un territoire qu'elles comprenaient, ce
n'était même pas exactement toute la ville : « Il faut
observer, disait le rapporteur de la Constituante, que
Dunkerque est divisée en deux parties relativement au
commerce : la première est composée du port et de la
haute ville ; la seconde est composée de la basse ville.
La franchise n'a lieu que dans le port et dans la haute
ville qui se tiennent immédiatement ». Un bureau des
fermes était établi dans la basse ville (1).

D'un autre côté, les Dunkerquois ne jouissaient pas avec
les Pays-Bas espagnols d'un *transit* libre comme celui
qui facilitait les relations de Bayonne avec l'Espagne, ou
celles de Marseille avec la Suisse. Ils en avaient été en
possession dans les premières années et même, alors, à
cause de la situation spéciale de Dunkerque, il n'y avait
pas de droits de traites à payer entre cette ville et les
chatellenies voisines de Furnes, Bergues, Bourbourg et
Gravelines. Longtemps les Dunkerquois réclamèrent en
vain le rétablissement de ce double privilège, mais ils
auraient peut-être agi plus sagement en renonçant au
second, qui eût étendu la franchise à toute une partie de
la Flandre maritime, pour réclamer avec plus de force le
premier, indispensable, en effet, pour que la franchise
pût produire tous ses effets.

(1) Cependant un arrêt du conseil, du 31 juillet 1691, avait accordé
« aux habitants de l'ouvrage couronné de Dunkerque, connu sous le
nom de basse ville, les mêmes privilèges, franchises et exemptions,
dont jouissaient les habitants de la haute ville ». De St-Léger. *Hist.
de la franchise*, p. 12, note.

On peut encore remarquer que les Dunkerquois, exemptés des droits d'entrée et de sortie des traites, étaient loin d'échapper à toutes les impositions établies sur certaines marchandises. Le roi s'était borné à leur accorder des abonnements. Pour payer ceux-ci, les Magistrats et la Chambre de Commerce percevaient des droits. Ainsi le dernier contrat de cette sorte, fait en 1782, réglait l'abonnement à payer pour les droits établis en 1757 et en 1771 sur l'amidon, les papiers, les cartons et les cuirs.

Comme Marseille et Bayonne, Dunkerque était en partie considérée comme ville nationale quand ses négociants voulaient faire entrer en Flandre ou dans le royaume « les denrées et marchandises provenant du crû, de la pêche, ou des fabriques » de leur ville. La pêche avait été de tout temps importante dans le port flamand et souvent même l'aliment le plus considérable de sa navigation. Il était capital pour sa prospérité que les morues, harengs, etc., rapportés par ses marins, pussent être vendus dans le royaume comme provenant de la pêche nationale. L'un des principaux soins de la Chambre de commerce, instituée en 1700, et composée d'un président et de quatre conseillers, fut de délivrer des certificats propres à justifier l'origine de ces produits. L'arrêt du Conseil du 13 octobre 1722 régla les formalités qui devaient être observées en pareil cas. A la suite de contestations, des décisions de 1766 et de 1771 les précisèrent. Les certificats de la Chambre de commerce devaient être déposés et visés au bureau des fermes de la basse ville.

Pour le commerce avec les colonies, le régime de Dunkerque fut différent à la fois de celui de Marseille et de celui de Bayonne. Cet exemple montre quel pouvait être l'esprit libéral de l'ancien régime, et avec quelle souplesse il savait adopter des solutions différentes suivant les cas particuliers. En 1704, Chamillart leur avait accordé ce droit par un règlement provisionnel qui respectait la franchise. Mais, en 1717, le ministre les laissa libres d'opter entre la soumission au nouveau règlement pour le commerce des îles, et la franchise complète, qui étaient incompatibles. Les principaux marchands, convoqués par la Chambre de commerce, le 28 décembre 1717, délibérèrent unanimement que, « dans l'état présent où Dunkerque se trouvait réduit, il n'y avait que les privilèges de sa franchise qui pussent y retenir les négociants, et qu'il convenait mieux à leurs intérêts de s'abstenir du commerce qu'ils avaient fait jusqu'à présent aux îles françaises de l'Amérique, que de continuer en se soumettant aux conditions contraires à la franchise. » En conséquence, l'arrêt du 22 janvier 1718 interdit, en effet, aux Dunkerquois le commerce des îles.

En cette circonstance, Dunkerque s'était montrée plus attachée à la franchise que Marseille qui, pour faire le commerce des Iles, s'était soumise à l'établissement chez elle des bureaux du Domaine d'Occident. Elle obtint cependant d'armer pour les colonies, tout en maintenant intacte la franchise, par les lettres patentes d'octobre 1721 (1) et l'accord conclu avec les fermiers en 1735 : un entrepôt construit par la Chambre de commerce, en dehors du port franc, et placé sous la surveillance des commis des fermes, devait recevoir tout ce qui était destiné à être embarqué pour les îles et tout ce qui en venait. De plus, les certificats de la Chambre de commerce, visés au bureau des fermes de la basse ville, étaient nécessaires pour le commerce avec les Colonies.

On peut rappeler encore une dernière difficulté que souleva la franchise de Dunkerque, à la suite de la conclusion du traité de commerce avec l'Angleterre, du 26 septembre 1786. Les Anglais demandaient que le traité ne fût pas applicable dans le port de Dunkerque, dont la franchise permettrait d'introduire en France des marchandises hollandaises ou autres, comme marchandises anglaises, ou de substituer des produits étrangers aux français pour l'exportation en Angleterre. Il fut de nouveau

1) V. le texte complet dans l'*Encyclopédie méthodique*. Finances, V° Dunkerque.

question de faire opter les Dunkerquois entre la franchise et le bénéfice du traité de 1786, mais le gouvernement sut encore trouver un biais. Il fut entendu que certaines précautions permettraient de concilier l'application du traité avec la franchise. En vertu de l'arrêt du Conseil du 15 juin 1787, « toute marchandise anglaise à destination de Dunkerque devait être accompagnée d'un certificat d'origine ou d'un acquit à caution de la douane anglaise, qu'il fallait déposer au bureau de la Chambre de Commerce. Cette compagnie délivrait alors un certificat à remettre au bureau des traites établi en basse ville, hors de la franchise. Réciproquement les marchandises françaises à destination de l'Angleterre traversaient la ville avec un acquit-à-caution (1). Ainsi, les ministres de la royauté crurent pouvoir concilier le régime des ports francs avec des difficultés que, non seulement nos protectionnistes d'aujourd'hui déclarent insurmontables, mais devant lesquelles reculent même les partisans actuels des zones franches.

L'histoire du port franc de Dunkerque présente les mêmes vicissitudes que celle de Marseille et de Bayonne. Jusqu'en 1789, les fermiers des droits du roi ne cessèrent de guetter les occasions de pratiquer leurs empiétements, tandis que le Magistrat, et plus tard la Chambre de Commerce, se signalaient par leur vigilance pour défendre leur ville contre leurs tentatives. D'un autre côté, Dunkerque avait dû aussi souffrir les violations du Gouvernement. A partir de 1690, celui-ci avait taxé dans la ville même diverses marchandises étrangères, telles que les sucres, les poissons, les fromages. Les cuirs apprêtés, principale marchandise qui venait d'Angleterre, payaient 20 o/o de leur valeur. Comme à Marseille, et presque au même moment, il fallut une Déclaration du 16 février 1700 pour confirmer celle de 1662, et contraindre les fermiers d'ôter les bureaux qu'ils étaient parvenus à établir dans la ville et sur le port même.

(1) A. de Saint-Léger. *Hist. de la franchise.* p. 27.

Mais il y eut de nouvelles restrictions apportées à la franchise au XVIIIe siècle. Les drogueries, d'après l'arrêt du Conseil du 28 juin 1723, ne pouvaient entrer à Dunkerque pour pénétrer ensuite en Flandre ou dans le royaume, qu'à condition d'être mises en entrepôt dans la basse ville. En 1729, la Compagnie des Indes eut assez de crédit pour faire interdire à Dunkerque le commerce du café dont elle possédait le monopole exclusif.

En 1743, les fermiers soulevèrent une curieuse contestation relative à la succession de deux Anglaises mariées à des négociants de Dunkerque. Ils prétendaient que leur héritage devait revenir au roi, en vertu du droit d'aubaine que la déclaration de 1662 n'avait pas aboli expressément, et ils ajoutaient que cette déclaration n'avait pas été enregistrée au Parlement. Les héritiers portèrent en même temps l'affaire devant le Conseil et devant le Parlement de Paris. Le Conseil déclara, en 1749, qu'en effet la Déclaration de 1662 n'était point un titre valable d'exemption du droit d'aubaine et que, vraisemblablement, comme les fermiers l'alléguaient, le droit avait été exercé à Dunkerque depuis 1662, qu'il l'avait été en effet en 1715 et en 1733. Mais, heureusement, il renvoya les parties devant le Parlement. Par son jugement du 6 mai 1751, celui-ci donna raison aux héritiers et à la Chambre de Commerce qui était intervenue, en maintenant les étrangers dans la possession entière du droit de *naturalité* qui leur avait été reconnu en 1662 et en 1700 (1).

Il semble, cependant, que les plaintes des Dunkerquois furent beaucoup moins vives et répétées que celles des Marseillais et des Bayonnais. C'est que la soumission de leur basse ville au régime douanier et l'obligation à laquelle ils s'étaient soumis de ne faire certains commerces que dans ses limites, sous la surveillance de la douane, leur permit d'empêcher toute immixtion de

____

(1) *Encyclop. méthod.* Finances. V^o Dunkerque. Copié dans Merlin. *Répert. de jurisprudence.* V^o Dunkerque.

celle-ci dans la haute ville et dans le port. « Il est vrai, écrivait l'abbé Baudeau dans l'*Encyclopédie méthodique,* qu'on a depuis donné atteinte à quelques unes de ces franchises, mais peu, et en choses de peu de conséquence. » Une autre preuve que Dunkerque avait mieux réussi à maintenir l'intégrité de sa franchise, c'est la distinction qu'on faisait sous Louis XVI entre ce port et les autres ports francs du royaume. L'un des auteurs de l'*Encyclopédie méthodique* écrivait, en exagérant, il est vrai, beaucoup une différence réelle.

« On ne devrait donner le nom de port franc qu'à ceux qui jouissent d'une franchise absolue comme celui de Dunkerque, c'est-à-dire où il n'est dû aucune déclaration, ni aucuns droits et où même il n'existe aucun établissement du fisc. Mais, dans le langage ordinaire, on appelle ports francs ceux qui, comparés aux autres ports, jouissent de quelque exemption de droits. Ainsi Marseille, Bayonne et l'Orient passent pour des ports francs quoiqu'ils ne le soient pas entièrement comme Dunkerque... A la vérité, il ne se lève aucun droit dans ces ports, à l'arrivée des marchandises, mais il est des espèces qui sont prohibées ; on est tenu de donner une déclaration de toutes celles qui composent la cargaison du bâtiment, de souffrir la visite des employés. Au contraire, dans le port de Dunkerque, il n'existe ni bureau, ni employés des fermes. Ce n'est que lorsque les marchandises passent du port dans la basse ville de Dunkerque, qu'elles doivent des droits et qu'elles sont visitées (1) ». Les lettres patentes de 1784 (2), spéciales à Dunkerque, vinrent confirmer, à la veille de la Révolution, les déclarations de 1662 et de 1700, en donnant une nouvelle force à la constitution du port franc.

La situation de Dunkerque, à l'entrée du passage qui fait communiquer les mers du Nord et l'Atlantique, semble la prédestiner à jouer un grand rôle commercial.

______

(1) *Encyclop. méthod.* Finances. Vᵒ Ports francs.
(2) Publiées en partie dans Merlin. *Répert. de jurisprudence.* Vᵒ Dunkerque.

Elle était mieux placée que Bruges, Anvers, Londres, Amsterdam, sur la route de tous les navires, pour devenir un grand port d'entrepôt. Aussi les Hollandais furent-ils pris d'inquiétude dès que Louis XIV eut accordé la franchise à ses nouveaux sujets. « Les villes d'Amsterdam et de Rotterdam s'empressèrent d'envoyer des députés aux Etats généraux pour réclamer contre la déclaration de novembre 1662. La plupart des ouvriers des manufactures, disaient-ils, retirés en Hollande depuis 20 ans, s'en voulaient retourner vers Gand et Bruges pour travailler et trafiquer sur Dunkerque ; les meilleurs marchands de ces places avaient déclaré qu'ils enverraient des facteurs à Dunkerque et qu'ils suivraient après cela avec leurs familles (1) ». Peu de temps après, Jean de Witt disait à notre ambassadeur, le comte d'Estrades, que, depuis la franchise, plus de 600 matelots avaient quitté la Hollande.

Pourtant les Hollandais s'alarmaient à tort. Pendant longtemps, les vicissitudes de son port et les guerres de Louis XIV ne permirent pas à Dunkerque de jouir de ses avantages. Le port, tel que nous l'avaient vendu les Anglais, était fort médiocre : de 1658 à 1662, ils l'avaient intentionnellement laissé combler. La profondeur du chenal ne permettait aux navires de 300 à 400 tonneaux d'entrer que tous les quinze jours, à vive eau. Grâce aux grands travaux exécutés par Vauban, à partir de 1678, les bassins pouvaient recevoir les gros navires de guerre de 62 et même de 66 canons, au début de la guerre de succession d'Espagne. Mais, avant que Dunkerque ait pu profiter de son nouveau port, pendant la paix, le traité d'Utrecht en ordonnait le comblement et la destruction des écluses qui servaient à le nettoyer.

Le comblement, il est vrai, ne fut pas complet. De plus, Louis XIV se flatta d'ouvrir un nouvel accès à la mer aux Dunkerquois par le bel ouvrage du canal de Mardyck ; le nouveau port était solennellement inauguré

---

(1) De Saint-Léger. *Hist. de la franchise.* p. 6-7.

le 26 février 1715, et l'arrêt du conseil du 10 octobre 1716 lui accorda la franchise. Mais, presque aussitôt, le régent sacrifia Mardyck à l'alliance anglaise, par le traité de 1717.

Heureusement qu'une tempête vint rompre, en 1720, le batardeau par lequel les Anglais avaient fermé l'ancien chenal. Des travaux de chasse, exécutés malgré leur surveillance, rendirent celui-ci de nouveau praticable. Dès 1727, il pouvait recevoir des navires calant 14 à 15 pieds d'eau. La rupture de l'alliance anglaise, après 1743, permit de travailler plus ostensiblement au rétablissement du port, qui était déjà très avancé quand le malheureux traité de Paris, de 1763, vint imposer la démolition des travaux. Bien qu'on parvint à éluder en partie cette obligation, la profondeur du chenal qui avait été, en 1763, de 17 à 18 pieds, fut réduite à 14. Seuls, les navires de 200 à 250 tonneaux pouvaient entrer dans le port. Enfin, le traité de Versailles, de 1783, supprima la surveillance anglaise et laissa la main libre au gouvernement français. De grands travaux furent alors commencés, mais ils étaient loin d'être terminés au début de la révolution.

Il n'y a donc pas lieu de s'étonner si, malgré la franchise, Dunkerque ne joua en somme qu'un rôle commercial secondaire, au xvii° et au xviii° siècle. C'est seulement dans les dernières années de l'ancien régime que le commerce put prendre de l'essor et, dès lors, les bénéfices de la franchise furent très appréciables.

Elle attirait, dans le port flamand, un grand concours de navires étrangers et un approvisionnement de toutes sortes de marchandises, échangées entre les pays du nord et ceux du midi. Les Dunkerquois faisaient le tableau suivant de la variété de leurs transactions, au comité d'agriculture et de commerce de la Constituante : « Nous importons des eaux de vie de Catalogne et nous les exportons en Angleterre. Nous fabriquons des genièvres avec des grains étrangers, nous en importons de Hollande et nous exportons les uns et les autres en Angleterre. Nous achetons des thés à Gothembourg, à Copenhague, et nous les vendons à l'Angleterre. Nous recevons 6.000 boucauts de tabac ; nous le fabriquons, nous l'expédions en Italie, en Angleterre : nos fabriques sont réputées les meilleures du monde... Par là, nous fournissons un débouché aux tabacs du pays. Les droits énormes qui se perçoivent en Angleterre sur les marchandises des Indes, en font importer dans notre port pour être réexpédiées dans cette île. Nous tirons du royaume des batistes, des dentelles, des toiles, et nous les vendons à l'Angleterre. Douze cents bâtiments sont employés à ce commerce.

« Nous importons de Portugal des citrons, des oranges, d'autres fruits, et nous les échangeons contre les productions de la Flandre et de l'Artois... Nous tirons des toiles de Silésie, de Hollande, de nos provinces, et nous les envoyons en Espagne. Sans la franchise, cette branche s'anéantirait ; la concurrence des toiles étrangères et nationales nous permet de multiplier nos expéditions, de mettre en charge, à des époques déterminées, des bâtiments, d'exciter par là l'industrie bientôt éteinte, si on était réduit aux toiles françaises, qu'un navire exporterait avec facilité.... Nous recevons du Nord plus de cent vaisseaux chargés de bois, buis, goudrons, suifs, toiles à voiles, chanvres, lins, fers ; et, en retour, nous leur donnons des sucres, cafés, d'autres articles.... Nous tirons de la Flandre française des toiles grises ; les vaisseaux qui abordent s'en approvisionnent pour des voiles. Nous tirons des huiles de Provence, des savons ; nous les expédions pour le Nord quand la saison avancée ne permet plus de se rendre dans la Méditerranée. » (1).

En outre, leur port était devenu un important entrepôt de denrées coloniales et de marchandises pour les îles. Ils soutenaient qu'ils rendaient de grands services aux colons « notamment à ceux de Tabago qui trouvaient dans leur ville un débouché plus avantageux que partout ailleurs de leurs denrées, à cause de ses relations avec

____

(1) Arch. Parlem. annexe à la séance du 31 octobre 1790. T. 20, p. 171-72.

toute la Baltique, l'Allemagne, la Suède, le Danemark, la Hollande, et la proximité de la Flandre autrichienne. » (1)

La franchise avait permis de donner à la pêche d'Islande, de Terre-Neuve, ou de la mer du Nord, une très grande activité. Deux cents bâtiments et plus de 1.500 bons marins, parait-il, étaient occupés à la pêche du hareng et à celle de la morue ; vingt bâtiments environ pratiquaient celle de la baleine.

Les Pays-Bas autrichiens, Bruges, Gand, Anvers, Bruxelles, formaient, si l'on en croit l'Encyclopédie méthodique, un débouché important pour Dunkerque, mais, le plus considérable de beaucoup c'était l'Angleterre. Grâce à sa position, le port franc était devenu un magasin approvisionné de toutes les marchandises que les prohibitions ou les tarifs élevés devaient empêcher de pénétrer dans ce pays. Il jouait là le même rôle que les ports des Antilles, en face de l'Amérique espagnole. De petits bâtiments anglais, connus sous le nom de *smoggleurs*, qu'une seule marée pouvait amener à Dunkerque, distribuaient ces marchandises de contrebande sur les côtes voisines du détroit. Mille à quinze cents faisaient ce trafic interlope, dont la valeur était estimée à plus de 25 millions de livres, en soieries, eaux-de-vie, vins, batistes, thés, etc., bien que le traité de commerce de 1786 l'eût rendu moins lucratif et moins important. La seule ville de Lyon fournissait pour plus de trois millions de soieries.

La population de Dunkerque s'était fortement accrue, et des étrangers en grand nombre avaient profité des avantages donnés à ceux qui voulaient s'établir dans le port franc ; ils y tenaient, en 1789, des magasins considérables. (2) On citait surtout alors l'exemple tout récent des Nantuckois, attirés à Dunkerque pour y pratiquer la pêche de la baleine. En 1783, les Dunkerquois voulurent tenter la pêche au cachalot sur la côte du Brésil, et celle

(1 Rapport du député Herwyn Arch. Parlem. T. 28, p. 671.
(2) Ibid. T. 20, p. 178.

de la baleine au Groenland. Mais ils manquaient de pêcheurs expérimentés. Un armateur eut l'idée de faire venir des habitants de l'île de Nantucket, sur la côte du Massachusetts, qui pratiquaient depuis longtemps cette pêche. En 1786, trois baleiniers Nantuckois prirent le pavillon français ; en 1790, leur flottille à Dunkerque comptait 40 bâtiments. « En moins de quatre années, ces armements eurent un tel succès, disait un mémoire, qu'ils nous mirent à même de fournir des huiles et des fanons de baleine aux Hollandais eux-mêmes, dont, avant cette époque, nous étions tributaires de plusieurs millions pour ces sortes d'approvisionnements. »

Les facilités offertes par la franchise attiraient surtout dans le port de Dunkerque les pavillons étrangers, mais il faut remarquer que les armateurs français profitaient largement aussi de son activité. En 1775-1776, il reçut 563 et 546 navires français, contre 576 et 649 étrangers. En 1789, le mouvement avait sensiblement augmenté, les entrées furent de 647 pour le pavillon français, de 852 pour les étrangers.

La franchise avait, en particulier, donné un grand essor aux armements dunkerquois ; vers 1774, 177 bâtiments, qui jaugeaient 16.840 tonneaux étaient attachés au port. En 1789, le commerce des colonies employait 35 à 40 navires, de 300 à 400 tonneaux. C'étaient les plus gros qui pussent entrer dans le port. Un pareil nombre de bâtiments, de 200 à 300 tonneaux faisaient le cabotage de la Méditerranée ; 50 à 60 étaient destinés au petit cabotage sur les côtes de l'Océan. Environ 180 bâtiments étaient armés pour la pêche. En 15 ans, le tonnage de la flotte dunkerquoise s'était élevé à plus de 35.000 tonneaux.

C'était à la franchise que les Dunkerquois attribuaient l'activité remarquable des armements en course, qui avaient illustré et enrichi leurs marins à la fin du xviie siècle, mais leur avaient attiré aussi la rancune implacable des Anglais et des Hollandais. Les services rendus par les corsaires, qui avaient retiré 110 millions de

leurs prises, et en avaient fait perdre le doubleaux ennemis, la nécessité de maintenir la franchise pour favoriser les armements, furent l'un des arguments les plus
employés en sa faveur pendant la Révolution.

Enfin on peut remarquer que la franchise n'avait pas
attiré à Dunkerque de grandes ni de nombreuses industries. On n'y voyait, en 1789, aucune grande manufacture. Cependant plusieurs de celles qui y existaient ne
devaient leur existence qu'au port franc. Outre les fabriques de tabacs et de genièvre, déjà mentionnées, on peut
citer le raffinage des sels des salines de Bretagne, et celui
des sucres des îles d'Amérique. Nul doute que, si la franchise avait eu le temps de produire ses effets, on eût vu
se multiplier ces industries d'exportation.

Mais la Révolution supprima le port franc, au moment
où il commençait seulement à donner ses fruits, et où il
permettait les plus belles espérances. La franchise de
Dunkerque fut combattue sous la Constituante avec une
âpreté particulière. Comme Bayonne, c'est dans son voisinage immédiat que la ville flamande rencontra ses plus
violents adversaires, excités contre elle autant par la
jalousie que par les inconvénients qu'ils reprochaient au
système des ports francs. Deux députés du département
du Nord, Francoville et Bouchette, se firent les porte-
paroles des griefs des Calaisiens et des Lillois. A la séance
du 31 octobre 1790, Francoville, représentant de Calais
et Ardres, saisit l'occasion d'une discussion sur l'organisation des ponts et chaussées, pour demander une enquête sur les travaux entrepris à Dunkerque et pour
déposer un mémoire des Calaisiens intitulé « Considérations sur la franchise des ports et en particulier sur celui
de Dunkerque. »

Ce mémoire débutait par une affirmation singulière,
peu faite pour lui donner de l'autorité : « C'est sans doute
une question importante que celle des franchises. On
les a multipliées dans ce royaume et le commerce a lan-
gui ; rejetées par l'Angleterre, son commerce s'est élevé
au comble de la prospérité : ce n'est donc pas par des

exemples qu'on peut les défendre. » Les Calaisiens
essayaient de prouver que les différents commerces de
Dunkerque étaient dangereux pour la prospérité nationale ou qu'ils pouvaient être continués avec le régime
de l'entrepôt.

« Ainsi donc, concluaient-ils, sauf des bénéfices de
la fraude, de la contrebande, sauf l'agiotage des certificats de la Chambre du Commerce, les fausses destinations, Dunkerque ne perdra rien ou presque rien :
ce qu'il perdra, la nation le gagnera au centuple par
l'emploi de ses manufactures, par l'excédent de recette
et, plus encore, par la direction utile pour l'État des
capitaux et de l'activité des Dunkerquois. Les bras des
fraudeurs seront rendus à l'agriculture et aux arts, l'industrie et les fonds des assureurs au commerce national :
la corruption du fisc n'y sera plus nécessaire ; elle n'y
sera plus tarifée, on ne leur verra plus faire des fortunes
aussi rapides que scandaleuses. »

C'était aussi l'accusation de fraude que soutint avec
plus de violence encore le député Bouchette, qui
appuya son collègue, en présentant une *Réclamation
contre la franchise de Dunkerque*. Il y joignit des *Observations* de la chambre de commerce de **Lille** et une
pétition de 119 négociants et fabricants lillois adressée
à cette chambre, qui répétaient la même accusation.
« On peut assurer, disaient les Lillois, sans crainte
d'être démenti, que la fraude est portée à Dunkerque à
un point inconcevable et le prouver par des faits sans
réplique. Il suffit d'une simple déclaration adressée à la
chambre de commerce, dont les officiers, sans autre examen donnent un certificat qui assure que les marchandises chargées dans tel navire sont de fabrique nationale
et, par ce moyen, on expédie pour l'Amérique et nos colonies des perses, des quincailleries anglaises, en un mot
l'unique produit des manufactures étrangères. Au lieu
de faire valoir les nôtres, les négociants de Dunkerque
tirent d'Ostende, de Bruges et du Brabant, des toiles et
guingas, dont ils peuvent avoir besoin, et les expédient

ensuite comme toiles de France, au grand préjudice de nos manufactures. »

Ces accusations de fraudes n'étaient pas nouvelles. On lit dans un mémoire de la ville de Nantes, adressé en 1737 au Conseil de commerce : Les ports francs *abusent de leurs franchises pour répandre dans les colonies une quantité prodigieuse de marchandises étrangères. N'est-ce pas le profit que la ville de Dunkerque trouve à ce commerce prohibé qui la met en état d'envoyer aujour-d'hui plus de 50 vaisseaux par an, au lieu que, dans les premiers temps où elle obtint la permission d'y commer-cer, à peine y en envoyait-elle 4 ou 5... Ce qu'il y a de plus fâcheux, pour cette ville et pour l'Etat, c'est que Dunkerque inonde les colonies de marchandises du Nord en même temps que Marseille y porte en abondance celles de Levant; d'où il arrive que Nantes et les autres villes, qui composent leurs envois d'ouvrages de nos manufactures, n'en peuvent trouver le débit. »

Pourtant l'accusation portée contre la Chambre de commerce de Dunkerque était manifestement exagérée. Les Dunkerquois invoquaient avec raison, pour se dis-culper, les précautions établies pour leur commerce avec les colonies, par l'accord conclu avec les fermiers en 1735. Il était évident pourtant que la prime offerte à la fraude était trop grande pour qu'elle ne trouvât pas moyen de s'exercer. Mais il s'agissait de savoir si, avec le régime douanier d'alors, la contrebande n'aurait pas été aussi active sans la franchise. L'auteur d'un mémoire de 1802 soutenait qu'elle avait crû dans de grandes propor-tions depuis sa suppression. « C'est disait-il, en établis-sant un point de comparaison entre la fraude qui se commet aujourd'hui, et celle qui se commettait avant la suppression de la franchise, que l'on peut sainement juger de la faiblesse du moyen proposé contre la franchise.

« On sait qu'alors toute la fraude se portait dans les ports francs ; et, sur la partie du nord de la France, on regar-dait Dunkerque comme le point de ralliement des fraudeurs. Que l'on fasse le dépouillement des registres de la douane de Dunkerque, pendant les huit années antérieures à la suppression de la franchise, on y verra combien étaient peu nombreuses les introductions frauduleuses de marchandises anglaises... Aujourd'hui que la franchise de Dunkerque n'existe plus, la fraude se fait avec une audace et une activité étonnantes, depuis Anvers jusqu'au Havre.

« Alors quarante-neuf employés gardaient le port de Dunkerque, dont l'enceinte était très restreinte, et deux cents employés empêchaient les tentatives des fraudeurs sur toute la côte. Aujourd'hui le nombre des employés est de moitié en sus à Dunkerque, et plus que triplé sur la côte, et les versements de fraude y sont tellement fréquents que, dans une seule année (l'an vii), le produit des confiscations dans cette partie de la République a été de 2 millions, dont un sixième seulement est entré dans les coffres du trésor public.

« D'après des faits aussi positifs, on ne dira plus que la franchise d'un port soit un moyen de fraude ; la fraude se fera toujours sans ports francs comme avec des ports francs, et même on peut dire qu'avec des ports francs, la fraude étant concentrée, l'armée d'employés que solde le gouvernement pourra plus facilement en empêcher l'introduction (1) ».

Pour enlever à leurs adversaires leur argument le plus puissant, les Dunkerquois avaient proposé dans leurs mémoires à l'Assemblée de créer une *enceinte franche*, complètement séparée du reste du port réservé au commerce national. Les « lieux francs » seraient enclos à l'Ouest par un mur de quinze pieds de haut, à l'Est par les fortifications, les canaux et les barrières existants ; on mettrait à chacune des barrières des employés, en aussi grand nombre qu'il plairait à la régie, afin de surveiller

____

(1) *Mémoires sur les ports francs*, par Savin Dumoni, an x. Cités par Raynouard à la séance de la Chambre du **3 décembre** 1811. Arch. Parlem. 2ᵉ série, T. 14.

avec exactitude l'entrée et la sortie des lieux francs. Les navires destinés au port franc ne pourraient s'arrêter dans le chenal, qui en serait séparé par une chaîne gardée par les employés de la régie. Le programme des travaux, en voie d'exécution depuis quelques années, permettrait de faire un nouveau bassin qui servirait au commerce national. Dans l'esprit des Dunkerquois, celui-ci ne devait évidemment avoir qu'un rôle secondaire, tandis que le plus grand nombre des navires continuerait à affluer dans le port franc.

Si les adversaires des franchises n'avaient eu en vue que la répression de la fraude, ils eussent accepté la proposition des Dunkerquois, mais ils s'y montrèrent très hostiles. « Qui peut ignorer, disait la Chambre de commerce de Lille, qu'aucune barrière, aucune gène, aucune entrave, ne peuvent être opposées avec un succès complet aux ruses et aux détours familiers à la fraude? » Ils traitaient d'ailleurs le projet de chimère : « Messieurs les Dunkerquois savent bien que l'Etat ne fera pas pour eux une dépense de 30 millions au moins, à en juger de la façon dont on travaille dans leur port depuis six ans. »

On réclamait encore la suppression de la franchise au nom de l'égalité. Le député Bouchette avait commencé par déclarer : « Le premier principe d'une société bien ordonnée, la base solide d'un gouvernement, c'est l'égalité... Est-ce que l'Assemblée nationale doit faire une exception en faveur des habitants de la ville de Dunkerque ? »

En réalité, Calaisiens et Lillois avaient d'autres préoccupations que la chambre de Lille exprimait à la fin de son mémoire : « La ville de Dunkerque fait, à elle seule, tout le commerce d'importation et d'exportation du département du Nord... à l'exclusion des ports voisins... Si la franchise de Dunkerque était supprimée, on verrait alors ces mêmes ports, aujourd'hui peu fréquentés, et même presque ignorés, se couvrir de vaisseaux et participer aux avantages d'un commerce dont ils ne sont privés que par ladite franchise. Alors, renaîtrait une concurrence qui déchargerait toutes les marchandises des frais exorbitants de commission, de transport et de déchargement qu'elles supportent à Dunkerque, dans le moment actuel, parce que les négociants et commission-naires de cette ville, un peu trop avides, profitent de la nécessité où l'on est de passer par leurs mains ».

Calaisiens et Lillois se faisaient illusion, s'ils ne se trompaient pas entièrement, sur les profits qu'ils retire-raient de la diminution du commerce de Dunkerque. L'avantage des Lillois, comme l'intérêt général, n'était-il pas que le commerce fût concentré, puissamment et éco-nomiquement organisé dans un seul port, au lieu d'être affaibli et grevé de frais par sa dispersion dans plu-sieurs ?

Au moment où la question était portée inopinément à la tribune, par les députés Francoville et Bouchette, elle avait été discutée déjà dans les réunions des députés extraordinaires du commerce, envoyés auprès de la Constituante, et dans celles du comité d'agriculture et de commerce de l'assemblée. Les Dunkerquois avaient mis autant d'activité à se défendre qu'on avait montré d'ar-deur à les attaquer. Ils avaient rédigé de nombreux mé-moires, et la députation permanente qu'ils entretenaient à Paris, pour suivre de près les évènements, avait mul-tiplié les démarches. Ils invoquaient en leur faveur la décision du Directoire du département du Nord, qui avait adopté leur plan d'enceinte franche, le 24 août 1790. Sur les 8 districts, un seul, celui de Lille, l'avait re-poussé.

L'assemblée des députés extraordinaires du commerce, et le comité de commerce de l'assemblée, se prononcèrent pour le maintien de la franchise, en la limitant. C'est leur double avis que soutint le député Herwyn, secré-taire du comité, dans le rapport qu'il présenta à la Cons-tituante, à la séance du 26 juillet 1791, où furent aussi discutées les franchises de Marseille et de Bayonne.

Herwyn résumait ainsi les opinions des députés extra-ordinaires, en faveur des franchises : « Ils disent que les motifs généraux qui peuvent déterminer un État à ouvrir des ports francs sont d'établir les résultats les plus avantageux, soit relativement à l'importation des productions étrangères, soit relativement à l'exportation de ses propres productions... Que le commerce, déjà considérable à Dunkerque, peut le devenir davantage encore ; que la situation le met surtout à portée d'embrasser toutes les spéculations que présentent l'Angleterre et le Nord, et que Dunkerque peut devenir, à cet égard, ce que la vaste ambition de Louis XIV voulait en faire, l'émule et la rivale d'Amsterdam. Qu'il n'est point indifférent pour la France d'avoir un port assez heureusement situé pour être le point d'appui des spéculations anti-fiscales des nations étrangères, et l'entrepôt général de toutes les productions du Nord... Que le grand concours qu'appelle ce commerce, les transactions multipliées qu'il opère, ouvrent aux productions nationales des consommations et des débouchés qui leur manqueraient sans ce moyen ; qu'ainsi la franchise d'un port peut servir utilement l'industrie nationale même ».

Le rapporteur du comité proposait donc un décret maintenant la franchise de Dunkerque, mais la restreignant à une enceinte fermée suivant le plan proposé par les Dunkerquois eux-mêmes. Le commerce avec les colonies, les armements pour la grande pêche ne pourraient être faits que dans le port national. Ce rapport ne fut pas discuté mais, peu après, l'article 1 du titre 1ᵉʳ de la loi du 22 août 1791, sur les douanes, maintint provisoirement la franchise de la haute ville et citadelle de Dunkerque, comme celle de Marseille et de Bayonne.

Les concessions faites aux adversaires du port franc ne les désarmèrent pas. Le député de Nantes, Mosneron, dans le rapport qu'il rédigea, au nom des comités de marine et de commerce réunis, de la Législative, en juin 1792, attaquait la franchise de Dunkerque, comme celle de Bayonne, avec une âpreté singulière (1). La Conven-

1) V. ci-dessus. p. 112.

tion devait donner enfin satisfaction à ces hostilités ardentes.

Les Dunkerquois se signalèrent, comme les Marseillais, par leurs vifs regrets de la perte de leur franchise, et par la persistance qu'ils mirent à en demander le rétablissement. Sous le Consulat, le retour aux institutions de l'ancien régime le leur fit espérer une première fois, tandis que la paix d'Amiens leur faisait désirer plus vivement d'être à même de profiter des circonstances devenues favorables. Des mémoires furent rédigés et des négociations entamées auprès du gouvernement. Mais la reprise de la guerre contre l'Angleterre ruina les espérances qu'on avait pu concevoir.

Il ne fut plus question du port franc jusqu'en 1814. Les Dunkerquois, repris d'espoir, n'hésitèrent pas alors à attribuer à la suppression de leur franchise la ruine de leur commerce, que tant d'autres causes cependant auraient suffi à expliquer. « L'anéantissement absolu du commerce de Dunkerque, affirmait un mémoire de septembre 1814, cet anéantissement dans lequel il n'est tombé à aucune époque, parce qu'au milieu de ses malheurs sa franchise lui restait toujours, cet anéantissement est le résultat de la perte de sa franchise qui, seule, était le germe de sa prospérité. »

Il est à remarquer que le gouvernement de Louis XIV n'avait pas été découragé par l'échec du rétablissement de la franchise, tenté à Marseille en 1815. En effet, une ordonnance portant la date du 22 avril 1816, et rétablissant la franchise du port de Dunkerque, fut rédigée. Mais elle ne fut jamais présentée aux Chambres, et resta sans effet, malgré les multiples démarches tentées par la ville et par la Chambre de commerce, les années suivantes, pour obtenir une solution favorable.

Une dernière fois, en 1844, des négociations furent entamées auprès du gouvernement. Une brochure (1) fut

____

(1) *Questions des entrepôts et ports francs....* — Paris-Dunkerque, 1845. Cité par A. de Saint-Léger.

distribuée aux membres des deux Chambres. C'était le moment où le système des docks, expérimenté en Angleterre, était vivement préconisé en France. On a vu qu'au même moment les Marseillais semblaient avoir oublié leurs anciennes franchises, et se bornaient à réclamer dans leur port la création de docks. Aussi le ministre du commerce crut satisfaire les Dunkerquois en leur faisant répondre, par le préfet du Nord, qu'il « encouragerait dans nos ports la création des docks francs. » L'abandon du régime protectionniste devait bientôt leur donner d'autres espérances.

Dunkerque est certainement, avec Marseille, la ville où les souvenirs du passé sont restés les plus vifs. On peut ajouter qu'elle est aussi, parmi nos ports, celui dont la situation recommanderait le plus, aujourd'hui comme autrefois, un nouvel essai du système de la franchise, si on se décidait à l'expérimenter de nouveau.

Est-ce aussi persistance des vieux souvenirs, ou bien attachement plus grand qu'ailleurs aux doctrines de la protection ? C'est encore dans leur voisinage, à Lille, que les Dunkerquois d'aujourd'hui trouvent les adversaires les plus déterminés des franchises.

A côté de Marseille, Dunkerque et Bayonne, Lorient est parfois cité, dans les documents du xviiie siècle, comme un autre port franc. En réalité, il avait une situation à part et n'eut ce titre officiellement que pendant les cinq années qui précédèrent la Révolution. La rade, où se jettent le Blavet et le Scorff, n'avait sur ses bords que Port-Louis, quand la Compagnie des Indes Orientales de Colbert établit sur les rives du Scorff ses comptoirs et le port d'attache de ses navires. Le Havre et Bayonne n'avaient pas voulu la recevoir ; il avait fallu chercher une rade inoccupée. L'Orient, comme on l'appela jusqu'à la fin du xviiie siècle, ne fut, jusqu'en 1767, que le port de la célèbre compagnie. Celle-ci y jouissait de grands privi-

léges, de facilités très grandes pour y débarquer les marchandises des Indes et pour les réexporter. Par là son
port présentait quelques uns des caractères de la franchise, mais seule une compagnie exclusive en bénéficiait.
L'activité du port dépendit entièrement des opérations de
celle-ci et passa donc par toutes sortes de fluctuations.

Après l'abolition de la compagnie, en 1767, Lorient
resta le seul port où il fut permis de faire revenir les
vaisseaux et de décharger les marchandises des Indes.
Les armateurs particuliers jouirent des facilités accordées à l'ancienne compagnie.

Quand le Conseil de commerce discuta la question des
franchises, autour de 1780, à propos des querelles entre
fermiers et ports francs et du traité d'alliance fait avec les
Américains, il fut décidé de doter Lorient d'une franchise
complète. L'article 2 de l'arrêt du Conseil, du 9 mai 1784,
la définissait ainsi : « A compter du 1er juillet prochain, le
port et la ville de Lorient jouiront de l'entière liberté de
recevoir les navires et marchandises de toutes les nations
et d'exporter toute espèce de productions et de marchandises en toute franchise, à l'instar de celle qui a lieu à
Dunkerque, sauf les précautions et les formalités que
S. M. jugera à propos de prescrire par la suite, pour le
commerce des Indes, de la Chine et des colonies françaises. »

L'année suivante, une nouvelle compagnie des Indes
était créée par arrêt du 14 avril 1785. Elle n'avait plus un
monopole exclusif ; le commerce des Indes Orientales
restait ouvert à tous les armateurs, mais toujours avec la
condition de faire revenir et décharger leurs vaisseaux à
Lorient. Il aurait été intéressant de voir si la franchise
aurait attiré à Lorient d'autres commerces, mais elle ne
la conserva pas assez longtemps. Jusqu'à la fin la ville
bretonne ne fut considérée que comme l'entrepôt des
marchandises des Indes Orientales. Quand le commerce
fut déclaré absolument libre avec toutes les mers, sa
franchise parut immédiatement sans objet. La suppression en fut décidée, en vertu de l'article 10 du décret

constitutionnel d'août 1789, qui abolissait tous les privilèges des provinces et des villes.

Enfin, dans l'Alsace, province *étrangère* par son régime douanier, comme la Lorraine, placée dans une situation analogue à celle du pays de Gex aujourd'hui, la ville de Strasbourg avait un régime spécial et jouissait sur le Rhin des avantages d'un port franc, avec celui d'avoir derrière elle deux provinces françaises pour lui servir de marché. « Tout ce qui y arrivait par le Rhin, ou en sortait par la navigation de ce fleuve, était exempt de droit. Son Magistrat exerçait une police exclusive sur les bateaux et sur les bateliers. En un mot, la ville de Strasbourg avait à elle seule, et pour son profit, un régime particulier de douane, sur lequel le Gouvernement n'avait ni influence ni inspection (1). » Cette situation, toute particulière, méritait au moins d'être mentionnée (2).

S'il n'y eut que quatre ports francs en France, d'autres villes cherchèrent à le devenir. Leurs efforts sont intéressants à rappeler, parce que leur insistance et l'hostilité qu'ils rencontrèrent font sentir, mieux que toute autre chose, quelle importance et quel prix on attachait à la franchise sous l'ancien régime.

Parmi les marins et les négociants français, les Malouins avaient toujours fait preuve d'une grande initiative. Ils avaient joué un grand rôle dans la formation des premières compagnies coloniales, au xviiᵉ siècle. Pendant les guerres de Louis XIV, les armateurs avaient su compenser, par les bénéfices de la course, les pertes que leur faisait subir l'interruption du commerce. Profitant des

---

(1) *De la navigation du Rhin.* Mémoire imprimé par ordre du Comité consultatif du commerce de Strasbourg. Strasbourg, 1802, p. 31.

(2) Sur les péages payés en Alsace et à Strasbourg, voir Rod. Reuss. *L'Alsace au xviiᵉ siècle.* T. I, p. 658 et suiv. — Cf. *Encyclop. méthod. Finances* Vᵒ Alsace.

embarras de la Compagnie des Indes, ils avaient traité avec elle pour obtenir d'envoyer des navires au-delà du Cap. En même temps, ils s'étaient aventurés, à leurs risques et périls, dans la mer du Sud, interdite au commerce mais peu surveillée, puis ouverte par l'alliance espagnole. Le double commerce des Indes et de la Chine, du sud de l'Amérique Méridionale, avait soudain enrichi la petite ville de 17.000 habitants dans les dernières années du xviie siècle. Elle s'était rapidement agrandie et peuplée et s'enorgueillissait des hôtels monumentaux construits alors par ses opulents armateurs.

Mais la guerre de succession d'Espagne porta une première atteinte à cette prospérité. La reconstitution de la Compagnie des Indes ferma la route du Cap et l'Orient aux Malouins, comme la paix d'Utrecht leur avait fermé la mer du Sud. La débâcle du système de Law les atteignit fortement. Dans leurs déboires, qui leur paraissaient d'autant plus rudes à supporter qu'ils suivaient une période de prospérité inespérée, les Malouins songèrent à réclamer la franchise de leur port comme le meilleur remède à leur situation. Malgré des échecs répétés, ils ne se lassèrent pas, pendant plus de cinquante ans, de renouveler leurs tentatives.

Un premier mémoire avait été rédigé en 1701 « pour obtenir le rétablissement de la franchise révoquée indirectement » en 1688 (1); une nouvelle demande fut écartée en 1712, sans donner lieu à de grands débats. Il n'en fut pas de même à la suite d'une troisième requête, adressée au Roi en 1733, appuyée par de copieux mémoires adressés au Conseil. Les Malouins invoquaient la franchise comme un droit; ils prétendaient en avoir joui jusqu'en 1688 et réclamaient seulement son rétablissement Ils soutenaient que leur port, placé à une extrémité du royaume, sans une rivière pour communiquer avec l'intérieur, dans un pays pauvre, au milieu de rochers arides, était dans une situation très désavantageuse pour le

_____

(1) Archives nationales, G⁷, 1686.

commerce national, mais qu'il était naturellement ouvert
au commerce des pays du Nord. Il était donc tout désigné pour la franchise. Déjà, les Malouins voyaient leur
ville devenue « un magasin général où l'étranger s'em-
presserait d'apporter ses marchandises, d'où il sortirait
continuellement de riches cargaisons pour le Nord et
pour les Indes Occidentales. » Ils parlaient « d'unir le
Septentrion et le Levant, de devenir le centre où les
richesses de ces deux extrémités viendraient aboutir. »
N'étaient-ils pas préparés plus que d'autres à jouer un
pareil rôle puisque, grâce à l'activité de leurs transports,
ils pouvaient s'intituler les voituriers des nations?

L'affaire ayant été introduite au Conseil, les autres
villes maritimes rédigèrent des réponses violentes et acri-
monieuses aux mémoires de Saint-Malo. Nantes, La
Rochelle, Bordeaux se signalèrent par leurs attaques.
Elles n'avaient pas de peine à prouver que les droits
historiques invoqués par les Malouins n'étaient qu'ima-
ginaires. Les lettres patentes expédiées par Charles viii
en 1488, qui en étaient le fondement, avaient accordé à
Saint-Malo des privilèges tels que la plupart des villes
importantes du royaume en avaient reçus de nos rois en
diverses occasions. Ce qu'elle avait perdu, en 1688, c'était
un droit d'étape octroyé par la déclaration de février 1670
à toutes les villes maritimes, et il était avéré qu'à cette
date, et 20 ans auparavant, Saint-Malo n'avait aucune
prérogative qui la distinguât des autres ports de Bretagne.
« Qu'il est fâcheux pour Saint-Malo, disaient ironique-
ment les Bordelais, que nous ne soyons pas au temps des
fables ; il lui serait aisé de donner un air de mystère à
l'origine de la franchise de son port, son obscurité la
rendrait plus respectable ; mais, en fait d'histoire, la
critique veut voir clair ; nous allons nous en servir. »

Les trois mémoires étaient d'accord pour soutenir que
la franchise accordée à Saint-Malo ruinerait les autres
villes maritimes. Nantes, qui se croyait la plus menacée,
disait amèrement : « La splendeur, dont Saint-Malo se

plaint d'être déchue, a été de si peu de durée que cette
ville n'aurait pas dû s'en former une habitude... La ville
de Nantes, satisfaite d'un éclat moins vif, borne toute son
ambition à vouloir le conserver ; mais, fut-il éteint sans
ressource, elle ne croirait pas qu'il fût honnête de chercher à le faire revivre aux dépens des autres villes maritimes... Cette ville ambitieuse ose proposer aux autres
de lui abandonner le commerce du Nord et celui des
colonies, et les renvoie au labourage et aux manufactures. Elle leur montre avec ostentation ces palais somp-
tueux dont elle fut embellie dans le temps de sa prospérité, et semble vouloir leur persuader qu'il est d'une
importance extrême, pour elles et pour l'Etat, que ces
palais ne soient pas habités par des gens d'une fortune
bornée... La seule différence qu'il y ait ici entre les
autres villes et celle de Nantes, c'est que cette dernière,
comme la plus proche de Saint-Malo, éprouvera plus
immédiatement les fâcheux effets de la franchise de son
port, c'est qu'étant plus intéressée qu'aucune autre ville
au commerce des colonies, elle sentira plus vivement le
préjudice que le nouveau port franc y apportera ; c'est
qu'enfin, si le commerce des autres villes n'est qu'en-
dommagé, le sien sera ruiné sans ressource. »

La partie la plus intéressante des mémoires des villes
était celle où, d'un commun accord, elles attaquaient le
principe même des ports francs, nuisibles à l'intérêt du
royaume. Qu'on n'invoquât pas en leur faveur l'exemple
de Marseille et de Dunkerque : « la révocation de leurs
privilèges était l'objet des vœux des autres villes maritimes. » Si leurs raisons n'étaient pas suffisantes pour les
faire révoquer, du moins étaient-elles assez fortes pour
empêcher qu'on les accordât à d'autres ports.

L'argumentation des adversaires des ports francs jette
un jour curieux sur les idées économiques courantes, au
xviiie siècle. « Les inconvénients d'un port franc, disaient
les Nantais, tant par rapport au prince que par rapport à
ses sujets, sont de ces choses que l'on aperçoit sans
aucun effort. » Et ils le prouvaient par un exemple bien

simple : Dans une ville il y a dix marchands de vin et chaque tonneau, acheté ou vendu par eux, paie dix livres de droits. Si le souverain affranchit des droits l'un des marchands, celui-ci achètera et vendra tout, les neuf autres seront ruinés et le souverain perdra ses droits. L'argument était bien simpliste, mais il portait, au XVIIIe siècle, et résumait bien le sentiment général des villes maritimes au sujet des ports francs.

Quant à Marseille et Dunkerque, les deux villes firent naturellement cause commune avec les autres ports pour combattre les prétentions de Saint-Malo. Il leur semblait que leurs privilèges seraient diminués s'ils étaient accordés àd'autres, et Dunkerque était particulièrement menacée, puisque les Malouins voulaient attirer chez eux le commerce du Nord. Dans les observations modérées que présenta la Chambre de Commerce de Marseille, en 1733, elle laissa échapper cette affirmation qui pouvait être retournée contre elle, et qui le fut plus tard : La demande de Saint-Malo « se trouve contraire aux intérêts de l'Etat : les différentes franchises en diminuent les revenus. » Les Marseillais étaient surtout préoccupés de bien spécifier que leur franchise n'avait aucun rapport avec les privilèges de Bayonne et de Dunkerque. Les avantages de Marseille l'avaient toujours mise au-dessus des autres villes du royaume, et ils ne pensaient pas que les Malouins eussent pu avoir la prétention de demander une franchise analogue à la leur.

La requête des Malouins fut donc une troisième fois écartée, mais les deux guerres de Sept ans portèrent un nouveau coup à leur commerce. En 1759, ils renouvelèrent leurs instances, et les soutinrent par un long mémoire où la franchise était de nouveau représentée comme « un patrimoine dont elle avait toujours joui jusqu'en 1688, patrimoine essentiel dont elle n'avait pu être dépossédée sans perdre en même temps tout son lustre. » Ils prétendaient montrer son existence immémoriale, et des titres des confirmations qui s'étaient suivis pendant cinq siècles. Le tarif de 1667, appliqué en Bretagne, province étrangère, ne l'avait pas été à Saint-Malo, comme le prouvaient les registres des fermiers. Si leur ville avait enfin été exclue de ses franchises, en 1688, ce n'avait pas été par révocation, « mais par une simple omission dans la déclaration qui avait borné les ports francs à ceux de Marseille, Bayonne et Dunkerque. » La prospérité commerciale, qui avait suivi, avait seule empêché les Malouins de réclamer fortement.

Ils affirmaient, dans leur mémoire, que le « premier mouvement de Sa Majesté avait été, pour ainsi dire, un acte de consentement ; si elle avait différé de manifester d'une manière authentique sa volonté, ce n'avait été que pour laisser le temps à son conseil de délibérer sur les mesures à prendre pour prévenir tout abus dans la jouissance de la franchise du port qu'elle voulait bien accorder. » A supposer que le roi eût, en effet, témoigné de la sympathie pour la situation de Saint-Malo, l'hostilité des autres villes eût encouragé le conseil à repousser une dernière fois ses prétentions (1).

Il y eut au moins une autre ville, Cette, qui songea à demander la franchise pour développer son commerce, et qui fit des démarches pour l'obtenir. La province du Languedoc souffrait avec peine d'être obligée de se servir du port de Marseille, pour faire le commerce du Levant. Dans les premières années du xviiie siècle, elle agit fortement à la cour et auprès du conseil du commerce pour avoir la permission de faire ce commerce *à droiture* par le port de Cette. C'est alors qu'elle poussa plus loin ses espérances car, en 1713, le syndic général de la province présentait au contrôleur général, Desmarets, un placet des marchands qui sollicitaient l'affranchissement du port languedocien.

En somme, les ports francs ont joué un rôle plus important qu'on ne le croit communément dans le développement commercial de la France de l'ancien régime.

1) Ces divers mémoires sont aux Archives de la Chambre de Commerce de Marseille. CC, 21.

Le commerce méditerranéen, si important jusqu'à la fin, paraissait encore, au début du xixe siècle, dépendre étroitement du maintien de la franchise de Marseille. A Bayonne, à Lorient, à Dunkerque, la franchise exerça son influence sur le commerce avec l'Espagne, avec les Indes Orientales, avec les pays du Nord.

Il est plus intéressant encore de rappeler que, pendant les deux derniers siècles de la monarchie, et surtout depuis l'établissement définitif du système protectionniste, avec Colbert, la question des ports francs ne cessa d'être discutée et plaidée dans les grands centres maritimes, et dans les conseils du roi. Les adversaires des ports francs, fermiers généraux, négociants de villes rivales, eurent pour eux le protectionnisme de plus en plus étroit des successeurs de Colbert, leur désir de pousser toujours plus loin la centralisation, de créer l'uniformité, de détruire les privilèges qui empêchaient la réalisation de ces plans. Pourtant, les franchises, mutilées quelque peu, il est vrai, résistèrent à tous les assauts et à toutes les influences contraires, tellement leur maintien paraissait inhérent au régime économique institué par Colbert. Dans aucun document on ne trouve formulé nettement ce principe, devenu l'axiome favori des partisans actuels des ports francs, qu'ils sont le correctif nécessaire et comme la soupape de sûreté de ce système de compression qu'est le protectionnisme, mais les hommes d'État et les économistes de l'ancien régime en avaient certainement le sentiment.

Veut-on savoir quelle était, dans les dernières années de l'ancien régime, la doctrine officielle en France sur l'utilité des ports francs ? En 1761, le contrôleur général, Bertin, s'occupait d'un nouveau tarif uniforme de droits d'entrée et de sortie pour tout le royaume. Il fit alors parvenir aux chambres de commerce un mémoire, d'inspiration officielle, dont l'auteur disait : « Les villes et les ports francs tels que Strasbourg, Dunkerque, Bayonne et Marseille, ont joui de différents degrés de franchise qui leur ont été conservés, encore moins en vertu des privilèges qui leur avaient été accordés ou conservés qu'en conséquence des raisons du bien général de l'État, motif bien légitime de la concession ou de la conservation de ces privilèges, qui ne sont rien moins qu'exorbitants. » Après avoir parlé de Marseille, Dunkerque et Bayonne, l'auteur ajoutait : « Si, en comprenant l'Alsace dans l'enceinte des bureaux des traites, on conservait une pareille franchise à la ville de Strasbourg, il y aurait aux quatre coins de la France quatre entrepôts généraux de marchandises, soit nationales, soit étrangères, prêtes à se distribuer partout et à fournir aux besoins, soit de l'intérieur, soit de l'étranger. Ces quatre villes, peuplées de négociants habiles et grands spéculateurs, auraient toujours leurs magasins assortis des richesses de tout le monde et seraient à portée, par leur position et par l'activité de leur commerce, de profiter de tous les débouchés que les variations du commerce ne manquent jamais d'ouvrir à ceux qui les cherchent avec assiduité, et qui sont prêts d'y fournir... Il est bien aisé de sentir... combien la qualité de citoyen inhérente à tous les habitants du même État, et l'égalité de protection due par le souverain à tous ses sujets, sont difficiles à concilier avec les privilèges des ports francs : cela n'est pourtant pas impossible. » (1)

Si l'on veut avoir en même temps le sentiment des économistes, voici comment il était exprimé dans l'*Encyclopédie méthodique*, quelques années avant la Révolution : « Malgré les entraves que le fisc, pour sa sûreté, croit devoir perpétuer dans les ports de Marseille, Bayonne et l'Orient, on ne peut disconvenir que leur franchise, telle qu'elle existe, ne soit très utile. Cette franchise les rend des entrepôts du commerce national avec l'étranger.... ces ports peuvent être le centre d'un commerce de réexportation très utile et très étendu. » (2)

---

(1) Cité dans le Mémoire de la ville et de la Chambre de Commerce de Bayonne, de 1774.

(2) *Encyclop. méthod.* — Finances. V° Port franc.

L'histoire des ports francs d'autrefois, en France, laisse cette double impression très nette que la franchise fut à la fois féconde pour les villes qui en jouissaient, et, en dépit d'inconvénients indiscutables, utile même au pays tout entier.

CHAPITRE VII

PORTS ITALIENS : *Nice, Gênes, Civita-Vecchia, Ancône,*
Messine, Livourne (1).

L'Italie est, avec la France, le pays où les ports francs
ont joué le plus grand rôle sous l'ancien régime. Son morcellement en petits états explique en même temps leur
existence et leur nombre. Chaque république ou chaque
prince tint à attirer sur son territoire, par des privilèges
spéciaux, ce commerce du Levant qui faisait la richesse
des ports méditerranéens. De là, la franchise de Nice,
Villefranche, Gênes, Livourne, Civita-Vecchia, Messine,
échelonnées sur la route du Levant, jalouses d'attirer la
préférence des étrangers venus de l'Océan, qui avaient
besoin à la fois d'un port d'escale et d'entrepôt dans la
Méditerranée occidentale.

Tandis que les ports francs s'étaient ainsi multipliés
sur la côte occidentale de l'Italie, la côte orientale n'en
possédait pas, parce qu'elle était placée en dehors des
grandes routes commerciales. Au fond de l'Adriatique,
Venise, maîtresse absolue du commerce de cette mer,
n'eut jamais besoin de recourir à la franchise pour main-

---

(1) A consulter : Archivio storico cittadino. Livorno. — Dott. Giu-
seppe Vivoli. *Annali di Livorno dalla sua origine sino all'anno di
Gesù Cristo 1840.* Livorno, 1842, 5 in-8°. — Riguccio Galluzzi. *Istoria
del granducato di Toscana...* Ed. sec. 1781. Livorno, 7 in-8°. — Brochures diverses publiées sur la franchise de Livourne et sa suppression, de 1863 à 1868 (à la bibliothèque de Livourne). — Savary de
Bruslons. *Dictionnaire. — Encyclop. méthod. —* Peuchet. *Dict. de la
Géogr. comm. —* P. Masson. *Hist. du comm. franç. dans le Levant
et Hist. des établ. et du comm. franç. dans les pays barbaresques.*
— Urbain Bosio. *La Province des Alpes Maritimes.* Nice, 1902.

tenir son monopole (1). Sur le tard, les cipayes y eurent recours pour donner une nouvelle vie à leur port d'Ancône, depuis longtemps déchu de son antique splendeur.

On peut faire remonter jusqu'au moyen âge l'origine de la franchise de Nice. Charles d'Anjou, devenu comte de Provence, y créa un arsenal maritime en 1250, avec darse intérieure, tandis qu'au dehors des murailles, à leur pied, une jetée protégeait le port Saint-Lambert. Mais la darse était petite et le port peu sûr. Tout à côté, la merveilleuse rade de Villefranche, enserrée malheureusement de trop près par des montagnes escarpées pour qu'une ville importante pût se développer sur ses bords, le complétait et donnait un abri aux navires par les gros temps. Charles y créa un port en 1280 et, pour attirer des habitants, accorda des privilèges qui valurent le nom de Villefranche à la nouvelle cité. Les Génois en furent si inquiets qu'ils en réclamèrent la suppression au fils de Charles d'Anjou, en 1285, et voulurent la lui imposer par une guerre qui dura jusqu'en 1302.

Au début du xviiᵉ siècle, la darse et la jetée du port Saint-Lambert n'existaient plus, détruites par des tempêtes au xviᵉ siècle ; Villefranche restait le seul port de Nice. Les vieux privilèges des deux villes avaient été solennellement confirmés à perpétuité par le pacte conclu avec le duc de Savoie, quand les Niçois, se séparant de la Provence par hostilité pour le comte Louis d'Anjou, s'étaient donnés au duc Amédée VII, en 1388. Mais c'est en 1666 que la franchise de Nice et de Villefranche fut définitivement établie et organisée par le duc qui voulut, peut-être, imiter l'exemple donné par Louis XIV à Dunkerque.

Les projets du duc de Savoie inquiétèrent aussitôt les Marseillais. Leur Chambre de commerce écrivait à la Cour, en 1667 : « Quelques marchands anglais, génois, milanais et autres s'y sont retirés, présupposant d'attirer

---

(1) Grunzel se trompe quand il dit que Venise devint port franc en 1661, Naples en 1633. *System der Handelspolitik*. p. 562).

audit port, au moyen de ladite franchise, tout le commerce
de la Méditerranée. Je vous laisse à penser en quel état
nous sommes réduits. »

Ces craintes étaient exagérées. Bien qu'elles fussent
plus favorisées lorsqu'elles étaient l'unique débouché
maritime d'un état assez étendu, Nice et Villefranche n'en
étaient pas moins trop mal placées pour devenir de grands
marchés commerciaux. Adossées aux Alpes, trop près de
Marseille et de Gênes, elles n'étaient pas capables de
rivaliser avec des ports aussi anciennement maîtres du
trafic que le duc de Savoie aurait voulu leur disputer.
Quant au Piémont et à la Savoie, ni leurs productions, ni
leur industrie, ne pouvaient alimenter un trafic assez actif
pour attirer en grand nombre les négociants et les navires
étrangers. La franchise fut donc insuffisante pour transformer Nice qui resta, jusqu'à sa réunion à la France, une
place de médiocre importance.

Les Niçois, cependant, tenaient à leur franchise et les
rois de Sardaigne la maintinrent pendant tout le dix-
huitième siècle. En 1724, Victor Amédée II l'avait confirmée par un édit du 30 janvier. En 1748, le port actuel fut
creusé à l'est du château. Aussitôt un acte royal du
12 mars 1749 renouvela la déclaration de franchise pour
Nice et pour Villefranche. A la veille de la Révolution, si
l'on en croit les auteurs de l'*Encyclopédie méthodique*, il
avait été fortement question de créer « un nouveau port
plus grand, plus sûr », auquel on aurait donné la franchise absolue. Les événements ne permirent pas de réaliser ces projets. Réunie à la France en 1793, Nice perdit
aussitôt son port franc pour le recouvrer en décembre 1817
seulement, à la suite des réclamations qu'elle adressa au
roi Victor Emmanuel.

Les nouveaux rois de Sardaigne voyaient-ils dans les
privilèges de Nice des vestiges gênants du passé? Les
Génois, nouveaux sujets des Etats Sardes, y étaient-ils
hostiles? Le 11 juin 1851 parut une Ordonnance royale
qui supprimait le port franc. Mais les Niçois y étaient
restés beaucoup plus attachés qu'on ne pensait. La Muni-

cipalité envoya une protestation énergique. Une pétition qui circulait sur les places publiques recueillit en trois jours plus de 11.000 signatures. Pour empêcher une insurrection menaçante, le gouvernement fit arrêter les membres du Conseil municipal qui avaient pris la direction du mouvement. Il fallut recourir à la troupe et faire faire les sommations légales pour disperser la foule ameutée à la suite de ce coup de force. Le résultat fut que le gouvernement sarde devint odieux aux Niçois. Il se forma un parti de résistance qui prit le nom de parti français. Le port franc de Nice avait eu une longue histoire obscure. Pourtant, ce dernier épisode montre bien qu'il avait contribué à la prospérité de la ville. L'histoire des franchises n'offre même aucun autre exemple d'essai de soulèvement d'une population pour empêcher la suppression.

Pour d'autres raisons, la franchise n'eut aussi qu'une influence médiocre sur le grand port de Gênes. C'est qu'il n'en posséda que le nom, jamais la réalité. Depuis les premières années du XVIIe siècle, Gênes avait son porto franco. Dans des doléances adressées au grand duc de Toscane, au début de 1609, les Livournais soutenaient que le but du Sénat génois avait été d'arrêter les progrès de leur port en adoptant cette institution.

L'Encyclopédie méthodique définissait ainsi le porto franco de Gênes au XVIIIe siècle : « C'est un magasin où tous les marchands et négociants étrangers, de quelque nation qu'ils soient, peuvent apporter leurs marchandises et où elles sont reçues, sans payer aucun droit pour le simple dépôt. Lorsque ceux à qui les marchandises appartiennent ont trouvé à s'en défaire, soit totalement ou en partie, ils en paient alors les droits aux bureaux de la République à proportion de la vente ; mais, s'ils n'en vendent rien, il leur est permis de les enlever et de les retirer du magasin, sans qu'il leur en coûte quoi que ce soit » (1).

____

(1) V° Porto franco.

Le porto franco n'avait jamais été autre chose. C'était donc, comme le deposito franco d'aujourd'hui, un simple entrepôt franc, occupant une place moins restreinte dans l'ensemble du port. Les magasins compris dans l'enceinte de l'entrepôt franc appartenaient en partie à l'Etat, ou à des citoyens nobles qui tiraient de gros revenus de leur location : quelques uns étaient la propriété de négociants.

D'après Savary de Bruslons les étrangers trouvaient grand avantage à user du porto franco et s'en servaient communément pour leurs opérations : « Lorsque les vaisseaux des étrangers, dit-il, arrivent dans le port, qui est un des plus beaux et des plus vastes d'Italie, ayant plus de trois milles de circuit, on met les marchandises dont ils sont chargés en dépôt dans un grand magasin qu'on nomme porto franco. »

Bien que celui-ci ait contribué à attirer à Gênes les étrangers et le commerce d'entrepôt, il fit peu parler de lui jusqu'à la Révolution Française. Les Marseillais, si attentifs aux progrès de Livourne, ne parlèrent jamais dans leurs mémoires de la concurrence du porto franco. Il semble que ce fut Bonaparte, au courant des choses génoises, en sa qualité de Corse, ou les Corses de son entourage, ou l'annexion de la République ligurienne à la France, qui attirèrent l'attention sur lui. Les historiens de Gênes eux-mêmes n'ont pas fait ressortir son rôle ou l'ont complètement passé sous silence. Toutes les vicissitudes de la grandeur et de la décadence de la République ont été racontées et expliquées sans qu'on ait mentionné l'influence du porto franco.

C'est qu'en effet elle semble avoir été très restreinte. Au xviie et au xviiie siècle, la décadence commerciale de Gênes avait naturellement suivi sa décadence politique. Les Génois, cependant, restaient des négociants actifs et pleins d'initiative ; ils ne cessèrent de faire des efforts pour disputer aux Français, aux Hollandais, aux Anglais, le commerce du Levant et de la Barbarie ; ils créèrent des compagnies pour le Levant, pour le Maroc ; ils eurent des consulats dans les échelles et envoyèrent des ambassades à la Porte ou auprès des princes barbaresques ; ils s'efforçaient, en outre, de maintenir ces industries actives et renommées qui donnaient un aliment important à leur commerce du Levant. Malgré cette habileté et cette activité, il est incontestable que le commerce génois restait déchu à la fin du xviiie siècle et réduit à un rôle secondaire dans la Méditerranée, bien que Gênes eût encore, peut-être, le premier rang parmi les ports italiens de la côte occidentale. Son porto franco n'avait pas empêché les étrangers de se porter vers Livourne qui jouissait d'une franchise plus complète.

Si, pendant la Révolution et l'Empire, on fit valoir les avantages du système génois, ce fut pour les besoins de la cause, parce que les adversaires du maintien ou du rétablissement des anciennes franchises, en France, voulaient faire adopter pour les remplacer le système des entrepôts francs. C'est très faussement qu'on affirmait que le porto franco avait attiré à Gênes un grand commerce et que Chaptal répétait, après d'autres, dans la lettre qu'il adressait à la Chambre de Commerce de Marseille : « Gênes, qui a joui d'une grande prospérité pendant plusieurs siècles, ne l'a due, principalement, qu'à son quartier franc ».

La Chambre de Marseille était beaucoup plus dans le vrai quand elle faisait la critique du système génois dans ses mémoires de 1805 et de 1814 : « Le commerce de Gênes jouit aussi de la franchise, mais il en jouit dans de si étroites limites que, bien loin que la prospérité de cette ville se soit accrue, comme celle de Livourne et de Trieste, Gênes semble avoir de la peine à conserver l'opulence et la considération qu'elle s'était acquises dans des temps où, seule avec Venise, elle partageait le commerce de la Méditerranée.

La franchise est circonscrite à Gênes dans une enceinte que l'on peut considérer comme une sorte de lazaret politique... Les marchandises placées dans ces magasins y sont souvent entassées sans ordre et sans distinction et souvent leurs propriétaires ne peuvent les retrouver qu'avec beaucoup de soins et de recherches. Les portes de cette enceinte, connue à Gênes sous le nom de port franc, sont ouvertes et fermées à des heures réglées, et lorsqu'une fois elles sont fermées, les négociants sont privés de l'avantage de pouvoir visiter et soigner les marchandises ; ils en solliciteraient vainement l'ouverture. Le mouvement, que le commerce ne doit jamais perdre, est chaque jour arrêté et suspendu... Ces faveurs sont insuffisantes pour le commerce : les franchises illimitées de Livourne et de Trieste l'appellent et l'attirent dans ces dernières villes ».

Chaptal reconnaissait lui-même des inconvénients au porto franco : « A Gênes, la douane enregistrait les marchandises, chaque propriétaire avait un compte ouvert sur ses registres. On passait des transferts à chaque vente : ces formalités étaient très incommodes pour le commerce, mais elles étaient maintenues à cause d'un léger droit qu'on percevait sur les marchandises. Le commerce n'a jamais cessé de réclamer contre ces entraves ».

Si le système des Génois n'avait procuré que des avantages secondaires, relativement à ceux de la véritable franchise, comment des négociants aussi avisés n'avaient-ils pas adopté celle-ci, comme tous leurs voisins ? Le Marseillais Sinéty, dans son mémoire de 1802, avait insinué que les nobles, propriétaires des magasins du porto franco, avaient de tout temps usé de leur puissance pour le maintien d'un système si avantageux à leurs intérêts personnels. Mais la véritable explication fut donnée par les orateurs de la Chambre de 1814. La république génoise était peu étendue et toute la population était concentrée dans la ville même. Accorder la franchise de tous droits à la ville et à son territoire, comme dans les autres ports francs, c'eût été priver la république de revenus qui lui étaient indispensables. De même, la république marseillaise du moyen-âge n'avait pu être un port franc.

Comme il arrive la plupart du temps, chacun appréciait

le porto franco avec la plus grande légèreté, sans connaître son rôle, d'après ses préventions particulières. Le directeur général du commerce, Becquey, qui présentait à la Chambre de 1814 le projet de rétablissement de la franchise de Marseille et tenait à montrer les avantages du système, disait : « Au moment de l'incorporation de Gênes on lui promit un port franc ; on le lui donna de nom et on n'en fit qu'un entrepôt. Gênes fut ruinée de fond en comble ; ce qui doit mettre en défiance sur le peu de différence qu'on pourrait supposer entre les deux régimes ». En réalité, Gênes devenue chef-lieu de département français n'avait guère perdu à son nouveau régime. Les causes de sa ruine étaient celles qui atteignaient au même moment tous les ports français. Les décrets impériaux du 15 messidor an 13, du 25 février 1806 et la loi du 30 avril 1806, y organisèrent un simple entrepôt réel, bien qu'on le désignât encore du nom de Port franc.

On lit dans la loi de 1806 : « Il y aura à Gênes un *port franc, ou entrepôt réel* des marchandises étrangères prohibées ou non prohibées, à l'exception de celles venant de fabrique ou du commerce de l'Angleterre, qui en sont formellement exclues (art. 42). Les bâtiments et magasins, qui composent le local franc actuellement existant, continueront à y être spécialement affectés et devront être isolés de tous autres édifices : toutes les fenêtres intérieures des dits bâtiments seront grillées dans un mois, à compter de la date de la présente (art. 43). Les capitaines ou patrons des bâtiments seront tenus, dans les 24 heures de leur arrivée, de remettre au bureau de la douane le manifeste de leur chargement, avec indication des marques, numéros des caisses, ballots, barils, boucauts, etc., qui le composent (art. 45). Dans les trois jours de l'arrivée des bâtiments, les propriétaires ou consignataires feront, au bureau de la douane, la déclaration des marchandises, en désignant les marques, le nombre et le contenu des caisses, balles, etc., ainsi que les quantités et espèces (art. 46). Immédiatement après le débarquement, qui ne pourra s'effectuer que sur les deux points désignés, en présence des préposés des douanes, les marchandises seront vérifiées, pesées et portées sur deux registres, dont l'un sera tenu par un receveur aux déclarations et l'autre par un contrôleur aux entrepôts, les propriétaires ou consignataires feront, au bas de chacun des enregistrements qui les concerneront, leur soumission de leur représenter lesdites marchandises dans les délais qui seront ci-après déterminés (art. 47). La durée de l'entrepôt sera de deux années, elle pourra être prorogée, lorsque les circonstances l'exigeront ; mais, à l'expiration de chaque semestre, les contrôleurs aux entrepôts se transporteront dans les différents magasins du local franc et se feront représenter les marchandises par chaque propriétaire ou consignataire (art. 55). Aucun individu ne pourra entrer dans l'entrepôt, ou port franc de Gênes, s'il n'est porteur de sa patente de négociant, ou d'une carte délivrée par le directeur des douanes (art. 56).

Toutes ces formalités et d'autres encore sont bien celles qu'il est d'usage d'exiger des entrepôts, mais ne sauraient convenir à un port franc. C'était donc bien peu exactement que le comte Merlin écrivait en 1813, dans son Répertoire de jurisprudence : « Le port de Gênes est actuellement le seul qui soit franc. » On comprend la résistance des Marseillais, sous le consulat et l'empire, quand Napoléon leur offrait un port franc analogue à celui de Gênes, si c'est ainsi qu'il comprenait la franchise. L'empereur était trop près de réaliser le blocus continental pour créer dans son empire un véritable port franc. Outre l'ennui des formalités exigées dans les entrepôts, la loi de 1806 imposait à celui de Gênes l'obligation de ne recevoir aucune marchandise « venant des fabriques ou du commerce de l'Angleterre. » Toutes celles qui n'étaient pas munies de certificats d'origine délivrés dans les formes prescrites étaient réputées anglaises et ne pouvaient entrer dans l'entrepôt.

En 1875, le porto franco, rétabli après la chute de Napoléon, devait être remplacé par le deposito franco actuel. Gênes, sans avoir jamais été vraiment un port franc, est la seule ville qui ait joui sans interruption de certaines franchises pendant les trois derniers siècles.

Les papes possédaient dans leurs États les deux anciens grands ports de la Rome impériale, Civita-Vecchia et Ancône. Le premier reçut la franchise d'Innocent XII, en 1696. Le vieux port de Trajan, dont le bassin était encore considéré comme excellent au xviii° siècle, bien placé au milieu de la côte occidentale d'Italie, aurait pu profiter de ses avantages s'il n'avait pas été sous la domination des papes. On sait combien était mal dirigé le gouvernement de leurs états. L'aspect misérable des campagnes et de leur population clairsemée frappait les étrangers.

Ce n'était pas le commerce des États de l'Église qui pouvait attirer un grand concours de navires et de marchands. Quant aux libertés que le pape leur offrait, il y avait cent ans que les étrangers en trouvaient de plus étendues dans le port voisin de Livourne. Le port pontifical ne pouvait songer à les détourner du port toscan. Aussi, la franchise ne fut pas pour lui le signal d'une prospérité nouvelle. Il garda son activité médiocre, entretenue surtout par les besoins de la Rome papale et de sa cour.

Ancône retira des fruits plus appréciables de la franchise que lui concéda Clément XII, en 1732. L'exemple donné par l'empereur à Trieste avait sans doute inspiré au pape la pensée de créer un second port franc dans l'Adriatique. La liberté accordée à ce dernier n'était pas complète. L'article 4 du décret pontifical exemptait de tous droits et impôts les marchandises entreposées dans les magasins de la ville et réexportées. Mais l'article 5 stipulait l'obligation d'enfermer les marchandises prohibées dans des magasins spéciaux et leur imposait des frais de magasinage. Les capitaines devaient, à leur arrivée, déclarer quelle était la quantité et la qualité des marchandises qu'ils avaient à bord et à quelles personnes elles étaient adressées. Le pape accordait certaines garanties aux marchands et ouvriers étrangers qui viendraient s'établir à Ancône et les exemptait pendant dix ans de divers impôts. Benoît XIV, pape à grandes vues, confirma et accrut les privilèges donnés par son prédécesseur. Il améliora en outre le port, en reconstruisant les parties faibles de l'ancien môle et en le prolongeant pour créer un meilleur abri contre les vents du nord.

Le voyageur anglais Grosley présentait ainsi, peu d'années après, le tableau un peu flatté des résultats produits par la franchise limitée du port papal : « Ancône, dit-il, nous offrit le spectacle qu'offrent Marseille, Gênes, Livourne, Naples et toutes les villes qui fleurissent par le commerce maritime. Le détail de l'examen redoubla notre étonnement. Il nous découvrit de nombreux et riches magasins, des maisons de commerce liées d'affaires avec les principales places de l'Europe et avec les échelles du Levant ; des manufactures, la plupart naissantes, et que le temps augmentera et multipliera ; des juifs très riches et bien logés ; enfin, des comtes et des marquis, guéris des anciens préjugés, devenus commerçants, et occupés de factures et de bordereaux. Dans le peuple, même activité... La renaissance d'Ancône s'annonce enfin par les ateliers que l'on y rencontre à chaque pas, soit pour la construction de nouvelles maisons, soit pour l'agrandissement ou l'embellissement des anciennes (1) ». Comme tous les ports italiens, Ancône allait être bientôt privée de ses libertés par la domination française pour ne les recouvrer qu'après 1815.

S'il y avait autrefois un port que sa situation semblait prédestiner à jouer le rôle d'escale privilégiée et de grand marché d'entrepôt au centre de la Méditerranée, c'était Messine. Sur le détroit même qui unit les deux bassins de cette mer, passage alors beaucoup plus fréquenté que celui qui s'ouvre entre la Sicile et la Tunisie, Messine était mieux placée que Sybaris, Crotone, Syracuse,

---

(1) Peuchet. V° Ancône.

Carthage, qui, successivement, avaient joué le rôle d'intermédiaires entre la Méditerranée occidentale et orientale. La profondeur de son port, la facilité pour les navires du plus fort tonnage d'accoster près du rivage, complétaient ses avantages.

Les Normands l'avaient compris au moyen âge et les rois des deux Siciles avaient doté la ville de très grandes libertés municipales ; les rois d'Aragon et d'Espagne les avaient encore augmentées, si bien qu'au XVII° siècle Messine « formait presque une république au milieu de la monarchie. »

Parmi ces libertés, l'une des plus précieuses était la franchise de son port, étendue à la ville et à tout son territoire. Les origines de celle-ci remontaient aussi, comme celle des libertés municipales, à l'époque des rois normands. Toutes sortes de facilités étaient accordées pour attirer les étrangers. A Messine existait alors « un quartier et une rue des Amalfitains avec des boutiques pour la vente des étoffes et des entrepôts pour la conservation des grains. La situation de Messine, relâche fréquentée par tous les navires cinglant d'Occident en Orient, donnait une grande importance à cet établissement qui subsistait encore au temps de Charles d'Anjou. » (1) Celui-ci céda aux Génois, dans ce port, des maisons pour leur servir de magasins. A la même époque, les marchands Florentins avaient une loge à Messine. Comme ailleurs, la franchise générale succéda à ces franchises particulières, sans doute au XV° ou au XVI° siècle. Au dire de Peuchet, elle était, au XVIII° siècle, « la plus étendue que l'on connût en Europe ; aucun article n'y était prohibé ; on pouvait, moyennant un droit de 1 o/o, y entreposer pour un temps illimité quelque marchandise que ce fût et la réexpédier à l'étranger sans rien payer. »

---

(1) Yver. *Le commerce et les marchands dans l'Italie Méridionale au XIII° et au XIV° siècle.* Paris, Fontemoing, 1903.

Sous ce régime la prospérité de Messine fut grande. Avec ses cent mille habitants au milieu du xvii° siècle, elle éclipsait Palerme, à laquelle elle disputait encore peu auparavant le rang de capitale; elle était une des plus grandes villes d'Europe. Il est certain que la franchise avait beaucoup contribué à y attirer le commerce. De vastes magasins servaient à l'entrepôt des grandes quantités de marchandises qu'on y apportait du Levant, de Venise, de France, de Hollande, d'Angleterre et les marchands de toutes les nations, qui trafiquaient dans la Méditerranée, s'y donnaient rendez-vous. Messine était l'un des principaux marchés des soies. Elle vendait, sans doute, beaucoup de soies de Sicile et particulièrement de ses environs immédiats, mais on y venait chercher aussi les soies du Levant.

Comme les Marseillais, les Messinois, tout en attirant les étrangers chez eux, cherchaient à garder pour eux-mêmes la plus grosse part des bénéfices du trafic. Une difficulté du commerce des soies, dit Savary, « c'est que les Messinois en sont nécessairement les seuls commissionnaires et ne souffriraient pas, comme on le fait ailleurs, qu'il s'y en établît des autres nations. » Toutefois, ils ne jouaient guère que ce rôle de commissionnaires et d'intermédiaires, car les Génois, les Florentins, les Lucquois, d'après le même Savary, étaient à peu près les maitres du négoce des soies. D'un autre côté, l'exclusivisme des Messinois n'allait pas assez loin pour empêcher même les étrangers de s'établir chez eux en grand nombre; des quartiers entiers étaient peuplés de marchands juifs, grecs et levantins. Ce n'étaient pas seulement des navires étrangers qui fréquentaient Messine; les armateurs messinois montraient de l'activité. Parmi les bâtiments appartenant à des puissances qui, n'ayant pas de capitulations avec les Turcs, empruntaient dans le Levant le pavillon français, les Messinois furent souvent les plus nombreux.

Enfin, Messine avait des industries que la franchise favorisait, si elle ne leur avait pas donné naissance. On y

travaillait surtout les soies. « C'est dans le grand faubourg de Messine qui s'étend le long de la mer, du côté
du Fare, écrit Savary, que demeurent la plupart des
ouvriers en soie et l'on y voit une place publique de plus
de 1000 pas de largeur, qui n'est environnée que des ateliers où ils travaillent à ces organsins de Sainte-Lucie, si
estimés dans les manufactures de soierie et au filage,
dévidage, moulinage et autres préparations de cette riche
marchandise. » Au xviiie siècle, quand la ville était en
pleine décadence, on y fabriquait encore « environ 2000
pièces d'étoffes unies, moires et taffetas pour la Turquie,
la Russie et la Tartarie, des ceintures, mouchoirs et
rubans unis, dont on faisait un grand débit en Morée et en
Albanie. »

Les rois d'Espagne, ou plutôt leurs vice-rois en Sicile,
ne surent pas ménager comme il eût fallu cette ville dont
la prospérité était avantageuse à la couronne d'Espagne
elle-même. Il faut dire que la turbulence et les prétentions
des Messinois ne leur rendaient pas toujours la tâche
facile. Leurs libertés furent donc violées et la mésintelli-
gence entre eux et la Couronne s'aggrava jusqu'à la
fameuse révolte de 1673, commencement des malheurs
de la ville. Soutenus par la flotte et les troupes de Louis
XIV, auxquelles ils se donnèrent, puis abandonnés aux
vengeances des Espagnols, les Messinois virent ensuite
les étrangers détournés de leur port par les guerres de la
fin du xviie siècle (1). La peste de 1743 enleva la moitié
de ses habitants, le tremblement de terre de 1785 les fit
fuir et détruisit la ville. Elle avait encore 40.000 habitants
en 1767 ; elle n'en conservait plus que 20.000 à la fin du
xviiie siècle. Messine n'était donc plus que l'ombre d'elle-
même ; cependant, on attribuait encore à sa franchise le
peu de commerce et les industries qui lui restaient. D'ailleurs, même au temps de sa prospérité, une raison avait
empêché la franchise de produire tout son effet. La Sicile

(1) Grunzel commet une erreur en disant que Messine devint port
franc en 1732. *System der Handels politik*, p. 562.

était placée trop près des côtes Barbaresques, les Espagnols étaient toujours en guerre avec eux et les abords du détroit se prêtaient à merveille aux embuscades des corsaires. La sécurité de la navigation ne fut donc jamais assez assurée. Les guerres trop fréquentes auxquelles l'Espagne fut mêlée avec les puissances européennes, particulièrement avec la France, l'Angleterre et la Hollande, furent un autre grave inconvénient pour que Messine devînt le grand entrepôt du commerce méditerranéen. Ce rôle devait être, en définitive, dévolu à Livourne.

Livourne fut, sous l'ancien régime, le type le plus complet et le plus favorisé de port franc, en même temps que l'exemple le plus remarquable de l'utilité des franchises. La ville et le port furent créés de toutes pièces par les premiers grands ducs de Toscane vers la fin du xvie siècle ; ils ne durent leur prospérité qu'à la franchise qui leur fut pleinement accordée. Livourne n'avait été qu'un bourg ignoré au beau temps de Pise. Quand l'entrée de l'Arno eut été rendue impraticable par les Génois, après le désastre de la Meloria (1284), les Pisans parvinrent à continuer leur commerce par le Porto pisano, rade voisine du village de Livourne, qu'ils entourèrent d'une muraille à la fin du xive siècle. Peu après, le maréchal Boucicaut vendit Livourne et le port pisan aux Génois pour 26.000 florins d'or (1407). Heureusement, la domination génoise ne dura pas : Livourne passa aux mains des Florentins en 1421.

C'est alors que ceux-ci tournèrent leur attention vers la mer. Ils envoyèrent la même année des ambassadeurs au Soudan d'Egypte, pour obtenir le droit d'établir à Alexandrie un consul, une église et un fondouk. Bientôt ils unirent Livourne à l'Arno par un canal. Dès lors, ils fondaient sur sa possession les plus belles espérances.

Mais ce n'est qu'après la fin des révolutions et des guerres d'Italie, quand ils furent devenus les paisibles possesseurs du grand duché de Toscane, que les Médicis purent les réaliser. Ces princes, descendants de grands négociants, conservèrent toujours un goût particulier pour les choses du commerce, une grande compréhension de ses besoins et un singulier esprit d'entreprise. ·

Le duc Alexandre (1532-37) fortifia son port par une citadelle, connue plus tard sous le nom de vieille forteresse. Pise était toujours considérée comme devant rester la place de commerce de la Toscane. C'est à Pise que Cosme Ier, le premier grand duc de Toscane (1537-74), cherchait à attirer les étrangers, Juifs, Portugais, Grecs, par des faveurs. Livourne ne devait être que le port de Pise. Cosme conçut le plan d'un vrai port, formé par deux môles, et d'une enceinte pour la nouvelle ville. Il alla l'étudier sur place en 1571; Vasari en commença l'exécution. Un nouveau canal navigable, de 16 milles de longueur, unit Pise à son futur port. Livourne avait alors 1.500 habitants à peine.

François Ier (1574-87) donna plus d'ampleur aux projets de son père. Il rêvait de faire de Livourne le grand entrepôt du commerce colonial et du commerce du Levant. Tandis qu'il négociait à Constantinople pour obtenir des capitulations, il entretenait des relations actives avec Lisbonne, où des Florentins étaient établis en grand nombre, et songeait à affermer au roi Sébastien l'achat de toutes les épiceries apportées dans le port du Tage. Déjà, les marchandises d'Espagne et de Portugal arrivaient en abondance à Livourne, d'où elles étaient transportées à Pise et distribuées de là dans toute l'Italie. En retour, les serges de Florence, les draps de soie et d'or, les toileries et autres produits manufacturés de Toscane, trouvaient un écoulement facile en Portugal, en Espagne et même au Brésil. Les circonstances ne permirent pas au grand duc de réaliser ses ambitieux desseins, mais il commença à mettre Livourne en état de remplir les hautes destinées qu'il rêvait. En 1577, il vint avec un grand apparat poser la première pierre de la nouvelle cité, tracée d'après les plans de Buontalenti. En 1581, il accordait aux habitants une exemption complète d'impôts.

Ferdinand Ier, héritier des idées et des plans de son

frère et de son père, prince heureusement doué, dont la mémoire n'est pas restée souillée des vices effroyables de ses prédécesseurs (1587-1609), peut être considéré comme le vrai fondateur de Livourne. Il l'appelait *ma dame* et la combla en effet de ses faveurs. Il donna une nouvelle activité aux travaux qui s'étaient poursuivis avec une grande lenteur, à cause des gaspillages des ministres du duc François. Il acheva les murailles et les fortifications, embellit la ville d'une série d'édifices, fit bâtir un nouveau et vaste lazaret, celui de Saint-Roch (1594), qui devait être complété plus d'un demi-siècle après (1656) par celui de Saint-Jacques.

Cependant, c'est à son fils Cosme II, prince bienfaisant et aimé de ses sujets comme son père (1609-21), que Livourne fut redevable de l'achèvement de son port. Les plans de Cosme Iᵉʳ, modifiés déjà par Ferdinand, parurent insuffisants et le môle Cosimo qui le séparait de la mer fut à la fois une œuvre plus grandiose et mieux conçue.

Le géographe voyageur d'Avity, qui visita Livourne en pleine transformation en 1620, fut frappé des grands travaux accomplis : « Ce n'était, dit-il, qu'un bourg malsain, à cause des eaux croupissantes et marais qui l'avoisinent jusqu'au temps des grands ducs François et Ferdinand qui ceignirent ce lieu de murailles, y faisant des rues larges et droites comme taillant en plein drap... Pour le regard de l'air, le duc Ferdinand l'a rendu meilleur en séchant quelques marais et en faisant passer l'eau des autres dans un canal qui conduit à Pise. Au reste, Livourne est tenue aujourd'hui pour la plus forte ville d'Italie et son port un des meilleurs ». Pour couronner l'édifice Ferdinand avait fixé les franchises de la ville.

L'origine de celles-ci remontait, il est vrai, très loin. Pise, dans ses Statuts de 1284, avait accordé au village de Livourne l'exemption de toutes les gabelles. Ce privilège avait été confirmé par les maîtres successifs donnés au pays par les révolutions italiennes : par les Français en 1407, par les Génois en 1408, par les Florentins en 1421, puis par les ducs, Alexandre en 1534 et Cosme Iᵉʳ en 1540.

C'est généralement au décret de Ferdinand Ier, du 13 février 1591 (1), et surtout à ses célèbres lettres patentes du 10 juin 1593 qu'on fait remonter l'institution du port franc de Livourne. Il s'en faut cependant que le port toscan méritât dès lors ce titre. Depuis plusieurs années, Ferdinand Ier cherchait à peupler sa nouvelle ville en y attirant un grand nombre d'étrangers par des privilèges et des exemptions. Il avait bien fallu recourir à ces moyens, remarquait un auteur du XVIIIe siècle, pour attirer des habitants dans ce triste pays. « Je ne crois pas, disait-il, que dans la nature il en existe un plus dépeuplé, plus inculte, plus malsain, que le sont les rivages de la mer, depuis les rochers de Lerici, ou la plage de Massa, jusqu'à Capo di Miseno. » Les lettres de 1593 ne furent promulguées que pour étendre les faveurs déjà accordées, mais on y chercherait en vain un article exemptant les marchandises du paiement des droits de douane et les commerçants des formalités douanières ou de la surveillance des douaniers. Le texte des lettres montre, au contraire, qu'en dépit des privilèges antérieurs, étrangers et Livournais restaient soumis au droit commun dans leurs rapports avec la douane. C'est longtemps après que la franchise de Livourne devait être rendue complète. Elle ne fut pas conçue et organisée d'un seul coup comme celle de Marseille ou de Dunkerque par les édits ou déclarations de 1669 et de 1662. Les ducs de Toscane la réalisèrent par une série d'actes au XVIIe siècle.

Cependant les lettres patentes de 1593 sont restées justement célèbres par les avantages considérables que concédait aux étrangers la libéralité des Médicis, et par l'importance des résultats. Il est à remarquer qu'elles étaient applicables à la fois à Pise et à Livourne : il semble que, dans l'esprit de Ferdinand, Livourne ne devait toujours être que l'annexe, le port de la vieille

____

(1) **Vivoli** (*Annali*. T. III, p. 189 et suiv.) analyse l'acte du 13 février 1591.

cité marchande devenue inaccessible aux navires. Il en fut autrement, Livourne seule bénéficia des faveurs des grands-ducs et attira chez elle tout le commerce de la Toscane.

Les lettres de 1593 étaient adressées aux marchands de tous pays : « A vous tous marchands de toutes nations, Levantins, Ponantais, Espagnols, Portugais, Grecs, Allemands, Italiens, Juifs, Turcs, Maures, Arméniens, Persans et autres, salut. » C'était surtout les sujets du sultan, courtiers du commerce du Levant, et particulièrement les juifs que le grand-duc voulait attirer chez lui ; leur nom revient sans cesse dans le texte des lettres dont plusieurs dispositions ne s'appliquent qu'à eux. Aussi, désignait-on couramment plus tard les privilèges accordés en 1593 sous le nom de privilèges des juifs.

On peut dire que ceux-ci et les autres étrangers n'obtinrent dans aucune ville des avantages analogues à ceux qui leur étaient concédés à Livourne et à Pise. Toutes libertés et garanties leur étaient assurées pour leurs personnes et pour leurs biens, pour une période de vingt-cinq ans. Sauf un préavis de cinq ans avant la fin de cette période, qui leur permettrait de liquider leurs affaires, les mêmes privilèges étaient valables pour un nouveau quart de siècle. Les juifs n'étaient pas astreints à mettre sur leur costume un signe distinctif et pouvaient même porter les armes non prohibées, sauf à Florence, Sienne et Pistoie ; il leur était permis d'avoir des domestiques chrétiens et des nourrices chrétiennes pour leurs enfants. Ils pouvaient acheter des immeubles, échappaient au droit d'aubaine pour leurs successions et pouvaient même tester s'ils n'avaient pas d'héritiers. Aucun marchand ne pouvait être rendu responsable des dettes d'un de ses coreligionnaires ou nationaux ; les dots des femmes étaient insaisissables.

La liberté religieuse était garantie complètement aux musulmans et aux juifs. Ceux-ci auraient une synagogue et un cimetière à Pise et à Livourne ; ils jouiraient du droit de se servir de tous leurs livres hébreux ; les jours de sabbat et les autres fêtes hébraïques étaient déclarés jours fériés pendant lesquels on ne pouvaient instrumenter contre eux. Il était interdit aux chrétiens de chercher à attirer chez eux et à convertir leurs enfants avant l'âge de 16 ans. Les médecins juifs étaient autorisés à habiter Pise et Livourne. Cette tolérance religieuse n'était pas moins favorable aux protestants, au moment où les persécutions religieuses étaient dans toute leur violence. Comme le remarque l'annaliste de Livourne, Vivoli, cette ville « devenait en Italie l'unique échelle où les Anglais, les Hollandais et les autres sectaires du Nord, abhorrés dans toute la péninsule, trouvaient une tolérance qu'ils ne pouvaient pas espérer dans un autre état. »

La faveur la plus singulière accordée aux étrangers fut celle qui les garantissait de toute inquiétude, au sujet des dettes qu'ils auraient contractées antérieurement à leur établissement à Livourne, et même des crimes qu'ils auraient commis. Livourne devenait ainsi un véritable lieu d'asile. Des garanties non moins complètes étaient données pour permettre aux étrangers, établis dans la ville, d'exercer toutes sortes de négoces et de métiers dans les états du grand-duc et dans le Levant. Pour tous les litiges entre juifs et chrétiens, civils ou criminels, le grand-duc nommerait un juge spécial, entretenu aux frais des marchands étrangers. Dans ces procès, les livres des marchands juifs seraient acceptés comme preuve, au même titre que ceux des sujets Toscans.

Outre ces garanties multiples, Ferdinand Ier accordait de véritables privilèges. Les meubles, hardes, bijoux, etc., des étrangers qui viendraient s'établir à Livourne n'auraient pas à payer de gabelle d'entrée, ni de sortie. Ces marchands étaient, d'ailleurs, exemptés du paiement de tout impôt. Pour les aider dans leur établissement, le duc offrait même de leur avancer de l'argent pour payer leurs frais de transports. Mais deux articles stipulaient nettement que les étrangers étaient soumis au paiement des gabelles ordinaires sur les marchandises, comme les négociants Pisans et Livournais.

Pour jouir de tous ces avantages, les juifs devaient être agréés par les chefs de leur synagogue et leurs intendants qui avaient le droit de juger leurs querelles entre eux et d'expulser ceux dont la conduite leur paraîtrait scandaleuse : ils étaient inscrits sur un registre tenu par le chancelier de leur juge spécial. Ils devaient aussi, et la clause était essentielle, exercer le commerce ou un métier quelconque, sauf celui de chiffonnier, et avoir maison établie à Pise ou à Livourne. Enfin, le grand-duc terminait ses lettres en recommandant à ses officiers de les interpréter toujours dans le sens le plus favorable aux marchands.

Comme le disait un mémoire livournais du xviii⁰ siècle, la franchise existait dès lors pour les personnes, mais il fallut attendre encore près de 80 ans pour qu'elle fût accordée pleinement aux marchandises. Diverses exemptions furent accordées à celles-ci par les actes de 1595, 1604, 1609, 1618 (1). Ferdinand II (1621-70) les étendit et, pendant les guerres européennes, donna asile, à Livourne, aux navires de tous les belligérants. Mais c'est la loi du 11 mars 1675 qui établit définitivement la franchise, en exemptant les marchandises des faibles droits qui subsistaient à l'entrée et à la sortie.

Cette franchise n'était pas absolument complète cependant. D'après Peuchet, toutes les marchandises qui entraient à Livourne par mer payaient un petit droit de douane, en outre un droit de lazaret qui s'élevait à 1 o/o, puis un droit de vente supporté par le dernier acheteur et réglé à la fin de chaque année, chaque opération étant inscrite sur le registre du fermier des droits du grand-duc, enfin, un droit d'ancrage (ancoraggio) que, par une erreur de lecture curieuse, Peuchet appelle droit d'amoraggio. Mais tout cela était fort peu de chose, car un mémoire rédigé à Livourne, au xviii⁰ siècle, pour prouver précisément que la franchise était limitée, ne cite qu'un droit de stallaggio, ou d'étalage, payé par toutes les mar-

1 Voir Vivoli. *Annali*.

chandises débarquées ou même transbordées d'un bâtiment dans un autre. Ce droit, réglé et perçu sans désagrément pour les marchands, avait remplacé tous ceux qui avaient été abolis en 1675.

De même, les négociants n'étaient pas complètement affranchis de toute formalité vis-à-vis de la douane. Ils devaient, avant de commencer aucune opération, faire la déclaration à la douane des chargements de tous les navires. Il est vrai que cette formalité s'accomplissait, en général, avec fort peu de gêne pour les négociants ; ils déclaraient tant de balles et de futailles et payaient les droits par balles, sans qu'on vérifiât le contenu. Cependant, il importe de noter que la douane avait le droit, qu'elle exerçait très rarement, de faire des visites, quand elle soupçonnait fortement une tentative de fraude et même il lui était permis d'établir à demeure, à ses frais toutefois, des gardes sur les navires suspects. Ce n'était, en outre, que dans la darse ou bassin que les bâtiments étaient assujettis par les ordonnances aux visites de la douane ; ils étaient affranchis de toute surveillance s'ils restaient en dehors, le long du môle. Pour des raisons politiques, ces ordonnances prescrivaient de faire une distinction entre les bannières royales et celles de rang inférieur et de montrer les plus grands égards pour les bâtiments qui portaient les premières. Afin d'éviter tout désagrément, les navires en entrant dans la darse devaient abaisser leur pavillon ; ils ne pouvaient rester qu'au môle, bannière déployée.

A l'égard des visites de la douane, le régime de Livourne était donc tout différent et moins favorable que celui de Marseille et de Bayonne. Dans ces deux ports, les capitaines étaient bien obligés de déposer le manifeste de leur chargement, mais entre les mains des officiers de l'amirauté ; si les employés des fermes y avaient eu les mêmes droits qu'à Livourne, c'en eût été fait de la franchise.

Il ne semble pas que les Livournais aient eu à se plaindre d'abus. De son côté, le gouvernement respecta beaucoup mieux qu'en France, les privilèges qu'il avait accordés. Comme en France cependant, les fermiers de la vente de certaines marchandises soumises à un monopole, comme ceux du tabac et de l'eau-de-vie, furent autorisés à faire des perquisitions sur les bâtiments pour s'assurer de l'existence, à leur bord, de ces marchandises considérées comme contrebande. Les Florentins avaient réclamé, à diverses reprises, au début du xviie siècle, contre l'introduction des étoffes étrangères dans la ville franche, par crainte pour leurs manufactures. Le grand-duc n'écouta pas leurs plaintes et leur répondit que la franchise ne permettait d'interdire l'entrée d'aucune marchandise. Cependant il y eut aussi à Livourne des marchandises prohibées, comme il y en avait à Marseille; bien plus, il était défendu de les faire entrer d'une manière quelconque, même pour les mettre en entrepôt sous la garde de la douane. On ne jugea pas non plus incompatible avec le port franc d'appliquer à Livourne les lois accordant certains privilèges exclusifs à des particuliers.

En définitive, malgré quelques restrictions et quelques violations, malgré la présence et la surveillance des employés des douanes maintenues dans le port, la franchise de Livourne fut plus complète que celle des ports français, parce que, jusqu'à la fin, le gouvernement des Médicis et, après lui, le gouvernement impérial, eurent pour constante préoccupation d'attirer et de retenir les étrangers. En 1737, quand le prince de Craon prit possession de la Toscane au nom de François de Lorraine, il manifesta solennellement, par une lettre du 13 juillet, l'intention du nouveau grand-duc de maintenir toutes les immunités et franchises dont jouissaient la ville et le port, nommèrent celles des juifs et des autres nations étrangères déjà établies. Même il les étendit en permettant aux Grecs non unis de bâtir une église. En 1765, la Toscane vit raffermir son autonomie quand un archiduc vint s'établir à demeure comme grand-duc. Léopold Ier se hâta de confirmer les privilèges de Livourne, par une dépêche du 23 mai 1766.

Entre autres preuves de la sollicitude des successeurs

des Médicis, on peut citer une curieuse consultation rédigée en 1762, sur la demande de l'archiduc, représentant de l'empereur grand-duc, François, et du conseil impérial de régence, par deux spécialistes, le secrétaire du Conseil de commerce Pierallini et l'avocat Baldassaroni, chancelier de la douane. Le Gouvernement était inquiet des contrebandes que commettaient les bâtiments étrangers ancrés au môle du port. Déjà il avait recherché les moyens de les réprimer et il demandait si la franchise s'opposait à ce que l'on fît des visites sur ces navires. Les rédacteurs de la consultation répondirent que rien en principe ne défendait ces visites, car la franchise idéale n'existait dans aucun port franc ; partout elle était limitée par la volonté du prince : franchise signifiait seulement en réalité un ensemble de privilèges. On leur demandait aussi comment on en usait dans les autres ports francs et particulièrement à Gênes et à Messine, et ils répondaient qu'ils n'en savaient rien exactement, mais que l'obligation, qui y existait, de faire la déclaration des chargements de navires en douane pouvait y entraîner des visites des douaniers. Enfin, le gouvernement pensait que, sous la domination impériale, le port de Livourne avait droit à plus de considération de la part des étrangers que du temps des Médicis. On pouvait donc, si on le voulait, faire visiter les navires dans le port franc. Pourtant, Pierallini et Baldassaroni concluaient tout différemment. Ce qui devait retenir de faire faire des visites, c'était l'intérêt même de Livourne. Il fallait craindre de dégoûter les navires étrangers de fréquenter ce port, qui devait son accroissement et l'état florissant auquel il était parvenu aux facilités accordées aux étrangers ; le maintien du commerce de ceux-ci était préférable aux rigueurs qu'on voulait introduire. C'est pourquoi on n'avait pas mis en pratique les lois ordonnant les visites et perquisitions et, même, les gouverneurs de Livourne avaient reçu de temps en temps de secrets avertissements de ne pas les laisser exécuter. Le Conseil pensait qu'on pouvait peutêtre faire une distinction entre les grands navires et les petits bâtiments qui portaient un pavillon secondaire et faisaient d'ordinaire la plus grosse contrebande. Mais l'intérêt du commerce était autant d'attirer les petits bâtiments que les gros et il serait certainement plus préjudiciable, par exemple, d'inquiéter les barques napolitaines que les gros navires appartenant au même pavillon.

En 1781, le Gouvernement toscan montra encore son esprit libéral en établissant des dépôts francs dans les douanes principales du grand duché, à Florence, Pise, Lucques, Sienne, Pistoie. Les négociants pouvaient librement y faire venir les marchandises, les garder pendant longtemps, les reconditionner à volonté et les réexpédier à l'étranger, en ne payant qu'un faible droit de transit. Léopold Ier se distinguait alors parmi les souverains *éclairés*. Il avait réformé cette année tout le système douanier de la Toscane d'après les théories des économistes, supprimant les multiples barrières intérieures, abolissant les entraves à la libre circulation des grains, accordant les libertés les plus étendues au commerce. L'application du nouveau système laissa intacte la franchise de Livourne, qui ne fut pas atteinte davantage par la nouvelle réforme douanière du 19 octobre 1791, décrétée par Ferdinand III.

Cependant, si l'on en croit un voyageur de la fin du XVIIIe siècle, bien informé mais sujet à caution dans ses appréciations, la franchise n'était pas alors aussi bien respectée que le feraient penser les documents livournais. Le commerce aurait été « trop inquiété par la maltôte et ses inquiétantes formalités. Voilà, disait-il, comme, en ne calculant qu'avec les financiers, on ruine jusqu'aux sources de la finance. Il n'y a pas à Livourne, comme à Gênes, de dépôts publics pour les marchandises d'entrepôt, toujours sous la main de l'administration ; chaque négociant a ses magasins chez soi. De belles espèces de soieries, de draperies, etc., sont prohibées ; tels articles de consommation paient de très gros droits, sans compter les objets de gabelle dont le prince se réserve la vente, comme le sel, le tabac, l'eau-de-vie, le papier, etc. Il faut donc que tout soit vu, fouillé, examiné ; partout les maltôtiers, bien et dûment autorisés, prennent leur temps et non celui des autres. On juge ici de la contrebande comme Dracon jugeait des crimes ; c'est la même punition pour tous. » D'après lui, les gens bien informés pensaient que le commerce diminuait de jour en jour à Livourne et en attribuaient la cause « aux entraves, aux tracasseries de toute espèce que faisaient les employés à raison des objets de prohibition et de la multitude des impôts. » (1). Notre auteur avait sans doute recueilli à son passage les récriminations de quelque compatriote ayant eu des difficultés avec le fisc et s'en était fait l'écho.

L'avantage de libertés et d'exemptions plus étendues que partout ailleurs fut encore accru par la neutralité invariable qu'observa la Toscane dans toutes les guerres du xviie et du xviiie siècle, aussi bien sous la domination des Habsbourg que du temps des Médicis. Ferdinand II avait montré son intention d'être un souverain essentiellement pacifique en vendant aux Français les galères de Saint-Étienne (1647) et en renonçant à posséder désormais une marine de guerre. En 1692, Cosme III rédigea, de lui-même, un acte solennel, par lequel il proclamait pour toujours la neutralité du port de Livourne en face de toutes les nations d'Europe indistinctement. Les guerres maritimes, qui arrêtaient ou gênaient partout ailleurs la navigation, faisaient de Livourne le refuge assuré de toutes les nations. Les canons de la forteresse avaient quelquefois peine à empêcher les bâtiments ennemis de se livrer combat dans le port même. C'est ainsi qu'en 1652 le grand duc se plaignit vivement à Cromwell de ce que l'escadre anglaise avait essayé de prendre de vive force des navires hollandais réfugiés dans le port. On ne cite pourtant aucun cas où l'asile du port franc ait été violé. Outre l'avantage de cette sécurité, les belligérants y trouvaient celui de vendre facilement leur butin.

Aussi les résultats de la franchise furent-ils plus bril-

(1) *Encyclop. méthod.* Économie politique. V⁰ Toscane.

lants que pour toute autre ville, malgré que le port eût
mauvaise réputation. On lit dans un mémoire de 1805, au
sujet de Livourne : « Sa rade est mauvaise, son port est
peu sûr. Dès que la mer est agitée, les vaisseaux s'entre-
choquent et s'abordent, et, afin d'en prévenir les dom-
mages, on est souvent forcé de les entourer de fascines
qui amortissent leurs chocs et les rendent moins dangereux. »

De plus, l'influence de la franchise frappe ici plus vivement qu'ailleurs parce que c'est bien à elle que Livourne
dut sa brillante fortune, sans qu'on puisse l'attribuer à
d'autres causes concomittantes. Les résultats furent aussi
rapides que complets. « On vit sortir pour ainsi dire
Livourne du milieu des marais; les huttes et les cabanes
se changèrent en riches magasins et en maisons commodes. » D'Avity était frappé, dès 1620, de la transformation de ce bourg malsain. « Les marchands, de tous
côtés, y abordent et l'on y voit ordinairement des personnes de toutes nations.... et deux ou trois mille esclaves. » Le grand nombre de ces derniers était sans doute
une conséquence d'un des privilèges accordés aux juifs
par l'article 27 des lettres patentes de 1593 : « Nous vous
concédons que vos esclaves ne pourront pas avoir leur
liberté. » En ces temps où la course battait son plein, la
vente ou le rachat des esclaves, pris par les galères chrétiennes ou par les corsaires barbaresques, était un trafic
fructueux que les juifs de Livourne étaient mieux à même
de faire que personne, à cause de leurs relations avec leurs
coreligionnaires d'Alger, de Tunis, de Tripoli ou des
Echelles du Levant.

La ville se peupla rapidement d'étrangers de toute origine attirés par l'asile qui leur était offert. « On y voyait
accourir un grand nombre d'individus chargés de dettes,
des corsaires enrichis, des juifs et des chrétiens nouveaux
d'Espagne et de Portugal, des catholiques fuyant l'Angleterre, de Grecs fuyant la Turquie, des Corses mécontents
des Génois, des émigrés de toute l'Italie et de la Provence. » D'après un historien de la Toscane, « tous les

assassins du grand-duché et de la Lombardie, les pirates et les scélérats qui avaient évité le châtiment trouvaient un refuge et la sécurité » dans cet asile universel.

Parmi les étrangers attirés par la franchise, les juifs furent les plus nombreux et jouèrent surtout le rôle le plus important. Venus surtout d'Espagne, ils étaient déjà plus d'une centaine en 1613 et obtenaient alors d'être affranchis des intendants de Pise qui voulait encore être regardée comme la vraie place de commerce. Les nouveaux cimetières qui leur furent concédés en 1650, en 1694, en 1734, attestent leur nombre croissant. A toutes les époques, ils furent les plus riches négociants de la cité. Ils y disposaient du crédit. Dès 1599, ils avaient fondé un Monte di pietà qui prêtait, paraît-il, à 20 o/o. En 1644, ils obtenaient du grand-duc la permission de mettre en dépôt, dans sa douane de Livourne, 100.000 écus, dont ils retireraient l'intérêt à 6 o/o. Les quelques restrictions apportées à leurs privilèges par Cosme II, qui interdit, en 1618, aux juifs et aux chrétiens d'habiter ensemble, aux médecins juifs de soigner des malades chrétiens; par Cosme III qui fit, en 1677, une loi rigoureuse pour empêcher tout commerce charnel entre juifs et femmes chrétiennes (1). ne portèrent pas atteinte à leur situation. Tandis qu'ils étaient encore écartés de Marseille, leur colonie, de plus en plus nombreuse, comptait 6.000 membres à la fin du xviiᵉ siècle. Un voyageur écrivait même qu'ils formaient le tiers d'une population de 45 à 50.000 âmes. Leur influence était telle qu'à partir de 1780 un des membres de la communauté juive « siégea en costume, chaque année,

(1) La simple entrée d'un juif dans la maison d'une femme chrétienne, leur rencontre dans une maison tierce, étaient punies d'une amende de 300 écus pour chacun des deux coupables, que le juif devait payer en entier si la femme ne pouvait payer sa part. Les juifs représentèrent l'injustice d'une telle loi dans une ville où, par leur commerce, ils pouvaient être amenés à entrer dans une maison inconnue. Des femmes de mauvaise vie pouvaient s'y trouver et s'introduire de même dans une maison habitée par des juifs. On décida que les juifs obligés d'entrer dans des maisons inconnues devraient se munir d'une licence du tribunal.

tant dans la magistrature que dans le conseil général de la commune de Livourne, avec voix délibérative et jouit du même rang et des mêmes honneurs que les autres membres du conseil, sans aucune différence (1) ».

Les négociants arméniens, moins nombreux, n'étaient pas moins connus par leur richesse. Parmi eux on comptait, vers 1690, une trentaine de familles catholiques. Ils se construisirent une église pour l'achèvement de laquelle l'un d'eux donnait 60.000 *pezze* en 1709 ; un patriarche arménien en avait posé la première pierre en 1697. Les Grecs unis étaient assez nombreux pour avoir aussi la leur dans une rue qui portait le nom de Borgo dei Greci.

Parmi les nations occidentales, celle des Hollandais, confondue longtemps avec les Allemands, formait la colonie la plus importante. Depuis 1607, elle avait à sa tête un consul et, vers 1660, vingt des principaux négociants qui la composaient administraient une caisse destinée à secourir leurs compatriotes dans le besoin. Les Français avaient établi leur consul en 1603, les Portugais et les Suédois en 1609 ; le consul du Portugal portait, en outre, le titre d'administrateur général du commerce du Brésil à Livourne. Les Anglais n'eurent le leur qu'en 1634.

Devant l'affluence de la population, qui avait dépassé toute attente, Ferdinand II dut construire, au milieu du xviie siècle, deux nouveaux et vastes quartiers, ceux de Saint-Marc et de la nouvelle Venise, ce dernier ainsi nommé parce que, conquis en partie sur la mer, il était formé d'îles et sillonné de canaux. Au xviiie siècle, le grand duc Pierre Léopold, frère de l'empereur Joseph II, dut réunir à la ville de grands faubourgs. De 2.000 habitants, environ, à la fin du xvie siècle, la population, quoique décimée par la peste en 1630, montait cependant à plus de 10.000 habitants en 1675 ; on l'évaluait à 25.000 vers 1730, à 45.000 en 1761, à 59.000 en 1800, à 64.000 en 1807. Les troubles et les guerres de la Révolution et la

(1) Préambule d'un décret du 9 février 1811, dans Merlin. *Répert. de jurisprudence*. V^o Aubaine.

suppression de la franchise de Marseille avaient porté au comble sa fortune. « L'enceinte se trouva trop resserrée et le gouvernement fut obligé de permettre qu'on bâtit sur les glacis et dans la citadelle ».

L'activité de la navigation et du commerce avait grandi plus vite que la population. La bourgade inconnue était devenue rivale de Venise et de Gênes. Comme port d'entrepôt, Livourne avait un rôle unique dans toute la Méditerranée. Il était surtout l'escale à peu près régulière et obligatoire des navires anglais et hollandais qui allaient dans le Levant ou en revenaient. Chaque année les convois des Compagnies Anglaise et Hollandaise du Levant cinglaient de Gibraltar sur Livourne, où ils complétaient leurs chargements de vente par des denrées du midi ou des produits manufacturés d'Italie. De là, ils se dirigeaient le plus souvent vers Smyrne, leur principale échelle. Au retour, ils touchaient encore à Livourne, pour y déposer quantité de produits d'Orient destinés à être distribués dans toute la Méditerranée occidentale, ou même sur les côtes de l'Océan, et jusque dans les mers du Nord, par les bâtiments danois, suédois, hanséates, qui n'entraient dans la Méditerranée que pour venir prendre charge à Livourne ou à Marseille, les deux derniers grands entrepôts de cette mer. Aussi, les petits bâtiments, italiens, espagnols ou provençaux, qui faisaient par centaines le cabotage dans la Méditerranée Occidentale, y trouvaient-ils toujours des approvisionnements de toutes sortes de marchandises du Levant et du Ponant. Les Français, de leur côté, se sentant moins en sûreté dans les ports italiens dépendant de l'Espagne, avaient établi à Livourne le siège du commerce qu'ils faisaient sur les côtes de la péninsule.

Livourne possédait d'immenses magasins pour contenir toutes ces marchandises entreposées. On y voit, écrit Peuchet, « un grand magasin pour les huiles, qu'ont fait construire les Médicis, comme ils ont fait tout ce qu'il y a de bon et de beau en Toscane. Ce sont des cuves (1)

____

(1) Ces cuves avaient été construites en 1731.

carrées de la hauteur de 4 ou 5 pieds, faites de briques et revêtues en dedans d'une espèce de stuc, fait avec des briques réduites en poudre. On peut conserver dans tout le magasin vingt-quatre mille barils. Chaque négociant a son réservoir ou ses réservoirs dont il a la clef. On donne six sols, les premiers six mois, pour le magasin, et cinq sols les années suivantes, pour chaque baril...»

« Il y a aussi, à Livourne, des fosses considérables destinées à conserver les blés ; mais elles ne sont que pour les blés dont les Toscans font commerce dans la Méditerranée : car s'il fallait y déposer tous ceux que le commerce y apporte, il faudrait des magasins immenses, et les fosses n'y suffiraient pas. » Il paraît que, dès le temps de Ferdinand II, c'est-à-dire avant que la franchise eût été rendue complète par l'ordonnance de 1675, le loyer des magasins qu'il possédait rapportait au grand-duc cent mille écus par an. (1) En temps de guerre, les Marseillais eux-mêmes tiraient de Livourne quantité de marchandises, particulièrement des blés de Barbarie ou du Levant, des huiles pour leurs savonneries ou d'autres matières premières pour leurs industries.

L'importance du port de Livourne était devenue telle pour les étrangers que les Puissances avaient jugé nécessaire de stipuler le maintien de ses franchises et de sa neutralité dans diverses occasions importantes. Lors de la formation de la Quadruple alliance, il fut convenu par le traité de Londres du 2 août 1718, que le port franc de Livourne serait maintenu. La même clause fut répétée dans les traités du 30 avril et du 1er mai 1725, entre l'empereur Charles VI et le roi d'Espagne Philippe V, et dans les préliminaires du 3 octobre 1735, qui réglaient la succession des Médicis.

Si le commerce d'entrepôt était le principal qu'avait développé la franchise, les négociants livournais faisaient pourtant un trafic direct et important avec le Levant ou la Barbarie. Dès le XVIe siècle, les grands-ducs de Toscane

______

(1) Cantu. *Hist. des Italiens*. Trad. Lacombe.

avaient essayé d'obtenir des Capitulations à la Porte. Les Florentins y étaient directement intéressés ; ils pensaient que la prospérité de leurs manufactures de laine était attachée au développement du commerce du Levant. Ferdinand II profita de l'occasion de la paix signée entre l'empereur et les Turcs, en 1664, pour y faire comprendre la Toscane, en qualité d'alliée de la maison d'Autriche. Les Français, presque brouillés alors avec la Porte, ne purent empêcher la publication du firman de 1668 qui permit aux Toscans de fréquenter les échelles sous la protection de la bannière impériale, en payant 3 o/o de droits de douane au G. S. et 2 o/o au ministre impérial résidant à Constantinople.

On vit alors des Allemands proposer d'établir à Livourne une compagnie, au capital de deux millions d'écus, pour faire le commerce du Levant et entretenir une correspondance régulière entre Trieste et Livourne. Le port franc serait ainsi devenu le grand entrepôt des marchandises d'Orient pour les pays impériaux. Ce projet avorta, parce que Ferdinand II hésita à accorder à la compagnie des privilèges contradictoires avec l'égalité qu'il voulait maintenir entre toutes les nations ; il craignit, en particulier, de mécontenter les Français, puis sa mort arrêta tout (1670).

« Les négociants de Livourne envoient tous les ans, quatre ou six navires à Smyrne, lit-on, dans l'Encyclopédie méthodique, les Vénitiens deux à trois, Gênes, de temps en temps, quelques-uns. » Souvent, aussi, les navires français qu'on appelait caravaneurs étaient affrétés par les Livournais, spécialement pour les voyages d'Alexandrie. A Alger, tant que les Français furent en guerre avec les Barbaresques, au xviie siècle, le commerce livournais fut prépondérant. Il en fut de même à Tunis pendant longtemps et le voyageur Des Fontaines écrivait, en 1785 : « La ville de Livourne dispute à celle de Marseille l'avantage du commerce de Tunis, de manière qu'il est difficile de dire à laquelle des deux il appartient. » A la même époque, le commerce de Tripoli, partagé longtemps entre Venise et Livourne, était entre les mains de deux ou trois maisons juives de cette dernière ville, qui avaient des correspondants juifs à Tripoli.

La renommée de Livourne s'était étendue dès le milieu du xviiᵉ siècle jusqu'au fond de la Moscovie. Pour la première fois, en 1634, on vit arriver dans le port deux navires russes. En 1656, deux ambassadeurs du tsar Alexis Mikhailovitch, allant à Venise, débarquèrent à Livourne, puis firent un séjour à Florence. L'accueil qu'ils y reçurent détermina l'envoi de deux ambassadeurs moscovites envoyés en 1660 au grand-duc sur un vaisseau anglais. Ils apportaient un diplôme du tsar portant que les Toscans seraient reçus à Arkhangel avec leurs vaisseaux et pourraient commercer librement à Moscou et pour toute la Russie, à condition que les Russes reçussent un pareil traitement dans les états du grand-duc et surtout à Livourne.

Au xviiiᵉ siècle, les entreprises des armateurs livournais s'étaient même étendues en dehors des mers d'Europe. En 1746 et en 1757, une compagnie assistée par le gouvernement du duc François trouva moyen de trafiquer aux Indes Orientales. A la même époque, on vit sortir du port pour l'Amérique le premier navire toscan, monté par un équipage toscan et commandé par un capitaine toscan.

De ce grand commerce livournais, la Toscane ne retirait pas autant d'avantages que les autres pays de la prospérité de leurs ports. Les bénéfices étaient restreints, pour la plus grande partie du trafic, aux sommes payées comme frais de commission et de magasinage. Or, ces sommes elles-mêmes, tout au moins les premières, restaient aux mains des maisons étrangères, les plus nombreuses et les plus puissantes à Livourne. Tous les documents sont d'accord pour montrer que ces étrangers, soustraits en grande partie aux charges publiques, étaient les maîtres du négoce. C'était, pour les soies particulièrement, ces Arméniens que les Marseillais du xviiᵉ siècle avaient réussi, malgré Colbert, à empêcher de s'établir dans leur ville. Mais leur rôle était secondaire à côté de celui des juifs. Venus de tous les points de la Méditerranée, ceux-ci avaient partout des parents, des amis, des relations précieuses. La plupart des négociants de Livourne, dit un auteur de la fin du xviii⁰ siècle, sont anglais ; les autres sont français, suisses, allemands, hambourgeois, hollandais, etc. Les Italiens ne sont que gens à boutique et, quoiqu'il y en ait de riches qui fassent de grosses affaires en draperies, soieries, quincailleries, bijouteries, etc., aucun d'eux ne fait le commerce de spéculation, ni la commission, le grand objet de cette place. »

De même la plus grande partie des navires qui entraient à Livourne étaient étrangers. Les grands-ducs n'avaient rien fait pour encourager la création d'une marine nationale. Une seule restriction avait été mise par eux à la liberté absolue de l'armement et de la navigation à Livourne, pour en faire profiter les marins toscans auxquels, sans cela, tout le mouvement du port franc n'aurait peut-être pas donné d'occupation. Tout négociant pouvait armer en course ou charger des marchandises sous pavillon toscan pourvu qu'il eût un capitaine et les deux tiers de l'équipage toscans. Encore cette prescription était-elle éludée. Le capitaine toscan « n'était le plus souvent qu'un prête-nom à qui on donnait 10 ou 15 piastres par mois et qui ne se mêlait de rien, tandis qu'on avait un capitaine en second qui faisait toute la besogne. » Les négociants se plaignaient, d'ailleurs, de cette obligation qui avait fait renchérir les gages des matelots et augmenter, par conséquent, les prix du fret.

Il ne faudrait pas se hâter de conclure de là que la prospérité de Livourne fût sans utilité pour la Toscane. Le grand-duché en retirait aussi de grands profits qu'il devait à la franchise. Il n'était pas indifférent pour le pays qu'une grande ville eût surgi au milieu des marais. Les négociants étrangers y étaient en grand nombre, mais ils n'y étaient pas seuls ; les artisans, les ouvriers, les matelots, y trouvaient du travail. La population échappait

en partie aux impôts ; elle payait cependant des taxes et
le trésor du grand-duc avait grandement gagné au développement du port franc. L'existence de ce grand marché
assurait l'approvisionnement du pays en denrées de toutes
sortes et en matières premières ; elle facilitait l'écoulement des produits fabriqués tels que « les riches fabriques d'or, d'argent et de soie et les fines étoffes de lai-
nerie qui se faisaient dans les manufactures de Florence,
de Pise, de Lucques et dans les autres villes de Toscane
ou des états voisins. »

Enfin, la franchise avait fait créer à Livourne diverses
industries. Ferdinand Ier fit tous ses efforts pour en
encourager la création, par des privilèges, des monopoles,
même par des prêts d'argent, à ceux qui voulaient établir
des fabriques.

Les juifs se distinguèrent encore, parmi tous les autres,
par leur esprit d'entreprise. Ce furent deux juifs d'Ancône
qui obtinrent les premiers de Ferdinand, en 1594, le privilège exclusif de faire du savon blanc à la mode d'Ancône, à condition de consommer au moins 500 barils
d'huile de Toscane, de tirer le sel de Grosseto, les cendres
des fours de Livourne. Peu après, trois autres juifs, l'un
coupable d'homicide, étaient autorisés à fonder de nouvelles savonneries. Ce furent aussi des juifs qui introdui-
sirent alors la taille et la préparation du corail, que
Livourne disputa à Marseille et à Gênes jusqu'à la fin du
xviiie siècle. Ils avaient rendu prospère cette fabrication
en Espagne et en Catalogne, d'où ils l'apportèrent dans
les premières années du xviie siècle. Le nombre des ateliers monta rapidement à 22, la plupart d'une grande
activité. Cette industrie passait pour la plus remarquable
de la ville en 1611. D'autres juifs s'étaient mis à faire des
terrailles et de la vaisselle à la façon d'Orbizzola. Deux
frères avaient créé une manufacture de soie. On travaillait
encore les pierres dures ; il y avait des fours à faïence et
Ferdinand Ier avait autorisé une fabrique de ces verrote-
ries qu'on vendait sur les côtes d'Afrique. Un Anglais
avait créé une raffinerie de sucre. Une fabrique de cor-

dages et de toiles à voiles, fournissait le gréement des navires.

L'essor industriel avait donc été aussi rapide que varié. Cependant il ne semble pas que les successeurs de Ferdinand I⁰ aient montré autant de sollicitude que lui, pour l'industrie. Au XVIIᵉ et au XVIIIᵉ siècle, Livourne, célèbre comme entrepôt, n'était pas citée comme ville manufacturière. L'espace était devenu fort mesuré dans les murs de la ville, toujours trop étroite pour sa population grandissante. Le manque de place dut gêner le développement industriel, bien que les manufactures d'alors, n'eussent pas besoin de très vastes emplacements.

Quand les Livournais protestèrent en 1863 contre la suppression de leur franchise, ils n'énumérèrent qu'un petit nombre d'industries dont le sort était menacé. Il est vrai qu'ils fixaient à plus de 6.000 le nombre des ouvriers et à plus de 14.000 celui des habitants qu'elles faisaient vivre. C'étaient la fabrication des lits et meubles en fer, des tissus de toiles à voile, le triage des drogues, la cordonnerie et la confection des vêtements qui occupaient le plus d'ouvriers. On citait aussi l'assortiment des chiffons, industrie traditionnelle, car, depuis la fin du XVIᵉ siècle, il était permis aux juifs d'exercer toutes les industries sauf celle-là. Jusqu'à la fin, la franchise avait donc contribué à faire vivre des fabriques qui recevaient des matières premières de l'étranger et travaillaient pour l'exportation.

Cependant, on peut dire que Livourne et Marseille ont représenté deux types de ports francs sensiblement différents : l'un, grand entrepôt de la Méditerranée, grand rendez-vous de négociants et de navires de toutes nations, parce que tout était calculé et voulu dans ce but; l'autre, devenu grand centre d'industries d'exportation, grâce à l'ingéniosité de ses habitants.

Une autre différence distinguait encore Livourne, comme les autres ports francs italiens, excepté Nice et Messine, des ports français, c'est qu'au lieu d'être comme un legs du moyen-âge, ils furent créés de toutes pièces.

par un système du gouvernement, pour y attirer le commerce au détriment des ports voisins.

Livourne, devenue française en 1807, fut réduite au sort commun des ports de l'Empire, c'est-à-dire soumise au régime de l'entrepôt. Les anciennes traditions de la franchise ne furent même pas maintenues pour les faveurs accordées aux étrangers et particulièrement aux juifs, comme le montre un décret impérial du 9 février 1811 : « Napoléon...., sur le rapport de notre ministre de l'intérieur ; vu la demande en naturalisation formée par plusieurs juifs nés hors de la ci-devant Toscane et admis dans la communauté des juifs de Livourne par délibération des prud'hommes de la nation juive, antérieurement à la réunion de la Toscane à la France...... nous avons décrété et décrétons ce qui suit. Article premier : Les juifs qui, nés en pays étranger, étaient établis à Livourne et y avaient été balottés et admis par les prud'hommes de la nation juive, lors de la réunion de cette ville à notre empire, jouiront, sans nouvelles lettres, des droits et de la qualité de citoyens français. Art. 2 : Le registre de ballottage tenu par les prud'hommes de la nation juive à Livourne sera incessamment remis à notre préfet de la Méditerranée, pour être par lui clos et arrêté. Art. 3 : A l'avenir, nul étranger, juif ou autre, ne pourra devenir sujet Français, que d'après les règles établies par les lois générales de l'Empire (1). »

De 1802 à 1814, la décadence de la ville fut rapide. La population était tombée, en 1812, à 45.000 habitants. Les vastes magasins d'entrepôt que les négociants se disputaient auparavant étaient restés déserts. « C'était une heureuse chance pour le propriétaire quand il réussissait à louer pour quelques jours, et pour une faible somme, ces mêmes locaux qui avaient donné un revenu annuel de 3 ou 400 piastres. »

La chute de Napoléon fut donc pour Livourne, comme pour les autres ports francs italiens, une vraie délivrance.

---

(1) Merlin. *Répertoire de jurisprudence*. V° Aubaine.

Comme eux, il recouvra aussitôt, dans leur intégrité, ses anciennes institutions. Le conseiller d'état Becquey disait à la Chambre des Députés, le 4 novembre 1814, en lui proposant le rétablissement de la franchise de Marseille : « Livourne est un port franc général et indéfini dans toute la ville : on n'y paie qu'un léger droit de débarquement. »

La population afflua de nouveau dans la ville franche ; dès 1825, elle comptait 67.000 habitants. Les murailles de la ville étaient trop étroites pour les contenir : le développement des faubourgs dépassait celui de la vieille cité et plus de 36.000 habitants y vivaient. En droit ils ne jouissaient pas de la franchise. En fait ils en ressentaient partiellement le bénéfice, grâce à la contrebande active que favorisait le va-et-vient continu de la population entre les deux parties de la ville. Mais cette situation ambiguë était gênante pour le gouvernement et pour le commerce. Les dépôts de marchandises étaient, en effet, nombreux dans les faubourgs ; les fabriques y étaient même en plus grand nombre.

Pour y mettre un terme, le grand duc Léopold II n'hésita pas à étendre la franchise à tous les faubourgs, par un décret du 23 juillet 1834. En même temps il la rendait plus absolue encore, en supprimant le vieux droit d'étalage et un droit de 1 o/o qui existait depuis 1815, générosité qui coûtait près de 1 million et demi par an à son trésor.

C'est donc au moment où commençait le grand essor du commerce au XIXe siècle que la franchise de Livourne atteignait sa plus grande extension. Sous cette double influence, les progrès furent particulièrement rapides. La population passa de 76.000 habitants en 1835, à 91.478 en 1858, bien qu'elle ait eu à subir deux fois l'invasion du choléra. De nouveaux faubourgs s'étaient constitués en dehors de la ville franche. Mais, presque aussitôt, la perte de l'autonomie pour la Toscane allait être funeste à Livourne.

La formation du royaume d'Italie entraîna la disparition de tous les ports francs italiens. Dans l'enthousiasme suscité par l'unité nationale, leur existence parut incompatible avec elle ; il fallait faire disparaître toutes les traces du morcellement passé, réaliser l'union douanière et économique, en même temps que l'union politique. C'étaient des préoccupations analogues qui avaient amené en France l'abolition des franchises.

Mais, tandis qu'en France les inconvénients de celles-ci, tels que le développement de la contrebande et les facilités données à la concurrence étrangère, avaient été des arguments invoqués par leurs adversaires et vivement discutés de 1789 à 1795, puis sous la Restauration, la question des ports francs ne donna lieu en Italie à aucune discussion de quelque ampleur. Leur disparition fut ici, à peu près exclusivement, la conséquence nécessaire de la révolution politique qui s'était opérée.

Elle fut inscrite dans la loi de douane du nouveau royaume du 11 septembre 1862. L'article 93 était ainsi formulé : Au 1er janvier 1866, cesseront d'être villes franches : Ancône, Livourne et Messine. Sera permise là l'institution d'un porto franco semblable à celui de Gênes. »

Les Livournais protestèrent énergiquement contre cette suppression sans phrase et se plaignirent que la question n'eût pas été approfondie comme elle le méritait. La Chambre de Commerce et la Municipalité nommèrent des commissions chargées de travailler de concert pour éviter le coup funeste qui menaçait la ville. « C'est vraiment la foudre tombée dans un ciel serein, écrivait dans un mémoire un membre de l'Académie Livournaise..., comme si Livourne née sous les auspices de la monarchie toscane, élevée à un haut degré de prospérité par ses soins incessants, était destinée à périr avec elle. » Le Conseil municipal adressait, en 1863, au Parlement italien, un mémoire qui débutait ainsi : « Livourne est née, s'est accrue, a prospéré par les franchises. » Il y affirmait la conviction enracinée dans tous les esprits que les franchises et la ville avaient une coexistence inséparable. Il rappelait les tristesses du régime de l'entrepôt imposé par Napoléon et protestait contre le rétablissement d'un pareil système. Pour lui, l'abolition de l'antique port franc serait une cause d'immédiate perturbation pour les manufactures, aussi bien que pour le commerce. « La liberté partielle des docks et des magasins généraux serait une compensation misérable à la liberté pleine et entière avec laquelle se faisaient chaque jour, à toute heure, les opérations commerciales à Livourne, liberté devenue plus appréciable depuis l'usage de la vapeur. » Le mémoire de l'académicien insistait plus vigoureusement encore sur les entraves subies par le commerce avec le système des magasins généraux. Le maximum des concessions qu'offrait le Gouvernement c'était un porto franco comme celui de Gênes, mais les avantages n'en étaient guère plus grands que ceux des magasins gardés par la douane.

Les protestations n'eurent pour résultat que de retarder l'échéance. La loi du 11 mai 1865 régla les conditions de la construction des docks et magasins dans les anciens ports francs, dont la suppression fut fixée définitivement au 1ᵉʳ janvier 1868. Ancône et Gênes sollicitèrent encore une prorogation, Livourne y renonça après une dernière agitation.

La loi du 6 août 1876 ne devait accorder qu'une maigre satisfaction à ceux qui regrettaient les vieilles franchises en permettant l'institution de *dépôts francs* dans les ports italiens.

CHAPITRE VIII

Les derniers essais de ports francs au XVIIIe siècle. (1)
Ports francs coloniaux

On ne trouve, en dehors de la France et de l'Italie, aucun port franc d'autrefois qui ait joué un rôle comparable à ceux de ces deux pays ; il n'y en eut, d'ailleurs, qu'un petit nombre ; enfin, aucun ne pouvait faire remonter l'origine de ses franchises jusqu'au moyen-âge, ni même jusqu'au XVIIe siècle. C'est le XVIIIe siècle qui vit tenter dans différents pays d'Europe les dernières expériences de ports francs.

La plus intéressante à étudier fut encore faite sur les côtes de la Méditerranée, à Trieste. Moins complètement que Livourne mais, cependant, dans une large mesure, Trieste a dû à la franchise ses premiers progrès et sa première grandeur. Pareille affirmation peut étonner au premier abord. Il semble qu'il suffise de dire que Trieste est, au fond de l'Adriatique, le débouché naturel, le seul, des pays autrichiens, pour expliquer l'existence et le développement d'une grande ville dans un endroit prédestiné. Pourtant il n'en est rien : la grande ville est toute récente. Jusqu'au XVIIIe siècle, on ne voyait là qu'une bourgade de pêcheurs. Les Habsbourgs, absorbés par leur politique allemande, n'avaient guère eu le temps de songer à leurs possessions maritimes. Venise, la reine de l'Adriatique, restait le seul débouché de leurs états, l'intermédiaire obligée entre les pays slaves et allemands, d'en deçà ou d'au delà des Alpes, et les marchés méditerranéens.

<hr>

(1) A consulter les ouvrages cités : **Savary** de Bruslons, Peuchet, Encyclopédie méthodique. Archives parlementaires, Paul Masson.

L'empereur Charles VI, après avoir eu en perspective le trône d'Espagne et ses immenses possessions coloniales, garda peut-être de ces anciennes visions des souvenirs qui inspirèrent ses projets d'expansion commerciale. En 1718, le traité de Passarowitz venait de laisser l'Autriche en paix, de lui donner un grand prestige dans tout l'empire turc et une influence prépondérante à la Porte. Le moment était bien choisi pour essayer de donner un essor tout nouveau à son commerce avec le Levant. C'est ce que comprit Charles VI en décrétant, en 1719, la franchise des ports de Trieste et en créant, en même temps, la Compagnie d'Orient ou du Levant. La simultanéité des deux actes indique bien le but ; en donnant la franchise à Trieste, l'empereur voulait disputer à Marseille, à Livourne et aux autres ports francs italiens, le commerce du Levant, en employant leurs propres armes.

La franchise accordée était très large ; elle était étendue non seulement à toute la ville mais à son territoire « sur une circonférence d'environ une lieue. » S'il faut en croire un mémoire de la Chambre de Commerce de Marseille, de 1805, la ville et le territoire jouissaient de l'exemption de toutes sortes d'impositions. Toutes les marchandises entraient et sortaient sans payer de droits, « sans aucune visite et sans aucune gêne » ; toutes les facilités étaient données pour leur passage en transit par terre et par mer. Les officiers impériaux étaient expressément chargés de procurer au commerce la plus grande liberté dont il pouvait avoir besoin. Pour ne pas détourner les habitants de leur négoce et surtout, sans doute, pour favoriser le peuplement de la ville, l'empereur dispensait les habitants de tout service militaire.

Les résultats immédiats de la franchise ne semblent pas avoir été remarquables. Sans doute, le succès des opérations de la Compagnie d'Orient fut grand puisqu'elle put, dès 1721, faire une répartition de 8 o/o à ses actionnaires ; mais, outre le commerce qu'elle faisait par Trieste, son port d'attache, elle était en relation avec la Turquie par le Danube. De plus, sa prospérité ne dura pas ; peut-être la guerre, peu heureuse, faite par les Autrichiens aux Turcs de 1737 à 1739, et la perte de leur prestige à la Porte lui portèrent-elles le dernier coup; elle n'existait certainement plus en 1745. Trieste, en 1764, n'était encore qu'une ville bien médiocre avec ses 4000 habitants.

C'est que l'influence de la franchise n'avait pas suffi à contrebalancer celle des inconvénients graves qui détournaient le commerce du port. Trieste était trop en dehors des grandes routes commerciales qui traversaient la Méditerranée pour attirer facilement les étrangers. Venise demeurait assez puissante pour ne pas laisser détourner de chez elle les courants commerciaux qui aboutissaient à l'Adriatique. Mais, ce qui eût suffi pour expliquer le peu de succès de Trieste, c'était l'insuffisance de son port, très inhospitalier. Sa rade, ouverte à tous les vents, depuis le Sud-Sud-Ouest jusqu'au Nord, était de mauvaise tenue. Les navires amarrés à des pieux les arrachaient souvent; entraînés à la dérive, ils éprouvaient de fâcheuses avaries; on avait même vu des naufrages se produire. Les petits bâtiments seulement, et en très petit nombre, pouvaient entrer dans le port de Mandrachio et dans le petit canal de Portija.

Heureusement Marie-Thérèse comprit comme son père l'importance de Trieste, et poussa plus loin l'exécution de ses plans. Ses vues furent tournées de ce côté par le comte Chotek, gentilhomme tchèque qui devint chancelier des États autrichiens, en 1761. Plus tard, Joseph II devait aussi favoriser Trieste. Il avait visité Marseille en 1777, et on avait remarqué avec quelle attention il avait étudié l'organisation du port, en particulier le fameux lazaret considéré alors comme un modèle en Europe. Le port de Trieste fut donc transformé après 1750. En 1753 fut creusé un second canal d'accès. Grâce à ce canal de Marie-Thérèse, qui divisa la ville en deux, les vaisseaux pouvaient venir décharger à la porte des magasins. La rade fut protégée par une nouvelle jetée, le lazaret amélioré. Malgré ces travaux, le port resta dangereux et médiocre.

« Il ne peut recevoir qu'une vingtaine de bâtiments, dit le mémoire de 1805 ; c'est un canal peu sûr ayant à peine, dans sa largeur, dix pieds de profondeur et deux de plus à son entrée. Il est ouvert aux vents d'Ouest et de Nord-Ouest. »

Malgré cette condition d'infériorité, les progrès de Trieste furent rapides à la fin du xviiie siècle. Marie-Thérèse avait racheté de 1746 à 1755, pour le compte de la Couronne, les établissements de l'ancienne Compagnie du Levant ; elle en fonda bientôt une nouvelle. Vingt-cinq consulats furent créés, presque tous dans la Méditerranée, dont quatorze dans les États du Grand Seigneur et sept en Italie. L'académie orientale fut fondée à Vienne, en 1754, pour former un personnel instruit et capable. C'était donc surtout le commerce du Levant que visaient toujours les Autrichiens.

Les armateurs de Trieste étendirent cependant leur activité en dehors de la Méditerranée. Dès 1763, ils avaient douze navires au long cours pour les Indes orientales ; en 1776, l'un d'eux prenait possession des îles Nicobar. A cette date, paraît-il, six mille bâtiments fréquentaient annuellement le port, nombre probablement sujet à caution, mais qui attestait, par l'affluence d'un grand nombre de petits bâtiments, l'activité d'un cabotage important. Le mouvement commercial avait atteint un chiffre élevé pour l'époque. En effet, les exportations par mer atteignirent, en 1780, 6.822.041 florins, valant environ 18 millions, argent de France. Enfin, Trieste était devenue une vraie ville, peuplée de 18 à 20.000 habitants en 1789.

Cet essor avait été dû en partie aux améliorations du port, aux efforts faits par Marie-Thérèse et Joseph II pour détourner les voies commerciales de Venise vers Trieste, à la décadence de plus en plus accentuée de la cité des lagunes. Mais l'influence du port franc avait été évidente sur le développement du commerce du Levant, branche essentielle du trafic. Trieste était devenue un entrepôt pour le tabac, pour les cafés, pour le sucre. En

1780, il était entré dans le port pour 960.000 florins de tabac, on en avait réexporté la valeur d'un demi-million. Le tabac était la seule marchandise soumise à l'obligation de l'entrepôt dans des magasins spéciaux, sous la surveillance du gouvernement. C'est au port franc qu'avaient dû en grande partie leur naissance les premières industries de Trieste.

« On y fait, écrivait Peuchet vers 1800, du verdet, de la fayence, des liqueurs fortes, du savon blanc, du tartre préparé, des étoffes et bas de soie. Il y a une compagnie pour le raffinage du sucre et un raffineur particulier, une fabrique d'étoffes de coton, une de fayence, deux de bougies et autant de chandelles, cinq grandes fabriques de rossoli, quatre de savon blanc, une tannerie, une teinture rouge sur coton, une filature de soie, une fabrique de toiles à voiles, une de cartes, une de gaze, quatre chantiers de construction.

« Les marchands de vins de Hongrie ont obtenu la permission d'établir à Trieste un dépôt des vins de ce royaume. On y en trouve de toutes les qualités. »

Le port franc avait donc produit des résultats analogues à ceux qu'en avait recueillis Marseille. Comme dans ce port, les industries de Trieste étaient caractéristiques ; elles devaient leur création à la facilité de recevoir en franchise les matières premières du dehors, surtout celles du Levant : cotons, soies, peaux, huiles, sucres bruts, et au débouché offert par les marchés du Levant aux produits fabriqués, tels que sucres, savons, bougies, cuirs, etc. On ne peut s'empêcher de remarquer que plusieurs des industries de Trieste et de Marseille étaient similaires. Dès lors, grâce à son port franc, la ville autrichienne était devenue, par ses achats aussi bien que par ses exportations, la concurrente du port français.

L'influence heureuse de la franchise fut bien plus sensible encore sous la Révolution. Trieste bénéficia des vicissitudes que subirent Marseille, Livourne et Venise. Autour de 1800, la population, triplée en vingt ans, atteignait 60.000 habitants. On y voyait de beaux et vastes édifices. Des maisons bâties trente ans auparavant, et qui n'avaient coûté que 12 à 15.000 florins, s'y vendaient 70 à 80.000 ; des loyers de 4 à 500 florins s'étaient élevés progressivement à 3 et à 4.000.

C'était à la franchise que le gouvernement autrichien attribuait en partie ces progrès car, quand Venise lui fut cédée, en 1797, l'empereur ne trouva rien de mieux, pour la relever de son abaissement, que de la doter, elle aussi, d'un port franc qu'elle ne conserva pas ensuite sous la domination napoléonienne. Les Marseillais redoutaient, en 1815, que les Autrichiens ne le lui rendissent.

Plus heureuse que tous les anciens ports francs, Trieste a conservé son ancienne franchise pendant presque tout le XIXᵉ siècle, jusqu'en 1898. Pendant cette période d'extraordinaire expansion commerciale, la navigation et le trafic suivirent à Trieste la même marche ascendante que dans tous les autres grands ports, et il est bien difficile, sinon impossible, de démêler quelle fut la part de l'influence du port franc sur ces progrès. Il semblerait plutôt que, comme au début du XVIIIᵉ siècle, la franchise n'a pas suffi pour compenser les inconvénients du port autrichien : situation écartée en dehors de la Méditerranée, port très insuffisant, difficulté des communications avec l'intérieur du continent. Aussi, quoique débouché unique d'un vaste état, Trieste eut-elle une fortune moins rapide que Marseille et que Gênes. Tandis que, dans ce dernier port, le mouvement de la navigation s'élevait, dès 1871, à 2.780.000 tonneaux de jauge, il n'était encore, à Trieste, que de 1.970.000, en 1876. Il ne faut pas oublier que l'influence de la franchise était devenue bien moins puissante à mesure qu'on renonçait aux prohibitions et à toutes les vieilles entraves de l'ancien système commercial, pour entrer de plus en plus dans la voie du libre échange. Pourtant on peut remarquer que l'entrepôt du café, du sucre et d'autres produits coloniaux n'avait pas cessé d'être important dans ce port. C'est aussi sous le régime de la franchise que la fameuse Compagnie du Lloyd, qui tient une si grande place dans l'activité actuelle de Trieste, a été créée, en 1833, et qu'elle a grandi, en développant ses services dans le Levant, en y faisant un grand commerce de réexportation de marchandises de toutes sortes, apportées dans les entrepôts du port franc.

Quoiqu'il en soit de l'influence de la franchise au XIXe siècle, il est certain que les Triestins y restaient très attachés. Sa suppression, en 1891, souleva leurs vives protestations. Le gouvernement autrichien se décida, après mûr examen, à ne pas tenir compte de cette opposition. « Selon lui, elle favorisait, aux dépens des intérêts généraux de l'empire, une concurrence étrangère établie sur le territoire même de cet empire, subordonnait la marine nationale à une sorte de syndicat d'armateurs, ayant leurs intérêts hors d'Autriche, et sacrifiait le bien général à celui d'une seule localité... Enfin, outre ces considérations, on ne peut douter que le Trésor n'ait eu des raisons fort sérieuses de vouloir faire rentrer dans le droit commun une ville d'environ 180.000 âmes, qui jouissait d'exemptions fiscales à coup sûr fort appréciées de la masse des habitants, mais constituant un privilège assez peu justifié (1). » Ainsi on fit valoir contre Trieste des raisons analogues à celles qui avaient été alléguées contre les ports français : enlever un avantage aux étrangers, établir l'égalité des droits et des charges dans l'État. Les Triestins ne se sont pas encore consolés de la perte de leur port franc, bien qu'il ait été remplacé aussitôt par une zone franche.

Fiume avait reçu la franchise en même temps que Trieste, en 1719. Moins préparée encore à faire un grand commerce, elle n'était même pas alors rattachée politiquement au royaume de Hongrie dont elle pouvait être le débouché naturel ; ce n'est qu'à partir de 1776 qu'elle appartint à la couronne de Saint-Étienne. La Hongrie

(1) Rapport du consul général, M. de Laigues. Rapports commerciaux, 1902, n° 85.

faisait d'ailleurs tout son commerce par le Danube.
Fiume resta port secondaire, fréquenté surtout par de
petits caboteurs, et ville médiocre, peuplée en partie de
pêcheurs, jusqu'au xix° siècle. La franchise y fit naître
pourtant, tout au moins, une industrie et une compagnie.
En 1780, la compagnie de Fiume était la plus ancienne
des cinq compagnies de commerce qui existaient dans les
états de la maison d'Autriche. Elle avait obtenu en 1750,
pour 25 ans, le monopole exclusif de la raffinerie des
sucres, tandis que ceux de l'étranger étaient prohibés.
Les actions de cette compagnie étaient cotées très haut,
car elle distribuait des dividendes de 15 à 20 o/o.

Trieste et Fiume n'étaient pas seules à jouir d'un régime
douanier spécial dans la monarchie. C'est en 1879, seulement, qu'a eu lieu l'incorporation, au territoire douanier,
de l'Istrie et de la Dalmatie, et l'abolition des ports francs
de Martinscica, Buccari, Portorè, Segna et Carlopago,
échelonnés sur la côte de cette dernière province (1).

La création de ports francs à Trieste et à Venise, de
même que les discussions relatives à Marseille en 1790,
1792 et 1814, montrent bien quelle importance on attachait au rôle de la franchise dans le commerce méditerranéen, jusqu'au commencement du xix° siècle, mais
l'exemple de Malte est encore plus typique. L'île est on ne
peut mieux placée pour servir d'escale et d'entrepôt au
milieu de la Méditerranée. Les chevaliers de Saint-Jean
en avaient fait une formidable place d'armes et, de leur
arsenal de la Valette, s'élançaient les galères et les corsaires pour faire aux Barbaresques une guerre sans trêve:
cependant, le rôle commercial de Malte n'avait pas toujours été négligeable. Aux belles époques d'activité des
chevaliers, avant la profonde décadence de leur ordre au
xviii° siècle, les prises faites sur les infidèles étaient rame-
nées en grand nombre dans le port. Il est vrai que le
butin se composait de carcasses, de gréements, et d'équi-

(1) Rapport de la Chambre de commerce de Fiume pour 1879.

pages de navires vendus comme esclaves, plutôt que de
marchandises. Ni les Turcs, ni les Barbaresques, ne s'exposaient à transporter celles-ci sous leur pavillon. Mais
que de fois, en dépit des traités, et au risque d'attirer des
représailles, les galères de la religion s'emparèrent de
vaisseaux chrétiens affrétés par les infidèles, offrant une
riche proie, ou chargés de pèlerins pour la Mecque. Même
le pavillon français n'était pas toujours respecté, quoique
le roi Très Chrétien sût exiger des réparations, et bien que
les Français fussent en majorité parmi les chevaliers.
L'excitation d'une lutte à outrance et l'appât du gain rendaient souvent les capitaines de Malte aussi difficiles à
contenir que les raïs barbaresques. Il y eut donc souvent
de véritables entrepôts de marchandises de toutes sortes
à Malte. Le commerce des prises, fructueux à la fois
pour le vendeur et pour l'acheteur, y eut de l'activité.

Ce fut surtout pendant les nombreuses guerres des
XVIIe et XVIIIe siècles, entre les quatre grandes puissances
maritimes, France, Espagne, Angleterre, Hollande, que
Malte rendit de grands services au commerce. Jouissant
d'une neutralité complète dans tous ces conflits, le port
de Malte était ouvert comme un asile assuré, au milieu
de la Méditerranée, aux navires traqués par les corsaires
ou redoutant de s'exposer aux croisières des escadres
ennemies. Sans ce refuge commode, où ils pouvaient
attendre les occasions favorables et l'arrivée des escortes,
les bâtiments français auraient dû cesser tout commerce
avec la Barbarie et le Levant, dans des guerres où les
ennemis étaient les maîtres de la mer, comme dans celles
de la Ligue d'Augsbourg, de la succession d'Espagne ou
de Sept ans. Les bâtiments marchands étaient donc
accoutumés à prendre le chemin de Malte, et on avait pu
sentir de quelle importance, aussi bien commerciale que
stratégique, était sa possession aux XVIIe et XVIIIe siècles.
C'est ce qui explique l'ardeur que Bonaparte et les Anglais
mirent à se la disputer, dans les luttes et les négociations
des premières années du XIXe siècle.

Or, à peine les Anglais restèrent-ils les maîtres de l'île

qu'ils proclamèrent La Valette port franc, montrant par là qu'ils voulaient en faire une place de commerce autant qu'une place militaire, et que la franchise leur semblait pour cela la meilleure arme. Désormais, ils comptaient pouvoir se passer des entrepôts que leur avaient offerts les autres ports francs et surtout Livourne. Sans doute, ils espéraient que Malte allait devenir le rendez-vous des navires de toutes les nations, au croisement des routes, et le marché central d'approvisionnement de la Méditerranée. Les anciens ports manifestèrent très vivement la crainte que cet espoir ne fût réalisé. Les orateurs de la Chambre des députés de 1814, qui parlèrent en faveur du rétablissement de la franchise de Marseille, répétèrent que la franchise de Malte était la plus grave des menaces pour le commerce français. Après avoir parlé des autres ports francs, la Chambre de commerce de Marseille disait dans son Mémoire au roi : « Ceci n'est rien encore. Une rivale, peut-être encore plus à craindre, menace le commerce de Marseille. Cette rivale c'est Malte. Croit-on que la nation anglaise, aujourd'hui qu'elle est en possession de cette île importante, ne tirera pas le plus grand parti de sa position sur la Méditerranée... ? Croit-on qu'avec ses immenses capitaux et la patiente hardiesse de son caractère, ce peuple n'aura pas bientôt aperçu tout ce que Malte, régie par des lois favorables, peut lui procurer de puissance et de richesse?... Que sera Malte dès l'instant qu'elle sera régie d'après les sages institutions imaginées par notre Colbert? Une ville à coup sûr encore plus remarquable que ne l'est Trieste, que ne l'est Livourne. Il n'y a certes, sur ce point, aucun doute à former. »

Il n'en fut pas ainsi cependant : l'attente des Anglais et de leurs rivaux fut trompée. Il est vrai que Malte devint l'entrepôt du commerce des pays Barbaresques et de l'Italie du Sud. Les Maltais se firent les intermédiaires entre leurs voisins et les grands marchés d'Europe. «C'est ainsi, pour prendre un exemple, qu'ils avaient construit des réservoirs spéciaux pour les huiles, parfaitement appropriés à leur destination, dans lesquels s'emmaga-

sinait, chaque année, une grande partie de la récolte de
Tunisie, pour être de là réexpédiée en Europe, au fur et à
mesure des besoins. En retour, ils alimentaient la Régence
des produits manufacturés qu'ils avaient fait venir d'Europe. L'armement était florissant à Malte : 160 grands
voiliers, montés par 2.000 hommes d'équipage, prome-
naient le pavillon maltais dans toute la Méditerranée,
sans parler de 2.000 bâtiments d'un plus faible tonnage,
employés au cabotage ou à la pêche. » Les Maltais ont
conservé le souvenir très vivant et le regret de cet heureux passé. Pourtant, il ne faut pas en exagérer l'éclat.
L'influence de Malte s'exerçait dans un cercle très restreint. C'est que la franchise peut aider à l'essor d'un
grand commerce, là où les possibilités de trafic existent ;
à elle seule elle ne peut le créer. Malte sans ressources,
sans hinterland commercial, ne joua qu'un rôle secondaire jusqu'au jour où l'extension de la navigation à
vapeur, et le percement de Suez, firent donner à la franchise des résultats sur lesquels n'avaient pas compté
ceux qui l'établirent. Malte devint dès lors le grand port
d'escale et de ravitaillement des navires, sur la nouvelle
route de l'Inde et de l'Extrême-Orient ; elle l'est restée
jusqu'à maintenant. En revanche, les progrès de la navigation à vapeur devaient lui enlever ce rôle de distributeur qui avait fait sa fortune, depuis 1815.

Avant Malte, les Anglais avaient possédé, pendant une
partie du xviii° siècle, Port-Mahon dans les Baléares.
Moins bien placé que Malte, le port merveilleux de Minor-
que, facile à défendre et bien fortifié, offrait cependant
de grands avantages. Les Anglais surent en profiter : la
ville, aujourd'hui sans activité, fut alors riche et prospère. Il ne semble pas cependant qu'ils aient cherché à y
attirer le commerce par de grandes libertés.

C'est sans doute parce que, dès le début du xviii° siècle,
ils avaient créé un premier port franc à l'entrée de la
Méditerranée, au pied du rocher de Gibraltar. Quand ils
le prirent, en 1704, ils avaient surtout en vue la protec-

lion de leur commerce méditerranéen. L'entrée de la mer menaçait de leur être fermée en cas de guerre, si l'alliance franco-espagnole subsistait ; il fallait donc prendre fortement position à l'entrée. Gibraltar remplacerait Tanger que les Anglais avaient occupée de 1662 à 1684, qu'ils regrettaient, et que les Français songeaient à prendre dans un but analogue à celui de leurs rivaux. Mais, avec leur sens pratique, les Anglais comprirent toute la valeur de leur nouvelle possession ; ils voulurent en faire une place de commerce, en même temps qu'une gardienne vigilante de la porte de la Méditerranée. C'est pourquoi, dès 1706, en pleine guerre, avant même qu'ils eussent eu le temps de fortifier la place et qu'ils fussent assurés de la conserver, un décret de la reine Anne, du 19 février, déclara Gibraltar port franc.

Grâce à sa position en face du Maroc, et à la politique anglaise vis-à-vis de ce pays, le nouveau port franc devint d'abord un important marché d'approvisionnement pour le nord de l'empire du Chérif et l'entrepôt des marchandises qu'on en exportait. Son champ d'opérations devint bientôt plus vaste. Les Anglais en firent leur entrepôt pour le commerce de la Barbarie, tandis que, pour le commerce du Levant, ils continuaient de se servir de Livourne, de Messine ou de Gênes. Peuchet disait de Gibraltar, en 1800 : « Depuis que les Anglais en sont les maîtres, c'est une place très commerçante, surtout avec la côte de Barbarie. Les marchands anglais résidans ont des magasins bien fournis de toutes les sortes de marchandises du cru de Barbarie, de sorte qu'ils les revendent aux marchands de Londres à aussi bon marché qu'ils avaient coutume de les payer en Barbarie ; et, par la commodité de leurs vaisseaux, ils peuvent en envoyer en Angleterre en moindre quantité que s'il en fallait charger des vaisseaux entièrement, comme on était obligé précédemment. » Les statistiques confirment l'impression donnée par Peuchet. Il y eut telle année, en 1754, où le commerce de l'Angleterre avec Gibraltar atteignit 870.000 livres sterling, c'est-à-dire près de 22 millions de notre

monnaie, chiffre, il est vrai, exceptionnel. Cadix avait
pâti des progrès de Gibraltar et la franchise avait même
produit un résultat qu'il importe de faire ressortir :
c'était de Gibraltar et non de Cadix que les Espagnols
« tiraient la cire, le cuivre, les amandes, les drogues et
les autres productions de Barbarie en très grandes quantités, surtout la cire. » L'affluence des marchandises et la
variété des assortiments dans le port franc, en même
temps qu'ils abaissaient les prix, attiraient la préférence
des acheteurs. Au XIX⁰ siècle, le rôle de Gibraltar allait
peu à peu changer. La navigation à vapeur et le percement de Suez en firent, comme de Malte, un vaste dépôt
de charbon et un port de ravitaillement.

En dehors de la Méditerranée, des essais de franchise
furent tentés dans plusieurs ports d'Espagne, au XVIII⁰
siècle. Cette puissance n'eut à aucun moment de port
franc sur ses côtes orientales, et elle ne semblait pas intéressée à en créer. Placée trop à l'extrémité du bassin
méditerranéen, elle ne pouvait songer à rivaliser avec les
pays et les ports favorisés par une position plus centrale,
pour attirer chez elle les étrangers et l'entrepôt des marchandises du Levant ou du Ponant. D'ailleurs, les Espagnols étant continuellement en guerre avec les Barbaresques, et trop menacés par leurs corsaires, ne faisaient pas
directement le commerce du Levant et de Barbarie.
C'était aux entrepôts de Marseille et de Livourne qu'ils
s'approvisionnaient en produits de ces pays. Comme
conséquence, ils recevaient aussi par là, de seconde main,
quantité de produits du Ponant. Ils n'allaient pas les
chercher eux-mêmes, c'étaient des caboteurs provençaux
ou italiens qui les leur apportaient.

A l'entrée de l'Océan, Cadix, sans avoir jamais été proclamé port franc, jouissait cependant de certaines faveurs.
L'Espagne avait intérêt à en faciliter l'accès aux étrangers, à cause du trafic important des piastres que les
Français, les Anglais, les Hollandais venaient y chercher
pour leur négoce. Merveilleusement placé au carrefour

des routes des colonies d'Amérique, de la Côte d'Afrique et de la Méditerranée, Cadix port franc fût certainement devenu un entrepôt de premier ordre. Lisbonne était bien déchue, pourtant elle conservait encore en partie son rôle de port d'escale, et de centre de distribution, à cause de son merveilleux port et de sa situation. Cadix eût eu d'autres avantages pour la supplanter.

Du moins, grâce aux libertés accordées aux étrangers, Cadix devint un important entrepôt pour le commerce du Maroc. L'instabilité et l'insécurité des relations avec ce pays ne permettaient pas toujours aux négociants européens de se fixer au Maroc ou d'y aborder, ni de risquer l'envoi direct des marchandises dans les ports marocains. Il s'établit donc à Cadix, au XVIIe siècle, toute une colonie de marchands, français surtout, qui servaient d'intermédiaires entre le Maroc et l'Europe. En attendant l'occasion favorable pour les faire parvenir à destination, les ordres d'achat ou de vente, les marchandises des deux provenances restaient emmagasinées à Cadix. L'ambassadeur français, Saint-Olon, écrivait en 1693 : « C'est Cadix qui sert présentement d'entrepôt à toutes les marchandises d'Angleterre et de Hollande, auxquelles sa proximité en facilite ensuite le transport commode et sûr. » En 1777, on signalait le fait que, depuis la paix signée entre la France et le Maroc, en 1767, des navires français avaient été affrétés à Amsterdam, à Hambourg, à Ostende, pour porter à Cadix des marchandises destinées au Maroc.

Cependant le libéralisme du gouvernement espagnol n'allait guère loin, puisqu'aucune nation n'avait le droit de posséder à Cadix des magasins d'entrepôt ; chacune gardait ancré dans le port un vaisseau qui lui en tenait lieu. C'était déjà le système du vaisseau de permission, concédé plus tard aux Anglais à Porto-Bello, et qui devait faire tant de bruit. En 1702, les négociants français de Cadix profitèrent de l'alliance franco-espagnole pour solliciter la permission d'établir, dans un magasin de la ville, leur entrepôt franc.

Ce n'est qu'au XIXe siècle que Cadix devait jouir d'une véritable franchise. Un décret royal, d'août 1831, y établit une « enceinte franche dans laquelle toutes les marchandises prohibées étaient admises pour un temps illimité. Elles payaient pour tous frais de dépôt et d'administration 1 2 o/o au moment de l'entrée. » On était libre de les vendre, de les échanger, de les manipuler et même de les consommer. Le commerce y préparait ses expéditions pour les ports étrangers et les colonies (1). Les Espagnols imitaient Gênes ; c'est un deuxième essai du système des entrepôts francs.

D'après divers mémoires de la fin du xviiᵉ siècle, trois autres ports espagnols auraient alors possédé la franchise, La Corogne, Bilbao et Saint-Sébastien. Le merveilleux port de la Galice, placé à l'angle de la péninsule et du continent, avait une position privilégiée comme Lisbonne. Il n'était pas déraisonnable de songer à en faire un grand entrepôt. Quant à Bilbao et à Saint-Sébastien, la franchise pouvait leur permettre de lutter à armes égales contre la concurrence de Bayonne, leur voisine. Malheureusement les détails manquent à la fois sur la création de ces franchises et sur leurs résultats. Dans un mémoire de 1738, la Chambre de Commerce de Bayonne parlait de la suppression de divers droits, à Saint-Sébastien et à Bilbao, en 1728 et en 1734, mais elle n'écrivait pas le mot de franchise. Il est, en tout cas, avéré que le commerce de ces ports était resté médiocre. Santander aurait même été, à la fin du xviiiᵉ siècle, la place la plus active du nord de l'Espagne (2).

Tandis que les ports francs furent nombreux dans la Méditerranée, et que la France et l'Espagne en firent l'essai sur leurs côtes de l'Atlantique, les grandes puissances commerciales du Nord n'en eurent jamais. Un tel contraste ne pouvait manquer de frapper les esprits les moins attentifs. Aussi l'abstention des Anglais et des

(1) Julliany. *Essai sur le commerce de Marseille*. I, 255.
(2) V. Peuchet et *Encyclop. méthod*. Economie. vᵉ Espagne.

Hollandais fut elle commentée dans les discussions de la Constituante et de la Chambre, de 1814, relatives à la franchise. Les adversaires de celle-ci croyaient en tirer un argument très fort pour prouver son inutilité. Les Anglais n'étaient-ils pas devenus sans elle le peuple le plus commerçant du monde, et les Hollandais n'avaient-ils pas joué, avant eux, un rôle extrêmement brillant ? Le député Francoville répétait, dans son discours du 5 décembre 1814, « la Hollande a fait avec les entrepôts le commerce du monde. L'Angleterre manufacturière et commerçante n'admet que les entrepôts limités, parce qu'eux seuls sont compatibles avec la prospérité de l'industrie nationale. »

L'argument n'était pas sans embarrasser les défenseurs des ports francs, qui n'y répondirent pas d'une façon suffisamment péremptoire. Ils signalaient vaguement la position géographique de l'Angleterre « qui ne lui rendait pas avantageuse, comme à la France, l'institution des ports francs. » En effet, c'était bien sur le continent, et non dans une île située excentriquement, que semblaient devoir être placés les rendez-vous de navires de tous pays, et les centres de distribution. Ils invoquaient, sans préciser, la différence du gouvernement, de l'organisation douanière et fiscale. Ils parlaient déjà de manière plus nette quand ils disaient que l'Angleterre, étant maitresse des mers, n'avait pas eu besoin de la franchise.

En effet, la franchise est une arme pour les faibles, les forts peuvent s'en passer. Au moment où les Anglais et les Hollandais auraient pu songer à copier cette institution des pays du Sud, ils n'en sentirent pas du tout la nécessité. Tandis que l'habile politique des Anglais et les conflits continuels entre puissances continentales, les rendaient maitres sur mer, au début du xviiie siècle, le premier développement de leur empire et de leur commerce colonial ouvrit un vaste champ à leurs opérations. L'Acte de navigation, voté tout au début de cette vigoureuse expansion, l'avait singulièrement aidée. Adopté dans des circonstances moins favorables, il aurait pu, en écartant les étrangers des ports anglais, tuer le commerce au lieu de l'encourager. De même, pendant tout le XVIIIᵉ siècle, l'Angleterre, de plus en plus puissante sur mer, n'eut aucun risque à rester exclusive et à maintenir dans tous ses ports le régime étroit des prohibitions. Les Anglais voulaient et pouvaient transporter eux-mêmes leurs produits d'exportation à l'étranger ; ils allaient chercher eux-mêmes dans les pays méditerranéens les produits du sud de l'Europe et du Levant que, ni les Marseillais, ni les Italiens, ne leur apportaient ; leurs navires revenaient de leurs colonies chargés de denrées coloniales. Qu'était-il besoin d'attirer les étrangers dans leurs ports ?

Il n'y avait donc pas à s'étonner que les Anglais n'eussent jamais songé à avoir de ports francs. Francoville, et ceux qui soutenaient la même opinion, faisaient remarquer surtout que les Anglais avaient pu s'en passer sans nuire aux progrès de leur grandeur. Il n'y avait qu'à leur répondre qu'on pouvait certainement faire un grand commerce sans ports francs. Tout dépendait des conditions économiques et des circonstances. Mais la question était de savoir si, dans certaines situations, la franchise accordée à un port ne pouvait pas être d'un grand secours pour le développement du commerce du pays. Les Anglais eux-mêmes l'avaient bien compris, et ils n'étaient pas hostiles en principe à l'institution des ports francs, puisqu'ils s'en étaient servi à Gibraltar et à Malte, comme plus tard ils devaient le faire à Singapour.

Le cas des Hollandais n'était pas tout à fait le même que le leur. Les *rouliers des mers* avaient acquis par leur énergie, et grâce à des circonstances favorables, une assez grande prépondérance, au début du XVIIᵉ siècle, pour se passer de ports francs. Cependant ils étaient moins exclusifs que les Anglais, et tenaient à garder pour Amsterdam ce rôle de grand entrepôt, et de marché intermédiaire entre les pays du Nord et ceux du Midi, que Bruges avait joué au moyen âge. Ils tenaient donc à attirer les étrangers dans leurs ports et Chaptal pouvait écrire, en 1815, à la Chambre de Commerce de Marseille : « Les ports de

Hollande, par la modicité des droits et le peu de formalité qu'on exige, ont attiré le commerce du Nord et du Midi. »

Il faut ajouter que les Anglais eux-mêmes entrèrent dans une nouvelle voie, au début du XIXe siècle. Le système des quartiers francs, emprunté à Gênes, que Napoléon voulait introduire en France, fut alors adopté en partie par eux. Il est curieux que personne n'en ait fait mention dans les discussions de 1814, peut-être parce que les partisans du rétablissement de la franchise de Marseille, hostiles à ce système, n'avaient pas intérêt à invoquer cet exemple. Chaptal, directeur général du commerce, qui voulait au contraire établir en France quelque chose d'analogue, avait soin de le signaler aux Marseillais dans sa lettre de 1815.

« Les Anglais, disait-il, doivent une grande partie de leur commerce, depuis vingt ans, aux quartiers francs qu'ils établissent dans toutes les localités qui en sont susceptibles. C'est dans ce but qu'ils ont creusé trois ports sur la Tamise, l'un pour les retours de l'Inde, l'autre pour ceux des Antilles et le troisième pour des commerces divers ; moyennant une légère rétribution, les navires peuvent entrer et sortir sans payer des droits de douanes. La douane n'exerce ses droits que sur ce qui sort pour entrer dans la consommation intérieure. Les Anglais forment des entrepôts francs sur toutes les îles qui sont à portée de recevoir et de verser les marchandises des divers pays, dans les lieux de consommation : Malte, Jersey, Guernesey, Heligoland, ont successivement reçu cette destination et ils finiraient par accaparer tout le grand commerce, si nous ne nous pressions pas de lui présenter les mêmes avantages chez nous. »

Ces trois ports creusés sur la Tamise, que Chaptal qualifiait de quartiers francs, c'était simplement les premiers docks de Londres. Le plus ancien d'entre eux, le West India dock, fonctionnait depuis 1802, et le commerce put bientôt utiliser les docks de Londres et ceux de Sainte-Catherine. A eux trois, ils couvraient une étendue de 78 hectares, et leur établissement n'avait guère coûté moins de 200 millions. L'Angleterre ouvrait ainsi largement ses ports à l'entrepôt des marchandises étrangères. La nouvelle institution faisait l'envie des ports et des négociants français, même des Marseillais qui ne pouvaient plus espérer le rétablissement de leurs anciennes franchises. Elle allait être bientôt imitée en France avec l'établissement des Magasins généraux, en 1848. Cependant, malgré les commodités qu'elle offrait, elle ne pouvait donner tous les avantages de véritables quartiers francs ou enceintes franches, avec lesquels on affectait de la confondre.

L'Allemagne d'autrefois ne connut pas non plus les ports francs. Il est aisé de comprendre pourquoi les villes hanséatiques, qui faisaient presque tout son commerce, n'eurent pas plus recours que les Anglais et les Hollandais à l'institution de la franchise. A l'époque de l'extension et de la puissance de la ligue, les villes qui en faisaient partie étaient en réalité des ports francs pour les navires des ports associés. Au xvii⁰ et au xviii⁰ siècle, elles restaient peu nombreuses. Les Hanséates déchus restaient à l'écart du grand commerce océanique ; ils n'étaient plus assez puissants dans les mers du Nord pour concentrer chez eux leur commerce ; leurs ports n'en étaient plus les entrepôts naturels. Mais ils restaient encore assez actifs pour porter eux-mêmes les produits du Nord dans les ports méditerranéens, et pour en rapporter chez eux les denrées et les marchandises du Midi. Londres, Amsterdam ou Lorient, leur fournissaient les denrées coloniales. Un tel genre de navigation et de trafic n'aurait pas eu grand parti à tirer de la franchise.

Il faut ajouter que la situation des villes hanséatiques était toute spéciale. Villes libres, États indépendants, elles n'auraient pu adopter la franchise sans ruiner leurs finances. Les taxes levées sur le commerce semblent même avoir constitué l'un des principaux revenus de Hambourg. « Ces droits, dit Peuchet, sont perçus dans cinq douanes : celle du Sénat, celle des bourgeois, celle de l'amirauté, celle de Schaumbourg pour les marchandises de transit, et enfin celle des accises pour les vins, la viande et la bière. L'étranger ou le hambourgeois, qui ne veut point acheter la bourgeoisie, est obligé d'entrer dans le contrat étranger, c'est-à-dire de payer annuellement à la ville une somme convenue pour obtenir la faculté de faire le commerce. Il paie d'ailleurs tous les droits et les impositions auxquels sont sujets les autres citoyens. »

Cependant, les villes de la Hanse jouissaient presque des avantages des ports francs, par suite de leur politique très libérale et des tarifs très faibles de leurs douanes. Les orateurs de nos assemblées le firent remarquer avec raison, en 1790 et en 1814.

D'après Savary, les droits d'entrée et de sortie, à peu près les mêmes à Hambourg et à Brême, s'élevaient à 1 1/2 o/o ; à Lübeck, les premiers n'excédaient pas 3 4 o o et les seconds n'atteignaient pas 2 3 o o. Les droits d'entrée et de sortie par terre étaient plus faibles encore, de 1/3 o/o seulement à Hambourg, et encore les bourgeois en étaient exempts. Comme tous leurs contemporains les Hanséates, tout en voulant attirer les étrangers dans leurs ports, désiraient autant que possible réserver aux bourgeois les bénéfices du commerce. À Lübeck, d'après Savary, il n'était pas permis aux étrangers de vendre leurs marchandises à d'autres qu'aux bourgeois. Comme ailleurs les négociants parvenaient à tourner la difficulté; il n'était pas difficile de trouver des bourgeois qui, moyennant une très modique rétribution. prêtaient leur nom aux étrangers.

En leur qualité d'états indépendants. les villes hanséatiques, placées en dehors des lignes de douanes des états allemands, étaient à cet égard dans la même situation que les ports francs de France ou d'Italie, vis-à-vis du reste du pays. M. Paul de Rousiers, dans sa belle étude sur le port de Hambourg, a affirmé que leur isolement douanier fut une gêne pour le développement de ces villes : elles en souffraient soit pour vendre, soit pour acheter, sur le marché national; elles ne pouvaient pas avoir d'indus-

tries parce que l'écoulement de leurs produits n'aurait pas
été facile dans l'intérieur du pays. Mais il ne faut pas
oublier quel était alors le morcellement politique de
l'Allemagne et la multiplicité des douanes intérieures. Les
ports hanséates, s'ils avaient été incorporés à l'état qui
les avoisinait, n'auraient pas eu du tout les avantages
qu'ils ont pu retirer de leur incorporation au zollverein,
il y a 25 ans, et le commerce allemand n'en aurait pas
reçu grand essor. En réalité, les villes hanséatiques, privées de leur grand rôle d'entrepôts par suite de la concurrence anglaise et hollandaise et de l'émancipation économique des Danois, des Suédois et des Russes, étaient en
décadence parce qu'elles étaient devenues des ports exclusivement allemands, ne vivant plus que du marché national. Quant à l'absence d'industries, il ne faut pas l'attribuer non plus à leur autonomie. Leur situation leur donnait toutes facilités pour créer des industries d'exportation. Même, par les facilités qu'elles avaient de se procurer au dehors toutes sortes de matières premières, elles
étaient, au contraire, mieux en situation que bien d'autres
villes allemandes, et que les étrangers, pour fournir les
pays allemands de produits manufacturés. Mais il ne
faut pas oublier que les Allemands d'alors ne montraient
pas d'aptitudes remarquables pour l'industrie. C'était
des matières premières, surtout, des produits miniers ou
d'autres produits du sol qu'ils exportaient; les étrangers
leurs fournissaient en quantité des produits industriels de
toutes sortes.

S'il n'y eut de ports francs dans aucune des grandes
nations commerçantes du Nord, il faut signaler des tentatives d'établissements de ce genre dans des pays secondaires, placés dans la dépendance économique de ces
puissances maritimes. Ces essais sont très intéressants
par leur caractère spécial. On reproche aux ports francs
de favoriser les étrangers au détriment de la marine et du
commerce national. En Belgique, en Danemark, en
Suède, les souverains en créèrent avec le souci évident

d'affranchir ces pays des négociants et des armateurs
étrangers et de susciter l'initiative nationale.

C'est dans ce but que l'empereur Charles VI dota
Ostende d'une franchise analogue à celle de Trieste, en
même temps qu'il créait sa fameuse compagnie d'Ostende.
Il espérait rendre un grand port à sa nouvelle possession
des Pays-Bas, les traités condamnant Anvers à rester
fermé, pour le plus grand profit d'Amsterdam et de
Londres. Le projet ne parut pas chimérique. On sait
quel acharnement les Anglais et les Hollandais mirent à
exiger la suppression de la Compagnie d'Ostende, rivale
qui pouvait devenir dangereuse pour leurs grandes
compagnies des Indes. Toute la diplomatie européenne
fut occupée par la solution de cette question commerciale, entre 1720 et 1731. Tandis que les grandes puissances maritimes faisaient une opposition formidable à
la politique commerciale de l'empereur en Belgique,
parce qu'elles craignaient qu'elle ne fût féconde, elles
l'encourageaient au contraire à favoriser Trieste parce
qu'elles pensaient n'avoir rien à redouter de ce port. La
compagnie fut donc définitivement sacrifiée au traité de
Vienne de 1731 (1), mais Ostende garda sa franchise,
confirmée plus tard par Joseph II.

Cependant, rien ne vint favoriser Ostende ; les deux
guerres de Sept ans furent particulièrement malheureuses
pour les Pays-Bas espagnols. La franchise à elle seule ne
put permettre au port flamand de grandir au milieu de
ses voisins jaloux. On parla beaucoup d'Ostende quand
il s'agit, à la Constituante, de supprimer les ports francs.
Le député Francoville s'écriait, le 31 octobre 1790 :
« Qu'on ne dise pas qu'Ostende élèvera son commerce
sur la ruine de la franchise de Dunkerque. Faites garder
les frontières, faites surveiller la fraude et Ostende
restera dans l'état passif où il se trouve, malgré les

(1) Au sujet de cette compagnie. Voir Huisman. *La Belgique commerciale sous l'empereur Charles VI. La compagnie d'Ostende.* (Archives belges, 1902, n° 6).

patentes de Joseph II... Il ne faut pas juger cette ville
par ce qu'elle a été dans la guerre de 1778 ; elle avait alors
la consignation des pavillons des puissances belligérantes,
et c'était sous son nom que se faisaient les affaires de
leurs sujets respectifs. » Il fut impossible de voir si
Francoville ou ses contradicteurs voyaient juste, car
Ostende perdit sa franchise presque en même temps que
Dunkerque, en devenant française.

Le Danemark n'avait pas attendu jusqu'au xviiie siècle
pour posséder son port franc, le plus ancien des mers du
Nord. Ce pays avait toujours produit des marins entre-
prenants. Ses rois possédaient avec la Norvège et le
Sleswig Holstein un domaine beaucoup plus étendu
qu'aujourd'hui. Ils cherchèrent à prendre une part active
aux grandes entreprises coloniales et commerciales du
xviie siècle. Eux aussi, ils eurent leurs compagnies des
Indes. Quand ils eurent acquis le Holstein, en 1640, ils
voulurent profiter de l'heureuse fortune qui faisait toucher leurs états aux bouches de l'Elbe. Ils résolurent d'y
créer un grand port, qui enlèverait à Hambourg une
partie de son commerce, et l'établirent aux portes même
de la vieille cité hanséatique, dans le village jusques là
obscur d'Altona.

Pour permettre à la nouvelle ville de grandir à côté de
sa puissante voisine, ils lui donnèrent, dès 1664 (1), un
avantage que celle-ci ne possédait pas, la franchise. A
part quelques exceptions rares, les marchandises étaient
tout à fait exemptes de droits d'entrée et de sortie. Les
étrangers y étaient attirés par toutes sortes de privilèges,
et y acquéraient facilement le droit de bourgeoisie. Quelqu'un écrivait, en 1772 : « Il faut des protections, des
amis et de l'argent pour avoir la liberté de s'établir dans
une ville impériale ; il ne faut que des talents pour être
bien reçu dans celle-ci. » Enfin, la liberté de conscience,
largement pratiquée, y faisait vivre en paix luthériens,

____

(1) Grunzel. *System der Handelspolitik.* p. 562.

catholiques et juifs. Ceux-ci payaient annuellement 2.000 ducats au roi de Danemark pour la protection qu'il leur accordait. Après un an ou deux de séjour, ils pouvaient quitter la ville sans avoir à payer aucun droit de sortie pour leurs biens.

La tolérance à l'égard des étrangers y était même poussée un peu loin, s'il faut en croire un voyageur anglais du xviiie siècle. « Lorsqu'un négociant, dit-il, a fait une banqueroute, il reparaît de nouveau à Altona sur la scène des affaires et reprend un nouveau commerce, comme si de rien n'était. Il n'y a à Hambourg ni lieux de prostitution, ni filles de débauche, mais la ville d'Altona en fourmille. » En effet, Altona avait été longtemps réputée comme l'asile des banqueroutiers de Hambourg. En 1736 seulement, le roi de Danemark avait conclu une convention avec la ville hanséatique par laquelle cet asile était réduit à une durée de quinze jours.

La franchise eut un plein succès. Altona fit des progrès si rapides, à la fin du xviie siècle, qu'elle excita de profondes jalousies chez les Hambourgeois. C'est même à celles-ci qu'on attribua, sans preuve, la destruction de la ville, en 1712, par les généraux suédois de Charles XI. Rebâtie bientôt par le roi Frédéric IV, qui améliora son port, Altona était en pleine prospérité à la fin du xviiie siècle. Ville de 30.000 habitants, siège de la Compagnie danoise des Indes Orientales, port d'armement actif, elle importait quantité de marchandises dans toute l'Allemagne au détriment de Hambourg. Elle portait aussi grand tort à sa voisine par le développement de ses industries. On y voyait des tanneries considérables, dix raffineries de sucre, des savonneries, des fabriques d'indiennes, de soieries, de lainages. « Les manufactures, écrivait Peuchet, paraissent y avoir, à proportion, plus de succès qu'à Hambourg. On n'en sera point étonné si l'on considère qu'elles n'y éprouvent aucune espèce d'entraves et que les subsistances y sont moins chères. »

Altona mériterait une étude développée : elle ferait connaître un exemple intéressant de l'influence des franchises, le seul port franc du Nord qui ait joué un grand rôle. La rivale de Hambourg devait perdre son port franc en entrant dans le Zollverein, en 1888, au moment où celle-ci réussissait à devenir port franc à son tour.

C'est en Suède que fut fait, au xviii⁰ siècle, le dernier essai de port franc. Ce pays était entré aussi avant, sinon plus, que les autres puissances du xviiᵉ siècle, dans la voie du protectionnisme. « Les droits d'entrée sur les marchandises qui viennent du dehors à Stockholm sont si excessifs, écrivait Savary, que la plupart des étrangers se dégoûtent d'y en apporter. » Aussi, le roi Charles IX, quand il avait voulu créer une grande compagnie de commerce dans sa nouvelle ville de Göteborg, avait-il compris qu'il fallait y attirer les étrangers par des franchises, et il avait accordé pendant vingt ans aux Hollandais l'exemption de tous droits d'entrée et de sortie.

En 1772, la diète suédoise avait voté un Acte de navigation analogue à celui des Anglais : Les vaisseaux étrangers ne pourraient porter en Suède que les productions de leur pays, et ne pourraient même les décharger que dans un seul port, sans pouvoir les porter ensuite dans un autre de la Suède. C'est alors que Gustave III, voulant donner de l'essor au commerce suédois, crut nécessaire de doter d'une franchise absolue Göteborg, le port le mieux placé de la Suède. Pour des raisons qu'il serait intéressant de connaître d'une manière précise, Gustave adopta une solution qui n'avait pas encore été essayée en Europe : le port franc fut séparé de l'ancien port et placé à 15 milles au Nord, dans l'île de Marstrand, éloignée de un mille de la côte. Le port de Göteborg était bon, mais devenait de jour en jour moins profond ; peut-être le roi fut-il séduit par les avantages de celui de Marstrand. « Marstrand, dit Peuchet, a le plus excellent port de l'Europe... On peut y entrer et en sortir quand on veut, car il a deux issues, l'une au Nord et l'autre au Sud... Il est en pleine mer et est couvert de tous côtés, même à l'égard de sa double entrée, par une citadelle imprenable.

Ce port qui sauve tant de milliers de vaisseaux du naufrage, et qui conserve la vie à une infinité de personnes
battues par des tempêtes venant de l'Ouest, et par des
glaces sortant du Cattégat, peut contenir les plus grands
vaisseaux de guerre et, en même temps, plusieurs
centaines de vaisseaux marchands, et, ce qu'il y a de plus
avantageux, c'est que ce port n'est jamais resté plus de
huit ou quinze jours fermé par les glaces. »

Peut-être aussi le roi voulut-il éviter de troubler l'ancien
commerce de Göteborg et particulièrement l'importante
pêche du hareng, soumise par l'édit du port franc à un
régime spécial. Enfin le souci de réprimer facilement la
contrebande put contribuer au choix de Marstrand.

Peuchet a reproduit en entier l'intéressante ordonnance
du 14 juillet 1775. « Toutes marchandises, y est-il dit, tant
étrangères que du pays, pourront, sans restriction et
distinction, être introduites dans le port de Marstrand,
sur des bâtiments étrangers ou suédois, y être mises en
entrepôt, y être consommées ou en être réexportées, mais
aussi lesdites marchandises, venant de ce port dans
quelqu'autre rade suédoise, seront réputées marchandises
étrangères et soumises, comme elles, aux visites, gardes
et perception de droits accoutumés... Les productions et
manufactures envoyées des ports du royaume à Marstrand, paieront le même droit que celles destinées à
l'étranger. Quant aux marchandises, tant du pays
qu'étrangères, arrivées à Marstrand, elles paieront, selon
leur valeur, un demi pour cent, et celles qui seront
exportées, un quart, moitié pour la couronne, moitié pour
la ville.

Tout étranger qui viendra s'établir en cette ville jouira,
pour lui et ses enfants, d'une entière liberté de conscience,
et sera maître d'exercer, à son choix, telle profession, et
de faire tel commerce qu'il voudra, sans être assujetti à
aucunes formalités, règlements ni droits de jurande.

Les habitants, sans distinction quelconque, seront
exempts de contributions et charges personnelles, et on
se contentera d'imposer un droit d'accise, calculé avec

sagesse, et conformément à la réquisition de la ville, sur les comestibles et boissons, pour servir d'indemnité à la commune et à la ville.

L'étranger qui acquerra maison ou fonds, de la valeur de 1.000 rixdales (5.000 francs de France) ou au-dessus, sera regardé, après une possession de deux ans, comme un sujet suédois suffisamment autorisé, et, néanmoins, il aura pleine liberté de quitter ladite ville à volonté, et sans être assujetti à aucun droit.

Tous étrangers ou naturels réfugiés à Marstrand, soit pour dettes ou délits non punissables du dernier supplice, ou de la perte de l'honneur (sans y comprendre les crimes d'Etat), y trouveront liberté et sûreté pour leurs personnes, leurs effets et les acquisitions qu'ils y feront, tant qu'ils séjourneront en ladite ville...

Enfin, il sera permis à ladite ville de recueillir, par la voie de la souscription, les fonds pour édifices et établissements nécessaires à un port franc, à la charge d'un engagement, envers les souscripteurs, de rembourser les capitaux par la voie des droits de pesée et des droits de port, et de la part que la ville a dans les droits de reconnaissance qui pourront être levés par la suite. »

Il était difficile de se montrer plus libéral et d'accorder plus d'avantages aux étrangers (1); comme autrefois le grand duc de Toscane à Livourne, Gustave III cherchait à attirer à Marstrand les persécutés et même les criminels.

Peut-être avait-il rêvé pour son port franc, le même avenir que celui du port toscan. Marstrand, en effet, au carrefour des détroits qui unissent les mers du Nord, pouvait être l'entrepôt des échanges entre les pays riverains de la Baltique et ceux de l'Occident. Sans avoir joué ce rôle, il devint un port très actif et c'est par lui que Göteborg fit dès lors tout son commerce. Aujourd'hui,

---

(1) En 1784, en échange de la petite île de Saint-Barthélemy, aux Antilles, qui était cédée à la Suède, Gustave III accorda aux Français un entrepôt spécial à Göteborg.

privé depuis longtemps de sa franchise, Marstrand n'est plus guère qu'un lieu de plaisance, visité en été par des milliers de baigneurs venus de Göteborg.

Les ports francs eurent leur place dans le système colonial de l'ancien régime. Tandis que le pacte colonial asservissait étroitement les colonies aux métropoles, et les empêchait d'entrer en relations de commerce avec l'étranger, quelques-unes d'entre elles, à cause de leur position, du peu de commerce qu'elles auraient pu faire avec la métropole parce qu'elles étaient peu étendues et peu riches, parurent destinées à servir d'entrepôt et de rendez-vous au commerce international. Saint-Thomas, dans les Antilles, fut l'exemple le plus fameux de cette catégorie de ports francs.

Merveilleusement placée au centre de la courbe formée par les Antilles, point de croisement naturel des navires qui entraient dans la mer qu'elles enferment ou en sortaient, possédant un bon port, Saint-Thomas était toute désignée comme centre de distribution des marchandises entre les archipels et comme lieu d'entrepôt. Sa position en avait fait d'abord un rendez-vous de flibustiers, en même temps qu'un dépôt important des marchandises de contrebande destinées aux colonies espagnoles et l'un des grands marchés de nègres importés d'Afrique.

Les Danois, qui la possédaient depuis 1733, avec les iles voisines de Saint-Jean et de Sainte-Croix, la firent bénéficier de la neutralité qu'ils observèrent dans les guerres maritimes du xviii° siècle, mais, surtout, ils firent sa fortune en lui donnant la franchise. L'ordonnance royale du 9 avril 1764 déclara francs en même temps les ports des iles Saint-Thomas et Saint-Jean, mais à certaines conditions. L'importation des marchandises d'Europe ne pouvait y être faite que par des vaisseaux danois ; elles étaient assujetties à un droit de 2 o/o. Les produits d'Amérique pouvaient être apportés par des vaisseaux de toutes nations, mais payaient 5 o/o de droits de douane ; seuls les droits de sortie étaient absents et l'exportation était permise à tous les navires. Mais les productions d'Amérique entreposées dans les ports francs des deux îles, ne devaient être rapportées en Europe que sur des vaisseaux danois et déchargées que dans les ports du royaume. Les sucres étrangers amenés dans ces îles et, de là, dans les Etats du roi étaient soumis à l'entrepôt pour être réexportés.

C'était donc une franchise toute relative que celle de Saint-Thomas et de Saint-Jean. Elle consistait moins dans la suppression des droits de douanes, très incomplète, que dans l'atténuation, partielle elle-même, des rigueurs du pacte colonial. Mais telles étaient les entraves que celui-ci apportait au commerce des Antilles que les libertés accordées aux îles danoises suffirent pour y attirer un grand trafic. Saint-Thomas seule en profita, parce que Saint-Jean, dont le port pouvait rivaliser avec le sien, n'était pas placée comme elle au croisement des routes suivies par les navires. Grâce à l'excellence de sa position elle était déjà, avant de devenir danoise, le centre principal du trafic de contrebande avec les colonies espagnoles et l'un des grands marchés de nègres importés d'Afrique. Sa neutralité la servit à merveille pendant les guerres de la Révolution et de l'empire. Au début du XIXᵉ siècle, elle tira encore avantage du soulèvement des colonies américaines et sa prospérité atteignit alors son apogée.

En 1860, quand sa fortune déclinait déjà, un voyageur écrivait : « Je savais sur la foi des géographes que Saint-Thomas n'était qu'un écueil aride dont le Danemark avait fait une station commerciale importante par une simple déclaration de franchise de droits. Cette île était même restée, dans mes souvenirs d'économiste, comme un exemple péremptoire de ce que peut la liberté pour créer la richesse là où naturellement elle ne saurait exister ; mais j'étais loin de m'attendre à un tableau riant sur une plage que je supposais ingrate et désolée... Telle est l'irrésistible puissance de la liberté qu'il a suffi de faire de Saint-Thomas un port franc, favorisé d'ailleurs par sa position à l'entrée de la Méditerranée américaine, pour qu'il s'élevât sur ce rocher une ville de 13.000 âmes, visitée par les pavillons de toutes les nations, riche de tous les produits des deux mondes. Les Anglais y ont établi le centre de leurs correspondances de steamers et rayonnent de là sur l'archipel entier. Toutes les nations commerçantes y ont des consuls. On y parle toutes les langues. Les magasins, qui s'étendent sous d'immenses voûtes perpendiculaire à la mer, sont de véritables bazars fermés avec des portes de fer et contenant des échantillons de tous les produits de l'industrie (1). » Parmi les étrangers attirés par la franchise, les israélites s'étaient fait une place à part et tenaient presque tous les magasins.

Les progrès de la navigation à vapeur et la création de lignes régulières, transportant directement les marchandises à destination, allaient bientôt tuer cette prospérité et rendre la franchise inutile.

Le député Raynouard disait à la Chambre de 1814 : « Curaçao et Saint-Eustache, ces deux îles principales qui appartiennent aux Hollandais sont des ports francs ouverts aux vaisseaux de toutes les nations et une telle franchise au milieu d'autres colonies meilleures, mais dont les ports ne sont ouverts qu'à une seule nation, a été pour ces deux îles la grande source de leur prospérité. » Les Hollandais avaient-ils donc devancé les Danois et fait les premiers aux colonies l'expérience des franchises ? Aucun des auteurs du xviie et du xviiie siècle ne donne pourtant le nom de ports francs à leurs deux îles. Peut-être le fait peut-il s'expliquer parce que la franchise rappelée par Raynouard n'aurait été qu'une tolérance plus ou moins étendue pour l'admission des navires étrangers dans les ports hollandais.

Quoi qu'il en soit, les Danois au moins eurent des imitateurs, leurs voisins les Suédois. Quand ceux-ci acqui

---

(1) Félix Belly. *La question de l'isthme américain.* Rev. des Deux-Mondes, 15 juillet 1860.

rent l'île de Saint-Barthélemy en 1784, le roi Gustave III, qui avait affranchi Marstrand, ouvrit le port de Gustavia au commerce de toutes les nations. La franchise de Saint-Barthélemy était donc analogue à celle de Saint-Thomas, mais le voisinage de sa rivale danoise, plus favorisée qu'elle, ne lui permit pas d'en profiter.

Peut-être eût-on vu les ports francs se multiplier dans la Méditerranée américaine comme dans celle de l'Europe, si les conditions du commerce n'y avaient pas été complètement bouleversées dans les dernières années du xviii⁰ siècle. De même que de nombreux ports de la Méditerranée placés sur la route du Levant pouvaient rivaliser entre eux, de même les possesseurs des petites Antilles, placées en avant des Indes Orientales, pouvaient espérer y attirer par la franchise le rendez-vous des navires et des marchandises.

Sur la longue route des Indes Orientales, aucun port ne se trouvait dans une situation analogue (1). Les escales se succédaient jusqu'à l'Inde elle-même, sans pouvoir servir d'autre chose aux navires que de points de relâche. Mais, à l'extrémité des deux vastes péninsules qui terminent au Sud l'Asie Orientale, deux positions semblaient prédestinées à devenir des entrepôts internationaux : Ceylan et surtout la presqu'île de Malacca. Malacca, à la jonction de l'Océan Indien et du Pacifique, sur le passage obligé de tous les navires à destination de la Chine, du Japon, des Indes néerlandaises et des Philippines, à l'endroit où bifurquaient les routes qui conduisaient à ces différents pays, jouissait d'une situation tout à fait privilégiée.

Mais les Hollandais qui possédaient Ceylan et Malacca avaient trop longtemps songé à monopoliser le commerce des Indes orientales, pour vouloir faire de ces colonies des centres de trafic international ; les étrangers étaient soigneusement écartés de Malacca. Quand les Anglais les

(1) D'après le traité d'Amiens, le Cap, cédé aux Anglais, devait être déclaré port franc. Cette clause ne reçut pas d'exécution.

remplacèrent au début du xixe siècle, personne ne pouvait plus penser à fermer les mers à ses rivaux. Le commerce de l'Extrême-Orient étant ouvert à tous, les Anglais surent en tirer profit. Ils voulurent créer là un port franc qui serait l'entrepôt des produits de l'Extrême-Orient et des marchandises d'Europe pour ces pays. Pour cela, ils firent choix de Singapour, acquise par eux en 1812 et bien mieux placée que Malacca. On sait comment ils atteignirent merveilleusement leur but. Une ville surgit rapidement dans cette île inconnue et devint l'un des ports les plus actifs du monde. En vain, les Hollandais, éclairés trop tard par l'exemple des Anglais, crurent lui susciter un rival en proclamant, en 1828, la franchise de Riouw, le chef-lieu de leurs archipels Riouw-Lingga, qui bordent au Sud le détroit de Singapour. La rade était moins avantageuse avec sa faible profondeur, placée un peu en dehors du détroit, et puis les Hollandais avaient trop attendu. Singapour resta longtemps le seul grand entrepôt libre de l'Extrême-Orient quand l'Indo-Chine, la Chine et le Japon, étaient encore fermés et quand les Hollandais dans leurs îles restaient encore attachés au régime prohibitif.

Singapour jouissait alors d'un véritable monopole. Avec les navires de tous pavillons qui fréquentaient son port, avec la population bigarrée qui peuplait la ville où se coudoyaient tous les Asiatiques, Chinois, Malais, Hindous, Arabes, elle était bien le type de l'activité du port franc telle qu'on aime à se la représenter. Ses entrepôts étaient alors le seul point de contact journalier entre les Barbares d'Occident et les gens de race jaune, entre deux civilisations et deux mondes. Si les échanges internationaux avaient eu alors l'intensité qu'ils ont acquise depuis, Singapour eût été l'emporium le plus extraordinaire du globe. L'ouverture successive des pays d'Extrême-Orient au commerce allait lui enlever son monopole, sans toutefois diminuer sa prospérité.

Le traité de Nankin de 1842 qui entr'ouvrit aux Européens les portes de la Chine donna aux Anglais une nou-

velle occasion de se servir d'un instrument qui leur avait
si bien réussi à Gibraltar, à Malte et surtout à Singapour.
L'île de Hong-Kong leur était cédée en face de Canton et
tout proche de Macao, le vieux comptoir portugais. Il
s'agissait d'attirer dans cette île inconnue, dont les collines abruptes ne semblaient laisser aucune place pour la
création d'une ville et d'un grand établissement naval,
l'entrepôt du commerce entre l'Europe et la Chine : Hong-
Kong fut déclaré port franc. On sait que sa fortune fut
aussi rapide et brillante que celle de Singapour. Si le port
de Macao eût été ouvert aux navires de toutes les nations,
peut-être les Anglais n'auraient-ils pas senti la nécessité
d'avoir un établissement à eux. La franchise fut donnée
à Macao en 1845, mais il était trop tard. Par leur impré-
voyance, les Portugais avaient voué leur vieil entrepôt à
une irrémédiable décadence.

Les Anglais avaient très intelligemment libéré d'entraves douanières Singapour et Hong-Kong, parce que
d'autres ports de colonies européennes auraient pu jouer
le rôle qu'ils rêvaient pour ces nouvelles possessions.
Plus tard, quand la route de Suez fut ouverte, ils agirent
avec le même discernement en refusant la franchise à
Aden et à Colombo. Dans ces parages ils n'avaient pas de
concurrents à redouter. Ces deux escales, nécessaires sur
la route de l'Extrême-Orient, sont devenues par la force
des choses ports de ravitaillement de tous les navires qui
la suivent, en même temps qu'entrepôts importants de
marchandises.

Il n'est pas utile d'insister plus longuement sur les
ports coloniaux parce qu'ils ont joué un rôle tout à fait
secondaire dans l'histoire coloniale. Aucun n'a été placé
dans une véritable colonie parce que la rigueur du pacte
colonial n'aurait pas souffert un tel relâchement au lien
étroit qui unissait colonies et métropoles. Ils ne peuvent
donc nous apprendre quelle répercussion aurait pu avoir
l'établissement d'un port franc sur le commerce d'une
colonie ou sur ses relations avec la métropole. L'histoire
des anciens ports francs coloniaux ne permet donc guère

d'en tirer des leçons pour faire l'essai de leur institution dans les colonies actuelles. Elle permet du moins de constater que la franchise a suffi pour donner la vie et la prospérité à des possessions qui n'en avaient eu aucune auparavant et paraissaient destinées à végéter, comme Saint-Thomas ou Singapour.

DEUXIÈME PARTIE

PORTS FRANCS D'AUJOURD'HUI

CHAPITRE IX

LES PORTS FRANCS DU NORD : HAMBOURG (1).

Le XIXᵉ siècle a marqué la fin d'une période dans l'histoire des ports francs. La plupart de ceux qui existaient à la fin du XVIIIᵉ siècle disparurent successivement : les français, les premiers, dans la tourmente révolution-

(1) A consulter : *Statistischer Auszug und verschiedene Nachweise in Bezug auf Hamburgs Handelszustände* public. de la Chambre de Commerce). — Moniteur officiel du commerce et Rapports commerciaux. — Buchheister. *Hamburg, sein Hafen und seine Schiffahrt.* — Friederichsen. *Die Deutschen Seehafen*, T. II. — Paul de Rousiers. *Hambourg et l'Allemagne contemporaine.* Paris, Colin, 1902. — René Dollot. *Le port franc de Hambourg* (Rev. polit. et parlem. 10 déc. 1903). — Alb. Aftalion. *Les ports francs en Allemagne et les projets de création des ports francs en France* (Rapp. prés. à la Soc. d'écon. polit. nation., 9 janv. 1901). — L. Estrine. *Hambourg-Marseille* (Bull. Soc. de géogr. de Mars. 1899). — Georges Blondel. *L'essor industriel et commercial du peuple allemand.* Paris, Larose, 1898 (et rééditions). — Th Somborn. *Développement du commerce maritime allemand* (traduction). Paris, Chapelot, 1900. — A. Redier. *Les ports francs.* (Rev. polit. et parlem., déc. 1901). — Edm. Boucher. *Des ports francs.* Paris. L. Boyer. 1902 (thèse de doctorat en droit). — Alexis Muzet, député. *Rapport fait au nom de la Commission du commerce et de l'industrie sur les ports francs* (Docum. parlem., annexe nᵒ 2624, séance du 6 juillet 1901). — Charles Chaumet, député. *Rapport* (au nom de la même Commission, sur le même sujet. — Docum. parlem., annexe nᵒ 1178. Séance du 4 juillet 1903). — A. Gervais, député. *Rapport sur le budget des travaux publics* (Ibid. nᵒ 1212. Séance du 4 juillet 1903).

naire ; d'autres, les italiens, vers le milieu du siècle, quelques uns vers la fin, comme Trieste et Fiume.

La centralisation et l'uniformité, qui l'emportaient de plus en plus dans tous les pays d'Europe, étaient devenues un obstacle insurmontable au maintien d'un état d'exception. La disparition des exagérations de l'ancien protectionnisme et l'adoption d'un libre échange mitigé, au milieu du siècle, rendirent les ports francs moins utiles. Ils faisaient partie de l'ancien système économique dont ils étaient un correctif : ils devaient disparaître avec lui. Enfin, les habitudes de la navigation s'étaient modifiées : la vapeur avait permis de multiplier les longues traversées. De là le désir chez toutes les grandes puissances commerçantes de recevoir directement les marchandises d'outre-mer et de se passer le plus possible des intermédiaires. Ces transformations avaient rendu de moins en moins nécessaires ces ports d'entrepôt pour lesquels la franchise semblait faite.

Cependant il n'y eut, à aucun moment, disparition de l'institution. Les derniers ports francs d'autrefois n'étaient pas encore supprimés que ceux d'aujourd'hui apparaissaient. La renaissance du protectionnisme fit qu'on eut de nouveau recours au palliatif connu. Mais, s'il n'y a pas eu interruption dans l'histoire des franchises, c'est bien une ère nouvelle qui a commencé pour elles à la fin du xixᵉ siècle : ou bien ce sont d'autres ports qui les ont obtenues, ou bien les ports d'autrefois qui les ont conservées ont vu leur régime profondément modifié. Les ports francs de l'ancien régime, étendus au territoire entier d'une ville, ont fait place aux zones franches limitées à une partie des bassins d'un port. Ce n'est pas seulement l'espace qui a été mesuré mais aussi les libertés. Au protectionnisme atténué et mitigé d'aujourd'hui correspondent des franchises plus restreintes qu'autrefois.

Tandis qu'alors c'était dans la Méditerranée ou vers ses abords qu'il fallait chercher les ports francs, ce sont aujourd'hui les pays du nord qui nous en offrent les plus nombreux et les plus remarquables exemples. L'Allemagne, surtout, est devenue le pays typique des ports francs.

Les plus anciens ne sont autres que deux des dernières villes hanséatiques qui ont conservé leur autonomie dans l'empire et restent des états indépendants. Cette simple constatation est assez significative ; elle fait prévoir qu'il y a corrélation étroite entre l'indépendance de ces villes et leur franchise.

Parmi ces ports francs, Hambourg a un rôle tout à fait prépondérant. C'est là qu'il importe d'étudier avec le plus de soin l'organisation de la franchise et ses conséquences. La vieille ville hanséatique était autrefois, vis-à-vis du reste de l'Allemagne, dans une situation analogue à celle de nos ports francs, *villes étrangères* dans le royaume. Même après la constitution du Zollverein, les Hambourgeois restèrent attachés à leur isolement douanier. « En 1840, remarque M. Paul de Rousiers, ayant augmenté leur port, ils s'empressent de construire une muraille pour le borner du côté de la terre et cela parce qu'ils sont persuadés que l'isolement est souhaitable, qu'il ne doit pas y avoir de communication et d'échanges commerciaux entre l'eau, leur domaine, et la terre environnante qui est l'étranger pour eux. » L'explication est peut-être spécieuse et on peut penser que les Hambourgeois voulaient surtout empêcher la contrebande.

Ce qu'il y a de certain, c'est que, quand le prince de Bismark voulut compléter l'union douanière en y faisant entrer les villes hanséatiques, il rencontra de vives résistances auprès des Hambourgeois qui redoutaient de voir les tarifs douaniers allemands, alors très protecteurs, détourner de leur port le commerce international. D'un autre côté, en présence de l'essor économique de l'empire, on pouvait penser qu'il était désavantageux pour Hambourg d'être séparé du marché national par une barrière de douanes. L'Allemagne, transformée, ne pouvait-elle pas désormais fournir en abondance ces éléments de trafic, que les Hanséates d'autrefois cher-

chaient surtout au dehors ? De plus, si les Hambourgeois désiraient participer au grand mouvement industriel, ne valait-il pas mieux pouvoir travailler à la fois
pour la consommation intérieure et pour l'exportation?
C'est dans ce but, rappelle M. de Rousiers, qu'ils avaient
fait un curieux essai en détachant de leur territoire un
certain espace, considéré comme faisant partie de l'union
douanière, pour y faciliter la création d'industries. « Cet
entrepôt à rebours, connu sous le nom de Zollverein
Niederlage, se composait d'un terrain entouré de murs
élevés avec une ou deux entrées seulement ; on avait bâti,
là, des usines soumises aux mêmes conditions que celles
du Zollverein, payant des droits d'entrée pour leurs
matières premières ou leur outillage, s'il y avait lieu,
mais écoulant librement leurs produits sur le marché
allemand du Zollverein.

Cette concession faite aux intérêts industriels ne réussit
pas, et l'on finit par comprendre que la solution efficace
était à l'inverse : l'État de Hambourg entrant dans
l'union, mais le port et ses annexes restant en dehors. Le
port était le vrai terrain du commerce ; le reste devait
être laissé à l'industrie ».

Ainsi, c'est sous l'influence d'une double préoccupation que fut conclue la convention d'après laquelle les
Hambourgeois devaient entrer dans le Zollverein, mais
obtenaient qu'une partie de leur port fût déclarée franche. A vrai dire, c'est le port presque entier qu'englobe
la limite du Freihafen, ouvert en 1888, année de l'incorporation de l'État de Hambourg au Zollverein. En
théorie, Hambourg ne possède qu'une zone franche,
Freibezirk, comme disent les Allemands. Mais, il est
impossible que la zone franche ait plus d'extension dans
un port ; en fait, le mot de Freihafen, port franc, carac-
térise mieux la situation faite au port de l'Elbe. Il avait
été convenu que le territoire libre aurait une superficie
de 10 kilomètres carrés ; il couvre, en effet, 1.027 hectares. Sa longueur, depuis les chantiers de Blohm et
Voss jusqu'au pont de l'Elbe traversé par les voies ferrées,

où s'arrête la navigation maritime, est de 4 kil. 800 ; sa plus grande largeur, entre le pont dit Kornhausbrücke et la chaussée de Harbourg, est de 2 kil. 900. L'enceinte du port franc est limitée sur terre par des grilles en fer d'environ trois mètres de hauteur, et, sur l'Elbe, par des barrières flottantes amarrées.

La surface d'eau, bassins, bras de rivières et canaux était, il y a quelques années, de plus de 380 hectares (1). Le port possédait douze bassins et de nombreux mouillages le long de pieux connus sous le vieux nom de ducs d'Albe, en pleine rivière. Cependant l'encombrement était grand. Aussi, en 1898, le Sénat de Hambourg décida de créer douze nouveaux mouillages au milieu du grand bassin, dit India Hafen, et de creuser à Kuhwärder, sur la rive gauche du fleuve, trois nouveaux bassins aujourd'hui terminés (2). Par suite de cette extension de la surface d'eau, les terrains disponibles pour le commerce et l'industrie dans le port franc ont été restreints, mais ils couvrent plus de 700 hectares, chiffre considérable qu'il importe de retenir. La longueur des quais, pour les vaisseaux de mer, atteint environ 25 kilomètres. Les bateaux fluviaux disposent de longueurs plus considérables encore (3).

Avant le creusement des trois derniers bassins, dont la dépense a été évaluée à 40.000.000 de marks, les travaux du port avaient coûté plus de 300 millions de marks. Mais il serait tout à fait inexact de croire que c'est l'installation du port franc qui a nécessité des dépenses aussi considérables. Le creusement des bassins et la construction des quais auraient été aussi indispensables et aussi

(1) D'après la substantielle brochure de M. Wendemuth, inspecteur de la navigation (*Der Hamburger Hafen*, juin 1903), les surfaces d'eau étaient jusqu'à présent : 133 ha. pour les vaisseaux de mer ; 55.8 ha. pour les bâtiments fluviaux ; 80.3 ha. pour les canaux et bras latéraux ; 114 ha. pour l'Elbe libre et les entrées des ports ; en tout 384 ha.

(2) Kuhwärderhafen (22.3 ha.), Kaiser Wilhelm-Hafen (22.6 ha.), Ellerholzhafen (30.9 ha).

(3) Wendemuth.

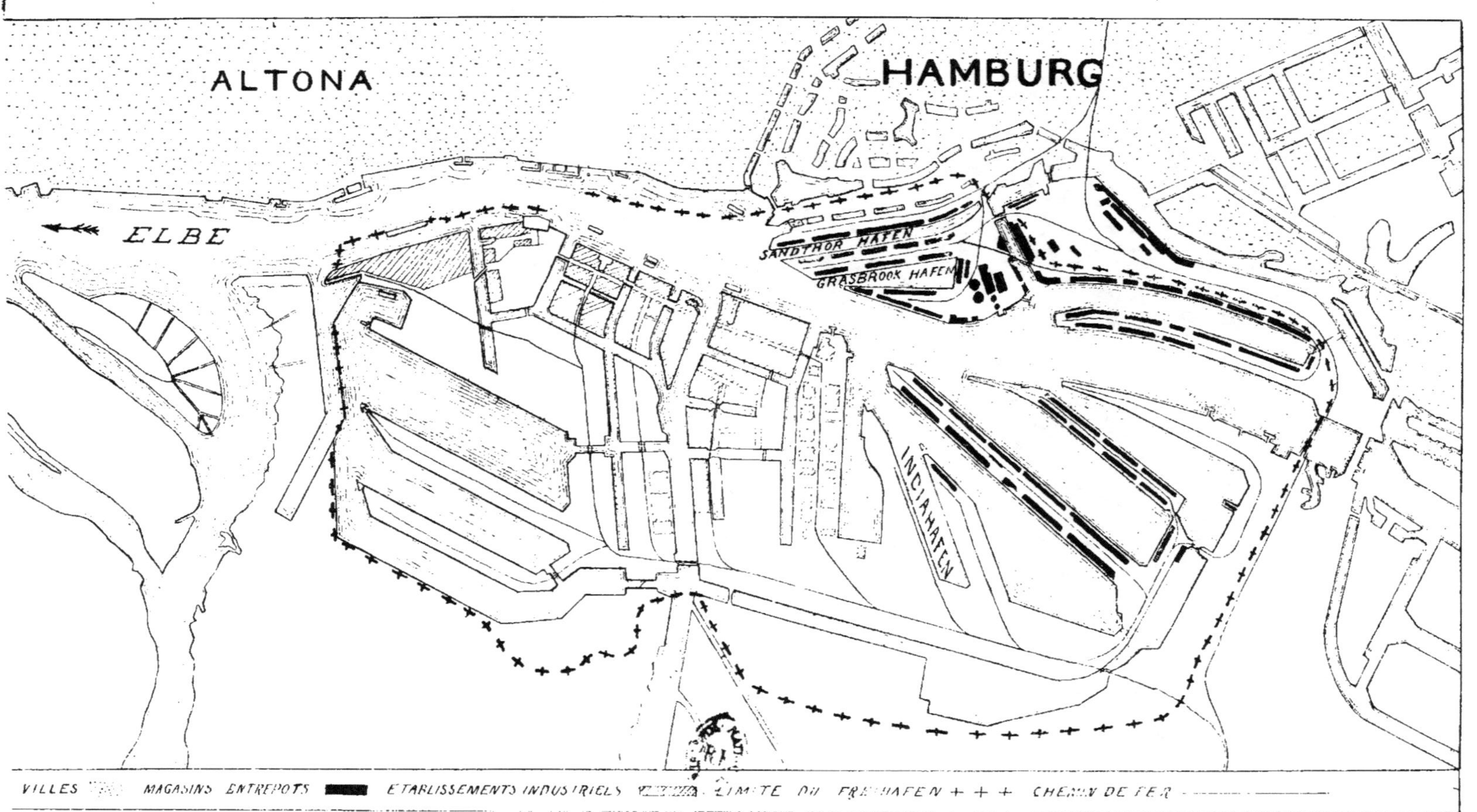

PORT DE HAMBOURG, au 1:30.000

coûteux sans la franchise ; l'isolement du territoire libre par des canaux, des murailles et des barrières, n'a exigé que des sommes relativement insignifiantes. Il est vrai que, en 1881, on décida de détacher de la ville un quartier habité par 20.000 personnes, de le séparer par un large canal douanier, le Zollcanal, creusé de 1883 à 1887, qui constituerait la communication intérieure entre le haut et le bas fleuve, et de raser tous les bâtiments de ce quartier, puisqu'il ne devait y avoir aucune habitation dans le territoire franc. Sans la franchise d'autres combinaisons, moins coûteuses sans doute, eussent été adoptées.

Quand on arrive de la mer, d'immenses édifices à 6 et 8 étages, attirent de loin le regard. Ce sont les entrepôts de la Hamburger Freihafen-Lagerhaus-Gesellschaft (1), compagnie au capital de 9 millions de marks, constituée pour l'exploitation du port franc. Pour la construction de ces énormes bâtiments, l'Etat lui a cédé des terrains pour 10 millions de marks. Ils couvrent 42 hectares et donnent une surface totale d'entrepôt de 24 hectares. Les bénéfices de l'exploitation doivent être partagés entre l'Etat et les actionnaires ; plus tard, l'Etat doit devenir propriétaire de toutes les installations. La compagnie vient d'agrandir notablement son domaine en élevant de nouveaux bâtiments sur la rive droite et sur la rive gauche de l'Elbe. D'autres docks et entrepôts nombreux, dont quelques-uns atteignent des dimensions considérables (2), ne lui appartiennent pas. En outre, d'immenses hangars sont là pour recevoir la plus grande partie des marchandises qui n'ont pas besoin de faire un séjour prolongé dans les entrepôts. Leur longueur atteignait, en 1902, 9.729 mètres et leur superficie plus de 26 hectares. Les nouveaux

(1) Voir le règlement et le tarif de cette compagnie des entrepôts dans le second volume de l'ouvrage de L. Friederichsen, secrétaire de la Soc. de Géogr. de Hambourg (*Die Deutschen Seehafen*).

(2) Les deux docks A et B ont 6 et 12 étages et couvrent 32.000 mètres carrés. (Wendemuth).

bassins de Kuhvärder sont bordés de 2.490 mètres de hangars neufs, recouvrant près de 14 hectares.

Le service intérieur du port est assuré par l'administration des quais, Quai Verwaltung, qui est sous la dépendance directe du Sénat de Hambourg. C'est celui-ci qui accorde les concessions de terrains. Il peut accueillir ou repousser toute demande sans avoir à motiver ses décisions.

Il serait intéressant d'examiner d'un peu plus près les règlements relatifs au port franc. La suppression de la surveillance de la douane et des formalités n'est pas absolue. « Les navires destinés au port franc doivent embarquer à Cuxhafen un pilote assermenté et commissionné par la douane ou bien se soumettre à la formalité du plombage ou de l'acquit-à-caution. Ils doivent arborer le pavillon douanier et la nuit un feu spécial. On préfère généralement le pilotage, bien qu'il entraine une dépense un peu plus élevée que le plombage, cette dernière formalité ayant l'inconvénient d'entrainer des retards qui empêchent parfois de profiter de la marée. Bien qu'une surveillance permanente soit exercée, la douane considère la présence de pilotes assermentés à bord comme lui donnant toute garantie. Les capitaines sont tenus, à l'arrivée à Hambourg, de déposer leurs manifestes et de déclarer fidèlement leur cargaison. Cette déclaration, qui n'a toutefois d'importance qu'au point de vue de la statistique du port, pour laquelle un léger droit est perçu par l'État de Hambourg, est contrôlée par l'administration des quais par le rapprochement des connaissements avec le manifeste (1). »

« Toute marchandise arrivant en port franc est soumise à une déclaration. On peut la déclarer soit en transit (*Durchfuhr*) soit en importation (*Einfuhr*). C'est une déclaration de *statistique*.

La marchandise en transit ne paye aucun droit (sauf le timbre de la statistique).

(1 Rapport Muzet, p 9.

La marchandise en importation est celle qui entre au port franc, par voie de mer ou par voie de terre, pour y être l'objet d'une opération commerciale quelconque (vente, warrants, filière des spéculations pour cafés). Celle-ci donne lieu à une *Einfuhrdeclaration* et elle est soumise à un droit de 1 p. 1,000 *ad valorem* quand elle arrive par mer. Dans le cas où, pour une cause quelconque, la marchandise sort du port franc après opération commerciale, elle donne lieu à une *Ausfuhrdeclaration* ou déclaration d'exportation ; si la sortie a lieu par mer, il y a un droit de sortie.

Quand une marchandise primitivement destinée au transit est l'objet d'une opération de commerce en port franc, la *Durchfurdeclaration* devra être transformée dans les trois jours en *Einfuhrdeclaration* (1). »

En somme, taxes et formalités sont réduites à leur minimum et c'est l'absence de ces dernières qui est peut-être la plus avantageuse au commerce. « Tout l'intérêt du port franc, écrit avec raison mais non sans quelque exagération M. de Rousiers, est dans les facilités offertes aux échanges commerciaux et ces facilités sont considérables. Pas de rapports désagréables, pas de discussions avec la douane, pas de perte de temps résultant de la rédaction des pièces, du compte et de la vérification des marchandises. Aucune surveillance fiscale n'étant exercée, il n'y a pas lieu d'interdire le travail de nuit sur les quais ; si, à la tombée du jour, votre navire est près d'avoir reçu sa cargaison complète, on achève le chargement en quelques heures, on lève l'ancre à minuit, et on gagne ainsi une demi-journée ou une journée ; bref, on n'est jamais retardé par la douane et c'est une énorme économie de temps. »

Comme toutes les zones franches actuelles, le port franc de Hambourg offre aux négociants toute liberté pour « manipuler, reconditionner, transformer, mélanger ensemble des marchandises quelconques et les réexpédier

(1) Annales du Comm. extér. 1897. 9ᵉ fasc.

sous une forme ou sous une appellation différente, sans le contrôle ou l'assistance de la douane. »

Enfin, par un privilège dont les autres zones franches allemandes sont privées, toutes sortes d'établissements industriels peuvent être installés dans l'enceinte franche. Il faut faire ressortir avec quel esprit libéral les Allemands ont résolu l'une des difficultés les plus graves que soulève l'organisation des ports francs.

En France, les auteurs de projets de zones franches, pour désarmer leurs adversaires protectionnistes, ont admis cette condition draconienne : toutes les marchandises sortant des zones pour entrer dans l'intérieur doivent être considérées et traitées comme provenant des pays les plus lourdement taxés par le tarif douanier. La douane de Hambourg n'a pas adopté un système aussi simpliste et aussi commode pour elle. Elle admet qu'elle peut faire la distinction de l'origine des diverses marchandises et leur appliquer les tarifs auxquels sont soumis les pays d'où elles viennent. Il est vrai que le système douanier de l'Allemagne est plus simple que le nôtre. « L'Allemagne, comme la France, écrit M. Dollot, a adopté une politique protectionniste ; elle a un tarif général autonome, un tarif réduit conventionnel. Mais, tandis que notre loi de 1892 a posé les bases d'un système d'une extrême complexité, à force de vouloir être précis, la loi allemande a établi des règles assez simples. Le tarif autonome est d'une application très étendue : les dérogations qui y sont apportées ne s'appliquent qu'à des catégories peu nombreuses de marchandises. Ces dérogations se retrouvent dans presque tous les traités de commerce signés par l'empire, ce qui en élargit singulièrement la portée. Il n'y a d'exceptions que pour le Portugal, Haïti et le Canada. C'est dire que, si théoriquement on pourrait redouter une multiplicité de tarifs, pratiquement il n'y en a que deux : le tarif général et le tarif conventionnel. »

M. Dollot fait aussi remarquer avec raison que « les produits tombent sous le coup du tarif autonome ou du tarif conventionnel, moins d'après leur provenance que d'après leur nature, d'après la classe des marchandises à laquelle ils appartiennent (1) ».

Il n'en est pas moins vrai que c'est la provenance qui règle parfois le tarif et, sous prétexte que le tarif conventionnel n'est pas applicable aux provenances du Portugal et d'Haïti, la douane allemande ne fait pas payer les droits les plus élevés à tous les vins ou à tous les cafés qui sortent du port pour entrer dans l'empire. Elle se contente d'une double déclaration pour connaître les provenances. « Dès l'arrivée d'un navire ayant touché à Haïti, au Canada ou au Portugal, les autorités du port préviennent la douane de Hambourg et lui indiquent, d'après le connaissement, la nature et les quantités de marchandises sujettes au tarif maximum qu'apporte le navire, ainsi que les noms des négociants destinataires. Ces derniers, à leur tour, doivent faire à la douane, au sujet des marchandises et de leur réception, une déclaration qui sert à contrôler les indications déjà reçues. La douane porte en compte à chaque négociant telle ou telle quantité de marchandises sujettes au droit maximum. Le négociant en est responsable. » En cas de contestation on en appelle au Conseil de la Douane composé de douze négociants pris dans les diverses branches du commerce.

Les Allemands tiennent assez à ce système pour n'être pas disposés à l'abandonner, même si leur système douanier était modifié. En 1900, on discutait vivement en Allemagne sur la politique douanière à suivre et il était question d'adopter notre système de tarif maximum et minimum. Même dans cette hypothèse les Allemands envisageaient la possibilité d'établir une distinction pour les taxes à faire payer sur les marchandises qui entreraient des ports francs dans l'intérieur. La Chambre de Commerce de Hambourg, dans son rapport pour l'année 1900, se prononçait en faveur du maintien des traités de

(1) Dollot, p. 563-64.

commerce contre le système du tarif maximum et minimum, parce que celui-ci nécessitait l'emploi des certificats d'origine (1).

Bien plus, ce libéralisme de la douane allemande s'étend aux produits fabriqués dans le port franc. Elle ne renonce pas à discerner quels droits doivent être appliqués aux matières premières entrant dans leur fabrication et s'ils ne renferment pas des produits allemands à exempter de tout paiement. Pour cela, sur la demande des négociants et à leurs frais, elle exerce un contrôle sur les marchandises manipulées et transformées, constate la provenance des matières employées et délivre un certificat qui permet, en cas d'importation, de ne payer que les droits qui auraient été perçus si les matières premières elles-mêmes avaient été importées. Comme le remarque M. Estrine, on n'oserait pas demander en France l'adoption d'un régime aussi équitable.

En revanche, les règlements du Freihafen prévoient une répression sévère de la fraude. M. Muzet l'a bien fait ressortir dans son rapport : « Le commerçant ou l'industriel admis dans le port franc doit prendre l'engagement qu'il ne se fera chez lui ni fraude, ni commerce de détail... Toute contravention à la règlementation du port franc est punie d'une amende minima de 500 marks. La récidive est punie d'une amende qui peut s'élever à 1000 marks. La troisième contravention entraîne l'exclusion du port franc et un blâme officiel et public qui a pour conséquence de faire exclure de la Bourse un commerçant condamné. De plus, en cas de complot, la législation générale de l'empire édicte des amendes pouvant aller jusqu'à 50.000 marks et entraîner la peine de la prison. Il suffit, pour qu'il y ait complot, que trois personnes aient pris part, plus ou moins directement, à la fraude, et les tribunaux semblent assez disposés à reconnaître facilement l'existence du complot. La crainte de ces sévérités, qui peuvent paraître excessives, est une

(1) Monit. Off. du Comm., 1901, p. 139.

garantie contre la fraude, d'autant plus qu'elles sont rigoureusement appliquées sans acception de personnes et sans considérations étrangères au service.

Aussi, ces pénalités exceptionnelles n'ont pas souvent l'occasion d'être appliquées. On cite cependant, parmi d'autres moins sévères, la condamnation d'un industriel qui avait trouvé le moyen de décolorer des pétroles, frappés d'un droit élevé, pour les mélanger avec des huiles végétales destinées au graissage des machines. Il fut puni d'une amende de 50.000 marks, de cinq années de prison et exclu naturellement du port franc. »

Concurremment avec la douane, la Compagnie fermière du port franc exerce une surveillance pour empêcher les fraudes. Elle est engagée par ses règlements à congédier ceux des locataires de ses entrepôts qui s'en rendraient coupables. « Elle possède un excellent moyen d'information, les commerçants étant obligés de tenir un livre permettant de constater, en vue des droits à acquitter pour les élévateurs et ascenseurs, le chiffre exact des entrées et des sorties. »

La franchise existe donc bien à Hambourg de fait comme de nom. On peut même dire que le commerce n'a joui des mêmes facilités dans aucun des ports francs anciens. Or, depuis quinze ans qu'il fonctionne, ce régime n'a suscité aucune difficulté sérieuse ni aucune protestation. On serait peut-être tenté de penser que l'absence de complication est provenue de la distinction faite entre le port franc et le port douanier, mais il ne faut pas oublier que ce dernier n'occupe relativement qu'un tout petit espace, que presque toutes les opérations commerciales ont lieu en territoire libre et qu'en réalité tout se passe presque comme si celui-ci occupait toute la surface du port.

C'est une question très délicate et même impossible à résoudre que celle de l'influence causée par la franchise sur le développement de la prospérité de Hambourg. L'essor du commerce aurait-il été tout autre si le port de l'Elbe eût été purement et simplement compris dans l'Union douanière et y eût-il grandement perdu ? Beaucoup de ceux qui ont parlé récemment de Hambourg et même ceux qui y sont allés tout exprès pour y étudier le fonctionnement du port franc ne se sont pas posé la question. Ils se sont bornés à s'émerveiller de la renaissance de la vieille ville hanséatique ; ils ont constaté que la rapidité prodigieuse de ses progrès était postérieure à 1888. Il n'en fallait pas plus pour conclure que Hambourg devait surtout sa fortune à son port franc. Que de fois, sans plus ample examen, l'a-t-on proposé, ces dernières années, comme un victorieux exemple des puissants effets de la franchise ! En revanche, les protectionnistes français n'ont cessé de proclamer que la prospérité du port de l'Elbe était due à de tout autres causes. Un journaliste envoyé pour faire une enquête à Hambourg et à Copenhague, concluait, récemment, que la franchise n'avait guère contribué au développement industriel et commercial de ces deux villes. D'un voyage un peu antérieur, M. Etienne rapportait une tout autre impression. Comme il demandait à un des négociants les plus considérables de Hambourg quel était le secret du prodigieux développement du port allemand, son interlocuteur lui répondit : « Il n'y en a pas d'autre que la liberté absolue dont jouit le commerce dans ses opérations. La douane a pour instructions formelles de ne lui apporter aucune entrave et il est de principe que tout litige qui s'élève entre la douane et un négociant doit être tranché au profit de ce dernier (1) ». Une étude attentive du trafic de Hambourg et de ses progrès est nécessaire pour essayer de substituer un jugement raisonné au conflit de ces opinions.

Il est bien vrai que, si le commerce de Hambourg a progressé d'une façon remarquable, comme celui des grands ports européens, pendant tout le xixe siècle, c'est dans les

(1) Voir articles de M. Le Carpentier dans le journal l'*Éclair*. août 1903.— *Quinzaine Coloniale*. 25 novembre 1902.

dix dernières années que l'essor du commerce et de la navigation y a dépassé toutes les prévisions. Voici quel avait
été le mouvement total des entrées et des sorties, par
mer, avant 1890 :

1846-50 :	920.000 t. reg.	1871-80 :	4.407.000 t. reg.
1851-60 :	1.510.000 —	1881-90 :	7.710.000 —
1861-70 :	2.520.000 —		

Les Hambourgeois pouvaient déjà se féliciter de pareils
résultats. M. Blondel en a fait heureusement ressortir
l'importance par un rapprochement avec le port du Havre.
« En 1850, dit-il, le mouvement maritime du Havre à
l'entrée était de 554.000 tonnes ; celui de Hambourg, de
427.000. Nous avions, à ce moment, une forte avance.
En 1870, le mouvement du Havre était de 1.432.000 tonnes ;
Hambourg n'avait pas encore pu rejoindre et restait à
1.200.000. En 1880, le Havre est à 1.681.009 tonnes,
Hambourg est déjà passé à 2.766.600. En 1894, le Havre
atteint péniblement les 2 millions — 2.031.000 — mais
Hambourg est à 6.229.000 ». Depuis 1870, et surtout
depuis 1880, Hambourg avait précipité sa marche en
avant.

Mais comparons les résultats des dix années suivantes :

1891-1900 :	13 191.000 t. reg.	1902 :	17.432 000 t. reg.
1901 :	16.736.000 —		

La moyenne décennale pour 1881-90 était de 3.333.000
tonnes supérieure à celle des dix années précédentes :
dans les dix années qui ont suivi elle a été dépassée de
5.451.000 tonnes. Le gain de l'année 1901 a été de
647.000 ; la progression va toujours en augmentant. La
crise industrielle et financière qui a troublé l'Allemagne
en 1901 ne l'a pas arrêtée. La différence apparait aussi
nette si on compare la valeur du commerce *maritime* de
Hambourg avant et après 1890, comme le montrent les
chiffres des importations :

1851-60 :	330.186.000 marks	1900 :	2.280.802.000 marks
1881-90 :	1.045.776.000 —	1901 :	2.160.711.000 —
1891-95 :	1.558.900.000 —	1902 :	2.296.808.000 —

En trente ans, de 1860 à 1890, la valeur des importations par mer s'était accrue de 715 millions de marks ; dans les dix années qui suivent, le progrès a été de 1 milliard environ (1). Quant au commerce total, il a passé de 2.027.188.000 marks pour 1881-90, à 2.826.181.000 pour 1891-95, à 4.091.834.000 en 1900, à 4.196.691.000 en 1902.

On peut remarquer tout d'abord que Hambourg n'est pas un exemple unique de progrès aussi rapides. D'autres ports, qui n'ont pas la franchise, mais qui jouissent d'autres avantages, que Hambourg possède également, ont progressé aussi vite et même plus vite que lui : tels Anvers et Rotterdam. Voici quel a été l'accroissement des entrées dans les trois ports depuis vingt ans :

Années	Anvers	Hambourg	Rotterdam
1880	3.063.000 t. reg.	2.766.000 t. reg.	1.681.000 t. reg.
1890	4.506.000 »	5.202.000 »	2.918.800 »
1895	5.322.000 »	6.254.000 »	4.177.000 »
1899	6.872.000 »	7.765.000 »	6.323.000 »
1901	7.511.000 »	8.383.000 »	6.382.000 »
1902	8.401.000 »	8.689.000 »	6.546.000 »
1903	9.076.000 »	9.156.000 »	7.744.000 »

Ainsi, dans le même intervalle de treize ans, Anvers gagnait 4.570.000 tonnes, Rotterdam 4.826.000, Hambourg 3.954.000. En 1897, Hambourg n'était même plus le premier port du continent pour le poids des marchandises débarquées sur ses quais. A ses 8.066.000 tonnes métriques, Rotterdam pouvait opposer 8.484.000 tonnes.

Ce seul exemple suffirait, peut-être, à faire penser que la franchise de Hambourg n'est pas un des facteurs essentiels de sa prospérité. C'est ce que montre nettement une analyse un peu précise des divers éléments de son commerce. M. de Rousiers a essayé de la faire dans son

---

(1) M. de Rousiers a commis une grave confusion dans un calcul analogue. Il trouve que de 1896 à 1898 les chiffres ont presque doublé pour les importations, plus que doublé pour les exportations. C'est qu'il a comparé les chiffres du commerce *maritime* en 1895 à ceux du commerce *par mer et par terre* en 1898.

livre, mais, en recherchant quelle est la part des trois
éléments entre lesquels se partage le trafic de ce port
comme celui de tous les grands ports : « marchandises
provenant de l'Allemagne, marchandises à destination
de l'Allemagne, enfin celles pour lesquelles Hambourg
est un simple lieu de distribution », il a commis une
grave confusion qui a faussé les résultats obtenus.

On a remarqué que, depuis 1870, le commerce de
Hambourg s'était accru de 110 o/o, tandis que celui de
l'Allemagne n'avait progressé que de 60 o/o. Cela ne veut
pas dire que c'est comme entrepôt et comme lieu de
distribution, grâce à sa franchise, par conséquent, que
Hambourg a gagné plus que l'ensemble de l'Allemagne.
C'est surtout une preuve que le port de l'Elbe a attiré à
lui une part de plus en plus grande du commerce de
l'empire au détriment d'autres ports, dont plusieurs
cependant jouissent aussi de la franchise.

En effet, le commerce hambourgeois est bien surtout
un commerce allemand ; c'est l'accroissement de la
production et de la consommation allemande qui lui
procure chaque année une masse grossissante d'articles
de trafic. M. de Rousiers constate que sur le total des
entrées à Hambourg par terre et par mer les marchandises provenant d'Allemagne par l'Elbe et les voies
ferrées figurent en 1900 pour plus des 3/8, exactement
pour 4.957.000 tonnes métriques et 1.523.000.000 de
marks. Mais cette constatation est très insuffisante pour
faire sentir l'influence de l'Allemagne sur Hambourg. Si
les 5/8 des importations fournis par l'étranger sont
destinés à la consommation industrielle ou alimentaire
de l'Allemagne il s'agit bien là de commerce national.

Il faut faire, d'abord, une première remarque capitale :
les industries du port franc, les navires qui y séjournent
et qui s'y ravitaillent, les équipages et les ouvriers qui y
travaillent, consomment beaucoup de matières premières
ou même de denrées alimentaires qui sont entrées et qui
ne ressortent plus. Pour prendre un exemple saillant, le
port franc a reçu, pour les trois années 1895-1897,

2.435.000, 2.729.000 et 3.122.000 tonnes de charbon, tandis que l'ensemble des combustibles et des matériaux de construction, sauf le ciment, ne figure aux sorties que pour 365.000, 581.000 et 611.000. De même, les distilleries reçoivent un poids énorme de matières premières et il n'en sort qu'une quantité relativement faible d'alcool. On est même étonné quant on oppose à la totalité de ce qui entre par terre et par mer dans le Freihafen, 12.259.000 tonnes métriques de marchandises en 1897, la totalité de ce qui en sort, 7.945.000 seulement. Cette année-là, 4.314.000 tonnes de produits divers avaient donc été consommés ou transformés dans son enceinte. La même différence existe, moins prononcée naturellement, pour les valeurs : en 1897, les expéditions au-dehors, évaluées à 2.693 millions de marks, étaient assez loin d'atteindre le chiffre des marchandises reçues qui atteignait 3.026 millions. Il s'en rapprochait davantage à cause de la plus-value acquise par les matières premières mises en œuvre dans les usines et fabriques du port franc.

Pour bien se rendre compte du rôle du commerce national à Hambourg, il est donc nécessaire de tenir compte de ce fait essentiel. Comparons les *entrées par mer* dans ce port aux *sorties par terre*, par les voies ferrées ou par l'Elbe et les canaux, et nous verrons quelle part des importations est à destination de l'Allemagne :

	Entrées par Mer		Sorties par Terre (Impo t. en Allemagne)	
	T. m.	Marks.	T. m.	Marks.
1871-80	2.102.000	874.554.000	1 159.000	844.459 000
1881-90	3.495.000	1.045.776.000	1.877.000	855.835.000
1900	9.851.000	2.280.802.000	4.763.628	1.478.401 000
1901	9.701.008	2.160.711.000	4.712.293	1 398.833.000
1902	10.022.000	2.296.808.000	4.566.186	1 411.922 000

Ainsi, en se rappelant les chiffres donnés plus haut, on trouve que près des 2.5, peut-être, des importations maritimes seraient destinés aux besoins du port, près de la moitié serait nécessaire pour la consommation allemande; resterait 1.5, ou moins, pour les réexportations.

Faisons la même comparaison entre la totalité des mar-

chandises qui entrent dans le port par terre, c'est-à-dire,
qui proviennent de l'empire et celles qui sortent par mer,
constituant les exportations de Hambourg.

	Entrées par Terre		Sorties par Mer	
	T. m.	Marks.	T. m.	Marks.
1871-80	1.116.000	562.514.000	1.107.000	656.618.000 (1876-80)
1881-90	2.360.000	953.260 000)	1.904.000	981.412.000
1900	4.967.798	1.525.507.000	4.581.553	1.811.032.000
1901	4.988.942	1.437.488.000	4.695.469	1.819.547.000
1902	4.938.573	1.470.769.000	4.943.102	1.899.883.000

L'Allemagne envoie donc à Hambourg plus de marchandises qu'elle n'en exporte par mer. Ce serait d'autant
plus inexplicable qu'une part des exportations maritimes
de ce port est constituée par des réexportations de marchandises étrangères, si on ne se souvenait encore de la
masse des produits consommés dans le Freihafen. Il est
vrai que, malgré cette consommation, la valeur des
exportations est supérieure de plus de 400 millions en
1902 à celle des marchandises reçues par terre de l'empire.
C'est que la perte est plus que compensée par la valeur
des réexportations et la plus-value due aux fabriques
hambourgeoises.

Quelque insuffisants que soient ces chiffres pour avoir
une idée absolument nette de la situation, ils permettent
d'affirmer que Hambourg doit une bonne partie de son
étonnante prospérité au développement économique de
l'empire. Le port de l'Elbe en est surtout le premier port
d'importation et d'exportation. L'attraction de Hambourg
grandit de plus en plus; elle s'étend, d'un côté à la
région rhénane, de l'autre, au bassin de l'Oder; elle péné-
tre par l'Elbe jusque dans l'Autriche, qui lui expédie
annuellement plus de 300.000 tonnes de sucre. Aussi
les autres ports allemands sont obligés de s'adresser
à Hambourg pour aller chercher le fret qui leur manque. Le Norddeutscher Lloyd ne trouve même plus à
Brême de quoi charger ses navires et a organisé un service d'allèges qui vont prendre à Hambourg des marchandises d'exportation.

M. de Rousiers rapporte un mot d'un français de Hambourg qui montre qu'on ne comprend pas toujours assez, en France, le secret de cette merveilleuse fortune. Un Nantais de ses amis lui avait demandé comment Nantes pourrait imiter l'exemple de Hambourg : « Il faut commencer, avait-il répondu, par transformer Orléans, Tours, Blois, Saumur et Angers, tout au moins en villes de 2 à 300.000 âmes, couvrir de manufactures les campagnes environnantes, après quoi Nantes pourra suivre l'exemple de Hambourg. »

Comment ce port est devenu le grand centre d'attraction du commerce allemand il suffit pour l'expliquer de rappeler ses avantages naturels. Placé presque géométriquement au centre de l'empire, il a, de ce premier chef, un avantage marqué sur les autres villes maritimes allemandes. Seul port intérieur d'accès facile, il est merveilleusement placé, au point précis où s'arrête la navigation maritime et où commence la circulation fluviale sur l'Elbe. On a tout dit sur le rôle de l'Elbe, qui permet à l'attraction de Hambourg de s'exercer jusque dans la Bohême, qui, par la Havel et ses canaux, en fait le port préféré de Berlin et de la Silésie.

Les Allemands ont fait et projettent de grandes choses pour accomplir tout ce que l'homme pouvait ajouter aux avantages de la nature. L'Elbe qui apportait, en 1851, 218.000 tonnes métriques de marchandises, a décuplé sa capacité de transport depuis sa *construction* par les Allemands : 2.148.000 tonnes sont arrivées par ses chalands en 1897. C'est grâce à l'économie de ses transports que quantité de produits allemands peuvent être exportés par Hambourg, que les usines de Saxe ou de Silésie reçoivent leurs matières premières, car la masse des produits qui remonte le fleuve est très sensiblement supérieure à celle qui le descend : 3.182.000 tonnes, en 1897, ont quitté les quais de Hambourg pour l'intérieur.

Le canal de Kiel, quand il aura porté tous ses fruits, favorisera encore le port de l'Elbe qui, grâce à lui, est déjà devenu, remarque justement M. Blondel, « comme un avant-port de la Baltique ». Ce dernier rôle lui sera encore facilité par le canal de l'Elbe à la Trave, inauguré en 1900 (1). Enfin l'exécution du grandiose projet du Mittelland Kanal achèvera de permettre au rayonnement du commerce hambourgeois de s'exercer sur toute l'Allemagne, en facilitant les transports vers la région rhénane. Il détournera certainement une partie de l'important courant, perdu pour les ports allemands, qui s'en va vers Rotterdam ou Anvers.

De leur côté, les Hambourgeois, aidés par l'empire, ont travaillé sans relâche, depuis cinquante ans surtout, pour accroître les commodités de leur port que la nature avait moins favorisé et pour lui donner l'outillage de premier ordre devenu nécessaire à un grand commerce.

L'Elbe manquait de profondeur. Il y a 60 ans, des bateaux calant plus de 4m50 ne pouvaient pas le remonter ; le port n'était accessible qu'à marée haute, grande gêne pour un mouvement important. On manquait de place pour les navires et pour des installations sur les rives du fleuve dont la largeur est médiocre. Depuis le XVIIe siècle, le port s'était étendu peu à peu en longueur, cependant les bâtiments ne pouvaient accoster à quai : ils ancraient au milieu du fleuve, amarrés à des poteaux les uns contre les autres ; des allèges faisaient le va et vient entre eux et la rive. Enfin, les froids d'un rude hiver interrompaient complètement la navigation chaque année ; parfois c'était pendant cinquante et même soixante jours que les glaces interdisaient l'accès du port.

Des travaux persévérants ont fait peu à peu disparaître ces inconvénients. Grâce aux corrections et aux dragages continuels, des navires calant 7m 50 pouvaient arriver

---

(1) Pour la première année d'exploitation, le mouvement total a été de 125.000 tonnes ; les expéditions de Hambourg à Lübeck pour la Baltique ont été de 28.860 tonnes ; les arrivées n'ont monté qu'à 10.450 tonnes. Mais ce trafic augmentera certainement comme celui du Kaiser Wilhelm Kanal qui a donné passage en 1901 à 30.314 navires jaugeant 4.347.000 tonneaux . en 1902, à 32.010. d'une jauge de 4.573.834 tonneaux.

devant les quais en 1900. L'éclairage et le balisage du fleuve, qui coûtent fort cher mais sont excellents, donnent toute sécurité à la navigation. Les bateaux sont guidés, à l'entrée de l'Elbe, par les pilotes cuxhafenois de l'Etat qui croisent avec leurs schooners jusque dans le voisinage du canal de la Manche. Depuis le fonctionnement des bateaux brise-glaces, c'est-à-dire depuis environ 30 ans, la navigation n'a plus été interrompue. Enfin, les Hambourgeois ont creusé leur magnifique ensemble de bassins. Les quatre plus anciens, Sandthorhafen, Schifferbauerhafen, Grasbrookhafen, Strandhafen, sont seuls antérieurs à 1880 ; tous les autres ont été creusés depuis que l'entrée de la ville dans l'Union douanière fut décidée. C'est aussi dans les quinze dernières années qu'ont été construits les immenses magasins et hangars, que les quais ont été munis de tous leurs engins de chargement et de déchargement, des deux grandes grues de 150 et de 50 tonnes, des 263 grues à vapeur, des 84 grues électriques et des 95 grues à main qui fonctionnaient en 1903, sans compter les 137 grues électriques des bassins de Kuhwärder qui viennent d'être établies ainsi que deux nouveaux puissants engins de 75 et de 20 tonnes.

Les Allemands n'étaient pas encore satisfaits des résultats acquis. Tout un programme de nouveaux travaux a été exécuté depuis 1898. Les bassins de Kuhwärder, par leur profondeur bien supérieure à celle de tous les autres, offrent aux gros vaisseaux des commodités toutes nouvelles ; c'est pourquoi deux d'entre eux, le Kaiser-Wilhelm-Hafen et le Ellerholzhafen, sont réservés à la puissante compagnie Hamburg-Amerika. La profondeur y atteint 10 mètres aux hautes eaux. Les plus anciens bassins, Sandthor et Grassbrook, n'ont que 5 à 6 mètres, les autres 6 à 6ᵐ 50, au-dessus du niveau moyen ; on projette leur approfondissement.

D'après la convention conclue avec la Prusse en 1897, l'Etat de Hambourg devait consacrer 7 millions à remplacer par un canal en droite ligne les sinuosités du fleuve devant Finkenwärder, et les deux Etats doivent étudier en commun la régularisation définitive du fleuve depuis l'embouchure. « L'approfondissement du Fahrwaser ou chenal de l'Elbe, de Cuxhaven à Hambourg, devait être terminé en 1900 et permettre à des vapeurs de 30 pieds de tirant d'eau de remonter à Hambourg, alors qu'à Marseille ce n'est que depuis quelques années, grâce à l'initiative de la Chambre de Commerce et de la Compagnie des docks et entrepôts, qu'il y a trois places à quai ayant 26 pieds d'eau (1). » En réalité, les travaux continuent sur la basse Elbe : 6 millions de marks leur ont été consacrés en 1903 (2). Grâce au perfectionnement de l'outillage et des installations du port, les chargements et les déchargements sont faits dans le port de Hambourg avec autant de rapidité que d'économie. Il a à cet égard une supériorité marquée sur les ports anglais et notamment sur Londres, mais il est toutefois inférieur à Rotterdam. Une commission officielle ayant été chargée récemment en Angleterre d'étudier les conditions actuelles du port de Londres et de rechercher les causes du développement de Hambourg, de Rotterdam et d'Anvers, le représentant du « London County Council » dans cette Commission, M. Gonne, a présenté à cet égard des observations intéressantes. D'après lui, la principale cause du progrès de Hambourg a été l'activité incessante que le gouvernement hambourgeois a apportée à entretenir et à améliorer tout ce qui concerne le service du port, en particulier le chargement et le déchargement des navires. C'est aussi aux grands travaux entrepris en 1870, en 1890, en 1894, que Rotterdam serait redevable de sa prospérité.

D'après le rapport présenté à la commission anglaise, la comparaison des frais incombant à la navigation dans les ports de Hambourg et de Rotterdam et dans celui de

(1) Estrine. *Hambourg-Marseille*.
(2) « Dix projets divers, soit de tunnel de chemin de fer, sous l'Elbe, soit de canaux, de gares pour voies ferrées, sont actuellement à l'étude. » Rapports commerciaux. 1901. n° 352.

Londres suffirait à expliquer les progrès des deux premiers. Ainsi le déchargement des céréales représente une dépense de 4 1 2 d. à Rotterdam, de 61 4 à Hambourg, de 20 à Londres. Une cargaison de 4.000 tonnes de blé coûterait, pour être débarquée à Rotterdam, 75 livres sterling, à Hambourg, plus de 104 livres, à Londres 200. L'ensemble des frais de port avec pilotage et de déchargement pour un vapeur de 2.000 tonnes entraine, par tonne de registre, une dépense de 1 sh. 3.69 d. à Rotterdam, 1 sh. 6.75 d. à Hambourg, 3 sh. 6.5 d. à Londres. Ainsi, un vapeur de 2.000 tonnes nettes, apportant un chargement de 4.000 tonnes, supporte à Rotterdam 130 livres st., 15 sh. de frais, à Hambourg, 156 livres st. 4 sh. 8 d., à Londres 354 livres st. 3 sh. 4 d. (1). Ces chiffres sont suffisamment éloquents et n'ont besoin d'aucun commentaire. Il n'est pas sans intérêt de remarquer que le port hollandais, dont les progrès dépassent ceux du port allemand en rapidité, doit sa fortune actuelle à des avantages du même ordre que ceux que nous avons fait ressortir à Hambourg : excellente situation, fleuve magnifique servant de voie de pénétration, port excellent, muni d'un outillage parfait, commodités de toutes sortes pour les opérations commerciales.

Mentionnons encore d'autres avantages que possède Hambourg. L'affluence des navires et des marchandises lui procure le bon marché du fret, avantage précieux qu'a très bien fait ressortir M. Ad. Artaud (2). L'entente entre les chemins de fer et certaines compagnies de navigation favorise, par des prix de transports extrêmement bas, l'exportation allemande. C'est ainsi que la Deutsche Levante Linie a pu étendre ses opérations dans le Levant. « Dans l'empire l'ingénieux système des bateaux plombés par la douane, pratiqué sur une large échelle, permet

____

(1) *Moniteur off. du Comm.*, 15 août 1901. Note de M. Cor, consul général.

(2) *La franchise du port de Marseille*, p. 66-67.

d'effectuer en transit le transport des produits débarqués à Hambourg qui gagnent ainsi l'Autriche sans acquitter aucun droit».

N'oublions pas de rappeler les qualités remarquables du corps des négociants hambourgeois, dont les aptitudes sont entretenues par de vieilles traditions et par un sérieux apprentissage pratique auquel se soumettent les fils des plus gros millionnaires comme les moindres aspirants commis. M. Muzet fait en outre ressortir « l'appui solide que prête au développement du commerce de cette place l'existence d'un grand nombre de raisons sociales indépendantes. » Il y avait, en effet, à Hambourg, en 1900, près de 1.100 maisons d'importation et d'exportation, sans compter une quantité très grande de maisons d'ordre secondaire.

Enfin, il ne faut pas négliger de tenir compte de l'excellente administration que Hambourg doit à son gouvernement local composé de deux Assemblées, la Bourgeoisie et le Sénat, toutes les deux recrutées parmi les vieilles familles commerçantes, parmi les avocats et les financiers, tous gens ayant l'expérience des affaires.

On comprend donc bien la prospérité de Hambourg sans tenir compte de la franchise de son port, mais en voulant montrer qu'on a souvent exagéré l'influence de celle-ci, on risquerait de tomber dans l'erreur contraire. D'abord, il est permis de se demander si la franchise n'a pas contribué, par les facilités qu'elle donne, à faire de Hambourg le grand marché du commerce allemand. Il est impossible de mesurer cette première influence du port franc; pourtant, il serait impossible de la nier et même de la croire négligeable.

Mais, de plus, Hambourg n'est pas seulement un marché allemand. Comme aux beaux temps de la Hanse, il est redevenu port d'entrepôt, grand centre de distribution de marchandises et d'échange de fret. M. de Rousiers s'est fait illusion en pensant qu'on peut « préciser par la statistique l'impression ressentie, soit en visitant le port» soit en interrogeant les armateurs, courtiers et commerçants ». Le calcul auquel il se livre est tout à fait erroné. « Nous avons constaté déjà, dit-il, que l'Allemagne fournissait à Hambourg pour plus de 1500 millions de marks de marchandises et qu'elle en recevait pour près de 1500 millions de marks ; or, le mouvement total du port accuse, en chiffres ronds, 3 milliards 800 millions d'entrées et 3 milliards 290 millions de sorties. Il y a donc 2 milliards 300 millions de marchandises qui ne viennent pas d'Allemagne et environ 1800 millions qui n'y vont pas. L'échange de fret représente par conséquent 4 milliards de marks, plus de la moitié du mouvement total du port (1) ».

D'abord, le raisonnement pèche parce qu'il fallait tenir compte de la masse des marchandises qui n'entrent pas en Allemagne et qui pourtant ne sont pas réexportées, c'est-à-dire de la consommation sur place dans le port franc. Nous avons vu combien elle est considérable : 4.314.000 tonnes en 1897. De plus, même en admettant le calcul si trompeur de M. de Rousiers, il ne serait pas permis de conclure que *l'échange de fret* représente environ 4 milliards de marks. L'échange de fret, comme il le définit lui-même, c'est « le chargement sur bateaux de mer de marchandises arrivées sur bateaux de mer » ; ce terme est donc synonyme de réexportation. Or, les exportations totales de Hambourg par mer n'atteignaient que 1811 millions en 1900. Enfin, la plus grande partie de ces exportations par mer est composée de marchandises allemandes. En déduisant du total du commerce de Hambourg, comme M. de Rousiers, les échanges avec l'Allemagne, ce qui reste ce n'est pas l'échange de fret, c'est le commerce avec l'étranger.

En réalité, faute de statistiques spéciales, il est impossible de démêler exactement la part des réexpéditions dans la masse des exportations de Hambourg. M. de

____

(1) Affirmation reproduite par le Comité central des armateurs dans un rapport de 1903.

Rousiers l'a singulièrement exagérée. M. Dollot fait une distinction entre les marchandises réexpédiées. Pour lui, celles qui sont dirigées vers les ports allemands de la Baltique ou vers Rotterdam pour pénétrer définitivement en Allemagne, vers d'autres points, ne sont pas réellement réexportées. « Hambourg joue ici, dit-il, le simple rôle d'une gare de triage ; avec ou sans franchise, il répartirait de la même manière les marchandises sur le sol national. » C'est possible, mais ce n'est pas sûr. L'influence d'attraction du port franc s'exerce également sur toutes les marchandises réexportées. Elle est toutefois plus remarquable s'il s'agit de réexportations à l'étranger et surtout dans des pays comme l'Angleterre ou la France.

On peut se faire, dans une certaine mesure, une idée de l'importance de l'échange de fret en choisissant parmi les marchandises exportées de Hambourg des produits qui certainement ne sont pas d'origine allemande et dont les exportations ne sont en totalité que des réexportations. Telles sont, par exemple, les denrées coloniales, café, cacao, riz, etc. L'exemple du café est le plus typique. Hambourg est devenu le plus grand marché de café de l'Europe. Il en a reçu 93.737 tonnes par an, pendant la période 1886-90, au moment de l'institution du port franc, 127.979 pendant chacune des cinq années qui suivirent, 141.378 en 1895, 187.984 en 1900, 217.197 en 1902. Or, on sait que les Allemands font une énorme consommation de la chaude boisson, mais ils sont loin de tout consommer, puisqu'on voit figurer aux exportations de Hambourg, par mer, les quantités suivantes de cafés : 38.476 tonnes en 1895, 49.896 en 1896, 58.371 en 1897, 65.879 en 1900, 77.096 en 1902. Ces cafés sont distribués surtout dans les pays qui bordent la Baltique, mais même en Angleterre et en France, suivant des affirmations recueillies par M. de Rousiers, depuis que la place du Havre a perdu de son importance. Il est même à remarquer que c'est surtout l'importance croissante des réexportations qui a accru l'activité du marché des cafés à Hambourg dans les cinq dernières années.

Pour l'ensemble des autres denrées coloniales, l'importance des réexportations est presque égale à celle de la consommation allemande :

	1895	1896	1897
Importations :	38.474	48.327	49.052 t. m.
Réexportations :	18.005	21.555	21.095 »

En 1902, il est venu par mer 32.706 tonnes de cacao et 48.312 de tabac ; il en a été réexpédié 13.133 et 21.993. Enfin, le riz est surtout apporté à Hambourg pour être réexporté :

	1895	1896	1897	1902
Importations :	148.658	144.574	185.515	201.037 t. m.
Réexportations :	97.025	82.862	109.015	116.631 »

Pour quantité d'autres marchandises, sans pouvoir donner de chiffres précis, on sait que le grand port allemand est un important entrepôt ; c'est ce que fait très bien ressortir M. de Rousiers, pour les vins : « Hambourg, dit-il, a d'une manière très nette le caractère d'un lieu de distribution internationale, surtout depuis que la consommation allemande écarte de plus en plus nos vins français pour favoriser les vins « nationaux » de la Moselle et du Rhin (1).

Hambourg expédie nos bordeaux et nos champagnes en Angleterre, dans les colonies anglaises, aux États-Unis, en Hollande, et, naturellement, dans la Baltique, en Russie, Suède et Norvège. Il y a là un commerce tout à fait extérieur à l'Allemagne qui vient compenser pour nous ce que nous perdons sur le marché allemand. Les facilités qu'offre le port franc à la libre manipulation des vins et alcools permettent aussi de savants mélanges où

(1) Entrées de vins à Hambourg en 1900 : par mer, 327.000 hectolitres valant 215.000.000 marks ; par terre, 33.177 hectolitres valant 3.500.000 marks. Sorties par mer : 111.474 hectolitres valant 8.184.000 marks ; par terre : 196.240 hectolitres valant 15.112.000 marks.

les gros vins d'Espagne jouent un rôle important. Les
Hambourgeois se sont dit qu'on pouvait opérer, aussi
bien sur les rives de l'Elbe que sur celles de la Garonne,
les coupages destinés à « remonter » un vin trop faible...
Hambourg est devenu, comme Cette chez nous, un grand
laboratoire de boissons alcooliques. »

On a publié une intéressante statistique qui semble
bien un témoignage du grand rôle joué par Hambourg
comme entrepôt ; c'est celle du tonnage moyen des navires entrés dans le port allemand, à Anvers et à Rotterdam
depuis dix ans. Il est très remarquable que ce tonnage
soit très inférieur pour Hambourg et qu'il ait une tendance à diminuer, tandis qu'il augmente régulièrement
dans les deux autres ports comme le montrent les chiffres
suivants :

	1893	1897	1899	1900	1901	1902	
Hambourg.	669	600	583	613	652	654	Tonneaux de jauge
Anvers	1.062	1.217	1.262	1.276	1.433	1.503	"
Rotterdam.	757	870	917	906	927	969	"

Si le tonnage est si faible à Hambourg, malgré la part
que les grands paquebots de ses Compagnies prennent
au mouvement maritime, c'est, sans doute, que de nombreux petits bâtiments distribuent dans les pays du
Nord les marchandises déchargées dans les hangars du
Freihafen.

Il est évident que ce rôle de port distributeur Hambourg
le doit en partie à sa franchise. Mais on se tromperait en
attribuant à l'influence du port franc toute cette branche
du commerce hambourgeois. M. de Rousiers l'a très bien
remarqué : « Hambourg est un marché international
d'autant plus actif que c'est un grand marché national....
Il faut tenir compte, en effet, de l'attraction considérable
qu'exerce une place de commerce par la masse même des
transactions qui s'y opèrent. Pour ce qui est du café, par
exemple, il n'est pas indifférent au grand marché de
Hambourg que tout le café consommé en Allemagne entre
normalement dans son port ; c'est là une base importante

pour les maisons hambourgeoises qui s'adonnent à cette spécialité. De même que le grand marché européen du blé est à Liverpool, le grand marché du sucre raffiné à Londres, parce que Liverpool comme Londres desservent naturellement le pays qui demande au-dehors le plus de blé et le plus de sucre raffiné; de même, bien qu'à un moindre degré, le grand marché du café est attiré vers Hambourg par la consommation de l'Allemagne. » De même, sans l'importance des distilleries allemandes, le travail des vins aurait-il pris dans le port franc son importance actuelle? Il faut ajouter, pour laisser une impression exacte, qu'aucune des autres marchandises pour lesquelles Hambourg est un grand centre de distribution, n'est attirée autant que le café par l'importance exceptionnelle du marché national.

Hambourg n'est plus seulement, comme autrefois, une grande place de commerce; elle tend à devenir une ville de grande industrie et une partie de ses industries nouvelles se sont établies sur les terrains du Freihafen. Comme la création d'industries d'exportation paraît à beaucoup d'esprits en France le meilleur et le plus sûr résultat à attendre des zones franches, il faut étudier de près ces usines de Hambourg. Quelle est exactement leur importance? Leur existence est-elle uniquement due aux facilités trouvées dans le Freihafen?

La liste en est déjà assez longue : 83 établissements, grands ou petits, en 1899, occupaient 10,114 ouvriers. Mais c'est assez peu si on met en regard la totalité des industries actuelles de Hambourg. « Depuis 1888, écrit M. de Rousiers, en douze ans, le nombre des fabriques hambourgeoises a passé de 876 à 1327, le nombre des ouvriers de 24.910 à 42.707. Encore ces chiffres ne représentent-ils pas exactement le progrès industriel proprement dit. On comptait, en effet, dans les 876 fabriques de 1888 les établissements de triage de café, qui emploient un grand nombre de femmes, mais qui représentent une opération commerciale, un travail de magasin. Les fabriques hambourgeoises étaient surtout, jusqu'à cette époque, des dépendances du commerce; aujourd'hui on établit de vraies usines. Par exemple, l'industrie textile est représentée depuis assez longtemps déjà par des fabriques de jute ; il fallait des toiles grossières pour une infinité d'emballages, des sacs pour distribuer par quantités moindres les grains qui arrivaient par grandes masses à fond de cale des navires; c'était encore là une fabrication annexe du grand mouvement des transports hambourgeois. Au contraire, le traitement des charbons et des minerais marque l'ère nouvelle qui s'ouvre. »

Un fait typique en marque bien le commencement : « La Chambre de commerce de Hambourg a décidé que, à partir du 1er janvier 1900, elle s'adjoindrait une Industrie Kommission composée de 24 membres, dont 6 choisis dans son sein et 18 parmi les représentants des industries de Hambourg. »

MM. de Rousiers et Dollot ont donné de l'essor industriel de Hambourg, une explication qui n'est pas absolument satisfaisante. Il serait, selon eux, une simple conséquence de l'entrée de la ville libre dans le Zollverein. Son isolement douanier avait empêché auparavant les industries de s'y développer et même avait ruiné ou avait fait fuir celles qui existaient. « Afin d'éviter ces inconvénients, écrit M. Dollot, la plupart des manufacturiers n'hésitèrent pas, une fois l'unité politique accomplie, à transporter leurs établissements en territoire étranger, c'est-à-dire prussien... et, sans doute, cette situation n'a pas été sans conséquence, pour l'essor pris depuis trente ans par Altona. C'était là une démonstration par l'absurde des inconvénients des villes franches. » Sans nier ces inconvénients, la « démonstration » a-t-elle eu lieu? Y a-t-il eu émigration d'industries hambourgeoises à Altona, de 1870 à 1888? L'industrie de cette ville pendant cette période s'est-elle, même, développée plus rapidement que celle de sa voisine hanséate? Le fait, fut-il exact, ne prouverait rien; M. Dollot a oublié que, jusqu'en 1888, Altona, elle aussi, resta en dehors du Zollverein.

En réalité, les industries de Hambourg ont progressé rapidement depuis 1870, en même temps que dans le reste de l'Allemagne, et leurs progrès étaient rapides même avant 1888, comme le montrent les chiffres suivants :

	1880	1885	1888	1890	1895	1898	1900
Fabriques. .	675	768	876	1.119	1.296	1.530	1.327 1)
Ouvriers . .	18.405	20.350	24.915	30.106	33.676	41.508	42.707

L'isolement douanier, avant 1888, gênait la création d'industries d'importation, mais en eût-il été de même si les Hambourgeois avaient voulu travailler pour le dehors? La thèse de M. de Rousiers serait exacte, si les industries créées hors du Freihafen, depuis 1888, fabriquaient toutes pour le marché allemand. Or il n'en est rien, leurs produits sont au moins autant destinés à l'exportation, ou bien à la consommation locale, tels les sacs de jute et les toiles d'emballage. Les deux fabriques de cokes, dont l'une traite des charbons anglais, vendent au dehors une partie de leur production qui s'élève à 130.000 tonnes ; de nombreux vaisseaux le prennent pour lest au retour. Donc l'incorporation douanière, qui aurait été pour ces industries d'exportation une gêne plus qu'un avantage, n'a pas été la cause essentielle de l'essor industriel de Hambourg. Il a coïncidé, en somme, avec le grand essor commercial, résultat lui-même de l'essor industriel de l'empire allemand. N'eût-il pas été extraordinaire que la seconde ville de l'Allemagne, et son plus grand marché, ne participât pas à ce puissant mouvement? Les grands ports qui reçoivent en abondance et à bon compte le combustible et les matières premières de toutes sortes, sont aussi bien et parfois mieux placés que les pays miniers pour posséder de grandes industries. Hambourg ne reçoit-il pas une quantité énorme de charbons, 2.144.000 tonnes par mer, 978.000 par terre en 1897, à des prix très avantageux, à cause de la concurrence entre les producteurs anglais et ceux de Westphalie pour la four-

---

(1) La diminution n'est qu'apparente ; elle résulte d'une nouvelle classification qui néglige les simples ateliers.

niture du marché ? Ne décharge-t-on pas sur ses quais pour 142 millions de marks de laines, 34 millions de jutes, 72 millions de fils de laine, 32 millions de fils de coton, 106 millions de peaux brutes ? Il y a même plutôt raison de s'étonner de la place secondaire que les industries tiennent à Hambourg et il faut se rappeler les longues traditions purement commerciales de la cité hanséatique pour le comprendre.

Le Comité des armateurs de France qui a adopté la thèse de M. de Rousiers en attribuant à l'entrée dans le Zollverein le développement industriel de Hambourg se trompe étrangement quand il écrit, dans son rapport de 1903, au sujet des usines du Freihafen : « C'est bien plutôt le vestige d'un état de choses antérieur que la caractéristique de la situation présente... Certaines industries spéciales qui n'avaient pas leurs débouchés sur terre préférèrent tout naturellement conserver la situation antérieure qui leur avait réussi... Elles n'y sont pas venues, elles y sont restées.... Aujourd'hui, l'utilité du port franc est toute commerciale ». Le fait n'est vrai que pour quelques-uns des établissements du Freihafen, tels que les chantiers de construction Blohm et Voss, mais la plupart sont de création récente.

Laissons ces explications dont on a pu tirer des arguments divers. Le fait certain c'est que Hambourg est devenue ville très industrielle depuis 15 ou 20 ans. Il n'est pas contestable, non plus, que les quelques anciennes industries se sont maintenues en dehors du port franc et c'est surtout en dehors de lui que se sont créées les nouvelles. N'y a-t-il pas là un argument à opposer à ceux qui craignent que la concurrence des industries des zones franches ne soit forcément désastreuse pour celles qui resteront en dehors ? D'un autre côté, cette première constatation peut déjà faire penser que la poussée industrielle récente n'a pas été sans influence sur la création des établissements du territoire franc et que, peut-être, ceux-ci ne doivent pas leur existence à la franchise. Si on considère que les terrains du Freihafen, sur le bord des nouveaux bassins, sont dans une situation tout à fait privilégiée, on est même porté à s'étonner qu'ils n'aient pas été couverts d'usines avant qu'on n'en ait créé d'autres, plus loin du port.

Mais il faut se rappeler deux choses. Les usines sont mieux placées hors du port franc quand elles veulent travailler à la fois pour le marché intérieur et pour le dehors. M. Aftalion a très bien remarqué que le premier est plus sûr et que les industries qui ne travaillent que pour l'étranger sont dans une situation plus aléatoire. La création d'usines en territoire franc exige donc plus de hardiesse. D'après M. Dollot, qui exagère quelque peu, « les rares fabricants restés fidèles au port franc transforment les rares produits pour lesquels le droit sur la marchandise ouvrée n'est pas plus élevé que sur la matière première. . D'autres ne sont demeurés dans le port franc que pour éviter les frais d'une autre installation ; encore plusieurs industriels en ont-ils fait bâtir de nouvelles en territoire douanier ».

En second lieu, des formalités et des règlements sévères ne sont pas sans gêner l'essor des industries du port franc. Il faut obtenir des autorisations que l'administration hambourgeoise se montre assez difficile à accorder. Il ne peut y avoir, en principe, aucune maison d'habitation dans le Freihafen. Celles qui existent « n'ont été édifiées, quand elles ne remontent pas à une date antérieure à 1888, qu'avec une autorisation du Sénat. Cette autorisation n'est généralement accordée qu'aux fonctionnaires. Leur situation est, d'ailleurs, assez délicate, aucun commerce de détail n'étant toléré dans le port franc ». On ne peut même rien y consommer : seules quelques cantines pour les ouvriers y sont autorisées. Enfin, le travail de nuit est soumis à des restrictions.

Tout en étant secondaire, l'importance des industries du Freihafen ne doit pas être trop rabaissée. M. de Rousiers les présente un peu trop comme négligeables en rapportant l'opinion d'un commerçant hambourgeois sur elles :

« Votre gouvernement a envoyé ici une commission parlementaire pour étudier la question du port franc. Ces messieurs étaient préoccupés d'une seule chose, de la poussée que l'organisation du port franc avait dû, selon eux, donner à l'industrie ; mais l'exemple de Hambourg ne peut pas être invoqué en faveur de cette théorie ; c'est à peine si les diverses usines du port franc occupent dix mille ouvriers. Qu'est-ce que cela dans la population de plus d'un million d'habitants qui se groupe autour de Hambourg et d'Altona ! Tout l'intérêt du port franc est dans les facilités offertes aux échanges commerciaux ». Mais la production industrielle de 10.000 ouvriers peut être très importante ; cela dépend du travail auquel on les occupe. Beaucoup de villes considérées comme des centres industriels intéressants n'en ont pas davantage.

Il est donc possible qu'une étude des industries du port franc montre qu'elles contribuent dans une mesure très appréciable à la prospérité de la ville. On est frappé d'abord de leur peu de variété relative. Il s'en faut que les 83 établissements appartiennent à des industries différentes et que toutes les grandes industries, ou même toutes les grandes catégories industrielles, soient représentées. Rien, d'ailleurs, de moins inattendu que de voir la franchise favoriser la création de certaines usines et rester sans influence sur d'autres.

Voici la liste des industries du Freihafen en 1899, rangées autant que possible par catégories (1). On pourrait regretter qu'il n'en ait pas été dressé de plus récente : mais, au dire de M. le Consul de Hambourg, « la statistique des fabriques installées dans le port franc n'a subi que des modifications absolument insignifiantes et les chiffres de 1899 peuvent être tenus pour aussi pleins de signification aujourd'hui qu'il y a cinq ans. »

____

(1) D'après la liste fournie par M. le Consul général, Cor, dans le Monit. off. du Comm. Elle est reproduite dans les Annexes du projet de loi sur l'établissement de zones franches (Annexe XXXI, p. 102).

13	chantiers de constructions navales, docks et fabriques de machines, occupant.	7.340	ouv.
8	forges.	91	»
4	chaudronneries.	229	»
4	fonderies de fer.	150	»
3	fabriques pour travailler les minerais. .	286	»
1	usine d'anthracite.	45	»
12	fabriques d'huiles graissantes, savon, vaseline, raffinerie de pétrole, fabriques de cérésine (cire extraite du pétrole. .	286	»
5	fabriques de couleurs.	37	»
6	fabriques de produits chimiques et guano, produits pharmaceutiques.	486	»
1	fabrique de tourteaux.	146	»
15	usines à rectifier l'alcool, fabriques de spiritueux et liqueurs.	145	»
1	fabrique de margarine.	34	»
1	usine à torréfier le café.	16	»
1	moulin à riz.	81	»
2	usines pour cuire le sucre candi et fabriquer du sucre de fruits.	11	»
1	fabrique de biscuits (cakes).	65	»
2	fabriques de caisses d'emballage	88	»
2	tonnelleries.	263	»
1	fabrique d'appareils centrifuges.	12	»
83		10.114	»

Les chantiers de constructions navales occupent donc le plus grand nombre des ouvriers du port franc. Mais il importe de rappeler que les matériaux, servant à la construction et à la réparation des navires, sont exempts de tous droits d'entrée en Allemagne. Aussi cette industrie, qui a pris un très grand développement à Hambourg depuis vingt ans, n'est pas concentrée tout entière dans le Freihafen. En 1899, il y avait, en tout, 29 chantiers (1). Il est vrai que les deux plus importants, ceux de Blohm et Voss, du Reiherstieg, sont en territoire libre. En 1902, les premiers ont terminé 11 navires, jaugeant 48.300 tonnes; les seconds 3 gros navires ; les principales de ces

(1) Machines, instruments et constructions navales à Hambourg : en 1899, 198 fabriques et 13.321 ouvriers ; en 1900, 147 et 12.605.

livraisons ont été faites pour des compagnies de Hambourg : Hamburg Amerika, Deutsche Ost Afrika, Woermann, Kosmos. Mais, le développement de la marine allemande, les avantages d'un emplacement tout à fait favorisé pour une pareille industrie, suffiraient à expliquer la création et la prospérité de ces chantiers. D'autres, ne se sont-ils pas développés dans des conditions moins favorables à Stettin, à Kiel, à Dantzig? Et, quoique moins bien placés, ceux-ci ne disputent-ils pas à ceux de Hambourg la clientèle même des armateurs hambourgeois ? En 1902, c'est aux chantiers Vulcan de Stettin que la Hamburg Amerika Linie avait le plus de commandes en cours. Il n'est donc pas sûr que la principale industrie du port franc, ait été beaucoup aidée par la franchise. Comme on l'a déjà fait remarquer, les chantiers de Blohm et Voss existaient là où ils sont, avant 1888 ; ils n'ont fait qu'y rester.

Huit cents ouvriers sont employés à la métallurgie et à la transformation des minerais. Mais il est clair que les premiers, tout au moins, travaillent pour les besoins du port ou des chantiers de construction leurs voisins : forges, chaudronneries, fonderies, étaient de toute façon nécessaires. Il est probable que ce sont aussi les commodités de l'emplacement, plus que les avantages de la franchise, qui les ont attirées là.

Il en est tout autrement de deux autres catégories d'industries, importantes dans le port franc, les fabriques de produits chimiques ou alimentaires qui occupent 955 et 650 ouvriers environ. Elles appartiennent à deux groupes qui comptent pour de très gros chiffres dans les exportations allemandes. Il est certain que la franchise, en leur procurant les matières premières à bon compte et la facilité de faire librement des mélanges et des transformations, a grandement influé sur leur développement. Les distilleries et fabriques de spiritueux, si actives avec leurs 445 ouvriers, sont souvent prises comme type de ces industries que le port franc fait vivre. Mais ces industries mêmes contribuent assez faiblement à grossir le chiffre des exportations nationales. D'après M. Dollot, les alcools et liqueurs représenteraient à peine une vingtaine de millions de francs. M. Dollot a, d'ailleurs, tort d'opposer ce chiffre à celui de 3.319 millions qui représenterait les exportations totales. Il faut le comparer au total des exportations par mer, qui n'a atteint que 1.900 millions en 1902.

Pour compléter la liste des industries du port franc, on trouve des fabriques de caisses d'emballage et des tonnelleries. Ce sont là des fournitures nécessaires aux manipulations du port et l'existence de ces quatre établissements est évidemment sans rapport avec celle de la franchise. On remarquera que les industries textiles, si importantes en Allemagne et qui envoient une quantité si considérable de leurs produits à l'étranger, ne sont représentées d'aucune façon dans le Freihafen.

L'examen des établissements qu'il renferme ne fait donc que confirmer l'impression première. Quelque délicat qu'il soit de juger d'un mot son rôle industriel, on peut dire, sans exagération, qu'il est encore bien secondaire. Si on n'avait pas institué la franchise beaucoup des industries actuelles du port franc auraient pourtant été créées ; l'absence des autres n'aurait pas diminué fortement le chiffre actuel des exportations de Hambourg. Remarquons en passant que, si elles travaillent spécialement pour l'exportation, elles produisent aussi beaucoup pour les besoins du port. Même, une partie de leurs produits entre en Allemagne. En 1900, cette importation s'est élevée à 22 millions de francs, en tourteaux, cuivre brut, guano, superphosphates, argent, riz, principalement.

L'exemple de Hambourg n'est donc pas de nature à encourager les espérances exagérées conçues sur l'essor industriel des zones franches. Il est encore plus propre à rassurer ceux qui redoutent que leurs industries, favorisées par des avantages exceptionnels, ne portent un tort ruineux à celles du territoire douanier. Ces craintes avaient été formulées en Allemagne, lors de l'institution

du Freihafen ; elles semblent complètement oubliées
aujourd'hui.

Terminons l'examen des industries du port franc par
quelques réflexions sur un point particulier. Les manipulations de vins qui y sont opérées et la fabrication des
liqueurs ont suscité de vives attaques de la part des
adversaires des ports francs. La plupart se sont inspirés
du remarquable travail de M. Aftalion, professeur à la
Faculté de droit de Lille, qui a étudié de près les industries de Hambourg. On a pu dire que le Freihafen était
« le quartier général des falsificateurs et des fraudeurs. »
D'abord, on aurait dû établir une distinction nécessaire
parmi les constatations faites par M. Aftalion (1). Celui-
ci a fait ressortir par des chiffres la grande quantité de
rhums, de cognacs, fabriqués à Hambourg. Sans faire
l'apologie d'une pareille industrie on ne peut s'empêcher
de constater qu'elle n'a rien d'insolite ; on pourrait
l'observer dans bien des ports qui exportent en quantité
ces deux spiritueux, sans qu'ils possèdent des zones
franches. Rhums, cognacs, sont des termes devenus géné-
riques, appliqués la plupart du temps à des produits
artificiels. D'un autre côté, M. Aftalion a montré par
d'autres chiffres le bon marché exceptionnel, mais bien
connu, des rhums, cognacs ou liqueurs exportés de
Hambourg. Certains prix sont même inférieurs à ceux
qu'il a donnés. En 1902, 131.295 hectolitres d'alcools de
grains ont servi à fabriquer à Hambourg le « neger
schnaps », eau-de-vie de nègre, vendu à 16 marks l'hectolitre aux indigènes de la Côte Occidentale d'Afrique, soit
20 centimes le litre, ou les rhums livrés aux mêmes
consommateurs à 29 marks. Il ne faut pas se hâter de
s'indigner. Des négociants expérimentés et honnêtes
affirment qu'on peut fournir à ce prix des produits où il
n'entre aucune substance nocive.

(1) Cf. les remarques faites par M. le député Chaumet dans son
rapport, p. 13-14.

Enfin, M. Aftalion a parlé de l'apposition d'étiquettes frauduleuses, mises sur les fûts ou sur les bouteilles, de fausses attributions d'origine aux produits. Il est certain que le nom de Bordeaux donné à un mélange de vins, dont aucun peut-être ne vient du Bordelais, est une tromperie pour le consommateur et un procédé de concurrence déloyale. Mais ce grief n'a pas pu être précisé comme les précédents. Peut-être a-t-on exagéré, ou trop généralisé des exceptions regrettables. De plus, ce n'est pas le port franc qu'il faut accuser de ce mal, mais la moralité des négociants hambourgeois ou, plus exactement, celle des négociants allemands. Ces procédés frauduleux, c'est dans toute l'Allemagne qu'ils sont employés. Comme l'écrivait encore tout récemment notre consul général à Stuttgart, M. Jullemier, « nos concurrents ne parviennent qu'à nous copier plus ou moins servilement. Cela est vrai, surtout de l'industrie allemande ; les fabricants allemands se sont appliqués à toutes les branches, à tous les articles ; il n'est pas un produit qu'ils n'aient essayé de copier et de s'approprier. On ne se doute pas de la quantité de marchandises de fabrication étrangère qui sont vendues dans le monde entier avec une étiquette ou une marque française. »

On a même pu dire que Hambourg « ne présentait pas pour les mélanges ou coupages de conditions exceptionnellement favorables. Une fois les mélanges accomplis, si les vins ainsi fabriqués sont importés dans le Zollverein, ils paient à peu près les mêmes droits d'entrée que les vins qui ont servi à les constituer. Il est donc tout aussi avantageux de faire les mélanges à l'intérieur même du Zollverein. En réalité, c'est cette méthode qui prévaut, sauf pour les mélanges de vins destinés à la réexportation, qui ont effectivement lieu dans le port franc. Quant aux vins exportés outre mer, vers l'Amérique du Sud, par exemple, leur mélange se fait tout aussi bien et même mieux dans le pays de destination que dans le port de provenance. On sait que les Etats Sud

Américains favorisent diverses fraudes et contrefaçons sous prétexte d'encourager l'industrie nationale (1). »

Nous aurons l'occasion (2) de redire que le seul privilège du port franc est d'être soustrait à l'action et à la surveillance de la douane ; il reste soumis à toutes les lois de l'empire. Ce n'est pas la douane qui est chargée ailleurs de surveiller les industries et de réprimer les contrefaçons. Ceux à qui est confié ce soin pourraient aussi bien constater les délits dans un magasin du Freihafen que dans ceux de l'intérieur. « Il est juste de reconnaître, en ce qui concerne les contrefacteurs, a écrit M. Redier, que la loi allemande est d'une sévérité extrême et protège aussi efficacement les marques étrangères que les marques allemandes. » Si les faits allégués par M. Alftalion et par nos consuls sont exacts et coutumiers, constatons seulement que la loi est bien mal appliquée. La Chambre de commerce de Hambourg a récemment protesté contre la surveillance que le gouvernement songeait à exercer sur les locaux où se font les manipulations de vins et d'alcools en alléguant que, si on renonçait à ce genre d'industrie et de trafic, d'autres pays s'en empareraient. La Chambre n'a pas protesté au nom de privilèges du port franc qui n'existent pas. Sa démarche prouve à la fois que la répression pourrait être exercée et que, si elle ne l'est pas, c'est que des opérations que nous considérons, avec raison, comme frauduleuses sont un peu trop regardées en Allemagne comme des pratiques courantes.

Enfin, l'histoire du grand port allemand dans les dernières années du xixᵉ siècle permet d'observer un autre phénomène qu'il ne faut pas négliger, le remarquable développement de sa flotte commerciale. Le tableau suivant fait voir que les armateurs n'ont pas été inférieurs aux négociants par leur activité :

(1) Dollot.
(2) V. le chap. 16.

```
1850...  326 nav. jaug.   71.000 tx reg. net, dont   9 vap.jaug.   2.842 tx
1870...  439               184.000                   37              32.000
1880...  491               244.000                  128              99.000
1890...  587               538.000                  312             373.000
1900...  802               988.656                  488             745,995
1902...  852             1.178.000                  520             928.000
```

Ainsi, la flotte hambourgeoise, en gagnant 294.000 tonnes, de 1880 à 1890, a fait plus de progrès en dix ans que dans les trente années précédentes; le progrès ne s'est pas ralenti depuis 1890, puisque le gain dans les dix années qui ont suivi a été de 450.000 tonnes. Naturellement, c'est la flotte des vapeurs qui a surtout profité de cette poussée, puisqu'elle s'est accrue de 274.000 et de 372.000 tonnes dans ces deux dernières périodes. Au 31 décembre 1897, cette flotte dépassait déjà sensiblement la flotte marchande à vapeur française tout entière. Cependant, on peut remarquer en passant que la construction des voiliers n'a pas été complètement dédaignée: non seulement ils ne tendent pas à disparaitre, leur nombre et leur jauge se sont sensiblement accrus, plus même depuis 1890 que dans la période précédente.

C'est surtout pour le compte de grandes compagnies de navigation que les constructions navales se sont multipliées dans les vingt dernières années. Une série de nouvelles compagnies ont été constituées, les autres n'ont cessé d'augmenter leur flotte. La Hamburg Amerikanische Packetfahrt, la plus ancienne de toutes, car elle remonte à 1847, la seule grande compagnie de Hambourg jusqu'en 1870, est devenue la première du monde par l'importance de sa flotte à vapeur qui constitue environ les 3/7 de celle du port. La Süd Hamburg Amerika, fondée en 1871, possédait 108.000 tonnes en 1898; la Cosmos, née en 1872, 90.000 tonnes ; la compagnie hambourgeoise du Pacifique, 68.000. Quatre importantes compagnies furent créées en cinq ans, la ligne Woermann en 1885, la Deutsche Australische en 1888, la Deutsche Levante en 1889, la Deutsche Ost Afrika en 1890 ; leurs flottes varient entre 31.000 et 44.000 tonnes. Aucune grande compagnie n'a été constituée depuis 1890.

Jusqu'ici, la situation de ces compagnies était très prospère. Elles distribuaient des dividendes de 6 à 11 o/o à leurs actionnaires. La crise économique de 1901-1902 et l'abaissement du prix des frets viennent de leur porter un rude coup. Le dividende des principales compagnies allemandes, qui avait atteint une moyenne de 9.9 o/o en 1900, est tombé à 2 1/2 en 1902, et les armateurs hambourgeois envisagent l'avenir sans confiance.

Grâce à cet essor de la marine locale, le pavillon allemand est parvenu à jouer un rôle prépondérant dans le mouvement de la navigation de Hambourg. Jusqu'en 1896, c'étaient les navires anglais, surtout, qui prenaient pour eux les bénéfices des transports ; depuis, les Allemands réussirent à diminuer chaque année la part laissée aux étrangers. Les entrées de navires allemands avaient été de 2.914.000 et 2.982.000 tonnes en 1896 et 1897 ; le mouvement du pavillon anglais n'avait été inférieur que de peu avec 2.734.000 et 2.971.000 tonnes. Depuis, comme le constate notre consul général, M. Cor, la victoire des Allemands s'est affirmée de plus en plus, le mouvement de leurs navires continuant à augmenter d'une façon constante, tandis que celui des navires anglais est en faible diminution. Pour les quatre années 1897-1900, la part du pavillon allemand dans le mouvement total est de 48.79 o o, tandis que l'Angleterre n'arrive plus qu'avec 39.53 o/o (1). On peut prévoir le moment où les Allemands arriveront à l'emporter sur l'ensemble des pavillons étrangers.

Quelle a été l'influence de la franchise du port sur cet essor de la flotte hambourgeoise ? Il est évident qu'elle ne l'a pas favorisé directement.

Ce n'est pas non plus grâce à elle que le pavillon allemand l'a emporté sur le pavillon anglais. La cause essen-

(1) Entrées	1861-70	1881-1890	1891-1900	1900
	Tonnes	Tonnes	Tonnes	Tonnes
Pav. anglais....	677.000	1.665.000	2.833.000	2.779.000
» allemand .	416.000	1.605.000	3.025.000	1.282.000

tielle des progrès de la marine allemande, à Hambourg
et ailleurs, c'est que, comme le remarquait très bien
M. le consul Bœufvé dans son rapport, en 1898, le commerce allemand a voulu et pu s'émanciper de l'entremise
de l'Angleterre, et que cette émancipation s'accentue
d'année en année d'une manière plus sensible. « L'intermédiaire naturel pour tout le nord et l'ouest de l'Europe,
écrivait M. Bœufvé, était autrefois l'Angleterre qui, en sa
double qualité de grand consommateur et de grand pro-
ducteur, avait su attirer à elle la majeure partie du trafic
général.... En ce qui concerne plus particulièrement
Hambourg, je rappellerai qu'il y a à peine 25 ans, 58 o/o
des marchandises introduites ici par mer provenaient de
la Grande-Bretagne (1) ». Aujourd'hui, la part de l'Angleterre dans la valeur de l'importation maritime à Hambourg est non-seulement tombée proportionnellement
à 25 o/o, mais elle a diminué d'une manière absolue,
puisque, de 514 millions de marks pour la période
1871-75, elle a reculé à 383, en 1897.

Non seulement Hambourg a su entrer en relations
directes avec toutes les parties du monde, mais elle est
devenue, nous l'avons vu, entrepôt important et centre
de distribution à son tour. Ce mouvement a sans doute
été favorisé par les facilités que les Hambourgeois avaient
de tout temps pour entrer en relations avec l'étranger.
Sans l'institution du Freihafen en 1888 ces facilités
auraient été supprimées et le mouvement eût pu être
gêné. C'est en ce sens qu'on peut dire que le port franc a
été favorable à l'essor de la marine hambourgeoise. Du
moins, il est prouvé qu'il ne lui a pas nui et c'est là un
exemple à opposer à ceux qui soutiennent que les ports
francs favorisent les marines étrangères au détriment des
marines nationales.

En définitive, l'étude du port de Hambourg sous tous
ses aspects ne fait que confirmer l'impression première :
ce n'est pas surtout au Freihafen qu'il doit son étonnante

(1) *Monit. off. du Comm.* du 24 nov. 1898.

prospérité, mais à la puissance de l'essor industriel et commercial allemand, si bien étudié par M. Blondel (1), à l'excellence de sa situation, à l'amélioration incessante de son outillage, aux qualités de ses négociants qui, suivant l'heureuse formule de M. le consul Bœufvé, « forment un corps d'une valeur peu commune, réunissant à l'esprit d'entreprise, qui caractérisait déjà les marchands de l'ancienne Hanse, les connaissances les plus approfondies et les plus diverses. » Cependant il ressort non moins nettement de la même étude que l'influence du Freihafen a été favorable et qu'elle n'a pas été négligeable. Il ne faut ni l'exagérer, ni trop la diminuer. L'ère de la grande prospérité de Hambourg date surtout des années qui ont suivi 1888 ; il n'y a pas là une simple coïncidence. Les Allemands en sont si bien persuadés qu'ils ont multiplié dans ces dernières années les zones franches dans leurs principaux ports et qu'ils viennent de prolonger le Freihafen de Hambourg le long de l'Elbe en aval, donnant la franchise à une partie du port prussien d'Altona. L'ouverture de cette zone franche a eu lieu le 3 février 1902. Elle s'étend sur la rive droite de l'Elbe sur 500 mètres de long, dont 320 sont garnis de hangars. La largeur du bassin est de 80 mètres, celle du quai de 50. On y trouve plusieurs entrepôts, ainsi que tout l'outillage nécessaire au chargement et au déchargement rapide des navires ; deux voies ferrées desservent les hangars. La ville s'est réservé le droit d'acheter certains terrains environnants dans le cas où le besoin se ferait sentir d'augmenter la superficie de la zone franche (2). De la part de gens aussi avisés que les Allemands cette extension donnée indirectement à la franchise de Hambourg, après une expérience de quatorze ans, en dit plus que les meilleurs arguments en faveur des ports francs.

<hr>

(1) Blondel. *L'Essor industriel et commercial du peuple allemand.*
(2) *Monit. off. du Comm.* 6 mars 1902.

CHAPITRE X

LES PORTS FRANCS DU NORD : *Brême, Geestemünde*
Brake, Stettin, Neufahrwasser, Emden.

Des deux autres villes hanséatiques, seule Brême a su
obtenir un port franc en compensation de sa renonciation
à son isolement douanier. La vieille rivale de Hambourg
ne mérite pas une étude aussi détaillée, parce qu'elle est
loin d'attirer autant l'attention par l'énorme développement de son trafic et aussi parce que la franchise, moins
étendue, n'y joue pas un rôle aussi grand.

Brême (1) a eu sans cesse à lutter contre l'insuffisance
de son fleuve et de son port pour rester une grande place
maritime. Avant les améliorations récentes, la Weser,
obstruée de bancs, ne permettait pas aux bâtiments d'un
tirant d'eau de plus d'un mètre, ou d'un mètre et demi, de
remonter jusqu'à Brême à marée basse ; même, à marée
haute, le chenal n'avait que de 3 à 4 mètres de profondeur. Les Brémois possédaient à 18 kilomètres en aval,
sur la rive droite de la Weser, la petite ville de Vegesack,
mais son mouillage n'était guère plus profond. En 1827,
ils avaient obtenu du Hanovre, à force de diplomatie, la
vente d'un terrain situé tout près de l'embouchure, à
62 kilomètres au-dessous de leur ville. Sur ce territoire
étroit, de 1 kilomètre et demi de long, sur 1 kilomètre de
large, s'était élevée la petite ville de Bremerhafen, l'avant-
port ou, plutôt, le port de Brême. Mais, Bremerhafen

(1) Pour les documents à consulter, cf. chapitre précédent. –
Benduhn (architecte de la ville). *Die neuen Hafen-Anlagen, in Stettin,*
1898. — M. Eugène Bœufvé, notre consul à Brême, a bien voulu me
fournir sur divers points des éclaircissements dont je tiens à le
remercier de nouveau.

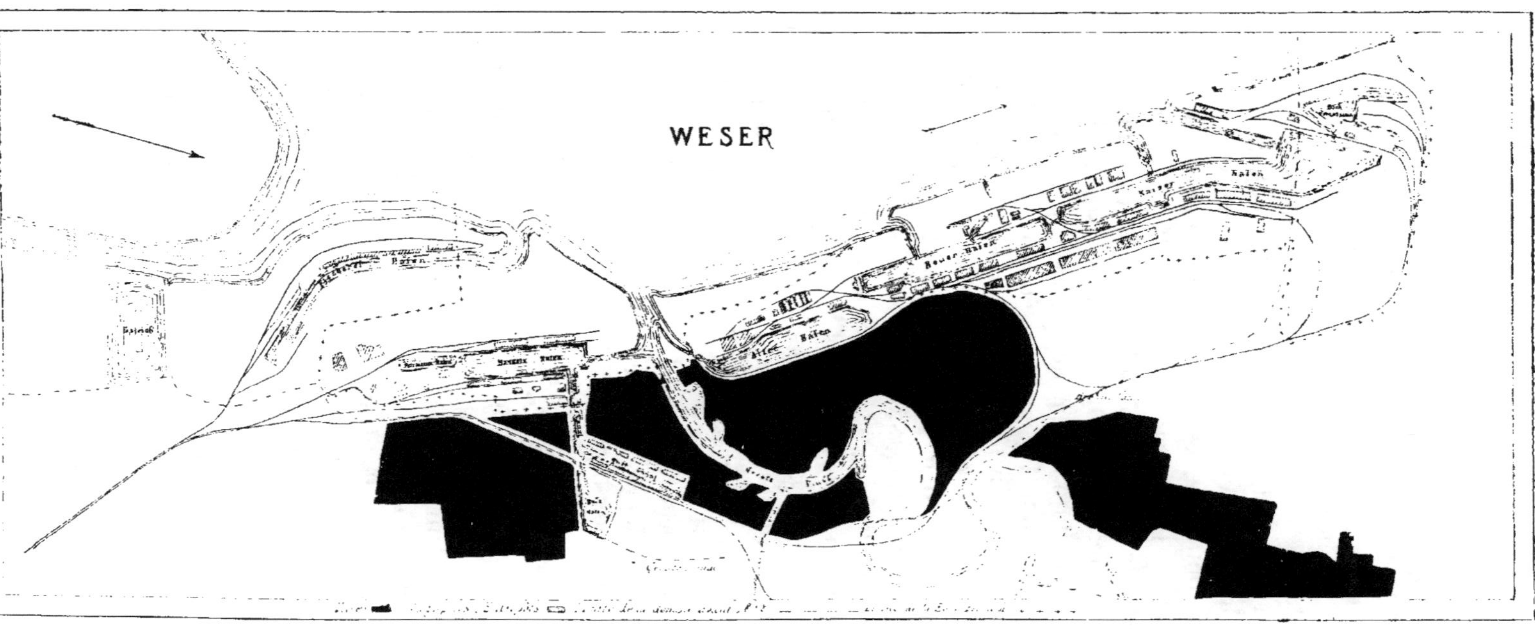

Ports de Bremerhafen et Geestemünde, au 1:30.000

lui-même n'est resté accessible aux gros navires que grâce à de grands travaux poursuivis jusqu'à ces dernières années.

De plus, les magasins et les maisons de commerce étant restés à Brême, faute de place à Bremerhafen et pour éviter des dépenses de double installation, il en résultait pour le commerce des frais considérables de transbordement et de transport. Aussi, la ville n'hésita pas à entreprendre des approfondissements très coûteux pour permettre aux gros navires d'arriver jusqu'à ses quais, en ne débarquant qu'une partie de leur cargaison. Elle dut s'imposer de lourds sacrifices, établir, entre autres, une taxe de 1,67 o o sur toutes les transactions pour subvenir aux dépenses qui, en 1896, s'élevaient déjà à 37 millions de francs. Actuellement, le vaste port fluvial de Brême n'a que des mouillages de 5^m40. Tous les travaux n'ont donc pu rendre la Weser aussi accessible que l'Elbe. Brême est à peu près dans la même situation que Bordeaux. Les gros navires n'y viennent pas ou n'y arrivent qu'allégés. Il est vrai que les Brémois poursuivent avec persévérance leur œuvre de correction et d'approfondissement.

Les ports de Brême ont été profondément transformés et améliorés depuis l'entrée de l'État dans le Zollverein, en 1888 : près de 145 millions de francs y ont été dépensés. De nouveaux bassins ont été creusés à Bremerhafen, et tout un nouveau port à Brême même.

On trouve aujourd'hui, à Bremerhafen, trois grands bassins, le vieux port, le nouveau port et le port de l'empereur, qui couvrent respectivement 7, 8 et demi et 21 hectares. Le dernier, commencé en 1892, a coûté à l'État de Brême 22.500.000 francs ; le gouvernement prussien, qui a contribué pour 200.000 francs et cédé 114 hectares de terrain, a exigé que les dimensions permissent l'accès aux navires de guerre le long de ses 4.500 mètres de quais. Il communique avec la rade, où l'on trouve des profondeurs de 12 mètres, par deux écluses. La nouvelle écluse du port de l'empereur, de 200 mètres de long sur

25 de large, permet l'entrée, en marée ordinaire, à des navires de 9^m50. On n'a donc pas pu éviter, comme à Hambourg, l'emploi toujours gênant des écluses et, même, cette nouvelle écluse, la seule accessible aux très gros navires, ne peut livrer passage aux quelques paquebots qui déjà dépassent 200 mètres. En 1898, on a mis en exploitation le prolongement du bassin impérial, à l'extrémité duquel se trouve le « Kaiserdock », la plus grande cale sèche d'Allemagne, d'une longueur de 225 mètres, d'une largeur de 25 et d'une capacité de charge de 20.000 tonnes de registre ; il peut être vidé en deux heures. Bremerhafen possède actuellement cinq autres cales sèches.

Quant au nouveau port de Brême, il occupe au nord-ouest de la ville, sur la rive droite de la Weser, une superficie d'environ 90 hectares. Son bassin, à lui seul, s'étend sur 24 ; il a 2 kilomètres de long sur 120 mètres de large et 6^m80 de profondeur. Le long de ses quais, sillonnés de voies ferrées, ont été construits 9 magasins de 200 mètres de long sur 40 mètres de large. En aval du bassin, s'ouvre le port au « bois et aux fabriques », composé d'un canal de 1500 mètres de long sur 80 mètres de large, avec 6 mètres de profondeur seulement.

D'ici peu, ce nouveau port va être considérablement agrandi et transformé. Entre le bassin actuel et le port au bois, on est en train de creuser un second bassin, qui sera probablement inauguré en octobre 1905 ; un troisième est projeté à l'entrée du port au bois. De vastes terrains libres, autour de ces bassins, donneront toute latitude pour les installations et toute facilité pour les opérations commerciales, même en prévoyant un essor tout nouveau de l'activité brémoise (1).

____

(1) La compagnie Weser s'est chargée de construire un grand dock flottant mis en exploitation en 1903. Ce dock, d'une longueur de 115 mètres, qui pourra être portée à 200, attirera, sans doute, à Brême des navires d'un plus grand tonnage qui s'arrêtaient à Bremerhafen pour se faire radouber.

La loi du 31 mars 1885, relative à l'entrée de Brême dans le Zollverein, a réglé dans quelles conditions des franchises viendraient compenser la perte de l'autonomie douanière. En vertu de la convention conclue, tout le nouveau port doit être compris dans l'enceinte franche. Déjà, les Brémois désignent leurs trois bassins futurs sous le nom de bassins du Freihafen. Quand ils seront terminés, la surface englobée par la zone franche pourra atteindre près de 250 hectares.

A Bremerhafen, seul des trois bassins, le vieux port, qui est immédiatement en face de la ville, est compris avec elle dans le Zollverein. S'il peut recevoir, à marée haute, des navires d'un tirant d'eau de 7 mètres, l'écluse qui y donne accès, fort étroite, ne laisse guère passer que des caboteurs. Le port franc comprend, autour des 30 hectares des deux autres bassins, de vastes terrains déjà couverts de hangars et un très vaste espace inoccupé au sud du port de l'empereur, qui pourra permettre plus tard des agrandissements. Des grilles, d'une hauteur de 4 mètres, séparent les deux ports francs du territoire douanier.

Ainsi, comme à Hambourg, le port franc occupe une très vaste étendue qui, non seulement suffit aux besoins du commerce actuel, mais permet d'envisager sans crainte l'avenir le plus grandiose pour le trafic brémois. Il englobe la plus grande partie des ports, tous les bassins qui peuvent recevoir les grands navires et sont munis d'un outillage perfectionné. De même qu'à Hambourg, il ne faut pas mettre sur le compte du port franc les dépenses considérables effectuées dans les ports brémois depuis 1888. Leur transformation aurait été nécessaire sans la franchise, et les frais d'installation nécessités par celle-ci, tels que grilles, barrières et postes de douanes, ont été relativement minimes.

Toutefois, l'analogie est loin d'être complète entre Brême et Hambourg. Il s'en faut qu'ici le port à peu près entier soit resté hors des barrières douanières. Il s'en faut, surtout, que la nature des franchises accordées soit

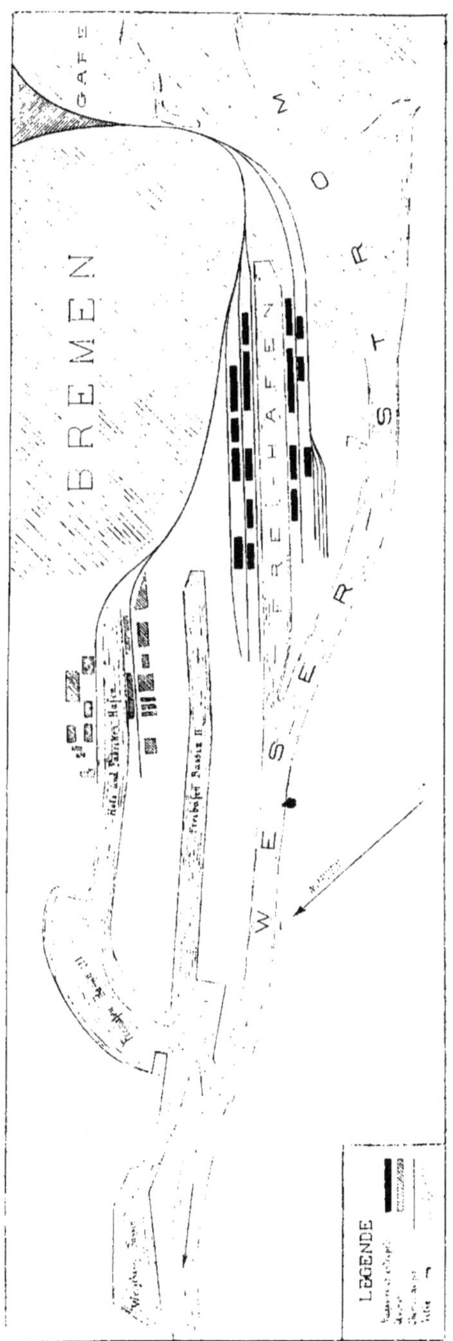

Port de Brême. au 1:30.000.

la même. M. René Dollot a fait remarquer, le premier, que les Allemands établissaient une distinction entre le Freihafen de Hambourg et le Freibezirk ou zone franche de Brême. Les Allemands sont loin de faire très nettement cette distinction. Dans le langage courant ils emploient couramment, comme en France, le terme de Freihafen pour tous les ports allemands ou autres qui possèdent des zones franches. M. Grunzel dans son *System der Handelspolitik*, le dernier ouvrage théorique paru sur la matière, oppose avec raison les zones franches restreintes d'aujourd'hui aux ports francs d'autrefois, qui comprenaient des villes entières avec leurs territoires. Pour lui aucun port actuel, sans excepter Hambourg, ne mérite le nom de Freihafen.

Mais l'administration allemande va plus loin que ne l'indique M. Dollot. Elle divise nettement en trois catégories les territoires situés en dehors des lignes douanières : 1° le Freihafen, port franc, considéré comme territoire étranger à tous les points de vue, avec permission d'y installer des établissements industriels ; — 2° le Zollausschlussgebiet, exclusion douanière, considéré aussi comme territoire étranger pour les marchandises transbordées ou entreposées, mais avec défense d'y établir des industries ; — 3° le Freibezirk, zone franche, entrepôt franc, rattaché à un port, avec défense d'y élever des usines et avec obligation de s'y conformer à un certain contrôle administratif sur le mouvement des marchandises. Ces distinctions ont été formulées pour la première fois dans la loi douanière du 1er juillet 1869.

Tandis que les Hambourgeois négociaient habilement à l'insu des Brémois, de 1884 à 1888, et obtenaient pour eux un Freihafen, les Brémois n'obtinrent qu'un Freibezirk à Brême ville et un Zollausschlussgebiet à Bremerhafen. « Ce n'est que le 17 avril 1902 que le Conseil fédéral de l'Empire prononça la transformation du Freibezirk de Brême ville en un Zollausschlussgebiet. C'est à l'occasion de la création du deuxième bassin, actuellement en voie de construction, que les autorités brémoises ont insisté auprès du Conseil fédéral en vue d'obtenir la modification en question. Brême attachait, en effet, le plus grand prix à ce qu'aucun malentendu ne pût surgir quant à la liberté de mouvement du commerce dans la limite de sa zone franche et à ce que son territoire hors douane, qui d'ailleurs avait pratiquement, depuis 1888, été traité comme Zollausschlussgebiet, ne pût être rangé dans la catégorie des Freibezirke. Brême traité strictement de Freibezirk se serait trouvé vis-à-vis de Hambourg, contre lequel il a déjà tant de peine à lutter, dans un trop grand état d'infériorité, le contrôle administratif auquel sont soumis les Freibezirke occasionnant des délais et des frais que ne connaissent pas les Zollausschlussgebiete (1). »

Comme à Hambourg, il est bien entendu qu'il ne peut exister dans l'enceinte franche aucun débit vendant au détail. Les seules habitations tolérées sont celles des employés de l'Etat ou d'autres personnes dont la présence permanente est nécessitée par les besoins du service. A part les exploitations s'occupant de l'équipement et de la réparation des navires, aucune entreprise industrielle n'est tolérée.

Le régime de Brême est aussi moins libéral au point de vue des manipulations et mélanges de marchandises. « Si des marchandises mélangées, les vins par exemple, sont livrées à l'intérieur du pays, elles doivent acquitter la taxe la plus élevée ; un hectolitre de vin composé avec du vin français et du vin portugais paiera comme un hectolitre de vin portugais. » Toutefois, l'entrepôt dans les magasins de l'enceinte franche n'a pas pour effet d'obliger les marchandises à payer des droits plus élevés que si elles étaient venues de l'étranger en Allemagne. Pour faciliter le contrôle de la douane, on emploie à Brême un système ingénieux qui consiste à répartir les marchandises dans les entrepôts, selon le lieu de prove-

---

(1) Note de M. le consul Bœufvé. — Les industries étant exclues des Zollausschlussgebiete, le port au « bois et aux fabriques » ne fera pas partie de celle de Brême.

nance. Toutes celles qui sont soumises au tarif maximum sont placées dans des magasins spéciaux et figurent au compte du négociant, qui en est responsable.

Malgré son infériorité vis-à-vis de Hambourg, les facilités accordées au trafic brémois ont avec raison attiré l'attention de la Commission parlementaire française. « Lorsque des produits non soumis aux droits, écrit le rapporteur M. Muzet, sortent du port franc par chemin de fer pour l'intérieur, l'expéditeur fait une déclaration à la douane qui, après contrôle, autorise la libre circulation en réclamant un simple certificat destiné à établir la statistique du mouvement des marchandises. Pour les produits soumis aux droits et qui sortent du port franc pour l'intérieur, les formalités et les frais sont très simplifiés, soit que ces produits soient destinés à être consommés au lieu où ils sont expédiés, soit qu'ils aient à transiter à leur premier lieu de destination ou à être entreposés; ils sont alors accompagnés de laissez-passer de différents modèles, suivant les destinations. »

Quant à l'administration des enceintes franches, elle a été conçue d'après les mêmes principes qu'à Hambourg. Les *Exclusions* de Brème et de Bremerhafen sont placées sous la direction de la Députation brémoise pour les ports et les chemins de fer. Dans celle de Brème, l'exploitation des entrepôts et autres installations a été transférée à la Société dite Bremer Lagerhaus Gesellschaft. La Députation n'a conservé sous son administration directe que l'administration du port proprement dite et l'exploitation des voies ferrées, à l'exception de l'expédition des marchandises effectuée par l'Administration des chemins de fer prussienne. Les prescriptions, concernant l'utilisation par la Bremer Lagerhaus Gesellschaft des installations et de l'outillage du port, sont déterminées par le règlement du 1ᵉʳ juillet 1894.

A Bremerhafen les entrepôts sont la propriété de particuliers, notamment du Norddeutscher Lloyd. Les hangars des quais, ainsi que les voies ferrées, sont exploités par l'Administration des chemins de fer de

Prusse, en vertu d'un traité conclu le 30 novembre entre Brême et la Prusse. Les autres services se trouvent sous l'administration directe de la députation brémoise pour les ports et les chemins de fer. Un règlement en date du 1ᵉʳ janvier–11 avril 1899, relatif au mouvement des marchandises entre les navires et le chemin de fer, contient les tarifs des droits que perçoit l'Administration des chemins de fer (1).

Les progrès de la navigation et du commerce à Brême n'ont pas été moins remarquables qu'à Hambourg, comme le montre le tableau suivant du poids et de la valeur des marchandises arrivées et expédiées par voies de terre et de mer depuis cinquante ans.

POIDS

ANNÉES	IMPORT.	EXPORT.	TOTAL
1847-51	318.800 T.	151.500 T.	470.300 T.
1857-61	628.300	315.000	943.300
1867-71	984.700	532.600	1.517.300
1877-81	1.598.600	1.157.900	2.756.500
1887-91	2.559.800	1.578.900	4.138.700
1892-96	2.925.700	2.058.200	4.983.900
1898	3.776.800	2.874.100	6.650.900

VALEUR

ANNÉES	IMPORT.	EXPORT.	TOTAL
1847-51 ..	105.858.000 M.	92.091.000 M.	197.949.000 M.
1857-61 ..	221.698.000	203.170.000	424.868.000
1867-71 ..	352.796.000	330.326.000	683.122.000
1877-81 ..	493.577.000	473.871.000	967.448.000
1887-91 ..	657.225.000	618.631.000	1.275.856.000
1892-96 ..	753.062.000	721.573.000	1.474.635.000
1898	931.281.000	887.328.000	1.718.609.000
1900	1.100.696.000	1.051.785.000	2.152.481.000
1902	1.082.959.000	1.032.011.000	2.114.970.000

(1) Note de M. le consul Bœufvé.

La valeur du commerce brémois a donc décuplé depuis 50 ans, progrès supérieur même à celui de Hambourg qui, dans la même période, a multiplié huit fois seulement l'importance de ses échanges. Pour la première fois, en 1900, les importations et les exportations ont dépassé 1 milliard de marks.

Ces progrès sont d'autant plus remarquables que les négociants brémois n'ont pas du tout été aidés par les mêmes avantages naturels que leurs rivaux de Hambourg. On a parlé des défectuosités de leurs ports ; en outre, la situation de leur ville n'est pas centrale et ne leur permet pas de rayonner sur tout l'Empire. Les voies fluviales et les canaux ne lui donnent pas un admirable réseau de voies de transports. La Weser, maigre, irrégulière et insuffisamment aménagée, n'est même pas une bonne voie de pénétration vers l'intérieur. Au lieu de conduire vers des régions de grand trafic comme la Saxe et la Bohème, elle vient de deux des pays les plus deshérités de l'empire, la Hesse et la Thuringe. Aussi, tandis que le trafic sur l'Elbe supérieur a atteint 1.143 millions de marks, en 1899, celui de la Weser en amont de Brème, quoique très en progrès aussi depuis 30 ans, s'élevait la même année à la modeste somme de 50.600.000 marks, à 58 millions en 1900. Les riches pays rhénans qui sembleraient devoir être les clients de Brème, le sont davantage de Rotterdam, parce que la Weser n'est encore reliée au Rhin par aucune voie navigable. Le grandiose projet du Mittelland Kanal donne aux Brémois de belles espérances, mais elles ne sont pas encore près d'être réalisées.

De même qu'à Hambourg, les progrès, rapides déjà depuis 1870, se sont accentués surtout dans les dix dernières années du siècle, c'est-à-dire depuis l'incorporation au Zollverein. En vingt ans, de 1870 à 1890, le gain avait été environ de 2.600.000 tonnes et de 592 millions de marks ; en sept ans, de 1890 à 1897, il s'est élevé à 2.200.000 tonnes et 471 millions ; en 1900, la valeur des marchandises dépassait de 877 millions de marks celle qu'elle atteignait en 1890. De 1894 à 1899, le gain des entrées par mer a été de 234.000 tonnes ; malgré la récente crise économique, il est encore devenu plus important puisque, de 2.717.000 tonnes en 1901, le mouvement des entrées a passé à 2.984.000 en 1902. On est donc amené aussi à se demander si l'influence du port franc n'a pas été pour beaucoup dans cette accélération du progrès.

Or, la prospérité de Brème peut s'expliquer par les mêmes causes que celle de Hambourg. D'abord, le trafic brémois est essentiellement un trafic allemand. C'est ce qui ressort de la comparaison entre les chiffres du commerce par terre et par mer dont voici le tableau :

Importations

	PAR TERRE	PAR MER (1)
1870........	104.516.000 M.	202.942.000 M.
1880........	183.254.000	377.501.000
1890........	255.601.000	504.091.000
1899........	261.342.000	649.662.000
1900........	306.000.000	794.667.000

Exportations

	PAR TERRE	PAR MER
1870........	191.957.000 M.	116.911.000 M.
1880........	328.079.000	192.996.000
1890........	405.811.000	314.127.000
1899........	483.654.000	391.438.000
1900........	589.898.000	461.887.000

Opposons, comme nous l'avons fait pour Hambourg, les entrées par mer aux sorties par terre. On voit que sur 794.667.000 marks de marchandises déchargées des navires, il y en a 590 millions environ qui sont entrés en Allemagne en 1900 (2) et il faut y ajouter ce qui s'est

(1) Comme il arrive souvent, les chiffres de cette statistique ne coïncident pas exactement avec ceux du tableau précédent.

(2) M. Muzet a commis une très grosse erreur dans son rapport (p. 30). La différence entre les importations et les exportations, dit-il, « qui doit comprendre approximativement la valeur des marchandises consommées dans l'intérieur de l'Allemagne, est actuellement d'environ 5 o/o seulement du chiffre général du trafic ». Par suite de ce raisonnement singulier, M. Mazet s'imagine que presque tout ce qui est importé à Brème en est réexporté.

consommé dans les ports francs mêmes, quantité non négligeable puisqu'elle dépasse **1** million de tonnes en poids (1.063.000 en 1897) et près de 50 millions de marks en 1900.

De même, si les exportations de Brême, par mer, ont été de 461 millions, l'empire a fourni, en 1900, 306 millions de marchandises. Il est vrai que toutes n'ont pas été rechargées sur des navires, puisque les ports francs en ont consommé une partie et que des réexpéditions ont pu être faites par les voies de terre dans les parties voisines de l'empire.

L'Allemagne contribue donc encore plus à la prospérité de Brême qu'à celle de Hambourg. Mais, si l'essor économique de l'empire est aussi la cause essentielle de la brillante fortune de son second port, il reste à expliquer comment Brême a pu prendre sa bonne part du trafic allemand malgré les avantages naturels dont jouit sa rivale, Hambourg. Point n'est besoin de recourir au port franc pour donner une explication satisfaisante. Les remarquables travaux d'amélioration de la Weser, la création des bassins de Bremerhafen et de Brême, leur outillage remarquable, les commodités données aux opérations et la réduction des frais ont joué ici le même rôle capital. C'est ce que faisait remarquer, avec raison, le gérant du consulat de France dans son rapport sur l'année 1897 :

« Cette situation prospère est le résultat de l'esprit d'initiative, d'entreprise et de suite des négociants brémois, le fait des efforts et des sacrifices réitérés qu'ils ne cessent de s'imposer pour améliorer leurs installations maritimes... Sachant bien que la vitesse est devenue d'importance primordiale...., qu'il faut, dans les ports, de l'étendue et de l'espace, des dégagements, des accostages faciles, des accès multiples pour amener et écouler les marchandises, qu'il faut éviter l'encombrement, ils ont transformé les ports de Brême et de Bremerhaven et en ont fait des ports modèles ; ils les ont dotés des derniers perfectionnements connus et ils ne négligent rien pour les modifications indiquées par l'expérience ».

L'institution du port franc a cependant produit des résultats, mais ils sont moins faciles à saisir qu'à Hambourg et ils ont certainement été proportionnellement beaucoup moins considérables. Brême est bien devenu port d'entrepôt, mais assez peu, résultat tout naturel vu l'infériorité de ses avantages. Prenons par exemple le coton, l'importation de beaucoup la plus importante de Brême, qui figurait pour 218 millions de marks en 1897 ; la plus grande partie de ces cotons, près de 180 millions, était destinée à l'Allemagne, à l'Autriche ou à la Suisse ; 30 millions seulement furent réexportés en Russie et 5 millions environ en Hollande. La laine et le tabac, dont les valeurs importées sont ensuite les plus considérables (81 et 58 millions en 1897), alimentent encore moins la réexportation. La France même a pourtant reçu de Brême, en 1900, pour près d'un million et demi de marks de tabacs et de 100.000 marks de laines. Une proportion plus élevée des riz (35 millions importés en 1897), décortiqués et polis à Brême, trouve un écoulement avantageux aux États-Unis, au Brésil, dans la République Argentine.

Les facilités accordées dans le port franc ont certainement contribué à développer ce commerce d'entrepôt. Ainsi, les négociants ont profité de l'autorisation de pratiquer des manipulations et des mélanges pour installer des magasins particuliers destinés à ces sortes d'opérations. En 1900, il y en avait 9 pour les tabacs et cigares, 5 pour les vins, 1 pour les spiritueux, pour le café, pour les drogueries, pour les produits coloniaux, 2 pour les marchandises diverses.

« Ces exploitations, dit le rapport Muzet, sont presque toutes très importantes. On y fait le nettoyage et la coloration des cafés, qui sont réexpédiés en petits sacs de différents poids ou en caisses, par sortes ou mélangés suivant le goût des destinataires. Il s'y fait une grande quantité de mélanges de vins de diverses provenances, particulièrement des vins portugais avec des vins français. On nous assure que 25.000 hectolitres de vins français, mélangés avec 75.000 hectolitres de vins portugais, produisent 100.000 hectolitres de vins français généralement appelés Bordeaux ». On a, sans doute, exagéré sensiblement ce dernier chiffre car les entrées de vins étrangers à Brême n'ont été que de 61.158 hectolitres en 1896 et de 66.504 en 1897 et, si les vins français figuraient pour 26.526 hectolitres en 1897, ceux d'Algérie pour 2.138, les envois du Portugal n'avaient été que de 5.530 hectolitres.

Quelle que soit l'importance des manipulations opérées dans le port franc, il est certain que Brême, comme Hambourg, aurait pu sans lui développer ses réexportations, par suite de l'attraction exercée sur les marchandises par tout grand marché. C'est bien à cela et non au port franc qu'est dû l'important entrepôt de coton de Brême. Ajoutons l'influence de grandes lignes de navigation, comme celles du Norddeutscher Lloyd, qui apportent naturellement dans leur port d'attache des produits de toutes les parties du globe, destinés en partie seulement à être consommés dans le pays. On se tromperait donc fort en pensant que Brême doit tout son commerce d'entrepôt à ses *Exclusions douanières*.

Malgré les avantages que la franchise donne aux étrangers, le pavillon allemand est tout à fait prépondérant dans le port de Brême. Sur un mouvement total de 4.503.000 tonnes en 1897, il figurait pour 3.135.000 tonnes, c'est-à-dire pour les 3/4. Son rôle continue même à augmenter : en 1900, sur un total de 5.032.000 tonnes, le même pavillon comptait pour 3.677.000. Les Anglais, les seuls étrangers qui fréquentent activement ce port, sont moins nombreux d'année en année, puisque les entrées de leurs navires étaient de 623.000 tonnes en 1898, 575.000 en 1899, 501.000 en 1900. En 1902, 77 o/o des transports ont été faits sous pavillon allemand, 10 o/o sous pavillon anglais. Brême a, sous ce rapport, une situation peut-être unique parmi tous les grands ports du globe.

Elle la doit, ce qui est plus remarquable encore, presque exclusivement à l'initiative de ses armateurs. Pour les deux années citées ci-dessus, le mouvement du pavillon brémois a été de 2.692.000 et 2.994.000 tonnes. La flotte brémoise n'a cessé, en effet, de s'accroître depuis trente ans. En 1876, elle ne jaugeait que 196.000 tonnes, 417.000 en 1896 ; en 1900, elle a atteint près de 800.000 tonnes de jauge brute et 541.796 tonnes de jauge nette ; ce dernier chiffre s'est élevé à 647.000 en 1902. Ce tonnage est presque en entier représenté par les navires des Compagnies à vapeur de Brême, la Hansa, l'Argo, le Neptune, le Triton, et, surtout, le Norddeutscher Lloyd. La fortune de Brême est particulièrement attachée à celle de cette fameuse compagnie, créée en 1856, devenue l'une des plus puissantes du globe, qui possédait en 1900 une flotte jaugeant 540.119 tonnes (1). Elle a transporté cette année-là 253.225 passagers, chiffre que n'avait jamais atteint aucune compagnie. Or, le Norddeutscher Lloyd a beaucoup gagné lors de l'entrée de Brême dans le Zollverein : « l'Empire lui accorda le monopole des lignes postales entre l'Allemagne, la Chine et l'Australie, avec une subvention annuelle de 5.500.000 francs ; cette concession a été renouvelée le 31 octobre 1898, étendue au Japon, et la subvention annuelle portée à 7 millions de francs (5.590.000 M.). » Mais il est certain, aussi, que la franchise de Bremerhafen, où déchargent la plupart du temps ses navires sans remonter à Brême, a favorisé l'extension de ses opérations.

Il faut ajouter que toutes ces compagnies brémoises sont prospères. Toutes ont distribué régulièrement ces dernières années des dividendes supérieurs à 6 o o et l'une d'elles a donné, en 1898, 1899 et 1900, 14 o/o à ses actionnaires. Si la franchise n'a pas aidé cet essor de la marine locale, il serait encore moins facile de prétendre qu'elle l'a gêné.

(1) Jauge brute. Au 31 décembre 1902, le tonnage de jauge nette était de 313.000 t. (219 nav.) pour le Lloyd ; 98.000 t. (55 vap.) pour la Hansa ; 27.000 t. (27 vap.) pour la C* Argo ; 19.000 t. (49 vap.) pour la Cie Neptune.

Qu'on étudie Brême après Hambourg, on est amené à la même conclusion : les *exclusions douanières* n'ont eu qu'une influence secondaire sur la prospérité de la seconde ville hanséatique. Cette influence est même ici moins appréciable. C'est que la franchise y est moins étendue : l'interdiction de fabriquer lui enlève une partie de son utilité. C'est aussi que les conditions générales du développement de Brême ont été moins avantageuses. La franchise est un appoint sérieux pour une place de commerce déjà favorisée ; elle ne peut servir de base artificielle à la prospérité d'un port dont la situation économique est fâcheuse ou simplement médiocre. Elle agit peu, même dans une ville comme Brême, dont les habitants ont su compenser les désavantages à force d'énergie et d'intelligence. Prenons garde pourtant de nier l'importance des effets de la franchise parce qu'ils ne sont pas très visibles. Parmi tous les efforts faits par les Brémois pour relever la fortune de leur ville, ceux qui ont abouti à la constitution de leurs *exclusions douanières* ont peut être contribué, plus qu'il ne paraît, au magnifique succès obtenu.

L'ancien port hanovrien de Geestemünde, devenu prussien en 1866, était resté en dehors du Zollverein jusqu'en 1888. La ville de la Geeste était immédiatement contiguë à Bremerhafen. Hanovriens et Prussiens avaient voulu lui permettre de rivaliser avec sa voisine Brémoise en la soumettant au même régime douanier. C'est pour la même raison qu'en 1888, en entrant dans l'Union douanière en même temps que Brême, Geestemünde a conservé aussi une « Exclusion douanière » qui comprend deux bassins d'une étendue de dix hectares environ (1). Le Handels Hafen qui s'ouvre par une écluse sur la rive gauche du confluent de la Geeste dans la Weser, en face du Bassin vieux de Bremerhafen placé symétriquement sur la rive

(1) Voir le plan, ci-dessus, p. 265.

droite, ne peut recevoir comme lui que des navires de sept mètres de calaison.

Enfin, le grand duché d'Oldenbourg, riverain, comme la Prusse et l'État de Brême de la Basse Weser, a voulu y posséder aussi son port franc. Brake, situé entre Brême et Bremerhafen, n'a jamais été bien important. Son petit bassin, d'environ six hectares, manque en même temps de profondeur : des bâtiments calant plus de quatre mètres et demi ne peuvent y pénétrer. Aussi, la satisfaction donnée à l'Oldenbourg est toute platonique ; Brake n'a rien de ce qu'il faut pour attirer le grand commerce. Il n'a, d'ailleurs, obtenu en 1888 qu'un Freibezirk, zone franche, au lieu de l'Exclusion douanière accordée aux bassins de Brême et de Geestemünde.

Les Allemands nous donnent donc, sur la basse Weser, l'exemple, qu'il serait dangereux de vouloir imiter, de franchises multipliées sur le même point et accordées à des ports de troisième ou de quatrième ordre. Cela s'explique ici par le voisinage d'États différents, jaloux, malgré tout, les uns des autres. De plus, l'expérience n'a pas offert de grands dangers, car l'institution des franchises n'a pas coûté beaucoup. Des dépenses importantes ont été faites pour aménager Geestemünde ; plus de vingt millions de francs y ont été consacrés dans les dix dernières années du XIXe siècle, mais elles eussent été nécessaires en tout état de cause. Elles ont même été insuffisantes pour permettre au port prussien de rivaliser avec les ports brémois. D'ailleurs, leurs installations peuvent être en partie considérées comme des compléments de

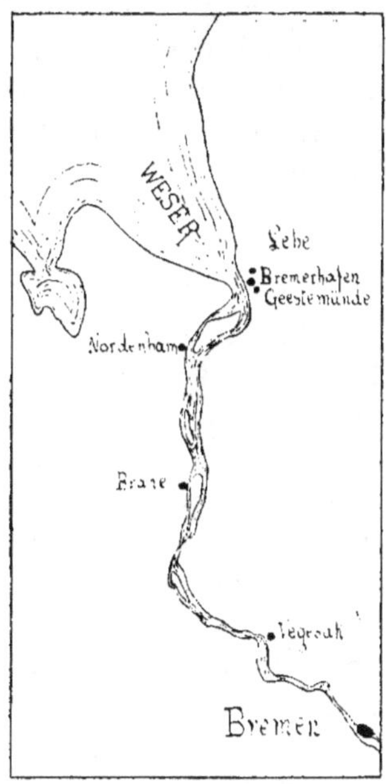

PORTS DE LA BASSE WESER

celles de Brême. Ce sont pour les négociants brémois d'autres avant-ports qui multiplient pour eux, sur la basse Weser, les points de débarquement. De fait, c'est pour leur compte que sont pratiquées beaucoup des opérations à Brake et à Geestemünde (1). Il est difficile de dire quels services a rendus la franchise à ces ports auxquels, ni leur étendue, ni leur profondeur, ni leur outillage, ne permettent de grandes espérances. On peut remarquer qu'ils ne végètent pas, comme leurs voisins, Vegesack de l'État de Brême, Nordenham de l'Oldenbourg, mais ceux-ci sont encore moins bien outillés qu'eux et ce n'est pas la seule franchise qui cause la différence de leur activité.

Lübeck (2), l'ancienne capitale de la Hanse, est entrée dans le Zollverein en 1867, plus de vingt ans avant Hambourg et Brême, sans obtenir aucune compensation. La médiocrité de sa fortune, opposée à celle de ses deux anciennes alliées, ne doit pas servir d'argument en faveur de l'influence des franchises. Le port de la Trave commence, en effet, seulement à se relever d'une longue décadence.

Elle avait pu être une grande place de commerce allemande, quand le centre du commerce allemand était dans la Baltique. Placée à l'écart des grandes routes commerciales, gênée par le voisinage de Hambourg pour étendre ses relations dans l'intérieur de l'Allemagne, sans voie fluviale pour expédier et recevoir économiquement les marchandises, elle n'était même plus accessible à des navires d'un tonnage médiocre au fond de son estuaire ensablé.

(1) Entrées en 1900 pour le compte de marchands brémois : Geestemünde, 165 navires jaugeant 176.670 tonneaux ; Brake, 93 navires jaugeant 107.402 tonneaux : Nordenham, 38 navires jaugeant 38.845 tonneaux : Vegesack, 26 navires jaugeant 3.437 tonneaux. — Entrées totales en 1902 : Geestemünde, 667 navires jaugeant 336.511 tonneaux : Brake, 551 navires jaugeant 285.557 tonneaux.

(2) On a cité parfois Lübeck parmi les ports francs allemands. M. Redier (p. 457), a encore reproduit cette erreur.

Grâce à des travaux entrepris depuis 1854, le cours de la Trave a été régularisé et approfondi. Depuis plusieurs années, les navires de 5 mètres peuvent pénétrer jusqu'à Lübeck. En 1899, un crédit de 5 millions de marks a été voté pour approfondir encore le chenal de la Trave et permettre aux navires calant 8ᵐ 50 de remonter. La vieille ville hanséate n'aura donc définitivement plus besoin de son ancien port, Travemünde. De plus, Lübeck est reliée à l'intérieur par cinq lignes de chemins de fer. Enfin, le canal de la Trave à l'Elbe inauguré en 1900, qui a coûté 30 millions de francs, fera de Lübeck une sorte d'avant-port de Hambourg sur la Baltique.

Grâce à ces travaux, le mouvement et le trafic de Lübeck ont considérablement augmenté depuis 50 ans. Le mouvement des entrées et sorties réunies était, en effet, de 574.000 tonnes en 1850, de 1.235.000 en 1866, de 2.371.000 en 1886, de 2.739.000 en 1896. Les marchandises arrivées par terre et par mer atteignaient la même année 969.712 tonnes métriques et valaient 300 millions de marks, tandis que les sorties s'élevaient seulement à 603.000 tonnes, d'une valeur de 233 millions. Sur ce trafic total, le commerce maritime ne comptait, il est vrai, que pour 189 millions de marks. Mais, en 1870, il ne figurait que pour 60 millions sur un total de 163. Le développement de l'industrie a suivi l'essor du commerce. En réalité, le développement de la troisième des villes hanséatiques, privée de la franchise donnée aux deux autres, a été ininterrompu et relativement rapide, malgré les conditions défavorables auxquelles elle est soumise.

L'expérience des zones franches, quoique toute récente, a paru concluante au gouvernement impérial et aux autres grands ports allemands, puisque quatre ports prussiens, Stettin et Dantzig sur la Baltique, Emden et Altona sur la mer du Nord, viennent d'être pourvus de cette institution.

Ici, il est vrai, l'expérience a été réduite : plus de

Freihafen, ni de Zollausschlussgebiete, mais de simples Freibezirke ou zones franches ; ces zones elles-mêmes sont d'étendue plus restreinte. Mais, d'un autre côté, leur création n'est plus un legs du passé, un reste d'ancienne autonomie douanière, elle a été faite de toutes pièces. Il semble qu'elle a été considérée comme le couronnement nécessaire de tout ce qui a été fait par le gouvernement prussien, pour transformer en places de premier ordre ses ports de la Baltique, pour donner la vie à ce vieux port d'Emden, témoin des premières tentatives maritimes et coloniales des électeurs de Brandebourg ; à ce double point de vue, les nouveaux ports francs méritent d'attirer l'attention. Comme leur création ne date que de quelques années, il est encore trop tôt pour se demander quels résultats elle a produits. Mais il est instructif de voir à quels ports les Prussiens ont cru devoir accorder la franchise, comment ils ont compris l'installation et le régime de leurs zones franches.

Stettin, le port de l'Oder, à 70 kilomètres de l'embouchure, menaçait de croupir au milieu des marais que forme son fleuve torrentueux, en comblant peu à peu le fond du Damschsee, reste d'un ancien golfe, où il se jette. Des travaux importants, accomplis par le gouvernement prussien, avaient peu à peu transformé sa situation. Dès 1870, des navires d'un tirant d'eau de 5 mètres pouvaient aborder à ses quais, mais les gros vapeurs devaient s'arrêter à son avant-port de Swinemünde. Depuis, les Stettinois et la Prusse ont voulu faire de la vieille cité poméranienne un port de premier ordre. La ville fut d'abord longtemps en négociations avec les deux compagnies de chemins de fer qui la desservaient, pour des améliorations de détail dans le port. Celui-ci était formé par le Dunzig et la Parnitz, deux bras que l'Oder envoie vers le Damschsee : en 1879-80 fut construit le canal Oder-Dunzig ouvrant aux navires une voie d'accès plus courte. Après que l'État eut absorbé les compagnies en 1886, les pourparlers continuèrent avec l'Administration des chemins de fer de Prusse. Le commerce prenait, d'année en année, un grand développement sur les rives du Dunzig. Mais les créations du canal Kaiser-Wilhelm, des ports francs de Hambourg, Brême, Copenhague, inspirèrent aux Stettinois des ambitions plus grandes; ils voulurent avoir un port accessible aux grands navires qui, lui aussi, serait un Freibezirk.

De longues études aboutirent à l'adoption d'un projet voté par la municipalité, en janvier 1894. La dépense

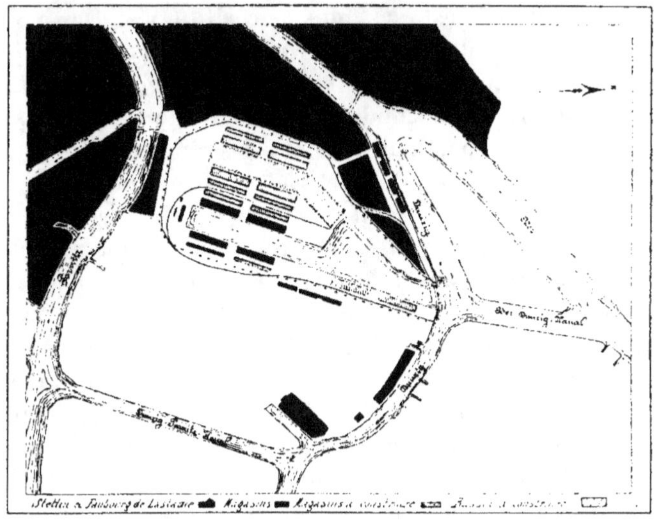

PORT DE STETTIN, au 1 30.000.

totale prévue était de 30 millions de marks. La ville put s'entendre avec l'administration des chemins de fer et avec le Landtag prussien qui vota 6.200.000 marks, pour l'approfondissement d'un chenal entre Stettin et Swinemünde. Il devait avoir 80 mètres de largeur et 7 mètres de profondeur sur l'Oder, 150 et 8 sur le Haff. En 1896, le Bundesrath autorisa la création d'un Freibezirk dans le nouveau port.

Les travaux dont s'était chargé l'État prussien ont commencé, de 1893 à 1898, par l'approfondissement de la Swine qui a coûté 4.700.000 marks. Le creusement du chenal jusqu'à Stettin a dû être terminé en 1901.

Le nouveau port a été inauguré solennellement en septembre 1898, bien qu'il n'y eût encore qu'un bassin creusé sur les deux prévus. Quand l'autre sera fait, il y aura une surface d'eau de 22 hectares 37 et 4.350 mètres de quai le long desquels pourront prendre place 60 navires de grandeur moyenne. Actuellement, la surface d'eau n'est que de 15 hectares 13. Le bassin de l'Est, de 627 mètres de long, sans compter le bassin d'évolution placé à l'entrée, sur 100 mètres de large, a 7 mètres de profondeur. L'outillage est des plus perfectionnés. Des voies ferrées sillonnent les quais. On a prévu la construction de 10 grands hangars qui couvriront 5 hectares 46. En arrière, s'élève une seconde ligne d'entrepôts destinés à être loués aux particuliers pour les marchandises qui doivent faire un long séjour. Elevés de cinq étages au-dessus de caves, ils auront une surface de 2 hectares 91.

Ce port neuf n'est ni très étendu, ni accessible aux plus grands navires, mais il est suffisant pour une place qui n'a pas la prétention de supplanter Brème ou Hambourg pour le grand commerce transatlantique, et pour les gros navires qui fréquentent la Baltique. Tout entier, il est compris dans l'enceinte du Freibezirk, fermé par une grille de 3 mètres de hauteur. Le port douanier est donc confiné dans le vieux port, sur les rives du Dunzig et de la Parnitz qui n'ont pas reçu d'amélioration, sauf le creusement du Dunzig Parnitz Kanal. En unissant ces deux bras, où se concentrait toute l'ancienne activité commerciale de Stettin, le nouveau canal rend plus facile la circulation et les transbordements de marchandises à travers le port douanier. Mais, avec ses profondeurs qui ne dépassent pas 6 mètres et sont souvent inférieures, avec son absence d'outillage et de quais, celui-ci est complètement sacrifié au Freibezirk.

Avant même l'achèvement complet de tous ces travaux, le port prussien a pu tirer meilleur profit, dans ces dernières années, malgré la redoutable concurrence de Hambourg, de sa situation sur l'une des grandes voies fluviales de l'Allemagne et surtout du voisinage de Berlin.

Déjà il lui est relié par un canal de faible section. Quand la grande voie projetée, accessible aux bateaux de mer, ou tout moins aux transports d'un fort tonnage, la reliera à la capitale de l'empire, Stettin en sera définivement l'avant-port sur la Baltique. Il pourra étendre son rayonnement dans les provinces orientales de l'empire et développer ses opérations en dehors de la Baltique où elle ont été longtemps renfermées. Cependant Stettin reçoit déjà d'Angleterre une grande quantité de marchandises ; en dehors des services réguliers qui la relient à tous les grands ports de la Baltique, elle en a avec Anvers, Rotterdam et Liverpool. Le mouvement des entrées, qui a atteint 1.459.000 tonnes en 1897 et 1.384.000 en 1898, classe Stettin au 2me rang parmi les ports allemands.

L'activité du port est singulièrement accrue par la puissance et la variété des industries. Les fameux chantiers Vulcan travaillent à la fois pour la marine de guerre et pour le commerce et occupent 6 à 7.000 ouvriers ; la même compagnie construit, en outre, tous les ans, une centaine de locomotives. D'autres ateliers de construction de machines, des fonderies, des fabriques de produits chimiques, des industries alimentaires, telles que distilleries, brasseries, huileries, minoteries, fournissent un aliment important au commerce de Stettin.

Aussi la population est-elle passée de 20.000 habitants environ, au début du XIXᵉ siècle, à 73.000 en 1867, 100.000 en 1885, 140.000 en 1895, 210.000 en 1900. C'est donc à une ville en pleine prospérité et en pleine croissance, qui a de grands rêves d'avenir, que vient d'être concédé un Freibezirk. « Notre avenir est sur l'eau », disait l'empereur en l'inaugurant en personne. Cette présence du Kaiser et ces paroles indiquent l'importance attachée à la nouvelle création qui doit aider à la réalisation des rêves de grandeur maritime de l'Allemagne.

Dantzig n'est pas comme Stettin en pleine poussée de progrès. Bien que beaucoup plus rapprochée de la mer, à 7 kilomètres seulement d'une des embouchures de la Vistule, elle n'a pas été rendue accessible aux gros navires comme le port de l'Oder. Le long des quais du fleuve et de la Mottlau, la profondeur n'est que de 4ᵐ50 au maximum. Dantzig est aussi moins favorisée par son fleuve. La Vistule qui coule surtout en territoire russe n'a pas été aménagée comme les fleuves allemands. Il n'est arrivé à Dantzig, en 1896, que 168.000 tonnes de marchandises par le fleuve et 454.000 mètres cubes de bois. Enfin, l'exportation des grains de la Pologne, qui enrichissait autrefois la ville (1) et alimentait, avec les bois, la plus grande partie du mouvement du port, est complètement tombée.

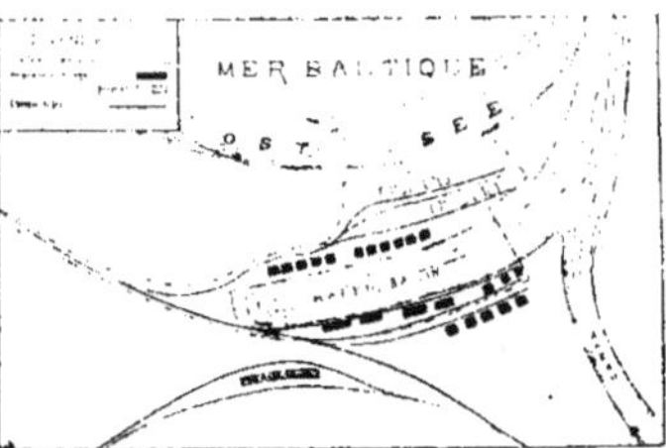

PORT DE NEUFAHRWASSER, au 1/30.000.

C'est à l'embouchure du bras occidental de la Vistule qu'a été créé l'avant-port, ou plutôt le port de Dantzig, Neufahrwasser (nouveau chenal). De 1888 à 1897 on y a dépensé plus de 10 millions de francs. Ce port, lui-même, ne peut pas recevoir les plus gros bâtiments. Entre les jetées de granit, de 400 et de 200 mètres, qui s'avancent dans la rade de Dantzig et lui donnent accès, la profondeur n'est que de 7 mètres sur 100 mètres de largeur. Le bassin, de 550 mètres de long et 100 mètres de large, qui s'ouvre à la base de la jetée ouest, a la même profondeur, mais des navires de 5ᵐ80 de calaison au plus peuvent se placer le long des quais. Ses cinq hectares et demi de superficie, ses trois grues et le reste de son

(1) Exportation des grains par mer, en 1862 : 522.000 tonnes.

outillage ne peuvent suffire qu'à un trafic d'importance secondaire.

Le mouvement actuel du port n'exige, d'ailleurs, pas davantage. Dantzig a moins participé que les autres grands ports au prodigieux essor du commerce allemand et ses progrès ont été assez lents. De 514.000 tonneaux de jauge, en 1876, les entrées sont montées seulement à 565.000 tonneaux en 1886, à 676.000 en 1900. Le poids des chargements, à l'entrée, atteignait cependant 801.000 tonnes en 1900, 815.000 en 1902 et 1.477.692, au total, la même année. Dans le même intervalle de vingt ans, 1876-96, les importations se sont élevées de 63.310.000 francs à 115 millions, les importations de 57 à 132. Malgré cela, Dantzig, autrefois deuxième port allemand pour l'importance du trafic, est passé au quatrième rang. Ses relations sont presque restreintes aux pays voisins, Scandinavie et Russie, à l'Angleterre et à la Hollande, par l'intermédiaire desquelles il participe au trafic international. Mais c'est surtout par Hambourg qu'il reçoit les produits exotiques (1).

Dantzig est surtout le débouché de la Pologne russe pour les bois, les céréales, les sucres, etc. La plupart des marchandises qu'elle reçoit ne font que transiter sur le territoire allemand pour passer dans les pays de la Vistule. Le dernier rapport de notre consul fait remarquer que pour les pays allemands, même tout voisins, Hambourg supplante Dantzig comme marché d'approvisionnement. L'une des causes principales de la baisse des importations par mer, dit-il, « est la concurrence que Hambourg fait à son ancienne alliée Dantzig en se substituant à celle-ci dans la propre sphère d'action qui semblait lui être réservée par la nature et l'histoire. C'est ainsi que, là où Dantzig apportait jadis des marchandises, comme à Bromberg par exemple, il a été reconnu que c'était Hambourg qui approvisionnait maintenant, directement, cette

---

(1) En 1900, le port a reçu 2.367 tonnes de café de Hambourg, 241 d'Angleterre, 252 de Hollande, 125 de Brême.

ville par la voie de l'Elbe et des canaux intérieurs, encore moins coûteuse que celle de la Baltique. Or, ce qu'on a observé pour Bromberg est encore plus exact pour d'autres places de l'hinterland allemand de Dantzig (1). » D'un autre côté, le port de la Vistule perd de jour en jour son importance comme port de transit pour la Russie occidentale. Riga et Libau sont en train de lui ravir ce trafic.

Les armateurs du port de la Vistule sont loin de montrer l'activité d'autrefois. La flotte locale, qui jaugeait 158.000 tonnes en 1866, est tombée progressivement à 32.000 en 1896, à 17.000 en 1900. Enfin, les industries ne peuvent pas être comparées avec celles de Stettin, malgré l'activité des minoteries, des raffineries de sucre, des distilleries, des scieries à vapeur, des chantiers de construction. Aussi la ville qui dépassait de beaucoup Stettin en 1870, avec ses 90.000 habitants, n'en comptait elle que 125.000 en 1895.

Il est évident que, dans un pareil milieu, la franchise ne pourra pas produire les mêmes effets que dans les deux grands ports allemands. L'expérience est ici d'un autre ordre et d'un autre intérêt. La création du Freibezirk donnera-t-elle une impulsion nouvelle à l'essor assez pénible de l'ancienne ville hanséatique, malgré d'autres influences peu favorables ? Les négociants de Dantzig en ont conçu fermement l'espoir. C'est sur les instances réitérées de la Chambre de Commerce que le Freibezirk a été créé par un arrêté du Conseil Fédéral du 24 octobre 1895. Mais l'ouverture en fut retardée par de laborieuses négociations entre la ville et l'État qui aboutirent à la convention du 4 mai 1898.

L'État cédait gratuitement, pour y établir la zone franche, le bassin de Neufahrwasser et l'Administration des chemins de fer abandonnait tous les bâtiments qu'elle y possédait : onze hangars d'une superficie de 700 mètres carrés chacun sur la rive nord et quatre de 600 mètres

(1) Monit. off. du Comm., 3 décembre 1903.

carrés sur la rive sud. L'Etat s'engageait à faire tous les travaux nécessaires pour compléter l'aménagement, tels que l'aplanissement des terrains au nord du bassin, où il fallut enlever 46.000 mètres cubes de terre, la pose de voies ferrées, l'établissement de la grille en fer de 4 mètres de haut, percée de douze portes, qui entoure la zone sur 2.520 mètres. La ville n'a eu à fournir, en tout, qu'une contribution de 300.000 marks.

Le nouveau Freibezirk, entièrement éclairé à l'électricité, a été inauguré le 5 avril 1899 ; il couvre 15.9 hectares, dont 5.4 pour la surface d'eau. C'est la plus petite des zones franches allemandes, mais elle occupe pratiquement tout le port de Dantzig. L'administration en a été confiée aux chemins de fer qui ont eu une part prépondérante à sa création. Sans eux, d'après notre consul, l'opposition de la douane n'aurait pu être vaincue. Il faut donc remarquer, une fois de plus, combien la direction des chemins de fer allemands, par une entente intelligente de ses intérêts (1), sait encourager le développement du commerce et de la navigation. C'est, assurément, l'un des exemples les plus instructifs que nous donnent nos voisins. Il faut ajouter que le gouvernement impérial, en cédant aux sollicitations de Dantzig, a voulu montrer ses bonnes intentions vis-à-vis de la Prusse occidentale jusqu'alors très délaissée en comparaison d'autres provinces.

Depuis cinq ans que le Freibezirk est ouvert, il n'a pas encore répondu aux espérances fondées sur lui. Les négociants comptaient tout particulièrement sur un grand essor du commerce avec la Pologne russe et sur le développement des opérations d'entrepôt et de transit. Il n'en a rien été.

Il y a une raison toute spéciale à leurs déboires ; la Douane a fait tous ses efforts pour que la franchise restât

----

(1) Les transports ont lieu à Dantzig beaucoup plus par chemin de fer que par voie d'eau. — Transports par voie ferrée : 177.000 tonnes en 1876, 393.000 en 1896.

lettre morte. « Le régime (1) imposé à la zone franche est compliqué, tracassier. En dépit de toutes les doctrines et théories, la Douane, qui ne devrait intervenir que par un contrôle sommaire, exerce en pratique un contrôle incessant et minutieux. Le commerce de Dantzig est peu satisfait des formalités qu'il trouve plus longues et plus vexatoires que celles de son port ordinaire. L'unique avantage retiré jusqu'à présent de la zone franche est une plus grande promptitude dans le déchargement et l'expédition des navires. Ceux-ci n'étant pas astreints, dans la zone franche, aux heures réglementaires de la Douane, peuvent, en effet, y travailler jour et nuit. Les armateurs et courtiers maritimes seuls ont donc, jusqu'à présent, tiré quelque profit de la zone franche (2). »

On voit là un exemple de l'infériorité des Freibezirke sur les deux autres modes de franchise expérimentés en Allemagne. Il est vrai qu'une application plus large et plus loyale des libertés commerciales n'eût peut-être pas donné plus de satisfaction aux négociants de Dantzig. Là où les conditions économiques ne sont pas favorables à une extension du trafic la franchise est inefficace.

C'est encore une expérience d'un autre genre qui est tentée à Emden. Ici il s'agit d'assurer le développement d'un port nouveau, au sujet duquel le gouvernement prussien semble concevoir de belles espérances. On verra si l'influence combinée d'un canal et d'une zone franche suffira pour détourner une portion notable de cet énorme trafic des provinces rhénanes qui emprunte actuellement la magnifique voie du Rhin et fait en grande partie la fortune extraordinaire de Rotterdam.

Emden était restée complètement oubliée depuis les tentatives coloniales du grand électeur. L'Ems, fleuve très médiocre, insuffisant pour servir de voie de pénétra-

(1) Règlement émané du Ministre des Finances, 28 mai 1896.
(2) Note fournie par M. le consul, de Jouffroy d'Abbans.

lion, s'était même détourné d'elle à son entrée dans le golfe du Dollart et l'avait abandonnée dans les terres, à 4 kilomètres environ de son estuaire. Parmi les petits ports frisons qui voisinent autour du Dollart, tout occupés de commerce local et de pêche, Emden n'était même plus naguère le plus actif. En 1875, le mouvement maritime dépassait 155.000 tonnes à Papenbourg, 110.000 seulement à Emden et atteignait environ 85.000 tonnes à Leer.

Une ère nouvelle semble ouverte pour le vieux port de l'Ems par le génie hardi et prévoyant des Allemands. Le canal de Dortmund, commencé en 1889 et ouvert en 1900, relie maintenant par une belle voie navigable de 216 kilomètres Emden à Dortmund, c'est-à-dire au cœur de la région houillère et industrielle de Westphalie et au Rhin lui-même. Avec ses 2ᵐ50 d'eau, il peut laisser circuler des chalands de 600 à 750 tonnes. Il a été construit surtout pour ouvrir un débouché plus court vers la mer aux houilles westphaliennes, mais avec l'espoir que, malgré ses 19 écluses et l'ascenseur hydraulique qui permet d'arriver à Dortmund, il pourra enlever du trafic au Rhin et à ses magnifiques steamers. C'est dans ce double but que les Allemands ont consacré 100 millions à ce grand travail. Le Mittelland Kanal, qui s'amorcera sur le canal de Dortmund en aval de Münster, pourra contribuer, en quelque mesure, à alimenter l'activité du port de l'Ems. Celui-ci a été profondément transformé. Au « vieux port », situé sous les murs de la ville et devenu à peu près hors d'usage, se sont ajoutés successivement le « port intérieur » et le « port extérieur », qui débouche sur le Dollart. Ils sont mis en communication par une écluse qui peut livrer passage à des navires de 6 à 7 mètres de tirant d'eau. Longue de 120 mètres sur 15, elle fonctionne depuis 1888. C'est dans le bassin intérieur que débouche l'embranchement qui conduit au canal de Dortmund à l'Ems. De 1894 à 1898, il a été agrandi et approfondi, pourvu de trois docks latéraux bordés de quais, de hangars, de voies ferrées, d'une station électrique. Il peut contenir 15 navires.

Mais le bassin et l'écluse étaient tous deux insuffisants pour les grands navires avec leurs profondeurs inférieures à 7 mètres. En 1898, le gouvernement prussien décida de transformer complètement le port extérieur et d'en faire un bassin à eaux profondes répondant à toutes les exigences. Terminé en 1901, il est profond de 11 mètres et long de 1350. Ses quais en pierre sont garnis d'une dizaine de grues. Une voie ferrée circule devant les entrepôts qui couvrent une superficie de 8.200 mètres. Un appareil renverseur, Kipper, permet de soulever, toutes les trois ou quatre minutes, un wagon entier de charbon et de faire basculer son contenu dans le navire placé au-dessous. Toutes ces installations sont éclairées à la lumière électrique.

M. de Möller, ministre du commerce de Prusse, affirmait récemment, au retour d'un voyage en Angleterre, la « supériorité technique » des grand ports allemands « sur Liverpool et Londres attardés dans les routines anciennes », et il pouvait citer le nom d'Emden à côté de ceux de Hambourg et de Brême. C'est donc à un port nouvellement et excellemment outillé, doté d'une voie de communication de premier ordre, que la franchise a été donnée.

Quand le gouvernement prussien demanda aux chambres les crédits nécessaires, il inséra dans son exposé des motifs l'opinion émise à cette occasion par la Compagnie Hambourgeoise-Américaine. L'avis de la célèbre compagnie sur l'utilité des ports francs est assez intéressant pour être cité :

« La Compagnie de Hambourg-Amérique a déclaré, avec la plus vive insistance, qu'une des conditions essentielles pour amener à Emden un mouvement maritime considérable, était la création d'une zone franche. Son opinion se fonde sur ce qui s'est passé à Hambourg, Brême, Dantzig, Stettin, Altona, ports dans lesquels ont été établis, à frais énormes, des enclaves ou des zones franches, dès qu'on eut reconnu qu'il n'était pas possible d'arriver sans elles à un développement satisfaisant du commerce maritime. L'expérience, en effet, a démontré

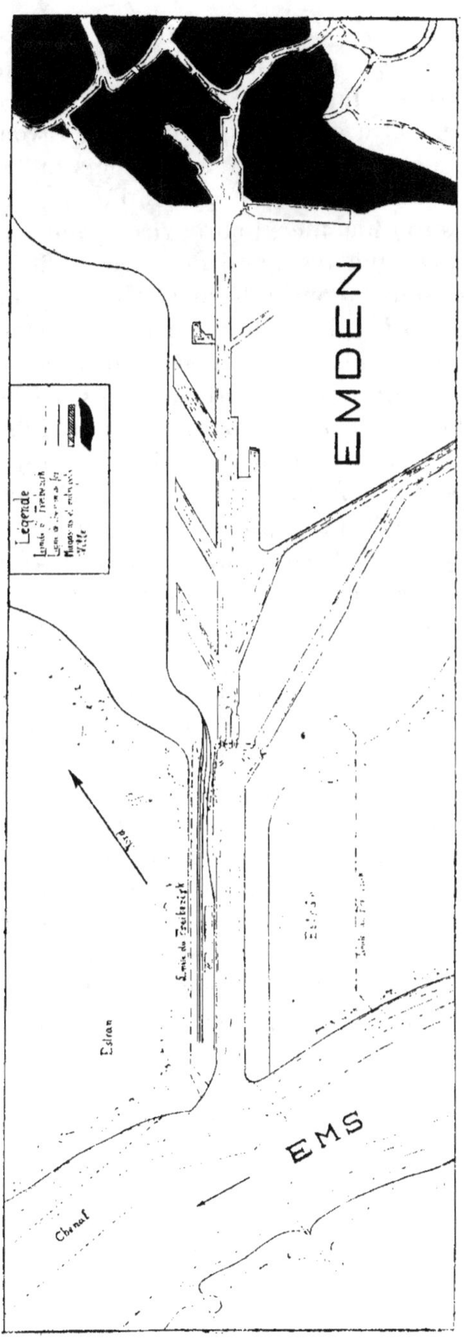

Port d'Emden, au 1:30.000.

que les entrepôts de douane, ou toutes autres facilités administratives, étaient impuissants à assurer au commerce la liberté d'allure qui est la base de sa prospérité et qui ne peut être obtenue que dans un rayon franc, surveillé au dehors par la douane, mais affranchi à l'intérieur de tout contrôle administratif.

« En territoire douanier, tout navire, ayant à bord des marchandises étrangères non dédouanées, doit nécessairement rester sous la constante surveillance de la douane, sans l'autorisation de laquelle aucun déplacement ne peut avoir lieu. Il en résulte non seulement des frais considérables, mais, avant tout, une perte de temps, sans compter les autres inconvénients inséparables de la coopération douanière. Le personnel mis à la disposition de chaque bureau ne peut, quant au nombre, être fixé que d'après une moyenne de trafic supputée. En temps de grande activité, ce personnel est insuffisant ; il en résulte des retards qui exposent le négociant à de grandes pertes et qui, de plus, le mettent dans l'impossibilité de disposer de sa marchandise. Une autre cause de préjudice, c'est que l'expédition en douane ne peut, dans les intérêts des employés, avoir lieu que pendant les heures de service. Le chargement et le déchargement, ainsi que toute autre manipulation, en sont compliqués et retardés, d'autant plus que le mouvement des navires dépend de la marée. Il s'ensuit que tout port, situé à l'intérieur de la zone douanière, se trouve à l'égard de la navigation internationale dans une position d'infériorité, par rapport à un port franc ou à une circonscription franche ; aussi, autant que faire se pourra, les chargeurs l'éviteront-ils. Ceci s'applique à Emden tout particulièrement. Il ne saurait naturellement pas être question, dès l'abord, d'y créer des têtes de lignes indépendantes desservant les places d'outre-mer. Les navires venant de Hambourg compléteront leur chargement à Emden et, au retour, ils y opèreront partiellement leur déchargement. En conséquence, à l'aller comme au retour, ils entreront toujours à Emden avec des marchandises étrangères, c'est-à-dire avec des marchandises provenant de places d'outre-mer ou du port franc de Hambourg. Pendant tout le temps de leur séjour à Emden, si l'on n'y organisait pas de port franc, ces navires resteraient constamment sous la surveillance douanière, ce qui suffirait pour les en éloigner.

« Quant à la question de savoir si, pour organiser une zone franche à Emden, on doit attendre jusqu'à ce qu'il s'y soit développé un trafic international de quelque importance, la compagnie hambourgeoise est d'avis qu'une pareille manière d'agir serait peu rationnelle, attendu qu'on ne peut espérer attirer le commerce qu'à la condition qu'il trouve à l'avance toutes les installations dont il a besoin pour devenir florissant, et, dans le cas présent, un port franc lui paraît une des prémisses les plus indispensables. La simple promesse d'une installation future ne déciderait aucun armateur, ni aucun chargeur, à passer par dessus les inconvénients d'un port douanier ; ils ne le fréquenteraient pas, quelles que fussent les perspectives d'une future création (1). »

C'est en 1901 qu'a été créée la zone franche d'Emden, quand le nouveau port extérieur a été terminé. Elle comprend tout ce nouveau bassin avec ses quais et ses hangars, et une vaste étendue adjacente sur une superficie de 70 hectares. Malgré tous les efforts du gouvernement prussien il s'en faut que le port de l'Ems ait des avantages équivalents à ceux de ses voisins, Brême et Hambourg : un canal ne peut jouer le rôle d'un grand fleuve ; de plus, Emden est trop relégué à l'extrémité de l'empire. Chose curieuse, l'administration des chemins de fer allemands ne s'est pas préoccupée ici de faire concourir la voie ferrée et la voie d'eau, comme pour les autres ports. Depuis 1896, les ports de l'Ems se plaignent en vain de tarifs qui favorisent les ports hollandais à leur détriment. Ils citent, entre autres, ce fait que 10 tonnes de cotonnades, transportées d'Ochtrup en Westphalie à Leer, coûtent 99 marks pour 145 kilomètres, tandis que

_____

(1) Communiqué par M. le consul Bœufvé.

d'Ochtrup à Amsterdam, pour 187 kilomètres, elles ne paient que 79 marks. Aussi, tous les ans, il part de centres industriels tels que Ochtrup, Grossau, Coesfeld et d'autres, au moins 200 wagons doubles de colonnades qui, au détriment des ports allemands de l'Ems, passent par les ports hollandais pour être réexpédiées de là à Stettin, Dantzig, Kœnigsberg.

Néanmoins, les transformations accomplies ont déjà porté leurs fruits. Emden est en passe de devenir un port de premier rang. Le mouvement des entrées s'est élevé à 655.000 tonnes de registre en 1902 pour 473 navires, classant ainsi ce port au cinquième rang, parmi les villes maritimes allemandes.

En terminant cette étude sur les nouveaux ports francs allemands, il est nécessaire de faire une remarque importante. On serait tenté de croire que les franchises ont été multipliées par l'impérieux besoin d'échapper à une législation douanière particulièrement dure et gênante pour le commerce. Or, il n'en est rien. Le régime protectionniste, auquel est soumise l'Allemagne, mitigé depuis 1894 par des traités de commerce, est beaucoup moins étroit que celui dont souffre le commerce français.

Comme chez nous, les entrepôts et l'admission temporaire apportent au système d'heureux tempéraments ; ces deux institutions sont même appliquées d'une façon plus large et plus libérale. Elles le sont tout particulièrement dans les ports francs ; Hambourg jouit même, à cet égard, de facilités spéciales (1). L'exemple des ports allemands est donc tout à fait typique pour montrer que l'institution des ports francs ne fait pas double emploi avec celles des entrepôts et des admissions temporaires.

(1) V. au sujet du régime des entrepôts en Allemagne, rapport Muzet, p. 22-25. — Cf. Dollot. Rev. polit. et parlem. 10 décembre 1903, p. 556-58. — Dans son dernier rapport (Rapp. Comm. 1904, n° 352, p. 12), M. le consul général Lefaivre signale une autre tolérance admise par la douane allemande. le « Trafic de perfectionnement » (Veredelungsverkehr).

CHAPITRE XI

Les Ports Francs du Nord : *Copenhague* (1), *Kola.*

Placée au milieu du seul détroit qui ouvre aux navires un accès commode à la Baltique, Copenhague a une situation privilégiée. C'est un port d'escale et d'entrepôt tout désigné par la nature pour les échanges entre les mers du Nord. On a pu l'appeler la Constantinople du Nord. Maintenant que les navires d'un grand tirant d'eau jouent un rôle de plus en plus grand dans la navigation, l'avantage de sa situation est encore devenu plus considérable. La profondeur du Sund, supérieure à 20 mètres jusque dans sa rade, diminue sensiblement dans les passes du Sud : les navires de 10 mètres de calaison qui y arrivent facilement ne peuvent continuer au-delà et le passage entier du détroit est même impossible, ou dangereux, pour des navires de moindre dimension.

Copenhague possède, en outre, un port merveilleux comme sécurité. C'est le canal paisible, suffisamment large pour les évolutions des navires, suffisamment étroit pour que la houle n'y pénètre pas, qui s'ouvre entre

---

1 A consulter : Bulletin consulaire, Monit. off. du comm., Rapports commerciaux.— *Report on the free port of Copenhagen.* Miscellaneous series, n° 351 (1895, avec plan au 1/8500 et planches).— *Le port franc de Copenhague.* Copenhague, Schultz, 1894 (publié par l'administration du port, avec planches).— *Copenhagen and its free port,* published by G.·E. C. Gad for the free port company. Copenhagen, 1896.— *Le port franc de Copenhague,* 1898 (sans nom d'éditeur, ni d'auteur).— *Rates for Warehouse rent, labour, etc.* Approved by the ministry of interior. Copenhagen, Engelsen et Schröder, 1898.— *Règlement pour le maintien de l'ordre, etc., dans le port de Copenhague.* Copenhague, Schultz, 1897. — Rapports Muzet et Chaumet. · Thèse Boucher.— Ch. Rabot. *Les Russes sur la mer libre.* (Revue de Paris, 1ᵉʳ septembre 1899).

Seeland, sur laquelle la ville est bâtie, et la petite île d'Amager, le potager de la capitale danoise, où s'étendent ses faubourgs. Cette autre Corne-d'Or est assez vaste pour renfermer à la fois le port de commerce, la flotte de guerre et les arsenaux danois.

N'oublions pas un avantage qui n'est pas négligeable : tandis que les ports de la Baltique sont souvent pris par les glaces, Copenhague ne souffre presque jamais de cet inconvénient. Pendant quinze ans, de 1880 à 1896, le trafic n'a été interrompu que pendant 65 jours de deux hivers rigoureux, en 1892 et en 1894 : les communications avec Malmö n'ont cessé qu'un seul jour, de 1886 à 1896. Ce privilège désigne le port du Sund comme entrepôt naturel des marchandises destinées à la Baltique pendant les mois d'hiver.

Le port du Sund est le débouché d'un petit pays qui ne compte pas 2.500.000 habitants. Mais le pays est prospère, les habitants actifs ; ils exportent au loin leurs riches produits agricoles ; ils ont su créer chez eux des industries actives. De plus, ces Danois ont toujours été des marins experts et audacieux ; la mer n'a pas cessé de tenter ces descendants des Normands dont le pavillon continue à jouer un rôle bien supérieur à l'importance de leur territoire et de leur population. Enfin, capitale du royaume et ville de luxe, Copenhague, avec sa population croissante, est devenue centre d'attraction et de consommation de plus en plus important. Comptant 90.000 habitants, environ, au début du xixᵉ siècle, elle en avait 140.000 vers 1850, 200.000 en 1870, 313.000 en 1890. Elle en renferme maintenant plus de 400.000 avec ses faubourgs.

Tout semblait donc réuni pour que Copenhague fût un port prospère. Pourtant, jusqu'à ces dernières années, le mouvement de la navigation et du commerce n'y dépassait pas celui d'une place de second ordre. En 1876, les entrées et sorties réunies des navires chargés ne s'élevaient qu'à 755.000 tonnes. La flotte commerciale ne jaugeait que 72.000 tonnes, tandis que, pour le royaume entier, la jauge s'élevait à 260.000. La flotte à vapeur, surtout, était modeste : 112 bateaux jaugeant 31.594 tonnes ; il est vrai que le Danemark entier ne possédait que 169 vapeurs et 39.500 tonnes. Dans les 25 années précédentes le progrès du trafic avait été assez sérieux, puisque les importations et les exportations réunies ne montaient en 1859 qu'à 371.000 tonnes, mais la flotte était restée presque stationnaire.

Dans la période suivante de 25 ans, 1876-90, l'augmentation du commerce fut plus rapide car, en 1898, 1.600.000 tonnes de marchandises entrèrent ou sortirent du port ; mais, deux ans après, le total des chargements ne s'élevait qu'à 1.272.000 tonnes. Quant aux armateurs de Copenhague, ils avaient continué à accroître le nombre de leurs vapeurs, mais le tonnage de leur flotte n'avait pas considérablement augmenté : leurs 429 navires, au 1er janvier 1888, jaugeaient 93.798 tonneaux, dont 72.000 étaient représentés par 151 vapeurs (1).

L'essor de Copenhague était, en effet, entravé et son avenir menacé par deux influences défavorables : l'insuffisance de son port et la concurrence allemande.

Le vieux port danois était magnifique et excellent pour les anciennes flottes de voiliers ; il était devenu de plus en plus insuffisant pour les grands vapeurs avec sa profondeur de 6 à 7 mètres. Il manquait d'installations modernes, nécessaires aujourd'hui pour le bon marché et la rapidité des opérations. L'espace faisait défaut pour les créer.

Cet état de choses favorisait les progrès de Hambourg, et même de Brême, devenus les grands entrepôts du commerce de la Baltique, où les grandes lignes de steamers ne pénètrent pas. La puissance d'attraction de Hambourg

---

(1) La flotte danoise comptait au même moment 3.326 bâtiments jaugeant 270.515 tonneaux, dont 284 vapeurs jaugeant 89.989 tonneaux. Copenhague possédait donc 35.8 o/o de la jauge totale et 80 o/o de la jauge des vapeurs.— Le mouvement total de la navigation au long cours (navires chargés) avait été, pour tout le Danemark, de 1.175.000 tonnes en 1875, de 2.624.000 en 1890.

a été accrue dans les dernières années du XIXᵉ siècle par le creusement du Kaiser-Wilhem canal, créé surtout dans un but stratégique, mais aussi pour éviter au commerce allemand le passage des détroits. La transformation du port de Lübeck et l'achèvement du canal de la Trave à l'Elbe achèveront de faciliter les envahissements du commerce hambourgeois dans la Baltique.

En présence de cette situation, les Danois n'ont pas renoncé à la lutte. Avec une grande décision, ils ont creusé un nouveau port assez profond pour recevoir les plus gros navires : ils l'ont merveilleusement outillé et, pour combattre tout à fait à armes égales, ils lui ont donné la franchise. « Cette cité n'est pas épouvantée, écrivait le ministre d'Italie en 1895, elle s'apprête à soutenir la bataille avec la puissante et riche ville de Hambourg. Le prix de la victoire sera le titre de métropole de la Baltique ».

Le nouveau port de Copenhague est situé complètement en dehors du canal qui constitue l'ancien, sur la rade même, au nord de la ville et de la vieille citadelle qui commande l'entrée du vieux port.

Conquis en partie sur la mer, il est constitué par trois grands bassins, bassin du Nord, bassin Central, bassin du Midi, divisé à son extrémité en bassins d'Est et d'Ouest. Ils sont bordés de quais en granit et en bois de 3765 mètres de longueur. L'entrée commune est protégée par une jetée et par un brise-lames. Les profondeurs y sont de 7ᵐ53, 8ᵐ01 et 9ᵐ01 ; celle de l'entrée atteint 9ᵐ42. Les travaux commencés en 1891 durèrent moins de quatre ans. Leur coût total fut de 14 millions de couronnes, c'est-à-dire 19.460.000 francs. Ces frais ont été supportés surtout par l'Administration du port, qui a ses revenus propres, et par l'Etat. Pas plus qu'à Hambourg ou qu'à Brême, la dépense ne doit être regardée comme un sacrifice consenti pour réaliser l'institution du port franc : elle aurait été nécessaire pour créer un nouveau port, lui-même indispensable.

La franchise de ce port a été déclarée et réglée par une

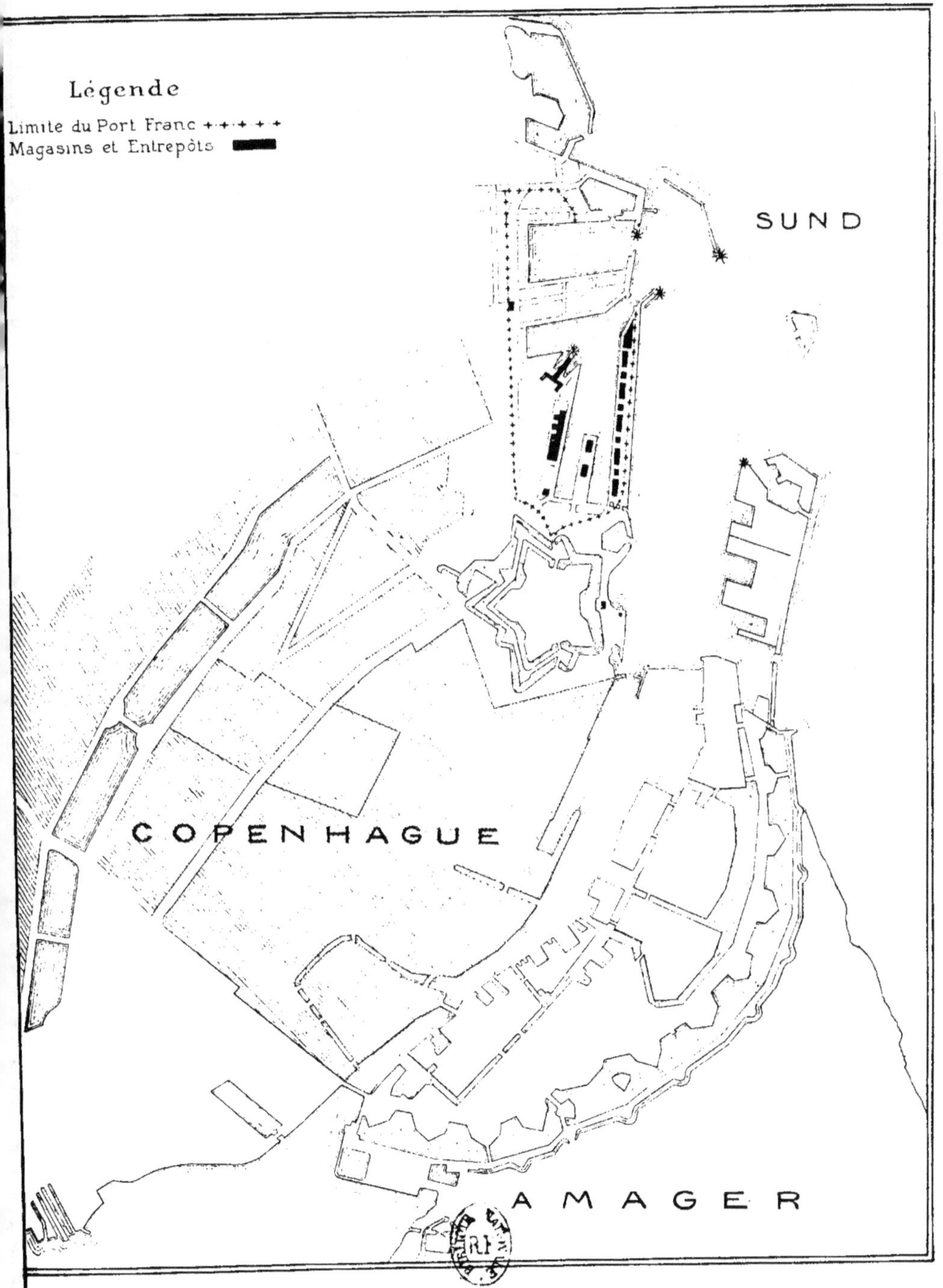

PORT DE COPENHAGUE. au 1/30.000

loi du 31 mars 1891. L'exploitation en fut concédée le 27 mars 1892 à la "Société Anonyme du Port Franc de Copenhague" pour une durée de 80 ans. Les bénéfices doivent être partagés entre elle et l'Administration du port. Cette Société, au capital initial de 4 millions de couronnes, porté successivement à 8.500.000 couronnes, c'est-à-dire à 12.815.000 francs, a contribué à la nouvelle création en établissant à ses frais tous les aménagements et tout l'outillage. Tout était assez avancé pour que le port franc pût être ouvert à l'exploitation le 9 novembre 1894. quelques mois avant le fameux canal Kaiser Wilhelm, qui en avait fait décider la création.

Le territoire du port franc comprend environ 60 hectares, dont 24 d'eau, bordés de 4 kilomètres de quais. Son étendue n'est donc comparable ni à celle du Freihafen, de Hambourg, ni même à celle des ports de Brème. Il est entouré de deux grilles parallèles en fer. de 2^{m}82 et 2^{m}57 de hauteur, s'étendant sur 2 kilomètres 322 mètres, et séparées par un chemin de ronde de moins de 1^{m}88 de large par lequel s'exerce commodément la surveillance douanière. Il fut décidé au début que des chiens lâchés dans le chemin de ronde faciliteraient la surveillance nocturne.

L'outillage peut rivaliser avec celui des grands ports allemands : voies ferrées sillonnant les quais et les reliant au réseau des chemins de fer danois, grues électriques et autres, engins divers de déchargement, hangars, magasins, chaudières à vapeur, machines électriques pour la distribution de l'éclairage et de la force motrice, rien n'a été négligé. On admire particulièrement le grand magasin et élévateur à grains conçu sur le modèle de ceux de Chicago (1). Cet outillage est complété par un bac à vapeur, muni de rails, qui transporte les wagons chargés de marchandises des quais du port franc à Malmö, le port suédois, en 1 h. 25. Ce nouveau mode de transport,

---

(1) V. Génie civil, 5 mars 1898 : *Magasin et élévateur à grains à Copenhague* (avec vue perspective et coupe transversale.

inauguré en septembre 1895, n'est pas l'une des moins utiles installations du Frihavn. Le trafic du bac qui avait débuté par 5500 tonnes en 1895-96, atteignait déjà 64.900 tonnes en 1897-98 (1).

Grâce à ces installations de premier ordre, les opérations sont faites dans le nouveau port avec beaucoup d'économie. Si les équipages ne procèdent pas eux-mêmes aux chargements et aux déchargements, la Société du Port Franc demande pour cela 0.60 à 1 franc par tonne, selon la nature des marchandises. D'autre part, les droits perçus sur les navires par la même Société sont très modiques, 22 centimes (2) pour droits de quai par tonne de 1000 kilos embarquée et débarquée, sans toutefois que le total puisse excéder le montant du même droit sur la jauge nette du navire, qui est de 40 centimes par tonne. Pour la location de ses magasins, la Société fait payer le mètre carré de 9 à 13 fr. 50 par an (3). Un avantage précieux consiste dans les facilités données par la loi du 30 mars 1894 (4), pour emprunter sur les warrants ou reçus délivrés par la Société pour les marchandises déposées dans ses magasins. La « Danske Landmandsbank » a institué un service spécial pour ce genre de transactions.

Outre les manipulations de toutes sortes autorisées dans les magasins et entrepôts, il est permis d'établir de

---

(1) Il y a un autre bac du même genre qui fonctionne entre Elseneur et Helsingborg au point le plus resserré du Sund. Le trafic a été de 74.900 tonnes en 1895-96, 78.500 en 1896-97, 82.700 en 1897-98.

(2) Chiffre donné par le rapport consulaire de M. Pradère-Niquet en 1898. Le rapport Muzet donne 23 centimes ; M. Charles Roux (*Notre marine marchande*, p. 245), 25 centimes. — Dans l'ancien port, on a continué à payer les droits de quai d'après la jauge des navires, ce qui peut constituer un grand désavantage. Ainsi, un rapport de 1896 cite l'exemple suivant : un steamer de 2000 tonnes, qui jette à terre un plein chargement et repart sur lest, aurait à payer 3250 francs dans le port vieux et 470 seulement dans le port franc.

(3) Pour les droits de toutes sortes perçus par la Compagnie du Port Franc, voir *Copenhagen and its free port*, p. 51-67. Les tarifs adoptés le 6 novembre 1894 ont été modifiés à partir du 1er janvier 1898. (Voir *Rates for Warehouse rent, etc.*).

(4) Voir le texte de cette loi dans *Copenhagen and its free port*, p. 35-36.

véritables industries dans le Frihavn. Toutefois, les particuliers ne peuvent s'entendre directement pour cela
avec la Société fermière. Il est nécessaire de solliciter
l'autorisation du Ministre de l'Intérieur, qui est d'ailleurs
facilement accordée. Mais les règlements du Port Franc
interdisent formellement de créer des fabriques de margarine, pour ne pas nuire à l'exportation des beurres nationaux, des imprimeries et ateliers de reliure et des fabriques d'engrais. Il y a une autre restriction à retenir :
l'autorisation de créer des fabriques dans le port franc
n'est donnée qu'aux Danois ; cependant, les étrangers
peuvent l'obtenir après avoir passé cinq ans en Danemark. Pour créer des fabriques, la Société loue des
terrains par baux à long terme ; le prix varie de 3 fr. 50
à 7 francs le mètre carré, selon la situation et la grandeur.

Le port franc de Copenhague offre donc toutes les commodités et la plus grande somme de libertés (1). On a
pu dire avec raison qu'à cet égard il méritait d'être
regardé comme le type le plus parfait des ports francs
d'aujourd'hui. Il n'occupe qu'un espace restreint, par
rapport à l'ensemble du port, mais sa profondeur et son
outillage moderne en font, en dehors même de la franchise, la partie privilégiée. Si on ne considère que l'étendue, le Frihavn n'est donc qu'une zone franche, mais c'est
une zone franche qui est destinée par tous ses avantages
à devenir la partie essentielle du port.

En ouvrant leur nouveau port les Danois ne négligeaient rien pour gagner la bataille qu'ils livraient résolument à leur puissante rivale, Hambourg. La Compagnie
du Port Franc, l'Administration du port, et des particuliers faisaient appel aux négociants étrangers. Dans des
prospectus rédigés en allemand, en anglais, en français,
et largement distribués au-dehors, ils faisaient connaître
les avantages de toutes sortes offerts par le Frihavn. Ils
s'attachaient particulièrement à dissiper les préventions

---

1) Bien entendu, comme dans les ports allemands, le régime des
entrepôts fonctionne en dehors du port franc.

contre les dangers des détroits danois, très exagérés par certains journaux étrangers, en faisant valoir que, pendant la décade 1885-95, il ne s'était perdu que 35 navires sur les côtes du Danemark, grâce à leur excellent éclairage. Encore presque tous s'étaient-ils échoués sur la côte ouest du Jutland. Pour montrer quelle était la modicité de droits de quais perçus dans le port franc, ils comparaient ce qu'avait à payer un navire de 1000 tonnes de registre à Copenhague et dans les autres ports du Nord : 24. L. 4 sh. (1) contre 59 L. 14 sh. à Brème, 43 L. 14 sh. à Hambourg, 62 L. 5 sh. à Stettin, 62 L. 15 sh. à Gothembourg et à Stockholm, 49 L. 18 sh. à Saint-Pétersbourg.

Tous ces efforts ont été couronnés de succès comme ils le méritaient. Depuis 1894, les progrès du commerce de Copenhague ont été beaucoup plus rapides qu'auparavant. Le mouvement de la navigation, entrées et sorties réunies, a atteint 3.276.000 tonnes de registre en 1901 et 3.420.000 en 1902. Il s'en faut, il est vrai, que tout le trafic soit concentré dans le port franc. Jusqu'ici la vie de l'ancien port est même restée beaucoup plus active que celle des nouveaux bassins. Mais ceux-ci sont de plus en plus utilisés, comme le montrent les chiffres suivants, empruntés aux rapports consulaires :

MOUVEMENT DE LA NAVIGATION DU PORT FRANC

(entrées et sorties réunies) (2)

1895 = 260.000 t. r.	1897 = 502.800 t. r.	1900 = 791.000 t. r.
1896 = 322.500	1898 = 726.500	1901 = 928.000

(1) La Danish shipping gazette (special ed. 24 juin 1895) affirme même qu'un vaisseau de 2000 tonnes de registre, d'un tirant d'eau de 20 pieds, n'aura à payer que 333 couronnes de droit de quai, **47** couronnes de droit de pilotage et d'éclairage, soit, en tout, 380 couronnes ou **21** livres sterling.

(2) M. Muzet, qui a reproduit ces chiffres, s'est trompé en les donnant comme ceux des entrées seulement.

Les Compagnies danoises ou étrangères envoient de plus en plus leurs steamers dans le Frihavn. La principale des compagnies danoises, la « Forenede », avait en construction, en 1902, un bateau de 10.000 tonnes destiné au transport des voyageurs entre Copenhague et New-York, qui ne pourra entrer que dans le nouveau port. Ce mouvement s'accentuera encore. Il est donc facile de prévoir que d'ici peu d'années le vieux port aura été tout à fait supplanté.

L'évolution a même été si rapide qu'elle a dépassé les prévisions les plus optimistes, si bien que, quelques années à peine après sa création et son installation, le Frihavn est devenu insuffisant, ainsi qu'en témoignent nos rapports consulaires.

« Il est déjà question, dit celui de 1900, d'agrandir ledit port franc dont le terrain actuel, qui est de 60 hectares, ne suffira bientôt plus. Une immense bâtisse de quatre étages, construite en 1898-99 pour des magasins et dépôts d'objets manufacturés, à peine achevée, est déjà remplie jusqu'au grenier de marchandises de toutes espèces et de toutes provenances. Les locaux étaient loués (1) avant même que l'immeuble fût terminé. De nombreux entrepôts, hangars et docks sont en construction. On bâtit, en ce moment même, un nouveau magasin à silos pouvant contenir 100.000 tonnes de blé, l'ancien, dans lequel on peut déposer 120.000 tonnes, étant insuffisant. »

M. de Buyer termine son rapport de 1902 par des constatations analogues : « La Société du port franc a été autorisée par une loi du 3 août 1900 à faire un emprunt de deux millions et demi de couronnes, environ 3.500.000 francs, pour agrandir ses magasins et augmenter le nombre de ses appareils pour le déchargement... Malgré ces agrandissements, il paraîtrait qu'on a encore besoin d'entrepôts au port franc. L'Administration, faute de

(1) Au prix de 16 francs le mètre carré, y compris le chauffage, l'éclairage à l'électricité et l'emploi des ascenseurs. Les prix ont donc sensiblement monté. V. ci-dessus.

place, a dû refuser la cargaison de plusieurs bateaux destinés à ce port. »

La création du port franc avait rencontré de nombreux adversaires. Ils prédisaient qu'elle ne serait d'aucune utilité pour le pays et que son exploitation par la compagnie fermière serait une mauvaise affaire. L'expérience n'a pas donné raison à ces fâcheux pronostics. Mais il ne faut pas oublier que ce n'est pas seulement à cause de sa franchise que le nouveau port est de plus en plus fréquenté. On peut même dire que, sans la franchise, ses autres avantages sont assez grands pour qu'il ait pu attirer à lui un trafic croissant.

Les progrès du port de Copenhague s'expliquent en partie par les progrès du commerce du Danemark depuis dix ans :

1894 = 850.000.000 fr.	1900 = 1.279.000.000 fr.
1896 = 927.000.000	. . . .
1898 = 1.096.000.000	1901 = 1.281.000.000

Le Danemark a accru presque également, dans cette période, ses importations et ses exportations. Celles-ci ont passé de 394 millions de francs, en 1896, à 568 en 1901. Mais cette explication est tout à fait insuffisante, car ce sont là les chiffres du commerce général qui comprennent, outre le trafic propre du Danemark, tout le mouvement du transit. Celui-ci est très important. Sa valeur, de 58.380.000 francs en 1894, chiffre inférieur à la moyenne des années précédentes, s'est élevée progressivement à 161.935.000 francs en 1901, pour 489.500 tonnes de marchandises.

Or, le mouvement du transit est fait presque en entier par Copenhague et ses progrès sont dus à l'attraction grandissante exercée par ce port. Si bien qu'il est aussi vrai de dire que les progrès du commerce danois sont le résultat de l'activité de son port principal.

Les magasins de Copenhague reçoivent surtout en entrepôt des produits agricoles, comme l'indique le tableau suivant des principales marchandises réexportées du Danemark (1).

	1899	1900	1901
Denrées animales..	26.242.000	37.949.000	44.774.000 (couronne = 1 fr. 39)
Denrées coloniales, fruits...........	11.891.000	13.083.000	12.108.000
Matières textiles...	5.881.000	8.778.000	9.122.000
Céréales, plantes de jardins et des champs.........	7.024.000	4.638.000	6.903.000
Poils, plumes, os, peaux, cornes, engrais........	5.039.000	5.850.000	6.329.000
Fourrages, graines	2.938.000	3.800.000	4.193.000
Tissus...........	3.776.000	4.562.000	4.322.000
Boissons, esprits..	2.975.000	2.774.000	2.034.000
Fil, cordage, etc..	694.000	985.000	750.000

Parmi les denrées animales, ce sont surtout les beurres de Suède que Copenhague réexporte en Angleterre. Ce dernier pays reçoit en quantité aussi des œufs de Russie. On voit de plus en plus le pavillon russe à Copenhague. La plupart des grands navires qui le portent arrivent de la mer Noire, avec des chargements de céréales qui sont distribuées dans les pays scandinaves. Dès la première année de l'exploitation du port franc, les arrivages de blé de la mer Noire avaient été si abondants que l'espace qui leur avait été réservé, quoique très grand, avait été complètement occupé. La même année, le consul anglais mentionnait la « grande importation directe de cafés de Santos, Rio et Java. Cette importation, disait-il, est devenue si importante que Copenhague peut maintenant être considérée comme le principal marché du café pour toutes les places scandinaves qui, auparavant, s'approvisionnaient à Brême et à Hambourg ». Depuis, les cafés

(1) Réexportation de produits agricoles : 60.400 tonnes en 1890, 77.100 en 1891, 67.500 en 1892, 62.200 en 1893, 84.200 en 1894. — Réexportation de céréales : 22.500 tonnes en 1895, 14.600 en 1896, 71.900 en 1897, 84.000 en 1898, 73.500 en 1899, 36.000 en 1900.

du Brésil sont apportés mensuellement par une ligne régulière ; la Suède, à elle seule, en a pris 5.500 tonnes en 1897. Les fourrages des États-Unis, dont les arrivages sont très grands certaines années, prennent la même voie. Les cotons américains, les lins, les chanvres de Russie, passent par les entrepôts de Copenhague. Ceux-ci reçoivent aussi quantité de bois non ouvrés, surtout les bois durs venant des États-Unis, du Mexique, de l'Indo-Chine, de Madagascar. En 1895, une compagnie, « The hard wood company », s'est formée dans le but d'établir des scieries et de centraliser, pour la Scandinavie et la Baltique, le commerce des bois qui, jusqu'ici, avait son centre à Hambourg et à Brème. L'importation, de 434.752 pieds cubes, en 1897, est montée à 720.000 en 1900, tandis que l'exportation des charpentes et bois ouvrés atteignait 2.615.000 couronnes en 1897.

La Suède reçoit pour près de 40 millions de francs de marchandises du Danemark, la Norwège pour près de 15, la Russie pas loin de 30. Les exportations dans ces trois pays, qui produisent et vendent eux-mêmes les produits agricoles du Danemark, sont, pour une part importante, des réexportations de produits venant d'Angleterre ou des États-Unis. En créant le port franc, les Danois avaient eu précisément en vue d'en faire un entrepôt et un centre de distribution. L'Administration du port écrivait dans la brochure qu'elle publia en 1894 : « C'est surtout pour le progrès du commerce de transit, qui demande exemption de droits de port et de visites douanières, que le port franc acquerra, sans doute, la plus haute importance. » Les espérances des Danois n'ont pas été trompées. Il serait intéressant de connaître, mais, ni les rapports consulaires, ni les statistiques ne le disent, quelle portion de ce commerce de transit de Copenhague est faite dans le Frihavn et quelle influence celui-ci a exercée sur le développement de ce trafic.

M. Muzet exagère quelque peu, quand il écrit dans son rapport : « Les marchandises ne font, pour la plus grande partie, qu'un court séjour dans le port franc, d'où elles sont réexpédiées... ; un très petit nombre de produits sont livrés pour la consommation intérieure, très restreinte d'ailleurs, puisque le Danemark a seulement une population de 2.250.000 habitants. » Cependant c'est surtout dans le port franc qu'ont lieu les entrepôts et les réexportations. Sans doute les beurres, les œufs, les céréales, peuvent y être attirés par ce fait que le Danemark lui-même est un grand marché de ces denrées, qu'il produit et exporte en grande quantité, mais on peut affirmer hardiment que, sans la franchise, Copenhague n'aurait pas ainsi accru son commerce de transit et d'entrepôt.

Le port franc pourrait, à cet égard, jouer un rôle plus grand encore si les négociants étrangers savaient mieux profiter des avantages qu'il offre. C'est ainsi que les rapports consulaires de ces dernières années ont rappelé avec raison, aux négociants français, que le Frihavn serait un excellent entrepôt pour les marchandises à distribuer dans le bassin de la Baltique et offrirait de grandes facilités pour le développement de notre commerce dans les pays du Nord.

Les progrès de Copenhague s'expliquent aussi par l'importance de ses industries qui s'alimentent au dehors de matières premières et contribuent aux exportations. Or, un certain nombre de ces industries sont établies sur les terrains du Frihavn, la première n'avait même pas attendu son ouverture à l'exploitation pour s'installer. Comme celles de Hambourg, elles ont attiré particulièrement l'attention des visiteurs français. Nos consuls, dans leurs rapports, n'ont pas manqué de signaler chaque année l'importance croissante du mouvement industriel et la création de nouveaux établissements.

M. Muzet en a donné une énumération qui n'est que la reproduction d'un document déjà ancien ; mais, comme pour Hambourg, il n'en a plus été publié de semblable.

Le chiffre total de 73 établissements (1) est imposant, mais la plupart servent plutôt à des opérations et à des

____

(1) Au printemps de 1898, il était de 56.

manipulations commerciales qu'à des transformations industrielles. Il en est ainsi des dépôts de bicyclettes (6), de ferrailles (6), de vins (6), de machines (5), de bois (4), de café (3), de tissus (3), de porcelaines, huiles, conserves, papiers, verre (2), de métaux, graisses, charbon, alcool, liège, cuirs, poissons salés, tabacs, chinoiseries, provisions maritimes, chiffons et vieux métaux (1) et enfin de trois autres entrepôts.

Restent seulement 16 établissements industriels : tonnelleries et pelleteries (2), fabriques de couleurs, ciment, chocolat, cacao, liqueurs, becs Auer, bicyclettes (1), un atelier de machines, de menuiserie, une scierie de marbre, une manufacture pour le nettoyage de plumes de lit et une autre pour la préparation des éponges.

M. Muzet déclare que la délégation parlementaire « a pu constater l'activité de ces établissements et recueillir, de la bouche des chefs des maisons de commerce et d'industrie, l'expression de leur satisfaction. » Mais son silence même laisse assez voir qu'on ne rencontre, en réalité, dans le port franc aucune installation de premier ordre. La seule qu'il mentionne est la fabrique de bicyclettes, construites « avec des pièces détachées de provenances diverses venant presque toutes de l'étranger... Cette fabrique, très bien aménagée et pourvue d'un outillage perfectionné de machines à tourner, à raboter, à percer, à fraiser, etc., occupe un personnel nombreux des deux sexes. » En somme, il n'est pas exagéré de dire que les industries du port franc, tout intéressantes qu'elles soient, sont encore peu nombreuses, d'importance secondaire et ne contribuent pas dans une bien forte mesure aux exportations.

En outre, sauf un seul, un atelier de machines qui pourvoit sans doute surtout aux besoins du port, aucun des établissements du port franc n'appartient à la grande industrie. D'un autre côté, il n'est pas moins instructif de constater que les anciennes industries de Copenhague n'y sont pas représentées ; celles-ci ne se sont donc pas déplacées pour venir jouir des avantages du Frihavn ; les industriels de Copenhague n'ont même pas senti le besoin de joindre à leur fabrique pour l'intérieur une annexe dans le port franc pour l'exportation.

En effet, il ne faut pas oublier que Copenhague était ville industrielle avant le port franc. Il y a vingt-cinq ans on citait ses fonderies de fer, ses distilleries d'eau-de-vie, ses raffineries de sucre, sa filature de lin, ses fabriques de cotonnades, de toiles à voiles, de cuirs, de porcelaine. Elle a maintenu et développé son activité industrielle en dehors du port franc. Aussi, la franchise n'a peut-être pas seule le mérite de l'essor industriel qui s'est produit dans le Frihavn lui-même. Ce qui a été dit pour Hambourg est encore vrai. Les terrains avoisinant les nouveaux bassins étaient naturellement privilégiés, malgré leur cherté plus grande, pour l'établissement de fabriques. Celles-ci y auraient donc trouvé de grands avantages, même sans la franchise.

M. Muzet cite, avec raison, un exemple typique de l'influence de la franchise, qui l'a beaucoup frappé, celui d'une marbrerie établie dans le port franc bien que les marbres bruts, sciés ou polis, jouissent en Danemark de la franchise douanière et que l'installation de cette industrie en territoire douanier eût été moins coûteuse. « Il nous a été répondu, écrit il, que les avantages du port franc, la liberté qui en découlait, l'absence des formalités de douane, à l'arrivée comme au départ des bateaux, qui occasionnent néanmoins des frais et surtout des pertes de temps si préjudiciables, compensaient, et au-delà, les sacrifices consentis. » Mais, en outre, l'installation de l'atelier dans le voisinage des bassins est un avantage précieux qui évite de gros frais de transport, quand il s'agit d'une matière lourde comme le marbre. M. Muzet lui-même donne un complément d'explication, qui n'a rien à voir avec la franchise et qui a bien son importance : « L'usine est organisée de telle sorte que les bateaux apportent pour ainsi dire dans l'usine même les produits qui doivent être réexpédiés par d'autres bateaux, qui viendront les prendre également dans l'usine. »

Le port franc, peut-on conclure, a contribué à l'essor industriel de Copenhague, mais son influence n'a pas été aussi puissante qu'on l'a dit quelquefois. D'un autre côté, ses industries ont été tout bénéfice pour la ville et pour le pays, puisqu'elles ne font pas double emploi avec celles qui sont établies sur le territoire douanier et que, par conséquent, elles ne gênent en rien leur activité.

Enfin, on peut faire à Copenhague la même constatation favorable qu'à Hambourg et qu'à Brême. La franchise n'a pas nui au développement de la flotte danoise, elle n'a pas favorisé les pavillons étrangers.

La flotte du Danemark s'est accrue dans des proportions très remarquables. De 289.000 tonnes en 1890, elle a passé à 356.000 en 1898, dont 182.000 pour les vapeurs. Des compagnies puissantes, qui augmentent sans cesse leur flotte, se sont établies à Copenhague. La « Forenede », la principale, qui commerce surtout avec les États-Unis, possède déjà plus de 100 bâtiments et vient de se mettre à construire de grands navires de 10 à 12.000 tonnes pour sa ligne de New-York ; elle dessert une autre ligne sur la Nouvelle-Orléans. L'« Étoile-Danoise » dessert la ligne New-York-Baltimore. La Compagnie de l'Asie Orientale envoie ses navires aux Indes, en Chine et en Sibérie. La plupart de ces lignes régulières sont de création postérieure au port franc. Dès l'ouverture de celui-ci, deux compagnies de Hambourg, la Sud-Américaine et la Scandia, prirent Copenhague comme tête de ligne pour la Nouvelle-Orléans et Rio-Janeiro. Les Danois suivirent l'exemple ; en 1897, ils ont inauguré des services directs pour le Siam et pour Boston.

Aussi, la part du pavillon danois est-elle tout à fait prépondérante dans le mouvement du port de Copenhague, comme le montrent les chiffres de 1901 : 1 million 942.000 tx reg. contre 1 million 333.000 représentant l'ensemble des pavillons étrangers. Le fait est d'autant plus remarquable que, jusque vers 1890, les pavillons étrangers n'avaient cessé de l'emporter sur le pavillon national dans le mouvement de la navigation du Danemark (1). En 1902, le mouvement des vapeurs danois s'est encore accru de 16.000 tonnes. Les facilités offertes par la franchise ont ici encore eu naturellement pour effet d'accroître l'initiative des armateurs, comme celle des commerçants.

L'étude du port franc de Copenhague est donc instructive à tous les points de vue. Elle fait ressortir d'importants résultats obtenus en très peu de temps. Il est regrettable qu'on ne puisse mesurer l'influence de la franchise par des chiffres précis, mais il semble qu'elle se dégage ici plus nettement que dans tout autre port franc, qu'à Hambourg même, précisément parce que le Frihavn n'est pas tout le port et parce qu'il a été créé en dehors du port que les navires étaient habitués à fréquenter, enfin parce que l'essor économique du pays suffit moins que pour les ports allemands à expliquer les brillants progrès de la métropole danoise. On l'a pourtant quelque peu exagérée en France. Mais on peut dire, sans se faire illusion, que le Frihavn de Copenhague est un des exemples les plus concluants à citer en faveur de l'institution de la franchise.

Les Danois gagneront-ils la formidable bataille livrée à Hambourg et aux autres ports francs allemands? On peut répondre en rappelant ce qu'écrivait le ministre d'Italie à Copenhague, en 1895 : « S'il était possible de manifester une opinion, on pourrait dire que la victoire restera à l'une et à l'autre ville. La Baltique est assez vaste pour deux métropoles. Mais, pour le Danemark, le meilleur résultat de la création du port franc est déjà atteint. La réalisation de cette entreprise a, en effet, donné une nouvelle vie à une nation qui semblait douter d'elle-même. »

(1) Mouvement des navires chargés :

	1875	1880	1885
Pavillon national...	668.000	887.090	1.072.000 tonneaux de jauge
Pavillons étrangers.	762.000	976.000	1.101.000 " »

Tout au nord de l'Europe, sur les bords de l'Océan glacial, à 580 kilomètres au N.-O. d'Arkhangelsk et par 68° 52' de latitude Nord, les Russes ont créé un port franc à Kola dans la péninsule laponne. Comment l'institution de la franchise a-t-elle pu être transportée au-delà du cercle polaire, dans un pays où le soleil disparaît dans les premiers jours de novembre, pour ne se montrer de nouveau que le 9 janvier ? Elisée Reclus appelle Kola une de « ces Sibéries d'en deçà de l'Oural, où les bannis vont mourir de chagrin et d'ennui sous la froide nuit du pôle ». Cette région déshéritée n'était, il y a quelques années, qu'une vaste solitude ignorée de l'Europe civilisée. L'été, quelques milliers de Caréliens, venus des forêts du centre du gouvernement d'Arkangelsk, venaient donner quelque vie à cette côte, désignée sous le nom de côte de Mourmane, en y pratiquant la pêche.

« Il y a quatorze ans, écrivait M. Charles Rabot en 1899, lorsque je visitai pour la première fois la presqu'île de Kola, cette région était une lugubre solitude. De la frontière norvégienne à l'entrée de la mer Blanche, on ne rencontrait que quelques misérables hameaux occupés par six ou huit cents indigènes. De longues sections de littoral ne renfermaient même pas une habitation permanente. Cette presqu'île, grande comme un quart de France, ne comptait guère alors que 8.000 habitants... Seul, pendant les trois mois d'été, un service bi-mensuel de mauvais paquebots reliait les principales stations de pêche à Arkhangelsk et à la ville norvégienne de Vardö. Passé le 15 septembre, le service était interrompu et, pendant huit ou neuf mois, le pays de Kola demeurait séparé du reste du monde. Dans ce désert, au milieu de populations qui ignoraient presque l'usage du fer, on revivait les premiers âges de l'humanité. »

Cet état de choses aurait, sans doute, duré longtemps si les Russes ne s'étaient pas aperçus que la côte Mourmane pouvait leur rendre des services de premier ordre. Par un singulier privilège de la nature, grâce à un dernier courant dérivé du Gulf Stream, qui apporte jusque là les eaux douces de l'Atlantique, la presqu'île de Kola n'est jamais prise par les glaces et « reste aussi librement ouverte à la navigation que la Manche, alors que la mer Blanche, toute voisine, est fermée cinq ou six mois par une banquise compacte ». Sur cette mer libre, le fjord profond du Kola offre d'excellents abris.

Les Russes ont d'abord vu l'excellence d'une pareille station navale pour leur flotte. Là, elle n'aurait à redouter d'être emprisonnée, ni par les glaces ni par l'hostilité d'autres puissances comme dans la Baltique ou la mer Noire. Qu'on ne pense pas qu'elle serait reléguée trop loin pour pouvoir agir rapidement en temps de guerre. Kola est plus rapprochée d'Edimbourg, par mer, que Londres même et beaucoup plus que Cronstadt.

En même temps, les Russes ont fait, pour l'avenir économique de Kola des rêves non moins séduisants. Les provinces du nord de la Russie n'auront-elles pas avantage à entrer en communications avec le reste du monde par un port accessible toute l'année et plus rapproché des grands marchés anglais, hollandais, belges ou français ? Depuis quelques années, des efforts intéressants ont été faits pour attirer un courant commercial vers les estuaires de l'Obi et de l'Iénissei, débouchés naturels de la Sibérie occidentale. L'existence d'un port à Kola ne faciliterait-elle pas considérablement les voyages des navires qui n'ont qu'un trop court espace de temps pour faire le voyage, pendant que la mer de Kara et la presqu'île d'Ialmal sont débloquées par les glaces. Enfin, la côte Mourmane possède au moins une ressource qui peut contribuer à l'activité de son port. Chaque printemps, la morue s'y presse en bancs épais comme sur les côtes d'Islande ou de Terre-Neuve. « Suivant l'expression très juste d'un auteur, la côte Mourmane pourrait fournir de morue toute l'Europe, et d'huile toutes les machines du vieux monde ».

Les Russes se sont donc mis à l'œuvre et, en quelques années, ont obtenu des résultats remarquables. Le gouvernement a favorisé par des privilèges et des créations diverses la colonisation et le développement des pêcheries. Il a entrepris un vaste programme de travaux publics. La côte a été éclairée et balisée ; des services réguliers et fréquents de bateaux, une ligne télégraphique, la mettent en communication avec Arkhangelsk et Vardö. Un grand port, port Catherine (Iekaterinodar), a été créé sur le fjord de Kola, en aval de cette bourgade, à plus de 20 kilomètres de la mer. Protégé contre tous les vents, long de plus de trois kilomètres, sur 400 mètres environ, le port peut recevoir toute une flotte. Des quais, des magasins ont été construits. Là, a été établie la nouvelle capitale de la Laponie russe. Éclairée à l'électricité, reliée au port par un tramway à traction mécanique, elle montre déjà l'embryon d'une vraie ville. « Ces travaux considérables ont été exécutés dans le court espace de deux fugitifs étés polaires, sur un sol difficile où le granit le plus dur alterne avec des tourbes instables ». Ils ont été inaugurés, en grande pompe, à la fin de l'été de 1899. Bientôt, port Catherine aura son arsenal maritime. Il sera rattaché à Pétersbourg par une ligne de chemin de fer dont les travaux sont poursuivis depuis cinq ans. Ainsi, la franchise a été employée ici pour concourir à la réussite d'un grand dessein. Sera-t-elle assez efficace pour attirer une population, des négociants et des navires vers une ville nouvelle, peu attrayante malgré tout ? Il sera très intéressant de suivre le développement de Port-Catherine, type tout à fait à part parmi les ports francs de l'Europe.

CHAPITRE XII

Les Ports Francs Méditerranéens : *Gênes* (1)

La Méditerranée n'est plus, comme autrefois, la mer des ports francs. Parmi ceux qui y florissaient, les uns ont disparu ; ceux qui subsistent n'ont qu'une ombre de franchise, comme Gênes, ou ne jouent encore qu'un rôle secondaire, comme Trieste et Fiume, ou sont tombés en décadence, comme Gibraltar et Malte.

L'Italie, terre pour ainsi dire classique des ports francs, n'en possède plus. La disparition des anciennes franchises, déjà effective, sauf à Gênes, a été consacrée définitivement par la loi du 19 avril 1872. Bientôt, il est vrai, la loi du 6 août 1876 accorda au gouvernement l'autorisation de concéder des dépôts francs dans les principales villes du royaume. Les frais nécessaires pour les constructions de magasins et pour la surveillance rigoureuse de l'enclos franc devaient être à la charge des corps constitués, ou privés, qui auraient fait les demandes de leur installation (2). Jusqu'ici la loi de 1876 n'a encore reçu d'application qu'à Gênes, qui a obtenu un dépôt franc par arrêté ministériel du 22 janvier 1877. Mais on commet un grave abus, qui peut donner lieu à de fâcheuses erreurs, en faisant figurer Gênes dans la liste actuelle des ports francs, car son « deposito » ne constitue qu'un minimum de franchise.

(1) Monit. Off. du Comm. et Rapp. Commerciaux. — *Resoconto statistico del commercio e della navigazione di Genova* public. ann. de la Camera di Commercio ed arti di Genova). — Rapports Muzet et Chaumet. — *Ports francs*. Rapport adopté par la Chambre de Commerce de Marseille dans sa séance du 7 novembre 1902. — Louis Laffitte. *Le percement du Simplon et la question des voies françaises d'accès* (Monit. Off. du Comm. 19 mars 1903, p. 225-39)

(2) Voir le texte des cinq articles de la loi dans le rapport Muzet.

Le nouveau *deposito franco* a été purement et simplement installé dans les anciens locaux du *porto franco*, dont il n'est qu'une continuation, sous une dénomination qui lui convient mieux. Il en résulte tout d'abord qu'il est composé de très vieux bâtiments qui se prêtent fort mal à l'établissement des installations modernes néces-

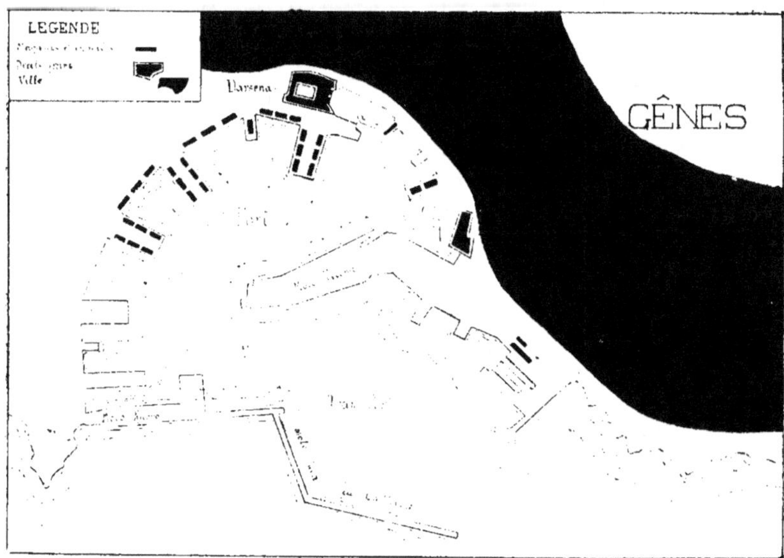

PORT DE GÊNES, au 1 30.000.

saires à la manutention rapide et commode des marchandises. Une partie de ces sombres bâtisses a besoin d'être éclairée artificiellement en tout temps.

Mais cet inconvénient n'est rien à côté de celui que présente l'exiguïté de l'espace réservé au *deposito*. La surface totale de son enclos est de 16.720 mètres carrés, c'est-à-dire un peu plus d'un hectare et demi. Comme il y a beaucoup d'espace perdu, les magasins et entrepôts ne couvrent que 11.350 mètres carrés, un peu plus d'un hectare. Déjà les bâtiments de l'ancien *porto franco* n'occupaient qu'une place restreinte dans le vieux port de Gênes, mais combien insignifiante paraît-elle aujourd'hui, à côté des 210 hectares du port actuel, bordé de plus de 11 kilomètres de quais, et de ses nombreux môles couverts de hangars!

Il est vrai que, depuis 1897, la surface du deposito franco s'est accrue. Le gouvernement a autorisé la création d'une « section de dépôt franc » dans les bâtiments de la Darsena, ainsi nommés parce qu'ils sont placés au fond de l'ancienne darse (darsena), qui servaient déjà d'entrepôt depuis 1873 (1). Ces magasins sont beaucoup plus étendus que ceux de l'ancien porto franco, 30.208 mètres carrés, un peu plus de 3 hectares, mais ils n'ont pas tous été attribués au dépôt franc. La plus grande partie est occupée par un entrepôt douanier et par un entrepôt municipal (civico) « pour les marchandises nationales ou nationalisées et pour celles de provenance étrangère qui entrent en franchise », créés tous les deux en 1873. Même avec cette récente augmentation, le peu d'espace occupé par les magasins francs dans le port génois, surtout si on le compare aux vastes étendues réservées à la franchise dans les ports allemands et à Copenhague, est la première constatation qui frappe. A la Darsena, on a utilisé aussi d'anciens bâtiments, peut-être moins incommodes cependant que ceux du porto franco. Ainsi, l'installation du nouvel organisme n'a pas coûté beaucoup de frais, mais elle est plutôt sommaire et insuffisante.

D'un autre côté, les avantages offerts au commerce par le deposito franco ne sont pas très considérables. Ils ne sont d'ailleurs pas les mêmes pour ses deux sections qui ont, en outre, une administration différente : le deposito franco proprement dit dépend de la Chambre de Commerce, celui de la Darsena appartient à la municipalité, qui le régit (2). La distinction entre le Dépôt franc et le port franc ou la zone franche est capitale. A Gênes aucune surface d'eau, ni même de quai, n'est libre ; seuls,

(1) M. Muzet commet une erreur en disant que la section du dépôt franc de la Darsena existe aussi depuis 1873.

(2) Pour les droits perçus et le règlement, voir *Regolamento e Tariffe approvate dalla giunta municipale, il 31 décembre 1897.* Genova 1898.

les magasins jouissent de la franchise. Il en résulte que les navires, les chargements et les déchargements, restent sous la surveillance de la douane. C'est donc l'un des principaux avantages de la franchise, l'absence de toute surveillance et de toute formalité, qui disparait.

Ni dans l'un, ni dans l'autre des deux dépôts, on ne peut établir d'industries. En revanche, tous les mélanges, manipulations, réassortiments de marchandises y sont permis. Bien entendu la douane n'exerce aucune surveillance à l'intérieur des magasins francs et, même, elle ne s'occupe pas de ce qui en sort pour être exporté. L'entrée, facilitée par la simplicité des formalités, n'est cependant pas permise à toutes les marchandises. Sont exclus du deposito franco de la Chambre de Commerce les articles soumis au monopole de l'Etat, tels que le tabac, le sel, les allumettes, les marchandises sujettes à s'enflammer, pétroles, alcools, vins même, etc., les marchandises ayant de l'odeur, telles que les poissons secs ou salés, les viandes salées, les conserves, les fromages, les produits manufacturés, les « tascabili », c'est-à-dire les objets pouvant être mis facilement dans la poche. Le deposito de la Darsena est heureusement ouvert à plusieurs de ces marchandises, telles que les salaisons, les fromages, les vins.

Avant de rechercher l'influence du deposito franco sur le commerce de Gênes, rappelons combien la fortune du grand port italien est devenue brillante à la fin du XIXe siècle. Il suffit de mettre sous les yeux quelques chiffres significatifs :

COMMERCE GÉNÉRAL DE GÊNES *(par mer, sans le cabotage)*

1880....	425.776.000 Lires	1.188.000 Tonnes
1890....	532.338.000	2.615.000
1895....	557.148.000	3.129.000
1900....	915.351.000	3.675.000
1901....	1.065.947.000	3.462.000 (1)
1902....	1.060.085.000	3.738.000

1) Cette diminution de poids a pour cause une importation et un transit moindres d'articles de grand poids et de peu de valeur comme le charbon et les métaux fabriqués.

MOUVEMENT DE LA NAVIGATION

(entrées et sorties, navires chargés et sur lest, sans le cabotage) (1)

1880....	4.179 Nav.	2.651.000 T.
1890....	4.633	4.787.000
1895....	5.279	6.088.000
1901....	5.710	8.196.000
1902....	6.117	8.901.000
1903....	6.425	9.614.000

Dans les dix dernières années, la valeur du commerce a presque doublé; le mouvement de la navigation s'est accru à peu près dans d'aussi fortes proportions, de même que le poids des marchandises embarquées et débarquées dans le port. On a souvent comparé la rapidité de ces progrès à la lenteur de ceux de Marseille, et l'on a pu prophétiser que d'ici peu la vieille cité ligurienne aurait ravi à sa rivale provençale sa primauté dans la Méditerranée.

On a attribué une part importante de cet essor remarquable au développement du transit par le port de Gênes. Ce développement a été notable, en effet, mais son rôle n'a pas été capital, comme le montre le tableau suivant :

Commerce de transit à Gênes

	VALEUR		POIDS	
	sorties par mer	par terre	sorties par mer	par terre
1890...	13.351.000 lires	28.040.000	17.698 tonnes	118.000
1895...	10.142.000 »	43.512.000	9.591 »	280.000
1899...	41.296.000 »	91.691.000	27.912 »	343.000
1901...	41.895.000 »	132.245.000	29.000 »	261.000
1902...	41.493.000 »	158.457.000	29.558 »	350.000

Malgré ces progrès, la part du commerce de transit et d'entrepôt est encore secondaire dans l'ensemble ; elle n'atteint que le 1/10 du total en poids et moins du 1/5 en valeur.

(1) En comptant le cabotage, le mouvement de la navigation a atteint, pour 1902 et 1903, 10.969.000 et 11.530.000 tonnes : le poids des marchandises embarquées s'est élevé à 5.559.000 et 5.652.000 tonnes.

Par là, Gênes est bien loin de jouer le rôle de Hambourg, et peut seulement être comparée à Copenhague. L'importance du transit et de l'entrepôt y est même trois ou quatre fois moindre qu'à Marseille (1).

C'est le commerce spécial, c'est-à-dire le commerce national, qui s'est accru le plus rapidement à Gênes, puisque de 1890 à 1901 il a gagné 401 millions de lires et 690.000 tonnes, tandis que le transit n'a augmenté que de 132 millions et de 157.000 tonnes. C'est donc dans l'accroissement du commerce italien qu'il faut chercher surtout les raisons des progrès de Gênes. Ce commerce était resté à peu près stationnaire pendant vingt ans, mais, depuis 1895, le réveil économique de l'Italie a été remarquable (2). Or, les progrès ont été brillants surtout dans le bassin du Pô. Milan est devenue la métropole industrielle et commerciale d'une région extrêmement active et les villes lombardes ont montré de nouveau leur initiative d'autrefois. Gênes est le seul grand débouché maritime de cette ruche industrielle du Nord. L'Italie n'ayant chez elle ni combustible, ni minerais, en assez grande abondance, c'est le port de Gênes qui reçoit et qui expédie aux usiniers du Nord, outre les matières premières nécessaires à leur fabrication, telles que les textiles, ces deux aliments indispensables à toute grande industrie. Si on n'oublie pas que le bassin du Pô est en même temps la plus riche région agricole du royaume, on comprendra, sans effort, pourquoi l'unique port qu'il possède est de plus en plus encombré de navires et de marchandises.

Il faut ajouter que la force d'attraction grandissante d'un port de premier ordre s'est exercée pour Gênes au détriment des autres places italiennes. Si, de 1890 à 1901,

(1) Marchandises étrangères importées à Marseille n'ayant pas été mises à la consommation en France : 1.009.000 tonnes métriques.

Marchandises étrangères importées à Marseille et réexportées : 981.000 tonnes. — Valeur du commerce de transit à Marseille 743.000.000 de francs. — Année 1899. (Compte-rendu de la Chambre de Commerce).

(2) Commerce spécial de l'Italie : 1870, 1.649.000.000 lires ; 1880, 2.290.000.000 ; 1890, 2.215.000.000 ; 1895, 2.225.000.000 ; 1900, 3.038.000.000 ; 1901, 3.098.000.000 ; 1902, 3.248.000.000.

Gènes a augmenté son commerce de 533 millions, tandis que l'ensemble des autres ports ne gagnait que 350 millions, ce n'est pas exclusivement parce que le Nord, dont elle est le débouché, a fait plus de progrès que le reste de la péninsule, mais c'est que les autres parties du royaume tendent à devenir les clientes du port qui assure en grande partie ses relations internationales. L'exemple de Livourne est tout à fait typique à cet égard ; le port toscan est absolument paralysé par l'influence de son voisin ligure. En trente ans, le tonnage du mouvement de la navigation y a augmenté de 800.000 tonnes, mais les opérations commerciales y sont restées à peu près stationnaires et le trafic qui y atteignait, dès 1852, une valeur de 139 millions de lires, n'y valait que 128 millions en 1900.

Avec les 9 millions de clients assurés que Gênes possède en Lombardie, en Piémont, en Emilie, auxquels il convient d'ajouter une partie des 2 millions et demi d'habitants de la Toscane et des 3 millions et demi de la Vénétie, il faut s'attendre à un essor plus grand encore du grand port italien. Marseille est loin d'avoir une clientèle aussi importante en France ; si celle de Gênes était aussi riche dans l'ensemble, le port provençal aurait été déjà supplanté.

Les progrès de la métropole maritime de l'Italie ont naturellement été aidés aussi par l'agrandissement de son port et le perfectionnement de son outillage. Grâce aux 63 millions légués par le duc de Galliera en 1875, le port neuf et l'avant-port ont été constitués par le prolongement du Molo Nuovo, auquel on a rattaché le môle Duca di Galliera qui s'avance dans la mer sur une longueur de 1.650 mètres. Dans l'immense cercle presque complet formé par le littoral et le môle extérieur, une série de môles intérieurs s'avancent, couverts de hangars, de grues, de voies ferrées. Des sociétés particulières ont complété les installations : une compagnie anglaise a établi des magasins généraux sur le Molo Vecchio ; une société allemande, à laquelle le gouvernement italien a accordé une concession de 50 ans, a construit plus récemment des silos pour les céréales, pouvant contenir trente milles tonnes, où le débarquement, le magasinage et la mise en wagons sont opérés par les procédés perfectionnés en usage aujourd'hui.

D'autres installations permettent commodément la réparation des navires. Une partie de l'ancien môle est occupée par des ateliers, près desquels les bâtiments peuvent s'amarrer à quai. Pour les réparations plus complètes, Gênes possède un dock flottant et deux formes de radoub qui peuvent recevoir les plus grands vapeurs.

Toutefois, n'exagérons pas les avantages que Gênes a retirés de l'amélioration de son port. Tel qu'il est, son outillage est bien inférieur à celui de Hambourg, d'Anvers, de Rotterdam ou même de Marseille. La délégation, envoyée par la Chambre de commerce de ce dernier port, a été frappée de certaines défectuosités. L'importation des charbons est très importante à Gênes ; elle dépasse 2 millions de tonnes (1). « Le quai du large qui leur est affecté n'est cependant pas pourvu d'un outillage approprié .. Les quais manquent et, de même, les surfaces de quais. Presque tous les navires opèrent en pointe, ou mouillés au milieu du port. Très peu ont la facilité de travailler bord à quai. »

« Les marchandises qui, par suite de l'insuffisance des quais, demandent l'emploi des chalands, atteignent deux millions de tonnes et paient une somme annuelle de 1.200.000 lires pour leur fret ; de ces marchandises, 30 o/o, soit 600.000 tonnes, doit passer du navire au quai, en séjournant quelque temps sur chaland et supporter, par suite, une dépense ultérieure de manipulation égale à 400.000 lires. La dépense frappant ces 600.000 tonnes ne monte pas à moins de 2 fr. 65 par tonne. Les chalands dans le port de Gênes sont si nombreux qu'ils occupent 11 o/o de l'espace utile à l'ancrage (2). » C'est que les progrès du mouvement de la navigation, à Gênes, ont dépassé

(1) 2.493.970 en 1903.
(2) Dict. du commerce de Yves Guyot. V° Gênes.

toutes les prévisions, non seulement anciennes, mais celles même qui ont été faites plus récemment. Une commission instituée en 1893, pour étudier les moyens d'assurer le développement du port, évaluait à 4.453.000 tonnes le total des marchandises embarquées et débarquées en 1900, tandis qu'il a atteint 5.203.000 tonnes. Une commission plus récente adoptait, en 1899, les chiffres de 5 millions 701.000 tonnes pour 1905, 6 millions 271.000 pour 1910, 7 millions 019.000 pour 1920 ; tout un ensemble de travaux, avec une dépense de 50 millions de lires, a été conçu pour suffire à ce trafic en augmentant considérablement le développement des quais, l'étendue des magasins et des hangars, en perfectionnant l'outillage (1).

Dès à présent, le port de Gênes est au moins favorisé par la modicité des frais exigés des navires qui viennent y faire des opérations. En 1880, une commission belge avait déjà calculé que, « pour un vapeur de 2.000 tonneaux arrivant avec un plein chargement et repartant sur lest, la dépense était de 1.968 francs à Gênes et de 3.026 francs à Marseille ; plus récemment, le directeur de la marine marchande italienne, pour les mêmes données, trouvait une dépense de 6.720 francs à Marseille et de 4.280 francs à Gênes. »

Telles sont les causes essentielles des progrès du port italien. Reste à signaler les influences particulières qui ont déterminé ceux du mouvement de transit. Remarquons, en passant, que c'est seulement à ce point de vue tout particulier du transit que Gênes est en concurrence avec Marseille. On l'oublie trop souvent quand on oppose les statistiques des deux ports. Gênes pourrait égaler et dépasser Marseille sans être pour elle une concurrente et sans lui porter aucun dommage, si l'accroissement de son activité était dû seulement à son commerce spécial. Cela pourrait signifier seulement que les progrès économiques de la région italienne, desservie par Gênes, auraient été

_____

(1) V. (Rapports commerciaux, 1904, n° 345, p. 15) les indications de M. le consul général, de Clercq, sur les projets d'extension du port du côté de Sampierdarena.

plus rapides que ceux de la région française cliente de Marseille. Mais, de tout temps, bien avant le Saint-Gothard et les chemins de fer, les deux ports se sont disputé le transit entre la Méditerranée et les ports des mers du Nord, ou, tout simplement, le transport des marchandises à destination de la Suisse et de l'Allemagne du Sud, que leur enlèvent en partie, aujourd'hui, Anvers, Rotterdam ou Hambourg, grâce aux voies d'eau ou aux tarifs combinés de chemins de fer. Quand on parle de la rivalité de Marseille et de Gênes, il faudrait donc s'habituer à n'opposer les uns aux autres que les chiffres du transit et de l'entrepôt.

On attribue généralement une influence capitale au chemin de fer du Gothard. On l'accuse couramment d'avoir singulièrement aidé Gênes à supplanter Marseille. Déjà le chemin de fer du Cenis avait détourné vers Gênes un certain courant commercial ; le mal n'était pas bien grand, mais le percement du Gothard passe pour avoir été une véritable calamité pour notre grand port méditerranéen. « Lorsqu'il y a vingt ans, le Gothard ouvert, lit-on dans un des récents comptes-rendus de la Chambre de Commerce de Marseille (1899), Gênes s'est élancée dans la superbe voie qui s'offrait à son activité, nous avons crié bien haut que l'ouverture du Gothard était une grave atteinte aux intérêts de Marseille. » Ce cri d'alarme a été souvent répété et le Gothard est l'exemple journellement cité pour faire comprendre que le percement du Simplon achèvera d'assurer le triomphe de Gênes sur Marseille. M. Muzet écrit encore dans son rapport de 1901 : « L'essor merveilleux de Gênes date, on le sait, de l'ouverture de la ligne du Gothard. » Pourtant, l'examen des statistiques prouve que l'influence du Gothard sur Gênes a été très exagérée. Ce qui a pu faire illusion c'est qu'en effet le trafic de la ligne du Gothard, ouverte en 1882, a dépassé toutes les prévisions. Le tonnage des marchandises transportées a passé de 455.000 tonnes en 1883 à 1 million environ, et le nombre des voyageurs, de 1.056.000 à 2.627.000, en 1901. Même en s'en tenant au transit qui traverse la Suisse le trafic reste important. D'après les statistiques fédérales, ce mouvement était de 243.000 tonnes en 1892, de 332.000 en 1901. Le Gothard a donc grandement favorisé les relations entre l'Allemagne, la Belgique (1), la Suisse, l'Italie, et celle-ci n'a pas dépensé mal à propos les 58 millions de subvention qu'elle a accordés à l'entreprise du Gothard, augmentés des 60 millions qu'ont coûté les voies d'accès.

Mais Gênes n'est ni le point de départ, ni le point d'aboutissement unique, de ce grand courant commercial. Milan et sa région industrielle, toutes les campagnes agricoles du Pô, sont des clients du Gothard aussi importants que Gênes. M. Laffitte, dans une récente et intéressante étude sur le *Percement du Simplon*, a très bien montré que Gênes ne retire du Gothard que des bénéfices relativement médiocres.

« De 1898 à 1901, le Gothard n'a reçu de Gênes que 198.000 tonnes en moyenne annuelle et ne lui a donné que 14.500 tonnes (2). On avait bien déclaré, lors de l'enquête de 1863, que le choix du nouveau passage des Alpes était, pour le port italien, une « question sérieuse et même vitale... » ; les Italiens s'accordent à reconnaître que le Gothard leur a causé à cet égard une réelle déception.

Au cours des recherches auxquelles ont donné lieu les débats sur l'autonomie du port de Gênes (1899-1902), on

(1) On lit dans la notice sur le port d'Anvers, publiée en 1898 par l'administration communale : « L'ouverture du chemin de fer du Saint-Gothard... fut un événement qui a contribué beaucoup au développement du commerce d'Anvers. Le percement de ce tunnel... a permis d'attirer par la Suisse le transit entre les pays occidentaux et l'Orient, et le commerce des ports du Nord avec l'Italie .. La suppression du détour de Bâle à Genève (pour aller au Cenis) a favorisé singulièrement les parcours directs d'Ostende et d'Anvers à Brindisi. En effet, le port d'Anvers se trouve plus rapproché de Milan que n'importe quel autre port de l'Europe. »

	1893	1899	1900	1901
(2)	Tonnes	Tonnes	Tonnes	Tonnes
En provenance de Gênes	170.374	212.415	162.702	189.104
À destination de Gênes..	12.941	9.639	15.796	19.440
Total........	180.013	225.354	178.498	208.604 (Laffitte)

a constaté que le tonnage expédié de cette place au-delà des Alpes par le Gothard n'atteignait que 7,2 o/o du mouvement total du port en 1896, 4,8 o/o en 1897. Il y a quelques jours, M. le sénateur Colombo élevait cette proportion à 9 o/o (1). Lors du Congrès des ingénieurs tenu à Gênes, en juin 1901, M. Inglese, directeur du port de Gênes, a établi que, sur 1.000 wagons partant de Gênes, 53 seulement franchissent le Gothard. Ces données réduisent singulièrement l'action de la voie alpestre sur les destinées du grand port italien, et, du même coup, ramènent à de justes proportions le dommage qu'elle aurait causé au port de Marseille. »

Cette conclusion est fort juste. D'ailleurs, nous avions déjà remarqué que le mouvement total du transit à Gênes était assez peu de chose, en comparaison de l'ensemble du trafic ; à plus forte raison en est-il de même du transit du Gothard, qui n'en est qu'une partie, la principale il est vrai.

Cependant, il ne faut pas vouloir trop réduire l'influence du Gothard sur Gênes. Un trafic de 200.000 tonnes n'est pas chose négligeable. On peut croire que, sans le Gothard, une partie au moins de ces marchandises aurait passé par Marseille, surtout si on remarque que ce tonnage est constitué surtout par des céréales (2), dont Marseille est un entrepôt plus important que Gênes. Il importe surtout de ne pas oublier que c'est au Gothard que Gênes doit d'avoir développé son transit, puisque, sur un total de 293.000 tonnes en 1901, celui du Gothard compte pour 208.000 (3).

(1) Ce chiffre est exagéré : Le transit total n'atteint à Gênes que le 1/10 du poids des marchandises embarquées et débarquées. Voir ci-dessus, p. 323.

(2) V. dans le compte-rendu de la Chambre de Commerce de Marseille pour l'année 1899 le tableau des marchandises expédiées de Gênes en transit par le Gothard (p. 20). Sur 156.000 tonnes, les céréales comptent pour 120.000.

(3) De plus, M. Laffitte fait observer avec raison que le Gothard, en ouvrant de nouveaux débouchés aux produits agricoles de l'Italie du Nord et aussi à ses produits industriels, a augmenté le pouvoir d'achat et les besoins d'une région qui s'alimente par Gênes en produits de toutes sortes ; il a par conséquent favorisé indirectement ce port.

De ce qu'on s'est exagéré les avantages que Gênes retire du Gothard, il ne s'ensuit pas non plus qu'on est en train de se faire la même illusion au sujet du Simplon.

Les Italiens, déçus en ce qui concerne Gênes, par le Gothard, sont pleins de confiance dans le Simplon et le percement de ce nouveau tunnel préoccupe vivement l'opinion en France. Ces espérances et ces préoccupations ne sont malheureusement pas vaines. Les ministres italiens n'exprimaient que la vérité quand ils disaient, dans l'exposé des motifs du projet de loi présenté aux Chambres, le 29 mai 1896 : « La ligne du Simplon répond admirablement au but de l'extension du commerce de transit du port de Gênes, non seulement par le peu d'élévation du tunnel, mais plus encore par sa position topographique. Cette ligne débouche, en effet, dans une région de la Suisse dans laquelle le port de Marseille exerce une influence prédominante.... Avec le passage du Simplon, on peut admettre comme acquise au commerce de transit du port de Gênes toute la Suisse française, y compris le canton du Valais et une partie de la Haute-Savoie, c'est-à-dire une population de plus de 900.000 habitants. » Marseille ne saurait donc prendre trop de précautions pour retenir la branche de trafic et les clients qui menacent de lui échapper.

Après avoir dégagé les influences principales qui ont contribué à la prospérité de Gênes, il est temps de rechercher quelle a pu être celle du *deposito franco*. Mais que lui reste-t-il, s'il est vrai que la plus grande partie du transit génois est déterminée par l'attraction de la ligne du Gothard? Sans plus ample examen, il serait déjà possible d'affirmer que le rôle du dépôt franc est très mince. L'étude des chiffres permet de transformer cette impression en certitude et de conclure, avec la délégation marseillaise qui l'a visité, que le « *deposito franco* de Gênes n'exerce qu'une fort minime influence sur le développement de ce grand port. »

La Chambre de Commerce de Gênes ne publie malheureusement plus, dans ses *Tableaux statistiques* annuels, aucun chiffre relatif aux opérations du *deposito franco*, depuis 1895 (1), bien que, par inattention, elle continue à les annoncer dans les *Observations préliminaires* qui les précèdent. Mais ces chiffres, publiés chaque année avant 1895 sont instructifs comme le montre le tableau suivant :

MARCHANDISES SORTIES DU « DEPOSITO FRANCO »
(tonnes de 1000 kil.)

	Dédouanées et importées en Italie	Réexportées par mer	Réexpédiées par terre (plombées)	Total
1880	"	2.463	969	3.432
1890	22.105	5.783	833	28.718
1891	69.018	5.679	824	75.521
1892	67.543	4.743	597	72.883
1893	63.377	2.896	435	66.708
1894	58 917	1.763	519	61.199
1895	60.174	2.759	841	63.774

On voit que la plupart des marchandises arrivées en transit à Gênes ont été entreposées en dehors du *deposito*. Mais ce qui étonne encore davantage, au premier abord, c'est que, depuis 1890 tout au moins, la plus grande partie de ce qui passe par le dépôt franc au lieu d'être réexportée, ou réexpédiée en transit, pénètre en Italie en payant les droits de douane. Ces marchandises sont, pour les 5/6 au moins, des denrées coloniales, puis des peaux, des minerais et métaux (2).

C'est que, comme l'a fort bien remarqué la délégation marseillaise, les manipulations opérées dans le deposito franco ont surtout pour but de faciliter l'importation des produits en les débarrassant des impuretés qu'ils con-

(1) D'après les renseignements qu'a bien voulu me fournir M. le consul général de Clercq, la Chambre a renoncé à publier ces chiffres parce qu'elle a eu des doutes sur l'exactitude des informations qui lui étaient fournies à titre privé par un agent de la douane. M. de Clercq fait remarquer avec raison dans son dernier rapport (Rapp. Comm. 1901. n° 345) l'incertitude des statistiques génoises.

(2) En 1895 : 50.921 tonnes de denrées coloniales, 5.277 de peaux, 2.488 de minerais et métaux, 3 5 de céréales et produits végétaux. — Les cafés seulement, dit M. Muzet, donnent une moyenne de 40.000 sacs de 60 kilos en dépôt dans les magasins. Il exagère singulièrement quand il ajoute : « Il y a constamment dans le dépôt franc pour plusieurs centaines de millions de marchandises. »

tiennent, en sorte que l'importateur n'a à payer le droit
d'entrée que sur le poids net du produit utilisable. C'est
ainsi que les denrées coloniales, cafés, poivres, etc., sont
allégées des pierres, terres, ou autres corps étrangers, par
le triage. « Dans l'entrepôt de la Darsena, le négociant
qui reçoit des lards salés peut sortir les lards de leur
caisse, ne leur laisser que la quantité de sel strictement
indispensable pour leur conservation, les présenter ainsi
au net à l'acquittement, payer le droit à part sur l'emballage s'il ne préfère le briser et le transformer en bois
à brûler, enfin jeter à la mer le sel en excédent ».

C'est là un rôle spécial des entrepôts francs que nous
n'avions pas encore eu l'occasion de signaler. Il montre
que les franchises ne doivent pas être considérées seulement au point de vue des exportateurs, mais que les
importateurs eux-mêmes peuvent y trouver leur compte.
Il serait donc imprudent de se priver d'avance de cet
avantage appréciable en mettant des obstacles à peu près
insurmontables à l'entrée, pour la consommation intérieure, des produits entreposés dans un port franc ou
dans une zone franche. Les marchandises qui passent
par le deposito franco avant d'être importées ne su-
bissent pas seulement d'utiles triages, mais aussi des
maquillages moins heureux pour le consommateur. C'est
ainsi qu'on y pratique couramment la « pulitura » ou
teinture des cafés. De même, les réexportations sont
faites parfois après des opérations analogues à celles
qu'on reproche aux négociants de Hambourg. Dans le
deposito franco on coupe les « huiles d'olive de la Tunisie, qui sont généralement de qualité inférieure, avec
des huiles de coton et les mélanges ainsi obtenus sont
importés en Amérique sous la dénomination d'huiles
fines d'olive ». Mais de semblables mélanges ne sont-ils
pas aussi bien pratiqués en dehors du dépôt franc et en
dehors de Gênes ?

Le deposito franco n'a donc aucunement produit le
résultat amené ailleurs par une franchise plus étendue,
celui de donner à Gênes ce rôle de centre de distribution

que jouent Hambourg et Copenhague, que remplissaient autrefois Marseille et Livourne dans la Méditerranée. Depuis 1895, il est vrai, le rôle du deposito a grandi, surtout depuis que la franchise a été étendue à une partie de l'entrepôt de la Darsena en 1897. D'après le rapport Muzet, le mouvement aurait été de 80.000 tonnes, en 1900, dans l'ancien dépôt franc et de 60.000 dans celui de la Darsena : il aurait donc plus que doublé en cinq ans, si ces chiffres sont exacts.

Malgré cet heureux changement l'influence du deposito reste secondaire ; il ne faut pas s'en étonner : elle est en rapport avec les avantages qu'il offre aux négociants. Aussi, doit-on bien remarquer, en terminant, qu'il est fâcheux de ne pas établir assez la distinction entre Gênes et les véritables ports francs. En lui donnant souvent ce titre, on risque de jeter le discrédit sur une institution dont l'utilité apparaît médiocre. Gênes n'est un type ni de port franc, ni même de zone franche. Son deposito est à rapprocher de ces entrepôts francs qu'on sollicitait à Marseille, vers 1840, et dont ce port possède en partie les avantages, grâce au régime particulier qui lui avait été accordé par l'ordonnance de 1817, régime maintenu et même étendu depuis, qui autorise dans ses docks un certain nombre de manipulations interdites dans les entrepôts des autres ports français. Gênes possède seulement des facilités de manipulations beaucoup plus grandes que celles accordées à Marseille. Cela veut dire que l'institution qui lui est particulière n'est pas sans intérêt ni sans utilité. Les négociants, qui y trouvent de réelles facilités, y sont très attachés et songent à la développer. Mais l'étude de cette institution et du port de Gênes fournit peu de lumière pour la solution du problème des ports francs et des zones franches, actuellement discuté en France.

CHAPITRE XIII

Les Ports Francs Méditerranéens : *Trieste, Fiume* (1).

Comme dans les ports du Nord et comme à Gênes, la substitution d'une zone franche à l'ancienne franchise du port et du territoire a coïncidé, à Trieste, avec la transformation complète du port et de son outillage. Trois bassins artificiels ont été construits à l'ouest de l'ancien port, du côté de Miramar ; la construction d'un quatrième a été votée en 1897. Ces quatre bassins ont été pourvus d'installations modernes et le gouvernement autrichien a consacré à ces transformations environ 55 millions de francs. Cependant elles ont été insuffisantes et les besoins du commerce exigent encore plus de commodités : il lui faudrait de nouveaux bassins, une plus grande largeur de quais, de nouveaux magasins et entrepôts. Tout un programme d'énormes travaux a été conçu et a fait l'objet d'arrangements entre l'Etat et la municipalité. Ces travaux seront sans doute exécutés d'ici quelques années et feront définitivement de Trieste un port de premier ordre.

D'un autre côté, on parle depuis 30 ans d'une seconde ligne de chemin de fer unissant Trieste à l'intérieur de la monarchie autrichienne ; elle a été maintes fois promise par les ministères qui se succèdent, sans que l'exécution paraisse plus proche. Il y a aussi longtemps qu'il est question de remplacer les « zigzags ferrés » par lesquels

---

(1) *Bericht über Triests Handel und Schiffahrt* (publication annuelle de la Chambre de commerce et d'industrie de Trieste). — *Relazione sulla situazione economica di Fiume* (rapport annuel de la Chambre de commerce et d'industrie). — Monit. Off. du Comm. — Rapports commerciaux. — Rapports Muzet et Chaumet. — Rapport adopté par la Chambre de Commerce de Marseille. le 7 nov. 1902.

les lignes aboutissent à la ville. Mais on a mis enfin la main, en 1901, au percement des deux massifs du Tauern et des Caravanche pour établir deux tunnels raccourcissant le parcours et diminuant les pentes. Les Triestins attendent beaucoup, au dire de notre consul, de cette « trouée future » qui ne sera ouverte que dans plusieurs années.

Quels que soient les desiderata actuels des négociants, le commerce jouit déjà, depuis dix ans au moins, de commodités incomparablement plus grandes qu'auparavant ; c'est un premier point à retenir.

Dans les nouveaux bassins a été installé le *punto franco*, point franc, établi en 1891. Ce nom est assez mal choisi car il désigne, en réalité, une zone franche très étendue, occupant la partie principale et la plus favorisée du port. Le nom de port franc peut donc être appliqué à Trieste aussi bien qu'à Copenhague ou à Brême ; c'est d'ailleurs le nom que les Triestins donnent couramment au punto franco.

Le port franc s'étend sur une superficie d'environ 40 hectares. Ses quatre bassins occupent à peu près la moitié, un peu moins de 20 hectares (1), les magasins généraux cinq et demi, les hangars et constructions diverses quatre et demi ; sur les 10 hectares qui restent, il faut prélever les parties découvertes des 5 môles, les quais et voies ferrées ; il reste donc peu de terrain disponible.

Les bassins, profonds de 8^{m}50 à 13 mètres, sont accessibles aux plus grands navires. Ils sont bordés de 3.620 mètres de quais, bien outillés avec leurs 54 grues hydrauliques, leurs 10 grues fixes et leurs autres engins perfectionnés. Les 26 magasins généraux, belles constructions à deux et trois étages, attirent le regard quand on arrive à Trieste. La longueur des rails desservant les quais dépasse 20 kilomètres et 134 plaques tournantes facilitent

(1 Plus à l'Ouest, loin de la ville, à Barcola, est un petit bassin qui sert de port franc spécial pour les pétroles.

les manœuvres des wagons. L'éclairage électrique, assuré
par une usine spéciale, rend commode le travail de nuit.

A côté de cet ensemble remarquable d'installations, le
port douanier, c'est-à-dire l'ancien port, fait triste figure

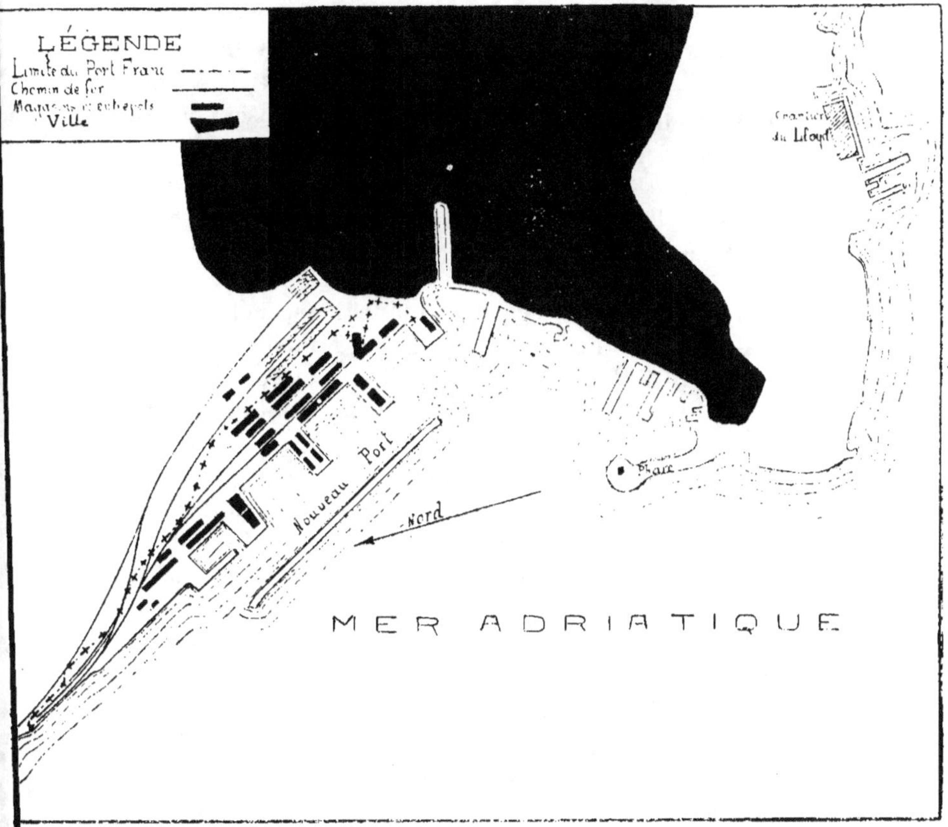

Port de Trieste, au 1.30.000.

avec ses deux grandes darses manquant de profondeur
et son petit bassin où ne peuvent aborder que les bateaux
de pêche, avec ses vieux canaux pénétrant dans la ville
où viennent décharger les bateaux dalmates qui apportent les légumes, les fruits et autres denrées nécessaires
à l'alimentation de Trieste. Il ne possède pas une seule

grue et cette absence d'outillage fait sentir tout de suite que, dans l'esprit du gouvernement, tout l'avenir de Trieste est dans le développement du trafic du punto franco.

Celui-ci a été créé et outillé par les soins de la Chambre de Commerce et de la municipalité qui devaient l'administrer. Mais, les charges étant devenues trop lourdes pour elles, d'autant plus qu'il a fallu envisager tout un nouveau programme de travaux et de dépenses considérables, c'est l'Etat qui en a assumé la responsabilité pour l'avenir. C'est lui aussi qui administre le port franc et y surveille les opérations. Il y a là une situation spéciale qu'il est intéressant de signaler. Le port franc de Trieste se distingue aussi par une autre particularité, véritable anomalie, dont la délégation marseillaise a été frappée.

Il n'est pas interdit aux agents des douanes de pénétrer dans l'enceinte franche. « Sans doute, la douane garde les postes, mais c'est dans le port franc même qu'elle a son principal établissement ; c'est là que loge son directeur, là que sont ses bureaux, et le port franc est divisé en plusieurs sections pourvues d'un service douanier qui, sous la direction d'un chef, y exerce sa surveillance. » Celle-ci s'étend jusqu'à l'intérieur même des magasins où les douaniers ont le droit de pénétrer. Il est vrai que les douaniers de Trieste usent, en général, de la façon la plus discrète des droits qu'ils possèdent. Il leur est d'autant plus facile d'intervenir le moins possible que les abus sont peu à craindre, puisque le port franc est régi et surveillé par des agents de l'Etat. Cependant il se produit parfois des conflits entre les deux Administrations, animées d'un esprit un peu différent, et il est certain que la présence de la douane dans le port franc est regrettable. Il en résulte nécessairement des formalités et des tracas qui pourraient devenir très gênants le jour où ses intentions deviendraient moins bienveillantes.

Sauf ces deux points, l'organisation du punto franco n'offre rien de particulier et ses règlements ressemblent fort à ceux des ports du Nord. Toutes les marchandises peuvent y entrer, sauf celles qui sont soumises au monopole de l'État et, comme à Gênes, les tascabili. Toutes les manipulations et tous les mélanges sont permis, sauf quelques exceptions peu nombreuses. Ainsi, les vins italiens, qui jouissent d'un traitement favorisé, doivent être mis dans des entrepôts à part ; de même, à la suite de réclamations de la Turquie, le mélange de vins turcs avec des vins grecs a été interdit. On peut noter que les règlements de Trieste sont moins favorables que ceux de Hambourg quand des marchandises soumises à des taxes d'entrée différentes sont mélangées. Malgré la présence de la douane dans le port, le règlement autrichien n'admet pas qu'elle puisse vérifier les quantités de diverses sortes qui entrent dans le mélange : elle fait payer à celui-ci le droit le plus élevé.

Pour les manipulations et mélanges, les négociants louent, à l'Administration des magasins généraux, des locaux dont les tarifs sont à rapprocher de ceux de Hambourg ou de Copenhague. D'après le rapport Muzet, le tarif varierait de 2 fr. 50 à 5 francs et à 20 francs le mètre carré, suivant l'étage, tandis que les caves coûteraient 6 francs le mètre carré par an. D'après la délégation marseillaise, les rez-de-chaussée seraient loués à raison de 4 florins, c'est-à-dire 8 fr. 50 environ, et à des prix inférieurs pour les étages. Le négociant a même la faculté d'établir ses bureaux à côté de ses entrepôts, dans ses locaux. Il lui est aussi permis de louer des espaces vides pour y créer des installations particulières, notamment des industries, mais cet avantage est considérablement diminué, pour ne pas dire annulé, par l'étendue très restreinte des terrains disponibles. Il est même difficile de remédier à cet inconvénient, parce que, pour élargir l'enceinte franche, il faudrait un accord des gouvernements autrichien et hongrois qui ont fixé, par une convention, les limites des ports francs de Trieste et de Fiume, rivales jalouses qui se surveillent attentivement (1).

(1) Pour les droits de port et les tarifs des magasins généraux, des hangars et des quais, voir Ann. Comm. extér. Enquête sur la marine marchande).

En somme, le punto franco de Trieste offre au commerce des avantages sensiblement inférieurs à ceux de la franchise de Hambourg ou même de Copenhague Surtout, il en offre incomparablement moins que l'ancien port franc. Il n'a pas constitué pour les Triestins un privilège nouveau, mais une compensation. non équivalente, pour celui qui lui a été enlevé en 1891.

Depuis l'institution du nouveau régime, plus de dix ans se sont passés ; l'expérience est déjà intéressante à étudier. D'après le rapport Muzet, « au moment de la création du point franc, les affaires étaient stagnantes à Trieste », tandis que, depuis, il y aurait eu progression constante. Cette affirmation a d'ailleurs été formulée à diverses reprises dans les rapports consulaires : la suppression de l'ancien port franc aurait été très avantageuse à Trieste. « Il demeure avéré, lit-on dans le rapport de 1901, que la prospérité des affaires s'est accrue depuis la suppression du territoire franc, puisque les affaires. qui étaient de 540 millions de couronnes en 1857, dépassaient 1.300 millions de couronnes l'an dernier. » La note est encore plus accentuée dans ceux de 1902 et de 1903 : « Ces calculs dégagent la situation de façon catégorique et montrent en quel compte il faut tenir les plaintes que, par habitude ou par principe, les négociants forment au sujet du marasme de la place. »

Il faut mettre les chiffres sous les yeux pour vérifier l'exactitude de ces jugements. L'examen des tableaux suivants permettra de les rectifier quelque peu.

COMMERCE GÉNÉRAL DE TRIESTE

(en millions de couronnes à 1 franc 05)

	IMPORTATIONS			EXPORTATIONS			TOTAL		
	par mer	par terre	Total	par mer	par terre	Total	par mer	par terre	général
1860 .	194	100	294	170	76	246	364	176	540
1870 .	252	152	404	200	162	362	452	314	766
1880 .	270	224	494	234	190	424	504	414	918
1890 .	402	350	752	338	308	646	710	658	1.398

	IMPORTATIONS			EXPORTATIONS			TOTAL		
	par mer	par terre	Total	par mer	par terre	Total	par mer	par terre	général
1895 .	370	318	688	302	306	608	672	621	1.296
1896 .	346	316	664	302	314	616	650	630	1.280
1897 .	368	346	714	312	322	634	680	668	1.348
1898 .	384	364	748	326	336	662	712	700	1.412
1899 .	388	356	744	323	334	657	711	690	1.401
1900 .	389	342	731	323	342	665	712	681	1.396
1901 .	405	364	769	338	354	692	713	718	1.461
1902 .	385	366	751	340	362	702	725	728	1.453

Le commerce de Trieste n'avait donc cessé d'augmenter de 1860 à 1890 et il avait monté de 540 millions de francs environ à 1398, faisant plus que doubler en trente ans. L'augmentation avait porté sur toutes les branches du trafic, mais c'était le commerce par terre, c'est-à-dire avec l'Autriche-Hongrie, qui avait progressé beaucoup plus rapidement, gagnant 482 millions, tandis que le commerce avec l'étranger n'en avait gagné que 376. Cette constatation permet de dire que Trieste avait une tendance à prendre plus d'importance comme port national, que comme port de transit, malgré son isolement douanier.

La suppression de cet isolement, et l'institution de la zone franche actuelle, ont amené d'abord une dépression très sensible. En 1896, le chiffre total du commerce était inférieur de plus de 100 millions à celui de 1890. Presque tout avait été perdu par le commerce maritime, c'est-à-dire avec l'étranger, qui avait reculé de 56 millions aux importations et de 36 aux exportations. Seules, les exportations en Autriche, après avoir baissé, elles aussi, avaient gagné quelques millions à cause des facilités plus grandes pour les relations avec l'hinterland national, données par la suppression de l'isolement douanier.

L'impression change un peu si, au lieu d'examiner la valeur du commerce, on compare les poids des marchandises importées et exportées depuis 1890 (1) :

(1) Cf. les mêmes chiffres pour 1876-80 : 1.914.000, 2.097.000, 2.033.000, 2.123.000, 2.173.000 tonnes. — En 1901 et 1902 : entrées par mer, 1.111.000 et 1.218.000 tonnes ; par terre, 874.000 et 914.000 tonnes ; sorties par mer, 780.000 et 781.000 tonnes ; par terre, 689.000 et 747.000 tonnes.

1899...	2.532.000 tonnes métr.	1900...	3.480.000 tonnes métr.
1891...	2.382.000	1901...	3.454.000
1894...	2.579.000	1902...	3.660.000
1895...	2 678.000		

La dépression postérieure à 1890 est moins marquée et les chiffres se relèvent régulièrement à partir de 1891 ; dès 1894, le mouvement dépassait de nouveau celui de 1890. Mais, si des causes ignorées ont atténué la gène et l'hésitation causées par le changement de régime, elles n'en ont pas complètement effacé les traces.

Enfin, les chiffres du mouvement de la navigation affaiblissent encore l'impression première :

Mouvement des Entrées a Trieste

(chargés et sur lest, tonneaux de jauge)

1876...	7851 nav	985.000 t.	1893...	7815 nav.	1.574.000 t.
1880...	7208	1.112 000	1895...	8985	1 760.000
1890...	7873	1.471.000	1900...	8465	2.158.000
1891...	7835	1.471.000	1901 ..	8807	2.163.000
1892...	7706	1.472.000	1902...	5460	2.105.000

On voit, en effet, qu'il y a eu à peine un mouvement d'arrêt dans les progrès en 1891 et en 1892. Il n'y a rien d'étonnant à cette augmentation immédiate du tonnage ; les nouveaux bassins de Trieste durent attirer aussitôt les gros navires qui ne pouvaient pas entrer dans l'ancien port.

Il n'en est pas moins vrai que les regrets et les plaintes des négociants Triestins paraissent avoir quelque fondement. Il semble bien que, pendant plusieurs années, les avantages offerts par la suppression de l'isolement douanier pour la ville et pour une partie du port, par les nouveaux bassins et leur outillage perfectionné, par le *punto franco* enfin, n'aient pu contrebalancer les inconvénients de la disparition de l'ancien port franc. Ajoutons que la dépression constatée a pu être simplement le résultat du trouble apporté dans de vieilles habitudes commerciales. Elle ne prouve nullement la supériorité de l'ancien régime sur le nouveau, même en se plaçant au point de vue exclusif de l'intérêt triestin.

Depuis 1895 cet état de gêne a cessé et Trieste a progressé de nouveau à tous les points de vue. Le chiffre total du commerce a passé de 1.280 millions à 1.453 en 1902 ; le poids des marchandises de 2.670.000 tonnes à 3.660.000, et, enfin, le mouvement de la navigation a dépassé 4 millions de tonneaux depuis 1898. Cependant, on remarquera que la valeur du trafic s'est accrue moins rapidement dans ces dernières années qu'entre 1880 et 1890. C'est surtout pour le poids des marchandises et pour le mouvement de la navigation que la rapidité des progrès a été remarquable.

Elle l'est d'autant plus que Trieste est loin de posséder tous les avantages d'autres grands ports. Ses bassins sont insuffisants pour un trafic de premier ordre. Il est l'unique débouché maritime d'un grand pays, mais d'un pays qui n'a jamais joué un grand rôle sur mer, dont le commerce extérieur, encore peu important, est resté presque stationnaire jusqu'à ces dernières années (1). Il est en communications difficiles avec son hinterland, sans voies fluviales comme les ports allemands, sans bonnes lignes de chemins de fer comme Gênes (2), soumis à des tarifs de transport très élevés. Aussi, comme débouché de l'Au-

---

(1) Commerce d'Autriche-Hongrie (sans les métaux précieux), en millions de couronnes : 2.800 en 1891, 2.690 en 1892, 2.952 en 1893, 2.990 en 1894, 2.928 en 1895, 2.959 en 1896, 3.043 en 1897, 3.254 en 1898, 3.470 en 1899, 3.638 en 1900, 3.537 en 1901, 3.633 en 1902.

(2) Les députés de Trieste et des districts voisins ont présenté, en 1897, au Parlement, un projet de loi pour la construction d'une voie ferrée indépendante et plus directe, par le col de Tarvis, qui rapprocherait cette ville des marchés intérieurs.— Le projet d'unir Trieste à Vienne par un canal, lancé en 1894, par un ingénieur russe, vient d'être repris par l'ingénieur Wagenführer qui a été autorisé, en 1899, à faire des études. Des deux tracés proposés, partant de Wiener-Neustadt, l'un passerait par Gratz, Laibach, Wippach, Goritz et Monfalcone (525 kilomètres), l'autre par Klagenfurt, Goritz et Monfalcone (412 kilomètres). Tous deux seraient plus courts que le chemin de fer qui a 593 kilomètres. La dépense, pour un canal de 18 mètres de large au plafond et de 4 mètres de profondeur, serait évaluée à 110 millions de florins.

triche, a-t-il à soutenir la concurrence de Hambourg et de la voie du Danube, tandis qu'une partie du commerce hongrois, plus considérable, suit cette dernière voie, ou passe par Fiume. Comme marché international Trieste ne peut guère être plus mal placé, au fond d'une mer fermée, très loin en dehors de la grande route maritime qui traverse la Méditerranée.

Quelles sont donc les raisons du récent essor du commerce de Trieste ? Pour les déterminer demandons-nous, d'abord, quelle est dans le port la part du commerce national et celle du commerce étranger.

Voici, pour les quatre dernières années, le commerce de Trieste avec l'Autriche-Hongrie :

	IMPORTATIONS A TRIESTE			EXPORTATIONS DE TRIESTE (millions de couronnes)			
	par mer	par terre	Total	par mer	par terre	Total	Total général
1899 ..	28	275	303	53	227	280	583
1900 ..	29	268	297	55	242	297	591
1901 ..	28	280	308	58	240	298	606
1902 ..	29	277	306	54	242	296	602

Pendant cette même période, les importations de l'étranger se sont élevées environ à 411, 434, 462, et 445 millions de couronnes, les exportations à l'étranger à 377, 369, 394 et 406 millions. Le total des relations avec l'étranger a donc atteint 788, 803, 856, 851 millions de couronnes. En d'autres termes, la proportion du commerce national est sensiblement plus forte qu'à Hambourg où elle atteint seulement les 3 8 aux importations. Si donc on admet que Hambourg est un port allemand, il faut bien admettre aussi que Trieste est surtout port autrichien, et c'est à tort qu'on en parle souvent comme étant par dessus tout une place de transit.

Mais, serrons les chiffres d'un peu plus près, en employant la même méthode que pour Hambourg, pour voir ce que l'Autriche prend et ce qu'elle fournit à Trieste. Constatons qu'il se fait dans le port même, comme à Hambourg, une consommation importante de marchandises qui, par conséquent, figurent aux entrées et ne réapparaissent plus aux sorties, ni pour entrer dans la consommation autrichienne, ni pour grossir les réexportations. Cette consommation, représentée par l'excédent des entrées sur les sorties, a atteint pour les années 1890-1902, 88, 66, 77 et 49 millions de couronnes, ou, en poids, 573.000 tonnes en 1898, 552.000 en 1899, 516.600 en 1901. Ce sont des chiffres bien inférieurs à ceux que nous avons relevés pour Hambourg, mais comparables, proportionnellement au total.

Malgré cette consommation sur place, la part des marchandises entrées par mer à Trieste, qui en ressortent par terre pour être consommées en Autriche, est très considérable comme le montrent les chiffres suivants :

	1899	1900	1901	1902
Entrées par mer....	288	389	405	385 millions de couronnes
Sorties par terre pour la consommation autrichienne	227	242	240	242 » »

Sur 1.111.000 tonnes entrées par mer, 676.000 sont ressorties pour l'Autriche.

La monarchie austro-hongroise, qui achète beaucoup à Trieste, lui envoie plus encore de marchandises pour alimenter ses exportations. Comme celles-ci sont inférieures aux importations, l'Autriche contribue davantage à grossir leur courant :

	1899	1900	1901	1902
Sorties par mer.....	323	323	338	340 millions de couronnes
Entrées par terre venant d'Autriche...	275	268	280	277 » »

Si le marché national est bien le principal de ceux qui enrichissent Trieste, on se tromperait pourtant en concluant, par analogie avec Hambourg, que ce sont surtout les progrès du commerce de l'Autriche qui expliquent ceux de son port. On y serait d'autant plus porté que précisément l'essor plus rapide de Trieste, à partir de 1896, a coïncidé à peu près exactement avec celui du commerce austro-hongrois, dans les six ou sept dernières années (1). Mais on peut voir par les tableaux ci-dessus que les échanges entre le port de l'Istrie et la monarchie ont été plutôt stationnaires dans les dernières années.

Il faut donc chercher dans des influences locales, en partie tout au moins, l'explication de la prospérité actuelle. Au premier rang nous placerons la transformation et l'amélioration incessantes du nouveau port, l'achèvement du quatrième bassin, l'organisation définitive de l'administration du punto franco entre les mains de l'Etat, « qui a eu pour effet la diminution des prix de déchargement et de magasinage », et l'heureuse impulsion donnée aux affaires par la Direction des magasins généraux.

Ajoutons les commodités laissées aux négociants en dehors même du punto franco, dont l'existence a attiré l'attention de la délégation marseillaise. « Lorsqu'on jette les yeux, dit-elle dans son rapport, sur un plan douanier de la ville de Trieste, on est frappé du très grand nombre de points noirs qui l'émaillent. Ces points noirs indiquent la situation des divers entrepôts situés en dehors du port franc. Les uns sont des entrepôts dont la douane détient une clé et qui répondent exactement, dès lors, aux entrepôts spéciaux qui existaient à Marseille avant la création des docks. Ils jouent, en somme, le rôle d'entrepôts réels. Les autres sont des entrepôts fiduciaires, analogues, dès lors, à nos entrepôts fictifs, sauf le droit pour la douane d'en refuser le bénéfice, mais, à part cette restriction, soumis à une réglementation bien autrement libérale que ne l'est celle qui régit, en France, nos entrepôts. » Le rapport consulaire de 1900 signalait encore les réductions de tarifs consenties par les compagnies de chemins de fer, l'influence des industries nouvelles créées à Trieste, qui absorbent beaucoup de combustible, de minerais ou d'autres matières premières. Il y aurait à rechercher d'autres influences secondaires, comme celle du nouveau

(1) Voir la note 1, page 343.

traité de commerce favorable aux vins italiens, qui en a considérablement accru l'importation à partir de 1892 (1). Enfin, la crainte de la concurrence de Fiume a été pour les Triestins un utile stimulant, qui a réveillé chez eux l'esprit d'entreprise.

Plusieurs de ces influences ont eu pour résultat de développer le mouvement du transit à Trieste, et c'est cet essor du transit qui va nous donner définitivement l'explication de l'accroissement du trafic et du mouvement du port autrichien. C'est aussi l'étude du rôle du transit qui va nous permettre de démêler l'influence du punto franco sur l'évolution commerciale de Trieste depuis dix ans. Jusqu'ici nous ne l'avons pas encore fait sentir. Pour pouvoir la mesurer, il est temps de faire la distinction que nous semblons avoir oubliée entre le port douanier et le punto franco. On a vu que celui-ci comprenait la partie essentielle et privilégiée du port autrichien, cependant il s'en faut qu'il ait attiré à lui le trafic tout entier. La délégation marseillaise a été frappée, dans sa visite, par l'aspect abandonné du port vieux et l'a consigné dans son rapport : « Si, sortant du port franc, l'on suit la ligne des quais, on se trouve alors dans le port soumis à la douane et l'on constate que, si le premier est plein de mouvement, le second est à peu près délaissé, ne donnant abri qu'à quelques caboteurs... et l'on peut dire dès lors, avec quelque vraisemblance, que Trieste, en réalité, n'a qu'un seul port, qui est son port franc. »

Le port douanier, cependant, est loin d'être aussi délaissé qu'il le paraissait lors de la visite marseillaise, comme le montrent les statistiques reproduites par la délégation elle-même pour 1901. Cette année-là, sur un mouvement total de 3.454.000 tonnes de marchandises, 1.959.000 ont passé par le port franc, c'est-à-dire plus de la moitié, mais 1.495.000 avaient été déchargées sur les quais du port douanier. Il serait intéressant de pouvoir

---

(1) Importations de vins italiens en Autriche-Hongrie : 27.000 hectol. en moyenne, par an, de 1888 à 1891. 784.000 de 1892 à 1896. 1.301.000 en 1897 et 1.281.000 en 1898, 1.239.000 en 1899.

donner un tableau des opérations faites depuis 1891 dans les deux parties du port, et de constater si le punto franco absorbe de plus en plus le trafic, malheureusement la Chambre de Commerce ne publie pas ces chiffres dans son rapport annuel.

Une statistique publiée par le gouvernement autrichien semblerait montrer que les ports francs de Trieste et Fiume ont peu de relations avec l'hinterland austro-hongrois.

Commerce austro-hongrois avec les ports francs de Trieste et de Fiume (1).

	Import.	Export.	Total
1891	27.516	96.252	123.768
1892	7.150	35.414	42.564
1895	3.342	20.254	23.596
1896	712	9.518	10.230
1900	326	7.690	8.016
1901	374	6.742	7.116
1902	680	6.607	7.287

Ainsi, on pourrait dire que le punto franco ne sert plus qu'au commerce étranger ; presque tout ce qui y entre n'y serait qu'entreposé pour être ensuite réexporté. Le partage serait fait très rapidement et d'une façon très nette entre les deux parties du port, l'une marché national, l'autre marché d'entrepôt et de transit.

Malheureusement, ces chiffres ne concordent guère avec ceux qui ont été fournis à notre consul, par le baron de Kober, directeur général des douanes, et reproduits dans son rapport de 1903 :

Opérations du punto franco en 1901 (tonnes métriques)

Entrées par mer....... 675.960 t.; par terre 452.846 t.
Part de l'Autriche..... 284 » 373.200
Sorties par mer....... 504.177 t.; par terre 326.900 t.
Part de l'Autriche..... 18 » 215.560

(1) Dans ces statistiques, Trieste et Fiume figurent sous la rubrique Freigebiet (territoire franc). Hambourg et Brême sous celle de Freibezirk (zone franche).

Ainsi, en 1901, les chemins de fer auraient apporté dans le punto franco 373.000 tonnes de marchandises autrichiennes et auraient distribué, dans les pays de la monarchie, 215.000 tonnes sorties du port franc. Sur un total de 1.959.000 tonnes manipulées, 1.370.821 représentaient le commerce avec l'étranger, 589.062 le commerce national. Ces 589.000 tonnes valent évidemment beaucoup plus que les 7 millions de couronnes du tableau ci-dessus, et le partage du trafic entre les deux ports serait beaucoup moins net que ce tableau ne permettrait de l'affirmer.

Nous ne possédons pas de chiffres complets sur l'importance du transit à Trieste ; les rapports de la Chambre de Commerce sont muets à cet égard. D'après les indications fournies à notre consul, M. de Laigue, le punto franco aurait réexporté à l'étranger par terre ou par mer, en 1901, 425.000 tonnes de marchandises passibles de droits, et la délégation marseillaise donne le chiffre peu différent de 420.000 tonnes. L'exportation de produits autrichiens ou étrangers exempts de droits n'aurait donc compté que pour 190.000 tonnes sur un total de 615.000.

Faut-il attribuer à l'influence unique de la franchise l'importance de ce mouvement de 425.000 tonnes ? Ce serait singulièrement exagéré. La franchise a une action très différente sur le transit par terre et sur les réexportations par mer. Or, le transit par terre est très important. Pendant les quatre dernières années, 1899-1902, les chemins de fer ont amené à Trieste un stock de marchandises destinées à la réexportation, valant 81, 74, 84 et 89 millions de couronnes. La valeur des marchandises déchargées des navires, qui ont ensuite transité à travers l'Autriche, a encore été plus considérable, puisqu'elle a atteint 107, 101, 114 et 120 millions de couronnes (1). Ce

<hr>

(1) Chiffres obtenus en faisant la différence entre les entrées ou sorties totales par terre du port de Trieste et les entrées ou sorties à destination ou en provenance de l'Autriche-Hongrie. Ces marchandises qui peuvent supporter d'aussi longs transports par chemins de fer sont naturellement d'un faible poids relativement à leur valeur. Aussi, les sorties en transit du punto franco, par terre, en 1901, n'auraient été que de 42.500 tonnes en marchandises passibles de droits

transit doit être surtout à destination ou en provenance de l'Allemagne qui fait ainsi par terre, avec le grand port de l'Adriatique, un trafic important. Mais on peut dire que l'influence de la franchise sur le développement de cette branche de transit est très faible. Elle ne lui procure pas de grands avantages et l'on conçoit très bien son existence sans elle.

Il n'en est pas de même des réexportations par mer. Leur valeur n'est pas connue ; leur poids aurait été de 378.132 tonnes en 1901. On pourrait retrouver en partie le détail des marchandises qui les constituent en faisant le relevé, parmi les exportations par mer, des marchandises qui ne sont pas d'origine autrichienne ou allemande. C'est ainsi que Trieste est un centre de distribution pour les denrées coloniales. L'entrepôt des cafés y a, comme à Hambourg, une importance très grande : 10.796 tonnes en ont été réexportées en 1898. Une partie des riz, reçus directement de la Birmanie et de la Cochinchine, nettoyés dans les deux grands établissements de décortication de Trieste, sont réexpédiés dans les ports turcs (9.165 t., en 1898).

Sans poursuivre cette recherche minutieuse, disons que les réexportations par mer à Trieste ont beaucoup plus d'importance qu'à Gênes ; la délégation marseillaise en a été frappée avec raison. Ce rôle de Trieste est d'autant plus remarquable que le port de l'Adriatique est beaucoup moins bien placé que celui du golfe de Ligurie pour le remplir. L'explication est très simple : c'est que le punto franco offre au commerce incomparablement plus de commodités que le deposito génois ; on a ici un exemple nouveau de la supériorité des zones franches sur les entrepôts francs.

Ajoutons pourtant que l'activité du commerce d'entrepôt a été encouragée par d'autres influences que celle du punto franco. Le développement remarquable des lignes de navigation du Lloyd dans les dernières années n'a pas moins contribué à l'entretenir ou à l'accroître. A ses services de l'Adriatique, à ceux du Levant, déjà anciens, mais sans cesse perfectionnés, la compagnie a ajouté celui de l'Inde et de l'Extrême-Orient, enfin celui du Brésil, le premier créé à travers l'Atlantique (1). Le succès n'a pas couronné ses efforts pour attirer vers Trieste les voyageurs, car les Autrichiens n'entreprennent pas de grands voyages maritimes et, pour les Anglais, les Allemands, les Américains, l'éloignement de Trieste des grandes routes suivies n'est pas compensé par un exceptionnel confort ou par d'autres supériorités des navires du Lloyd (2). Mais la compagnie a été suffisamment récompensée par l'accroissement de ses frets : elle avait transporté 5.672.000 tonnes de marchandises en 1891 ; le poids de celles-ci a atteint 9.484.000 tonnes en 1898. Elle a pu, cette année là, distribuer à ses actionnaires un dividende de 9 o/o. Or, c'est surtout entre les bateaux des diverses lignes du Lloyd qu'est fait l'échange de fret. Si la Turquie figure au premier rang des nations étrangères en relations avec le port autrichien et si celui-ci écoule chez elle une bonne partie de ses réexportations, il doit cette clientèle levantine à l'admirable réseau de services maritimes organisé par sa grande compagnie.

Il faut, d'ailleurs, remarquer que les réexportations ne semblent pas avoir augmenté depuis la suppression de l'ancien port franc, puisque le chiffre total des exportations par mer est resté stationnaire et puisque la part des marchandises autrichiennes, dans ces expéditions, n'a sans doute pas diminué. En dehors du rôle du Lloyd, ce n'est donc pas au punto franco, mais à l'influence traditionnelle de la franchise, aussi puissante et plus peut-être avant 1891, que Trieste doit d'être un des plus importants ports distributeurs des marchandises dans la Méditerranée.

-----

(1) Passagers transportés : 276.034 en 1895, 260.365 en 1896. Pour attirer les Allemands il faudrait une nouvelle ligne de chemin de fer commode, que les Triestins réclament depuis longtemps, rattachant leur ville à l'Allemagne du centre.

(2) Elle a fait un voyage d'essai sur la côte Orientale d'Afrique, pour juger de l'utilité de la création d'une ligne.

Les dix dernières années ont été marquées, à Trieste, par la création de nouvelles industries. Le punto franco y est-il pour quelque chose ? Par une sorte d'anomalie, la franchise du territoire, qui avait amené l'établissement d'actives industries au XVIIIe siècle (1), semble n'avoir plus eu d'action vers la fin du XIXe. Depuis 20 ou 30 ans, cependant, la transformation de l'Autriche a été remarquable : elle a pris rang parmi les grandes puissances industrielles. Trieste ne prenait pas part à ce mouvement et se bornait à garder certaines de ses industries traditionnelles telles que les raffineries de sucre. Notre consul général, M. de Laigue, a pu écrire dans son rapport de 1902 : « A l'époque du fameux territoire franc, Trieste était exclusivement place de commerce. » Sans doute, son isolement douanier la gênait pour vendre les produits de ses fabriques dans la monarchie austro-hongroise, mais la franchise restait avantageuse pour des industries d'exportation.

Le punto franco actuel est loin d'offrir les mêmes facilités. Théoriquement toutes les industries peuvent y être établies comme avant 1891, mais l'espace manque. Aussi on ne trouve dans son enceinte qu'un très petit nombre d'établissements, d'une importance secondaire. Le plus important fait des opérations de nettoyage, triage, lustrage et coloration des cafés : il peut en travailler 300.000 sacs par an. Mais est-ce bien là une véritable industrie ? Un autre emploie la cérésine, résidu de la distillation du pétrole autrichien, la mélange à de la paraffine américaine et réexporte en partie le produit obtenu, notamment aux Indes néerlandaises. Une fabrique de fruits confits et un atelier de pasteurisation de la bière d'exportation complètent la liste des industries du punto franco (2). Si le manque de place empêche ces fabriques de se multiplier, il reste, jusqu'à présent, une assez grande étendue de

---

(1) V. chap. 8.

(2) M. Muzet commet une erreur en parlant de raffineries de pétrole très importantes, établies dans le punto franco réservé au pétrole.

terrains inoccupés. Le punto franco n'est donc pas un exemple de l'influence que peuvent exercer les zones franches pour susciter la création d'industries spéciales d'exportation. Il est de nature à rassurer ceux qui s'effraient, outre mesure, de la concurrence des zones franches pour les fabricants de l'intérieur.

Cette inactivité de la zone franche fait contraste avec l'impulsion donnée aux industries de la ville elle-même, par son union douanière avec la monarchie austro-hongroise et aussi par d'autres facilités nouvelles, telles que les réductions de tarif consenties par les compagnies de chemins de fer. Des hauts fourneaux, deux grandes usines pour décortiquer le riz, une fabrique de linoléum, une raffinerie de pétrole, située près du punto franco, mais en territoire douanier, ont été créés depuis 1891. La plupart de ces industries nouvelles ont été fondées avec des capitaux exclusivement triestins. Ce n'est donc pas par indifférence, ou par manque d'initiative, que les capitalistes se sont abstenus d'établir des fabriques dans l'enceinte franche. A ces industries nouvelles, il faudrait ajouter les constructions navales très actives dans le voisinage immédiat de Trieste, sur les bords du golfe de Muggia, où voisinent les chantiers du Lloyd et ceux du Stabilimento technico Triestino. Le Lloyd y fait non seulement des constructions et des réparations pour son compte, mais effectue de nombreux travaux pour d'autres armateurs. La compagnie du Stabilimento, qui occupait, en 1898, 2.520 ouvriers, a des chantiers et ateliers plus importants encore. Cette industrie des constructions navales, que nous avons vue prospérer fréquemment dans les ports francs, ne pouvait trouver place dans le punto franco de Trieste.

Pour terminer cette étude, cherchons enfin si la franchise a été défavorable au développement de la marine nationale. L'exemple de Trieste s'ajoute à celui des ports francs du Nord, pour prouver l'exagération des craintes ou des préventions des adversaires des franchises à cet égard. Les chiffres suivants montrent que, sous le régime de la franchise complète, aussi bien que sous celui des libertés restreintes, le pavillon autrichien tenait une place prépondérante dans le mouvement du port :

MOUVEMENT DE LA NAVIGATION

(Entrées, navires chargés et sur lest)

Ensemble des pavillons			Pavillon Autrichien		
1878...	8365 nav.	1.168.000 t.	1878...	5729 nav.	688.000 t.
1888...	7679	1.368.000	1888...	5510	784.000
1891...	7835	1.474.000	1891...	5675	835.000
1895 ..	8085	1.760.000	1895...	5925	1 079.000
1901...	8807	2.163.000	1901...	6381	1.450.000
19 2...	5460 (1)	2.105.000	1902...	3035	1.450.000

On peut remarquer que la part du pavillon autrichien s'est accrue depuis 1891. Ce n'est pas parce que les avantages laissés aux étrangers ont été restreints par la limitation de la franchise. L'activité du pavillon autrichien est surtout représentée par le mouvement des navires du Lloyd qui, pour l'accroissement considérable de sa flotte dans les dernières années, a bénéficié de la loi sur la marine marchande, votée par le Parlement austro-hongrois en 1892. Outre les avantages accordés par cette loi à tous les armateurs, le Lloyd a vu augmenter sensiblement la subvention que lui accordait l'Etat. De 1 million 852.630 florins, elle a passé en 1892 à 2 millions 910.000, soit 5.820.000 francs. La vieille compagnie, qui comptait 80 ans d'existence en 1902, est plus vivante que jamais. Sa flotte s'est élevée de 122.000 tonnes registres, en 1891, à 171.000 en 1898. Elle a fait les plus grands efforts pour se débarrasser de ses vieux bâtiments et pour les remplacer par d'autres d'un plus grand tonnage, d'une vitesse plus considérable et d'une installation plus confortable, lui permettant de rivaliser avec les meilleurs navires des lignes anglaises, allemandes ou françaises. L'initiative des directeurs de la compagnie a su habilement profiter

---

(1) Il y a évidemment une certaine catégorie de petits bâtiments qui ne sont plus comptés.

de la loi de 1892, mais qui pourrait nier qu'ils n'aient été encouragés par les facilités que leur laissait la création du punto franco ?

C'est l'augmentation de l'effectif naval de la célèbre compagnie qui explique surtout celle du nombre des navires attachés au port de Trieste, montrée par les chiffres suivants :

	1882	1892	1901	1902
Navires........	430	321	219	231
Tonnage.......	220.000	197.000	301.000	349.000

En 20 ans, le nombre des vapeurs est passé de 86 à 191 et leur tonnage de 72.000 à 323.000. Des maisons particulières d'armement ont créé des communications régulières avec les États-Unis, et de nouvelles lignes de vapeurs mettent cette place en communication plus directe et régulière avec l'Algérie et l'Espagne, peu exploitées jusqu'ici par elle. Cet essor de la flotte commerciale est peut-être ce qu'il y a de plus frappant dans les progrès de Trieste à la fin du XIXᵉ siècle. Il n'a été gêné, ni par l'existence du port franc, ni par celle de la zone franche.

La conclusion de cette étude est que le rôle du punto franco est particulièrement délicat à préciser, parce qu'il a remplacé un régime de franchises beaucoup plus étendues et parce que d'autres influences concomittantes se sont exercées, telles que la rénovation du port et de son outillage, ou l'activité nouvelle du Lloyd. Elle permet cependant de constater les heureux effets de la franchise, mais en montrant aussi qu'il ne faut pas les exagérer.

Il est encore plus difficile de se prononcer sur la supériorité du nouveau régime de Trieste comparé à l'ancien. L'union rendue plus étroite entre le grand port et la monarchie austro-hongroise était inévitable, à cause des nécessités politiques, sinon pour réprimer des abus. Peut-être aussi la situation spéciale de Trieste, au fond de l'Adriatique, commandait-elle la suppression du territoire franc et le Gouvernement autrichien a-t-il mieux compris l'avenir de Trieste que les Triestins eux-mêmes. Trieste ne peut pas être un vaste entrepôt comme Hambourg ou comme Copenhague; il est trop loin des grandes routes suivies. C'est comme port national, comme grand débouché maritime d'une nation de plus de 40 millions d'hommes, que Trieste pourra devenir un des grands ports du continent.

Fiume est, depuis 1776, le port du royaume de Hongrie. Sa destinée était restée obscure, bien qu'elle eût acquis la franchise en même temps que sa voisine autrichienne, et malgré ses avantages naturels. Sa position au fond du magnifique golfe de Quarnero vaut à beaucoup d'égards celle du port de l'Istrie; aussi bien placée pour recevoir les navires étrangers, elle est séparée de l'intérieur par une moindre épaisseur de pays montagneux. Mais l'attention des Habsbourg tournée vers Trieste qui semblait mieux située, au fond de l'Adriatique, en face de Venise, pour lui en disputer le trafic, réduisait Fiume à un rôle sacrifié.

La constitution du dualisme austro-hongrois en 1867, les visées d'indépendance économique du Gouvernement de Buda-Pest, le développement de la prospérité des pays hongrois, ont changé cette situation. Fiume est considérée aujourd'hui comme la rivale dangereuse de Trieste. Par l'éveil de son activité, elle a restreint déjà d'une façon sensible l'hinterland commercial de celle-ci; elle cherche de plus en plus à devenir le débouché exclusif des pays hongrois. Les deux voisines surveillent jalousement leurs efforts réciproques et les Triestins se plaignent que le Gouvernement autrichien ne fasse pas, en leur faveur, autant d'efforts et de sacrifices que les ministres hongrois pour stimuler l'essor du port croate (1).

(1) Les Triestins sont portés à exagérer la concurrence de Fiume. Mais notre consul fait trop bon marché de leurs doléances quand il écrit : « Longtemps redoutée, la compétition de Fiume doit être reje-

Cependant leur destinée a été la même en ce qui concerne la franchise. Toutes deux ont en même temps perdu leur port franc et Fiume, comme Trieste, a obtenu en compensation son punto franco. C'est un accord entre les deux Gouvernements de Vienne et de Buda-Pest qui a fixé les limites laissées dans les deux ports à la franchise pour qu'aucun ne pût se plaindre d'être sacrifié, et ce n'est que par un nouvel accord que le système du punto franco pourrait être modifié dans l'un ou dans l'autre.

L'étude de Fiume peut donc servir, comme celle de Trieste, à faire connaître les mérites respectifs de la franchise étendue à toute une ville et de la zone franche limitée. Elle offre aussi de l'intérêt en ce qu'elle peut montrer l'influence d'une zone franche sur un port de second ordre, mal placé pour participer au grand commerce international.

L'institution du punto franco n'a pas été mieux accueillie qu'à Trieste et les négociants de Fiume, par l'organe de leur Chambre de Commerce et de la Municipalité, ont protesté aussi vivement contre la perte de leurs vieilles libertés. Leur punto franco leur offre, à divers égards, des avantages sensiblement inférieurs à ceux de Trieste. L'espace enfermé par les grilles est beaucoup plus étroit. Au lieu de quatre bassins il n'en contient que

tée dans le domaine de ces utiles fictions par lesquelles les Triestins tiennent en haleine le Gouvernement autrichien, afin qu'il concède sans cesse des améliorations, voire même des faveurs de diverse nature. » (Rapports commerciaux, n° 273, 1903).

Les chiffres suivants montrent la situation pour les deux commerces les plus disputés entre les deux villes, celui des bois et celui des vins :

| | Vins en fûts | | Bois, charbons | Bois en pl. douilles |
	Qx	Cour.	Quintaux.	Quintaux.
Import. par Trieste (1900)	381.000	381.000	1.555.000	1.055.000
» Fiume,	562.000	12.953 000	1.347.000	1.754.090

	Autriche-H.	Trieste	Fiume
Import. mar^{me} commerce spéc. (1895)	149.000.000	117.000.000 (79 0/0)	32.000.600 21 0/0)
Export. mar^{me}, »	94.000.000	68.000.000 (71 0/0)	26.000.000 (29 0/0

deux plus petits. Les grilles se rapprochent beaucoup plus des quais ne laissant que très peu de place pour les constructions et les installations. Les magasins et hangars, à un seul étage, n'attirent pas le regard comme les bâtiments imposants de Trieste. Les règlements (1) eux-mêmes sont parfois moins favorables puisque, dans son rapport de 1901, la Chambre de Commerce réclame « l'égalité de charges et de droits, la liberté d'action pour les manipulations dans le port franc, un traitement égal à celui accordé à Trieste pour ce qui regarde les droits de douane accessoires, la police sanitaire et vétérinaire ». Tandis que, pour les autres manipulations, Fiume jouit des mêmes facilités que Trieste, il n'en est pas de même pour les vins. « L'entrée ou la fabrication des vins artificiels dans le port franc est absolument interdite. Une loi de 1893, sévèrement appliquée, défend le plâtrage, et les vins étrangers plâtrés ne peuvent entrer dans le port franc, pour en sortir à destination de l'étranger, la mise à la consommation étant défendue, que sous la condition d'être déclarés comme plâtrés et d'indiquer, dès le débarquement, leur destination définitive. Toute contravention à cette loi est rigoureusement réprimée ». Aussi, les négociants en vins se plaignent-ils amèrement de cette législation rigoureuse. Elle a, sans doute, pour but de sauvegarder au dehors la réputation et la consommation des vins hongrois. Si on établit des rapprochements, la réglementation de Fiume apparaît aussi restrictive à cet égard que celle de Hambourg est libérale. « Trieste paraît être moins sévère que l'un et moins facile que l'autre (2). »

Enfin, comme à Trieste, les services de la douane sont logés dans le punto franco. La surveillance et l'intervention de ses agents y sont beaucoup plus gênantes. Les navires qui entrent directement dans le port franc peu-

---

(1) Voir Regolamente doganale per il Punto franco di Fiume e pei magazzini ivi esistenti o da erigersi. 1891, 19 p.

(2) Rapport adopté par la Chambre de Commerce de Marseille, p. 25-26.

vent bien effectuer leur déchargement sans l'intervention de la douane. Celle-ci n'a rien à voir, non plus, dans l'emmagasinement des marchandises et dans les manipulations opérées pendant le séjour aux magasins. De même, les expéditions par mer sont faites en toute liberté (1). Mais le Règlement du port franc prévoit de nombreuses formalités douanières. L'article 8 donne aux douaniers le droit d'inspecter à tout moment les livres des propriétaires ou des possesseurs de magasins, d'entrer dans ces magasins et d'y faire des révisions de marchandises.

L'esprit de la Douane est surtout différent. « Ici, son action se fait assez lourdement sentir quand là elle est discrète et presque insensible ». Dans son rapport de 1899, la Chambre de Commerce de Fiume signale « les plaintes au sujet de la différence du contrôle douanier, nominal, pour ainsi dire, à Trieste, rigoureux, continuel et coûteux à Fiume, bien que les règles et prescriptions dussent être non seulement les mêmes sur le papier, mais appliquées et interprétées de la même façon libérale dans les deux ports. » « Il faut dire franchement la vérité, ajoutait-elle en 1902 ; pour nous, toute la conception du punto franco est détournée dans le sens bureaucratique d'un entrepôt douanier (2). La délégation de la Chambre de Commerce de Marseille explique ce fait en disant qu'à Trieste les agents de l'État, qui régit les magasins du punto franco, exercent une surveillance qui dispense la Douane d'agir. Il n'en est pas de même à Fiume où l'administration du punto franco reste concédée à des particuliers. Elle est partagée par moitié entre le chemin de fer et diverses sociétés privées. Il est d'ailleurs question, depuis plusieurs années, d'introduire la régie de l'État

(1) Art. 15, 20, 21 du Règlement.

(2) M. Muzet n'a pas eu cette impression. D'après lui, le contrôle de la Douane « s'exerce plutôt pour donner des facilités lorsqu'il s'agit du passage du territoire douanier dans le point franc et réciproquement, ou du remboursement de primes pour des marchandises jouissant d'un régime de faveur, que pour gêner ou entraver le opérations commerciales ». Rapport, p. 67.

comme à Trieste. Les concessionnaires ont élevé des bâtiments bien compris qui permettent une exploitation
facile. On trouve, notamment, une disposition ingénieuse,
particulière à Fiume : « Sur la limite du port franc, il a été
établi des magasins servant à deux fins. Sont-ils ouverts
du côté du port et fermés du côté de la ville, ils sont
francs. Dans le cas contraire, ils sont nationalisés ». C'est
un moyen de ménager à la fois les dépenses et l'espace.
Les voies ferrées, qui se ramifient sur tous les quais du
punto franco, facilitent les arrivages et les expéditions
par terre.

M. Muzet crée une regrettable confusion quand il écrit :
« Le point franc de Fiume, au point de vue de son organisation, paraît avoir été créé sur le modèle du deposito
franco de Gênes... Au point de vue des dispositions générales, le point franc de Fiume ressemble beaucoup à celui
de Trieste ». La différence est profonde entre un entrepôt
ou un dépôt franc comme celui de Gênes et une zone
franche comme celles de Trieste ou de Fiume ; la franchise y est beaucoup plus limitée.

La suppression de l'ancienne franchise en 1891 semble
avoir produit, au début, le même malaise qu'à Trieste.
L'essor a été moins marqué qu'auparavant quoique plus
rapide que dans le port autrichien. C'est ce que montrent
les chiffres du trafic et du mouvement de la navigation.

VALEUR DU COMMERCE DE FIUME

(en couronnes)

	par terre	par mer	Total
1878...	62.686.000	37.704.000	100.390.C00
1879...	76.552.000	59.286.000	135.840.000
1898...	211.708.000	200.884.000	412.592.000
1899...	233.692.000	216.547.000	450.239.000
1901...	265.096.000	259.114.000	524.210.000

COMMERCE DE FIUME. — POIDS DES MARCHANDISES

(tonnes métriques)

	par terre	par mer	Total
1878 ..	184.000	199.000	383.000
1879...	227.000	305.000	532.000
1888...	685.000	840.000	1.525.000
1889...	644.000	813.000	1.457.000
1898...	944.000	1.407.C00	1.991 C00
1899...	1.082.000	1 134.000	2.216.000
1900...	1.160.005	1.165.000	2.325.000
1901...	1.130.0.0	1.185.000	2.315.000

MOUVEMENT DE LA NAVIGATION

(Entrées et sorties. Tonnes registre)

1878...	5.463 nav.	427.000 t.	1898...	21.457 nav.	2.954.000 t.
1879...	5 237 »	651.000	1899...	21.624 »	3.149.000
1888...	10.266 »	1.555.000	1900...	21.467 »	3.369.000
1889...	10.303 »	1.640.000	1901...	21.368 »	3.508.000

Seul, le mouvement de la navigation a suivi une progression régulièrement ascendante et même un peu plus marquée, puisque le gain a été de 1.399.000 tonnes, de 1888 à 1898, tandis qu'il n'avait été que de 1.128.000 tonnes entre 1878 et 1888 (1). Mais, en réalité, le commerce grandissait plus vite dans cette dernière période. Il s'accroissait de 1.142.000 tonnes en poids, au lieu de 466.000. Le commerce maritime seul enregistrait une plus-value de 146.150.000 couronnes qui tomba à 17.030.000 de 1888 à 1898.

Il serait vain d'essayer de tirer de ces chiffres des déductions trop catégoriques sur les mérites respectifs de la zone franche et de l'ancien port franc. D'autres causes plus puissantes que la franchise ont influé, en effet, sur le développement de Fiume, avant 1891 et depuis.

C'est un peu avant 1880 qu'a commencé la transformation du port, qui a coûté plus de 40 millions de francs, et

---

(1) Le rôle du pavillon austro-hongrois n'a fait aussi que grandir, puisque sa part a été de 305.000 tonnes en 1878, de 2.551.000 en 1901. Tandis qu'il a gagné 2.246.000 tonnes, les pavillons étrangers n'ont accru leur mouvement que de 835.000 tonnes.

c'est elle, incontestablement, qui a donné une vive impulsion au commerce, et surtout à la navigation, dans les dix années qui ont suivi. Le port n'était qu'une ancienne embouchure de la Recina dont on avait détourné artificiellement vers l'Est le courant et les alluvions. Ce vieux bassin ou plutôt ce canal de la Fiumara, très exigu, n'était accessible qu'à des bâtiments de faible tonnage. Un premier véritable bassin fut créé à l'entrée de la Fiumara par la construction d'une jetée ; c'est aujourd'hui le port au

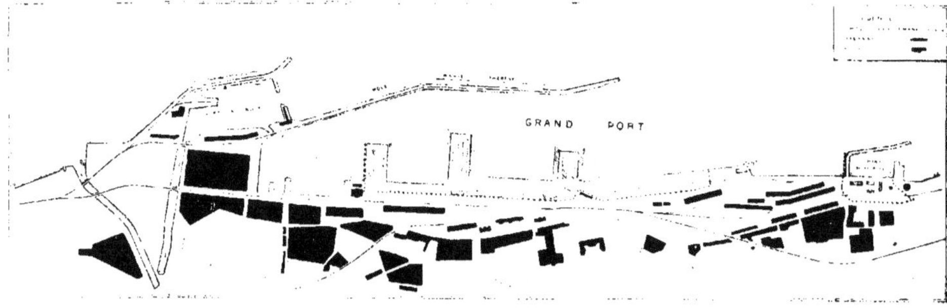

PORT DE FIUME. au 1/30.000.

bois. Une seconde grande jetée, la digue Marie-Thérèse, amorcée à l'entrée du port au bois, abrite le grand port, séparé par des môles en trois bassins, dont les deux premiers constituent le punto franco. Ces travaux étaient très avancés en 1880 et Elisée Reclus pouvait écrire déjà en 1877 : « A Fiume, ce n'est plus l'espace qui manque aux navires, ce sont les navires qui font défaut. »

Les efforts des Hongrois pour se créer un grand emporium maritime, qui leur permit de se passer de Trieste, sont reconnus maintenant insuffisants. Depuis plusieurs années, les Fiumois ne cessent de se plaindre de l'insuffisance de leurs bassins et de leurs quais et de réclamer une nouvelle extension. L'outillage des quais n'est même pas celui d'un port de second ordre. La délégation marseillaise a été frappée par la présence d'une seule grue qui constitue l'unique engin de chargement et de déchargement. Le commerce des bois, qui a une importance spéciale à Fiume, peut, à la rigueur, s'accommoder d'un pareil état de choses, mais toutes les autres manipulations sont rendues par là plus coûteuses et moins rapides ; c'est un désavantage signalé de Fiume sur Trieste. Malgré ces inconvénients, la création du nouveau port n'en a pas moins révolutionné les conditions du commerce.

En même temps les Hongrois ont tout fait pour attirer le trafic vers leur port. Pour la partie orientale de la monarchie, les transports par voie ferrée sont plus courts sur Fiume que sur Trieste ; il en est, à plus forte raison, de même pour la Bosnie, l'Herzégovine et pour la Serbie. Pour compléter cet avantage, les chemins de fer de l'Etat hongrois ont combiné des tarifs très bas que la compagnie du sudbahn autrichienne n'a pas accordés aussi largement à Trieste. Ce sont ces tarifs qui ont permis de donner une intensité nouvelle à l'exploitation des forêts de Bosnie et qui ont fatalement détourné de Trieste le commerce des céréales ou des vins hongrois. Fiume est même favorisée pour les expéditions en pays autrichiens et c'est ce qui explique que les importations de vins italiens en pays austro-hongrois sont faites de plus en plus par Fiume. De plus, le réseau hongrois a été complété par un certain nombre de lignes; il reste cependant encore beaucoup à faire. En Croatie-Slavonie, par exemple, un plus grand nombre de voies ferrées faciliterait l'exploitation de nombreuses et vastes forêts.

Aussi c'est avec raison que les Fiumois portent spécialement leur attention vers l'amélioration de leurs communications avec l'intérieur. Ils rappellent le projet présenté en 1879 au grand ministre Coloman Tisza, par le général Türr, d'une grande voie fluviale, de Budapest à Carlstadt, sur la Kulpa, ville relativement peu éloignée de Fiume et qui vient de lui être unie par un chemin de fer. Un canal, de Vukovar, sur le Danube, à Samac, sur la Save, sur un parcours de 400 kilomètres en plaine, évitant un long détour pour atteindre le confluent des deux fleuves, l'amélioration de la Save entre Samac et Sissek, et la régularisation de la Kulpa, de Sissek à Carlstadt, ouvriraient

la voie navigable la plus courte du Danube vers l'Adriatique. Pour le moment, la Chambre de Commerce de
Fiume réclame seulement l'exécution de travaux peu
coûteux nécessaires sur la Kulpa, première section de
cette grande voie fluviale « qui aurait une valeur extraordinaire pour l'économie publique hongroise. » Mais
elle caresse pour l'avenir l'espoir de voir prolonger cette
voie jusqu'à Fiume même, car « les progrès de l'art de
l'ingénieur permettent de ne plus classer un pareil projet
parmi les fantaisies. » Le colonel Schenerch est, depuis
plusieurs années, l'actif promoteur de ce projet. Partant
de Brod, sur la Kulpa, le canal atteindrait le golfe
de Quarnero par un tunnel de 30 kilomètres. Le gouvernement austro-hongrois songe aussi à unir le Danube à
l'Oder par un canal de 276 kilomètres, dont la dépense a
été évaluée à 76 millions de florins. Par là, les Fiumois
et les Triestins espéreraient attirer chez eux une partie
du trafic des marchandises lourdes qui passent actuellement par Hambourg.

Le gouvernement hongrois a aussi travaillé à la prospérité de Fiume en subventionnant les compagnies de
navigation qui s'y sont créées depuis vingt ans, surtout
l'Adria (Compagnie royale hongroise de navigation) et la
Ungaro-Croata. La première, constituée en 1879, fut
assurée d'un subside, dès sa naissance, par un acte du
Parlement ; en 1899, elle a reçu 570.000 florins. Les
sociétés secondaires ont participé, la même année, à des
subventions s'élevant à 245.000 florins. L'Adria a progressivement étendu ses services dans la Méditerranée Occidentale, aussi bien en Tunisie et en Algérie qu'en Italie,
en France, en Espagne ; sur les côtes de l'Atlantique,
depuis le sud du Maroc jusqu'à Anvers, Rotterdam et
Londres. Elle partage depuis quelques années, avec le
Lloyd, la ligne du Brésil. Plus modeste, la Compagnie
Ungaro-Croata borne son action à l'Adriatique, mais
dispute avec avantage au Lloyd le trafic de cette mer,
particulièrement les échanges avec l'Italie. Sans jouer le
rôle de la grande compagnie de Trieste, celles de Fiume

ont considérablement contribué à augmenter l'activité du port. Les transports de marchandises ont été, en 1901, de 301.000 tonnes pour l'Adria, de 244.000 pour la Ungaro-Croata (1). De plus, les bateaux du Lloyd qui touchent à Fiume assurent ses relations avec l'Extrême-Orient et avec le Levant. Les Fiumois se plaignent de n'être pas aussi bien desservis que Trieste. Ils trouvent que ces services du Lloyd « ont un caractère de provisoire qui ne pourrait pas durer sans de plus sérieuses garanties que celles qu'offre aujourd'hui la convenance de la compagnie ». C'est pourquoi une Société hongroise de navigation du Levant a été créée, en 1897, et a reçu 90.000 florins de subvention en 1899. Il n'en est pas moins vrai que la compagnie autrichienne rend de grands services à leur commerce : ses transports qui augmentent chaque année ont atteint 178.000 tonnes en 1901 (2).

Ajoutons que le commerce de Fiume a bénéficié, dans les dix dernières années, d'une remarquable poussée industrielle, encouragée par l'établissement de plusieurs banques et sociétés de crédit dans la ville. Vers 1880, l'industrie n'avait guère d'activité dans le port croate. Tout auprès jaillit pourtant, à la base d'un rocher, une source énorme, déversoir des eaux souterraines du Carso, qui remplit le lit de la Recina, rivière dont l'embouchure formait l'ancien port. On évaluait à 4000 chevaux-vapeurs la force que pouvait fournir ce courant tumultueux. Sauf une papeterie et quelques moulins, personne ne l'utilisait cependant. Des chantiers de constructions dans les faubourgs et l'importante fabrique de torpilles de la maison Whitehead, placée à l'Ouest dans une crique isolée, une

---

(1) En 1898, les transports se sont élevés à 278.000 tonnes pour l'Adria, à 79.000 pour la Ungaro-Croata à 22.000 pour la Cⁱᵉ Schwarz (lignes Fiume-Ancône, Fiume-Venise), à 76.030 pour le Lloyd.

(2) Avant l'essor de ces compagnies, la décadence de la marine à voiles avait diminué l'importance de l'armement hongrois. Voici quels avaient été les armements au long cours du littoral hongrois : en 1878, 156 navires jaugeant 70.184 tonneaux dont 45.614 appartenant à des armateurs de Fiume) ; en 1889, 93 navires = 51.514 tonneaux : en 1900, 61 navires = 63.000 tonneaux.

petite fonderie, représentaient l'industrie métallurgique. Une tuilerie à vapeur, trois tanneries, une fabrique de produits chimiques, deux ou trois petites fabriques de bougies et de savons, une manufacture royale de tabac, complétaient la liste des industries de Fiume. En 1890, on trouvait une seconde fonderie, une fabrique de meubles en bois courbé et une autre de boîtes et de caisses, une rizerie et amidonnerie, une fabrique de vinaigre, une raffinerie d'huiles minérales.

Le progrès s'est accentué depuis. Les eaux de la Recina sont dérivées vers diverses fabriques et plusieurs sont même installées sur ses bords, malgré la menace des inondations. Tous les terrains disponibles dans la ville et dans son faubourg de Susak sont occupés, si bien que les Fiumois se préoccupent dès maintenant du manque d'espace pour l'avenir industriel de leur cité. Chaque année, la Chambre de commerce et d'industrie consacre une rubrique spéciale, dans son Rapport, à l'examen des résultats acquis et des perspectives d'avenir : on y voit grossir le nombre et grandir l'activité des établissements industriels.

L'industrie métallurgique est maintenant représentée, outre les anciens établissements, par des hauts fourneaux pour traiter les minerais de fer, venus de Bosnie, d'Espagne et de Grèce, par une usine pour la confection de chaînes, d'ancres et autres appareils auxiliaires employés à bord des navires. En 1900, des ateliers de construction pour la fabrication de chaudières, machines et appareils à vapeur pour les navires, ont été installés sur un terrain concédé par le gouvernement, à la base de la digue Marie-Thérèse, qui ferme le nouveau port. Quant aux constructions navales, elles ont moins d'importance qu'autrefois ; les chantiers Howaldt et Cie n'ont qu'un outillage et une activité médiocre.

Deux stations centrales de production d'énergie électrique ont été créées, l'une en 1896 pour distribuer l'éclairage et la force motrice, soit dans le port et ses magasins, soit dans la ville, l'autre en 1899 pour assurer la traction du tramway urbain.

Les industries chimiques se sont accrues d'une fabrique d'engrais artificiels, qui fournit de la colle forte, de la graisse et de la farine d'os, du superphosphate ; d'une usine pour les produits de la combustion sèche du bois, spécialement pour la fabrication de l'acétone, qui fonctionne depuis 1900 ; d'une fabrique de bougies créée en 1897. Une maison française fait des peintures sous-marines.

Les industries alimentaires sont devenues plus variées. Les derniers Rapports de la Chambre de commerce énumèrent les huileries et raffineries d'huiles végétales, quatre fabriques de pâtes alimentaires, qui se plaignent beaucoup de la concurrence italienne, bien que leurs produits soient incontestablement supérieurs, plusieurs rizeries.

La fabrique d'amidon de riz voit sa marque de plus en plus réputée. Une importante fabrique de chocolat et de cacao en poudre, créée par une société par actions sous l'égide de la Banque de crédit de Fiume, fonctionne depuis 1896 ; une rôtisserie de café est aussi de création récente. Fiume produit encore de la margarine et des vinaigres artificiels. Une distillerie de liqueurs, qui vend notamment du cognac, est établie à Susak.

Parmi les industries diverses, celles du bois qui occupent de nombreux ouvriers, avec la fabrication des meubles en bois courbé exportés en Orient, des boîtes, des caisses, des barils, pour l'exportation des farines dans les pays tropicaux, ont accru leur activité. Une manufacture de xylolithe, bois pétrifié, servant pour le pavage, s'est établie en 1897. Une corderie, qui utilise encore seule les textiles, une fabrique de glace artificielle, achèvent de donner à Fiume une activité nouvelle.

Dans la petite industrie commence à s'étendre, dans ces dernières années, l'emploi des moteurs à gaz, au nombre de 27 en 1900, et des moteurs électriques achetés en Allemagne, qui montre l'initiative en éveil des Fiumois. Ils attachent une grande importance à l'essor plus grand encore de leurs industries. Dans ses derniers Rapports, la Chambre de commerce insiste particulièrement sur la

sécurité que donne à une place de commerce l'activité de
sa production industrielle, et sollicite les encouragements
du gouvernement hongrois, qu'elle ne trouve pas assez
actifs. Les progrès rapides de Trieste lui font envie.

C'est autant, sans doute, à cet accroissement de vie
industrielle, qu'à celui du trafic et de la navigation, que
Fiume doit l'augmentation de sa population, sensiblement plus rapide depuis 1890. De 17.900 en 1869, le chiffre
des habitants est passé à 29.994, en 1890, et à 38.057 en
1900.

Parmi ces influences multiples qui ont favorisé Fiume
depuis vingt ou vingt-cinq ans, il est donc très difficile de
démêler quel a été le rôle de la franchise. La zone franche
a-t-elle été une compensation sérieuse à la perte de la
franchise totale ? Fiume perdrait-elle beaucoup maintenant si on lui enlevait son punto franco? Nous manquons
d'éléments pour le montrer nettement.

Fiume n'est pas, comme Trieste, un port d'entrepôt, ni
de transit. La zone franche ne l'a pas servie à cet égard.
Ainsi, tandis que Trieste a réexporté, en 1901, 11.112
tonnes de cafés, Fiume n'en a envoyé à l'étranger que 690
la même année. Comme l'entrepôt des cafés brésiliens est
établi dans le port autrichien, c'est par lui surtout et non
par Fiume que la Hongrie reçoit les cafés qu'elle consomme (1). Il existe dans le punto franco de grands magasins à céréales, mais ils ne servent qu'aux blés, aux maïs,
aux orges de la plaine hongroise et surtout aux farines
destinées à l'exportation (2). Aussi ont-ils été nationalisés
pour que ces céréales puissent au besoin rentrer dans le
territoire douanier sans payer de droits.

Les vins, surtout les vins italiens, qui sont de beaucoup

(1) Trieste lui a envoyé 7.035 tonnes en 1901 et Fiume 698 seulement. .

(2) Les farines sont le grand article d'exportation par mer à Fiume
avec les bois. Exportations en 1899 : Farines, 21.940.000 couronnes ;
cassonade, 12.790.000 ; douves, 10.690.000 ; bois de sciage, 9.970.000 ;
sucre brut, 5.980.000 ; bois de sciage mou, 5.150.000.

le principal article d'importation (1) par mer, n'entrent
dans les magasins de Fiume que pour être réexpédiés
dans l'intérieur de la monarchie, ainsi qu'en Bosnie, en
Herzégovine et en Serbie. M. Muzet se trompe quand il
dit dans son Rapport que ces vins, entreposés dans le
punto franco, sont destinés en grande partie à l'exportation. En dehors du punto franco, Fiume a un dépôt franc
destiné au pétrole étranger ; en 1902, il n'y était entré
aucun chargement depuis deux ans.

Le commerce de Fiume est presque exclusivement un
commerce national. La plus grande partie de ce qu'elle
exporte par mer lui vient des pays de la monarchie ; ce
que les navires déversent sur ses quais est destiné à la
consommation nationale. On le voit par le rapprochement des chiffres suivants :

	1899		**1901**	
Imp. par terre	132.337.000 c.	780.000 t.	171.810.000 c.	869.000 t.
Exp. par mer.	129.036.000	702.000	165.405.000	787.009

	1899		**1901**	
Imp. par mer.	87.511.000 c.	432.000 t.	93.709.000 c.	398.000 t.
Exp. par terre	101.355.000	302.000	93.286.000	261.000

Pour bien apprécier ces chiffres, il faut tenir compte de
la consommation faite dans le port qui s'est élevée à
208.000, 175.000 et 219.000 tonnes, en 1899-1901. C'est pourquoi il n'y a pas à s'étonner de voir le chiffre des arrivages par terre non seulement égal mais supérieur à
celui des exportations par mer.

La supériorité marquée des importations par mer sur
les exportations par terre ferait croire à tort à une réexportation importante, car la consommation du port con-

---

(1) Importations des vins, à Fiume, en 1897 : 1.145.000 quintaux dont
943.000 de vins italiens. Le tarif de faveur des vins italiens est de
3.20 florins or par quintal ; les vins français paient 20 florins. Ces
vins servent à faire des coupages avec des vins hongrois. L'importation a baissé depuis, à cause de la reconstitution des vignobles hongrois et dalmates.

siste particulièrement en un poids considérable de charbon venu du dehors. Même, il faudrait savoir exactement si les sorties par terre sont enregistrées sur le port même par la douane, comme à Hambourg, ou à l'embarquement sur les voies ferrées. En ce cas, ce serait la consommation de la ville même et de ses industries qui expliquerait l'infériorité du poids de ces sorties. On comprendrait en même temps la supériorité de leur valeur par les plus-values données dans les usines de Fiume aux produits qu'elles transforment.

Le punto franco n'est pas plus un centre d'activité industrielle qu'un grand entrepôt pour les réexportations. En 1902, sauf des moulins à poivre et une usine travaillant le café, il ne renfermait pas d'industries. Ce dernier établissement, appartenant à une société par actions, ne paraissait guère actif. Il n'y a pas à s'étonner d'un pareil fait, car l'exiguïté des terrains du punto franco et l'insuffisance des magasins, qui les occupent déjà en entier, ne permettent pas de créer des installations industrielles. Mais l'indifférence des gens de Fiume, en présence de cette situation, est à remarquer. Ils ne paraissent pas songer du tout que l'utilité d'une zone franche puisse être de faire créer des industries d'exportation. Tandis que la Chambre de Commerce montre la préoccupation constante d'activer l'essor industriel de la ville, on ne trouve dans ses rapports aucune allusion au rôle possible du punto franco. Une seule fois, en 1900, elle parle de la création d'un dépôt franc d'alcool rectifié et de la fabrication possible de liqueurs pour l'exportation. En 1901, elle se préoccupe du manque d'espace dans la ville et ses faubourgs pour de nouvelles industries, elle parle de la possibilité de gagner des terrains sur la mer, mais il n'est pas question de les joindre au punto franco.

Cependant les Fiumois tiennent beaucoup à celui-ci. Quand ils réclament l'agrandissement de leur port et de leurs magasins encombrés, c'est la construction d'un troisième bassin du punto franco qu'ils désirent surtout, « avec des quais commodes, des magasins et hangars approprics, destinés plus particulièrement aux rapides transbordements de navires à wagons et réciproquement. » C'est qu'en effet les deux bassins du punto franco sont les plus fréquentés de Fiume, avec le port aux bois. Ces deux constatations permettent de penser qu'ils offrent au commerce des avantages appréciables. Les commerçants peuvent opérer, dans leurs magasins, des manipulations commodes. Comme à Gênes, pour les marchandises « destinées à la consommation intérieure, le déballage et le réemballage dans le port franc produisent un bénéfice appréciable. Ainsi, pour le thé, il est fait, par la Douane, une bonification de 22 o/o pour la tare du gros emballage, dont bénéficie le commerçant qui réemballe en caisses légères suivant la destination et le goût du consommateur. » On a considéré aussi comme une commodité offerte par la franchise les réemballages opérés dans les magasins pour l'exportation, mais c'est une opération qui n'a pas besoin de la franchise pour être exécutée. A Fiume même, il y a, en territoire douanier, des entrepôts « destinés à recevoir plus particulièrement des produits nationaux ou des marchandises de production nationale pouvant bénéficier à leur sortie pour l'étranger d'une bonification d'impôt ou d'une prime. » On peut y procéder à « telle manipulation ou à tel perfectionnement utile à l'entretien et à la vente de ces marchandises. »

Quelle que soit l'importance qu'on attache aux avantages de cette nature, il n'en est pas moins évident que le rôle de la franchise est beaucoup moins grand qu'à Trieste. C'est en partie parce qu'on lui a fait une moindre place, mais c'est surtout parce que Fiume est destinée par sa position à n'être qu'un port hongrois. Voilà un des exemples qui montrent que les franchises ne peuvent rendre que des services secondaires dans des ports secondaires. Elles ne peuvent créer un grand commerce là où le grand trafic international n'est pas attiré par d'autres avantages plus décisifs, telles que l'excellence de la situation, la commodité des communications, la supériorité de l'outillage.

CHAPITRE XIV

Ports Francs Coloniaux (1).

Tandis que l'Europe ne possède plus, à l'heure actuelle, que des zones franches, l'ancienne institution des ports francs s'est maintenue dans son intégrité aux colonies. L'Angleterre a conservé les quatre ports francs qu'elle avait créés dans les quatre premières grandes positions stratégiques et commerciales qu'elle a acquises sur les mers, à Gibraltar, à Malte, à Singapour et à Hong-Kong. Saint-Thomas demeure aussi, dans les Antilles, un vestige du passé. Même de nouvelles expériences ont été faites, par les Anglais à East-London et à Zanzibar, par les Russes à Batoum. Enfin, la vogue récente de la franchise l'a fait établir dans une série de ports acquis récemment par les Européens en Chine. C'est une nouvelle arme dont ils se servent, sur le terrain où les compétitions commerciales sont actuellement le plus ardentes.

Le sort des deux ports anglais de la Méditerranée a été le même dans les dernières années du XIXᵉ siècle. En dépit de tous les avantages créés par l'Angleterre, pour y attirer les navires, leur décadence est très marquée et s'accentue chaque année.

La franchise de Malte n'est pas aussi complète que celle de Gibraltar. Il y a dans l'île une population dense et laborieuse qui vit péniblement de la culture des céréales, des fruits, des légumes, qu'il serait injuste de charger d'impôts, tandis que les produits agricoles

---

(1) Les renseignements pour ce chapitre ont été puisés çà et là dans un grand nombre de publications, périodiques ou autres, qu'il est impossible d'énumérer. Quelques-unes seront citées en note.

étrangers débarqueraient à La Valette sans payer aucun droit. Des taxes douanières ont donc été établies sur un petit nombre d'articles : « blé, orge, sorgho, maïs, farine, huile d'olive, pommes de terre, légumes, bœufs, moutons, chevaux, mulets, vin, vinaigre, bière, alcool, pétrole, poudre pour les armes, caroubes et graines de coton. » Les autres produits, entrant librement à Malte, n'ont à supporter qu'un droit de débarquement de 30 centimes par tonne. « Les tarifs de port sont des plus modérés. Ils ne dépassent pas 75 fr. 60 pour les plus grands navires. » En somme, les libertés offertes au commerce sont très grandes.

Les deux ports offrent aux navires la plus grande sécurité, des eaux profondes ; les Anglais y ont accumulé toutes les commodités et tout l'outillage modernes. Quais, magasins, appareils de débarquement sont en abondance et remarquablement installés. Les navires y trouvent toutes facilités pour les réparations dont ils peuvent avoir besoin : à La Valette, quatre bassins de radoub et un élévateur hydraulique. Leur ravitaillement en charbon et en vivres y est assuré dans des conditions exceptionnelles.

Pourtant Gibraltar et Malte ne font plus que décliner. On ne peut pas, il est vrai, mesurer exactement leur déclin, parce qu'on ne possède pas de chiffres précis sur l'ensemble de leur commerce. Tandis que, dans toutes les zones franches d'Europe, le dépôt obligatoire des manifestes permet à l'administration douanière de donner des statistiques exactes et détaillées, les Anglais ne publient, ni pour Malte, ni pour Gibraltar, le tableau des importations et des exportations. A Malte, le gouvernement a même essayé en vain, à diverses reprises, de faire cesser cet état de choses insolite. « En 1890, il avait décrété, avec l'assentiment du Conseil législatif, la création d'un bureau de statistique commerciale. Mais les protestations ont été si violentes et si générales que cette utile institution a dû cesser de fonctionner après une expérience de quelques mois seulement. » On ne possède donc sur ces deux colonies que des chiffres incomplets ou peu sûrs.

Mais il est bien certain que Gibraltar n'est plus port d'entrepôt et que Malte l'est beaucoup moins qu'il y a cinquante ans. Le développement de la navigation à vapeur a mis leurs clients de la côte barbaresque ou du sud de l'Italie en relations directes avec l'Europe et le reste du monde. De nombreuses lignes de navigation desservent maintenant ces ports que visitaient seuls autrefois les caboteurs de Malte ou de Gibraltar. Même, à Malte, presque tout ce qui est importé sert à la consommation locale et ce sont les produits locaux, pommes de terre, oignons, tomates, artichauts, oranges, mandarines, citrons, grenades, pommes, melons, d'autres légumes ou d'autres fruits, qui alimentent les exportations.

Il y a un chiffre qui peut faire illusion sur le rôle de Malte, c'est celui des arrivages et des réexportations énormes de céréales. Comme celles-ci paient des droits d'entrée, la douane maltaise dresse la statistique exacte de ce trafic. Or, en 1895, Malte a réexporté « 22 millions d'hectolitres de blé valant 200 millions de francs, 12 millions d'hectolitres d'orge, valant 72 millions de francs, 8.600.000 hectolitres de maïs valant près de 50 millions de francs. » Les réexportations de céréales ont donc dépassé cette année là le chiffre énorme de 300 millions de francs.

Mais la presque totalité de ces céréales n'avait pas été débarquée sur les quais de la Valette. Ainsi, 3.187 hectolitres de blé seulement avaient passé par les entrepôts. Le plus grand nombre des navires n'avait fait que toucher à Malte, sans rien y laisser de leur chargement. « Les innombrables bâtiments qui apportent en Europe les blés de la mer Noire sont obligés de passer à côté de Malte ; beaucoup s'y arrêtent pour se ravitailler en charbon et y trouvent des ordres de leurs affréteurs, leur désignant le port de débarquement vers lequel ils doivent se diriger. » C'est ce qui attire l'affluence des blés à Malte chaque année.

D'autres bâtiments transbordent directement sur d'autres navires une partie de leur chargement. C'est ainsi que 557.000 hectolitres de céréales ont été ainsi transbordés en 1895 pour la France et l'Algérie ; divers produits manufacturés arrivent chaque année en Tunisie après avoir changé de navires à Malte. Mais ce sont là encore des opérations qu'explique l'importance de la Valette comme escale, et non la franchise de son port. Le vrai commerce de transit est, en réalité, fort médiocre (1).

La franchise n'a pas suscité d'industries. Gibraltar n'en possède aucune, ce qui n'a rien d'étonnant : la place manque. Celles de Malte n'alimentent que fort peu ses exportations. L'île avait une industrie ancienne, la fabrication des tissus de coton ; elle est à peu près ruinée. « C'étaient les métiers de Malte qui fabriquaient autrefois toutes les grossières cotonnades de couleur écrue employées par les indigènes des États Barbaresques ». Aujourd'hui « les mêmes types de tissus continuent à vêtir les Arabes, ils portent toujours le nom commercial de « toile de Malte », mais ce sont les usines de Manchester qui les fabriquent. » Les antiques métiers de Malte n'ont pu supporter la concurrence des fabricants anglais. Le nombre des filatures et des tisserands, de 9.753 et de 4.693 en 1851, était tombé en 1891 à 2.491 et 2.258. L'industrie la plus active, aujourd'hui, celle de l'exploitation des nombreuses carrières de pierre, qui occupe 4.000 ouvriers, ne doit rien à la franchise. Seule, la fabrication des cigarettes de tabac turc, exportées surtout en Italie et en Tunisie, pourrait être comptée à l'actif de celle-ci.

Gibraltar et Malte sont surtout nettement en décadence comme ports d'escale et de ravitaillement et c'est ce qui préoccupe à bon droit le plus vivement les Anglais. Depuis une douzaine d'années, le nombre des navires relâcheurs diminue graduellement et, par suite, la quantité de charbon ou de vivres qu'ils embarquent. En 1889,

---

(1) D'après notre consul (Rapports commerciaux, 1902, n° 92) les importations *en transit* auraient été de 142.315.000 fr., de 160.186.000 en 1900. Mais quelle est la part des marchandises reparties sur le même navire ou transbordées de bord à bord ? — Cf. E. Fallot, *Le commerce et l'industrie à Malte* (Bull. soc. géog. Marseille 1902). — *Malte et Bizerte* (Quest. dipl. et col., 1er août 1902).

ils avaient pris à Gibraltar 562.000 tonnes de combustible ; en 1896, 262.000 tonnes seulement. De 1897 à 1900, les chiffres s'étaient relevés, par suite de circonstances spéciales, telles que les guerres hispano-américaine ou sud-américaine et la nécessité de ravitailler de nombreux transports. Mais la chute s'est accentuée depuis, puisque les statistiques n'accusent que 219.000 tonnes embarquées en 1901, 167.000 en 1902. La diminution pour Malte est moins forte, mais déjà très sensible. D'après les statistiques publiées annuellement par la Chambre de Commerce, voici quel a été le mouvement des relâches pour trois périodes quinquennales, depuis 1881.

	1881-85	1886-90	1891-95	Moyenne des 15 années
Nombre de vapeurs	4.203	3.762	2.778	3.581 = 4.597 000 tx
Charbon vendu.....	556.639	532.682	386.798	492.039 tonnes métr.

Comme pour Gibraltar, les dernières années du siècle témoignent d'une activité exceptionnelle, par suite du passage d'un plus grand nombre de navires dans la Méditerranée. Les entrées à la Valette ont été, en 1898-1900, de 3.890, 3.658 et 3.814 navires, jaugeant 3.563.000, 3.302.000 et 3.538.000 tonneaux. Les importations de charbon se sont relevées à 459.918 et 422.073 tonnes, pour 1898 et 1899. Mais c'est là un relèvement passager.

On attribue en partie la diminution de vente du combustible aux modifications subies par la construction des navires, « soit par l'augmentation de leurs dimensions, soit par les perfectionnements apportés aux machines, modifications qui ont pour résultat de diminuer la quantité de charbon consommée, proportionnellement à celle des marchandises transportées. » Cette influence n'est que secondaire. C'est surtout la concurrence d'autres ports méditerranéens, particulièrement d'Alger, qui a porté tort aux deux ports anglais et les menace de plus en plus.

Par suite de la multiplication des lignes concurrentes et des vapeurs, les navires sont de plus en plus à la recherche du fret. Au lieu de traverser directement la

Méditerranée, en se ravitaillant à l'entrée ou au milieu de la traversée, ils n'hésitent pas à faire de grands détours pour prendre, en route, passagers et marchandises. C'est ainsi que les bateaux de la Peninsular and Oriental ou de la British India viennent faire escale à Marseille. Or, l'Algérie devient pour les étrangers un marché de plus en plus important ; Alger est sur le passage direct des navires qui vont du détroit de Gibraltar à Port-Saïd. Il est naturel que ceux-ci s'y arrêtent de préférence pour s'y ravitailler, puisqu'ils ont en outre l'occasion d'y charger et d'y laisser du fret.

Alger est donc devenu, depuis 20 ans, une escale de plus en plus fréquentée et un port de ravitaillement sur la grande route méditerranéenne. Entre autres avantages, les vivres et la viande fraîche y sont en bien plus grande abondance et peuvent y être à meilleur compte qu'à Gibraltar et à Malte même. En 1883, 72 navires seulement y avaient charbonné, prenant 8.000 tonnes de combustible ; en 1893, 1.095 navires en enlevèrent 189.000 tonnes. En comptant les navires relâcheurs, Alger était passé, en 1895, au second rang des ports français pour la jauge totale du mouvement de la navigation. Il fut alors menacé de voir tarir cette nouvelle source de prospérité, par l'application de la loi du 28 décembre 1895, qui modifiait le régime des droits de quai et les faisait payer aux navires étrangers par tonneau de jauge, au lieu de les prélever par tonneau d'affrètement. Mais cette innovation fut heureusement abandonnée et la perception rendue plus équitable par les lois du 23 décembre 1897 et du 23 mars 1898. En 1897, plus de 370.000 tonnes de charbon ont été débarquées sur les quais d'Alger, 360.482 en 1901, 371.753 en 1902. Cette dernière année, 1.190 navires relâcheurs comptaient dans les entrées du port pour 2.146.000 tonnes sur un mouvement total de 3.675.000.

Depuis plusieurs années, Alger songe à compléter ses avantages en obtenant la franchise. En 1901, la Chambre de Commerce et les délégations financières ont successivement adopté un rapport d'un de leurs membres, favorable au projet de création d'une zone franche. Déjà une première fois, en 1899, la Chambre avait adopté et converti en délibération un rapport qui concluait dans le même sens. Elle ne cesse, depuis, de songer à la réalisation de ce projet qu'elle espère faire coïncider avec l'achèvement des travaux d'agrandissement du port (1). Alger est tout particulièrement bien placé pour retirer les profits les plus divers de la franchise. Notamment, les vapeurs relâcheurs y seraient attirés en plus grand nombre. Ce serait le dernier coup porté à ses concurrents anglais.

Jusqu'ici, c'est Gibraltar surtout qui a été atteint. Tôt ou tard, Bizerte jouera sans doute le même rôle vis-à-vis de Malte. Comme Alger, Bizerte est exactement sur la route des navires qui traversent la Méditerranée. Il est placé à l'ouest du chenal qui relie les deux bassins de la Méditerranée, comme Malte est à l'est. Autant qu'Alger, Bizerte l'emporte, sur le port anglais, par l'abondance de vivres de toutes sortes que pourraient lui fournir les plus riches plaines de la Tunisie qui l'avoisinent. Jusqu'ici, il est vrai, on ne s'est guère occupé de cet avenir commercial. Comme le dit, avec raison, M. René Pinon(2): « Avant tout, Bizerte est militaire ; elle appartient à la marine et à l'armée ; les affaires n'y passent qu'au second plan. » Le port reste le plus souvent désert ; il n'y pénètre qu'un petit nombre des bâtiments de commerce qui passent en vue du cap Blanc. C'est que, jusqu'à présent, on ne trouve rien à y charger. Mais quand il sera complètement outillé, mis en relations faciles et directes avec l'intérieur de la Régence, le trafic y prendra de l'importance, le fret en abondance attirera les bâtiments qui relâchent maintenant à la Valette. L'établissement d'une zone franche y serait aussi tout indiqué et, le moment venu, aiderait l'essor du port tunisien placé comme en

(1) V. *Exposé des travaux de la Chambre de commerce d'Alger, au sujet de la création des ports francs*. Mai 1902. — *Compte-rendu des travaux id. 1902*, p. 352-66.

(2) Rev. des Deux-Mondes, 1ᵉʳ septembre 1902 : *Bizerte*. — Cf. Pinon. *L'empire de la Méditerranée*. Paris, Perrin, 1904, in-12.

avant-garde sur le passage des navires. Comme pour
Alger, la question a été étudiée à diverses reprises et des
vœux ont été émis (1).

Des deux anciens ports francs qui subsistent aux colonies, l'un, Saint-Thomas, ne fait plus que végéter. « La
décadence y est visible. Les gros magasins voûtés, défen-
dus par de solides portes de fer qui défiaient les tremble-
ments de terre, sont à moitié vides, quand ils ne sont pas
fermés. De la galerie cintrée de l'Hôtel du commerce, qui
fait souvenir des vieux palais de Venise transformés en
hôtels, on n'aperçoit plus que des goëlettes américaines
et, çà et là, un transatlantique (2) ». La possession de
l'île est devenue onéreuse pour les Danois qui ont déjà
songé à s'en débarrasser. Les Etats-Unis, dont l'influence
y est toute prépondérante, en seraient devenus acquéreurs
dès 1870, si le prix demandé, 38 millions de francs, ne
leur avait paru trop élevé. C'est que les conditions économiques sont complètement changées dans la mer des
Antilles. Les vastes entrepôts des iles ne sont plus nécessaires pour alimenter la contrebande sur les côtes espagnoles. D'un autre côté, les grandes lignes de navigation
desservent directement les ports du Venezuela, de la
Colombie, de l'isthme et du Mexique. Au milieu de sa
décadence, Saint-Thomas conserve, malgré tout, un certain rôle comme port d'entrepôt et surtout comme escale.
Bien que les Français et les Anglais aient comme point
terminus, ou comme escales de leurs lignes dans les
Antilles, Port-de-France et la Barbade, les paquebots de
la Compagnie générale transatlantique, de la Royal Mail,

(1) V. Delécraz. *Bizerte port franc.* — Remy. *Un port franc à Bizerte.*
— Cf. l'Introduction. — On a soutenu (Médina. *Etude critique sur
l'établissement d'une zone franche à Bizerte.* Tunis, 1904. Extrait de
la *Revue tunisienne*) que Bizerte ne pouvait pas être à la fois port
militaire et port de relâche. Mais Gibraltar et Malte ne remplissent-
ils pas ce double rôle ?

(2) Vivien de Saint-Martin. *Dictionn.* (1892). — 14.390 hab. en 1880
dont 11.765 à Charlotte Amalia, la capitale.

de la West India, touchent encore à Saint-Thomas. On y
voit aussi régulièrement les bateaux italiens de la Veloce
et ceux de la Hamburg Amerika Linie (1). Si, d'un côté,
la franchise n'est pas assez avantageuse pour contrebalancer l'effet des nouvelles influences économiques, elle a
dû contribuer à conserver au port danois les vestiges qui
lui restent de son passé. Mais la force des traditions et
surtout l'excellente position de Saint-Thomas, au centre
de l'immense demi-cercle des Antilles, à l'angle de la
Méditerranée américaine le plus rapproché de l'Europe,
n'y ont-ils pas une part au moins aussi grande ?

C'est parce que sa situation est plus remarquable
encore que Singapour (2) continue à prospérer. Il est
placé à la porte d'entrée de ces mers intérieures d'Extrême-Orient, qu'un chapelet d'archipels sépare des
immensités du Pacifique, sur les bords desquelles vivent
plus de 400 millions d'hommes, plus du quart de la population du globe. Les navires qui arrivent là, à l'entrée du
Monde jaune, ont fourni une longue traite depuis
Colombo ; ils en ont une aussi longue pour atteindre
Hong-Kong ; Chang-Haï est beaucoup plus loin. Aussi,
n'en est-il pas un qui ne fasse escale dans le port anglais
avant d'entrer dans les mers de Chine.

Il est vrai que Singapour a perdu le monopole dont il
jouissait autrefois. Si on considère le mouvement général
des échanges, son rôle a considérablement baissé et il bais-
sera encore davantage. Les pays jaunes se sont successivement ouverts, de plus en plus largement, aux marchandises, aux navires, aux marchands occidentaux. Plus la
pénétration européenne fera de progrès, plus les relations
se feront sans intermédiaire. Les lignes directes de navigation, déjà nombreuses, se multiplieront comme sur les
côtes d'Europe et desserviront de plus en plus tous les

(1) Indicateur maritime universel. Janv. 1904.
(2) Voir, outre les Rapports consulaires, Ed. Clavery. *Les Établissements des Détroits*. Paris. Société de l'Annuaire colonial. Br. 1904.

ports importants. Des ports plus rapprochés des points à desservir, comme Hong-Kong, Saïgon, Batavia, Manille, centraliseront les opérations de transit et d'entrepôt dans leur rayon d'action. Nous devrions avoir l'attention plus éveillée sur l'importance que notre port cochinchinois peut prendre à cet égard. Moins bien placé que Singapour pour rayonner vers Sumatra, Java et le reste des îles de la Sonde, Saïgon est autant à proximité du Siam et de Bornéo; il est beaucoup plus à portée des Philippines. Outre l'avantage de sa position au centre de la mer méridionale de Chine, dont Singapour et Hong-Kong occupent les extrémités, Saïgon, débouché d'un hinterland commercial déjà riche, dont l'essor ne peut encore être mesuré, offrira aux navires qui relâcheront dans son port un fret abondant et varié. Les lignes annexes des Messageries Maritimes n'ont fait encore qu'ébaucher le service distributeur que peut remplir Saïgon dans cette mer. L'établissement d'une zone franche pourrait donner une tout autre activité à ces lignes, permettre à Saïgon de lutter avec moins de désavantage contre Singapour et de devenir l'un des entrepôts internationaux des mers d'Extrême-Orient.

Mais des avantages nouveaux permettent à Singapour de ne pas regretter actuellement son monopole d'autrefois et d'envisager l'avenir sans inquiétude. Grâce à eux, tandis que son importance relative baissait, sa prospérité continuait d'augmenter. Le commerce d'Extrême-Orient s'est accru dans des proportions énormes depuis trente ans; pourtant, il n'en est encore qu'à ses débuts. Par quel nombre de milliards se chiffrera dans un demi-siècle la consommation et l'exportation du demi-milliard d'hommes qui vivra sur le bord de ces mers? Chaque année, le nombre des navires qui ont franchi l'entrée du Pacifique a grossi et déjà les Japonais ont créé le courant inverse des lignes asiatiques vers l'Europe. Mais qui peut dire combien de navires se croiseront au milieu du XXᵉ siècle dans le détroit de Malacca? Ne pourra-t-il disputer au Pas-de-Calais le premier rang parmi les passages fréquentés des mers du globe?

D'un autre côté, la prospérité des Straits Settlements a fourni au commerce de Singapour un aliment de plus en plus important. Avec les produits de leurs mines, comme l'étain, avec ceux de leurs forêts, comme le gambier, la gutta, le caoutchouc, avec ceux de leurs cultures, comme le poivre, le tapioca, le café, les éléments de trafic et de fret se sont multipliés et se multiplieront encore, bien que l'avenir de cet hinterland assez peu étendu soit limité.

Enfin, les améliorations du port ont offert aux navires des commodités de plus en plus grandes. Le vieux port de Singapour n'était qu'une simple rade, vaste, bien abritée et profonde, mais sans aménagements. Les Anglais ont créé un véritable port, New-Harbour, en utilisant un canal formé par l'île de Singapour au Nord et une série de petites îles au Sud. Large de 100 à 400 mètres, long de 4 kilomètres, avec des profondeurs de 9 à 13 mètres, New-Harbour a reçu depuis trente ans des installations de plus en plus perfectionnées. Toute la rive nord est bordée déjà de quais, de docks, d'entrepôts. Les dépôts de charbon peuvent contenir plus de 300.000 tonnes à la fois. Des ateliers de construction et de réparation, quatre bassins de radoub complètent un outillage unique dans les mers d'Extrême-Orient (1).

Toutes ces installations sont la propriété de sociétés privées, à l'exception d'un quai situé sur une des îles qui bordent la rade et qui appartient au gouvernement ; il est d'ailleurs loué à l'une des sociétés. La plus importante est la célèbre Tajon Pagar dock C⁰. « Elle possède un quai de marchandises d'environ 1.600 mètres de développement avec 7ᵐ 60 à 10ᵐ 60 d'eau aux marées les plus basses et pouvant recevoir de 20 à 30 navires chargeant et déchargeant simultanément. Elle dispose, en outre, de deux autres quais plus petits et de deux bassins de

_____

1 Pour améliorer les aménagements du port, on va dépenser 1.200.000 livres sterling 30 millions de francs). On parle de dépenser davantage pour accroître la profondeur.

radoub ; l'un, en granit, a 135 mètres de long ». Près de 4.000 ouvriers et coolies sont employés par elle.

Avec tous ces avantages, Singapour a gardé complète sa franchise. C'est bien le type d'un vrai port franc ; le commerce y est plus libre que dans tous les ports d'Europe auxquels on donne ce nom. Le seul droit qu'aient à payer les navires est une taxe de deux cents ou un penny par tonneau de jauge, pour l'entretien du phare de premier ordre qui éclaire l'entrée du port.

Il n'y a donc pas lieu de s'étonner que le mouvement du port et le trafic augmentent d'année en année. On peut prévoir encore pour une longue période la continuation de ce mouvement ascensionnel. En 1887 étaient entrés dans le port 3.467 navires jaugeant 2.642.000 tonneaux. Dix ans après (1897), ce mouvement était presque doublé : 5.033 navires jaugeant 4.541.000 tonneaux avaient fait escale, parmi lesquels ceux de plus de cinquante lignes régulières ; en 1901, le chiffre des entrées, encore grossi, a été de 5.208 navires avec une jauge de 6.193.000 tonneaux.

Ce ne sont pas seulement les opérations d'escale, ravitaillement et charbonnage, qui ont pris plus d'importance, mais les échanges eux-mêmes. En 1879, on les évaluait à 569.857.000 francs ; en 1888, à 781.022.000 ; en 1898, à 905.000.000 ; en 1901, à 1.044.000.000.

Aussi la population de la ville a suivi le même mouvement ascensionnel. De 13.000 habitants en 1826, et de 75.000 en 1860, elle est passée à 184.554 en 1891. Bien que les Chinois y soient 122.000, on y trouve tous les spécimens des races du sud de l'Asie et de la Malaisie occupant leurs quartiers à part, tandis que les Européens ou Américains, noyés dans cet îlot d'Orientaux, sont à peine un peu plus de 5.000 (1).

Il s'en faut que ces échanges, vraie richesse des négociants de Singapour, plus encore que les escales, représentent uniquement un commerce d'entrepôt et de transit.

____

1) 5.254 en 1891.

Quand même Singapour ne serait que le débouché des Straits Settlements, ce serait déjà un port actif. Il est difficile de démêler exactement quelle est la quantité de trafic qu'ils lui fournissent. Dans les exportations de Singapour, les produits des établissements anglais de la presqu'île sont confondus, en effet, avec les produits de même nature qui y sont apportés des parties voisines de la Malaisie ou de l'Indo-Chine, tels l'étain, le gambier, les gommes diverses, le poivre, etc. Mais le commerce des Settlements par Singapour dépasse certainement 100 millions.

Malgré l'importance du chiffre, ce n'est qu'une faible fraction de l'ensemble. C'est bien l'activité énorme de l'entrepôt et du transit qui enrichit Singapour. Or, c'est là le genre de trafic que développe d'ordinaire la franchise d'un port. Ce n'est cependant pas à celle-ci qu'il faut attribuer surtout ces résultats merveilleux. C'est à sa position unique que Singapour doit sa fortune. Elle a aussi la chance d'appartenir aux Anglais, détenteurs de la plus grande partie des échanges et des transports entre l'Europe et l'Extrême-Orient, plus intéressés aussi par leur empire indien et plus occupés que tous autres à ce commerce d'*Inde en Inde*, l'un des plus importants de Singapour.

Aussi conçoit-on très bien la prospérité de ce port sans franchise. Colombo, dans une situation bien inférieure, n'offre-t-il pas l'exemple d'une fortune, moins grande sans doute, mais analogue ? C'est sur les premiers progrès de Singapour que la franchise a pu avoir une influence prépondérante. Bien qu'elle soit encore avantageuse aux négociants et aux armateurs, on peut penser que sa suppression, dans les conditions actuelles, ne porterait pas un tort funeste au grand port de la presqu'île malaise.

Il est vrai que ces conditions pourraient vite changer si on supposait que les Anglais pussent se décider à cette suppression. Peut-être qu'un autre port franc ne tarderait pas à surgir dans les parages du détroit. Déjà les Hollandais avaient songé de nouveau (1) à susciter un rival au

(1) V. chap. VIII. p. 218.

port anglais en créant un port franc à Poulo-Oué, petite
île placée bien en avant du détroit malais à la pointe nord
de Sumatra. Il était impossible que Poulo-Oué détournât
les navires de leur escale accoutumée ; le point était trop
mal choisi. Il pourrait en être autrement si, en face de
Singapour livré aux taxes et aux formalités douanières,
les Hollandais créaient un emporium libre dans l'une des
nombreuses îles voisines qui leur appartiennent ou, plutôt,
sur la côte peu éloignée de Sumatra (1). Encore un grand
port ne s'improvise-t-il pas, et l'avance prise par Singapour
est tellement grande, les habitudes commerciales y sont
si bien établies, qu'une pareille entreprise resterait très
aventurée.

Mais les Anglais sont bien loin de vouloir renoncer au
système qui a contribué à la richesse de Singapour. Le
Contrôleur de la navigation (Registrar of shipping) disait
récemment : « La franchise de nos ports, le bon marché
auquel les marchandises peuvent être distribuées sont, on
peut l'admettre, la cause principale de notre prospérité ;
toute tentative pour imposer la taxe la plus légère sur les
importations rencontrerait une forte résistance ».

Penang et Malacca, les deux autres ports des Straits
Settlements, sont aussi privilégiés que Singapour : il n'y
existe pas de droits de douane, ni de surveillance. Les
Shipping offices chargés de dresser les statistiques y
acceptent, sans discussion ni contrôle, les simples déclarations des négociants, expéditeurs ou destinataires. Malacca n'offre aucun intérêt ; il ne fait d'opérations qu'avec
les deux autres ports et n'est pas visité par les navires au
long-cours. Il n'en est pas de même de Penang, qui a un
trafic indépendant de celui de Singapour. Penang, ou

(1) Le *Handels Museum* du 15 janvier 1903 signale le port de Oleleue,
situé sur le littoral de Sumatra, non loin de Poulo-Oué, comme pouvant faire concurrence à Singapour. Selon ce journal, ce sont les
troubles du pays d'Atchin, définitivement pacifié en 1900-1902, qui ont
empêché le développement de ces deux ports. Mais ils présenteraient
certains avantages comme escales ; de plus, la partie nord de Sumatra
abonde en richesses naturelles.

plutôt son port Georgetown, est le débouché naturel de la riche province anglaise de Wellesley. Il dispute à Singapour le commerce des États fédérés malais, protégés des Anglais, et l'entrepôt des marchandises à distribuer sur les côtes de Sumatra. Presque toutes les grandes compagnies qui ont une escale à Singapour font toucher auparavant leurs navires à Penang, sauf les compagnies françaises, et les y arrêtent aussi au retour. Aussi, le mouvement des entrées, de 1.477.000 tonneaux en 1897, a-t-il atteint 2.089.000 en 1901 pour 940 navires ; le trafic s'est élevé à 324 millions de francs en 1900, à 288 en 1901. Les Anglais n'ont donc pas à se repentir d'avoir fait une large application des franchises dans leurs Établissements des Détroits.

Hong-Kong (1), l'autre port franc anglais des mers d'Extrême-Orient, a conservé aussi toute sa prospérité, malgré l'ouverture de ports chinois de plus en plus nombreux. Le mouvement des navires n'a cessé d'y grandir : les entrées n'étaient que de 2.500.000 tonnes en 1867, elles avaient doublé en 1882. En 1895, le chiffre total des entrées et des sorties atteignait 15.632.000 tonnes ; en 1902, il a dépassé 19.500.000.

On a cru pouvoir évaluer approximativement, il y a quelques années, le tonnage des marchandises à 56 o/o de la jauge des bâtiments. Mais ce n'est là qu'une indication. On ne sait, en effet, exactement, ni la quantité, ni la valeur, des marchandises qui passent par le port de Victoria. Comme dans les autres ports francs anglais, les capitaines ne sont astreints à aucune déclaration de statistique. L'administration du port a cherché les moyens d'établir des statistiques précises, la Chambre de Commerce a estimé que l'établissement d'un contrôle officiel quelconque serait nuisible aux intérêts du commerce.

(1) V. le rapport de la Mission lyonnaise en Chine. — Cf. Statesman's year book.

Peut-être, cependant, en dépit de l'accroissement ininterrompu de son activité, l'importance relative de Hong-Kong a-t-elle diminué. Autrefois, le port anglais était l'intermédiaire presque obligé pour le commerce avec la Chine, celui qui contribua le plus à sa prospérité. C'est là que les jonques chinoises devaient venir chercher les marchandises d'Europe, déchargées par les navires européens, qui y faisaient le terminus ordinaire de leur voyage, ou leur escale unique, s'ils poussaient jusqu'au Japon. Peu à peu ceux-ci vont directement dans les ports chinois. Chang-Haï devient un concurrent de plus en plus sérieux et sert d'entrepôt pour la partie nord de la Chine, tandis que Hong-Kong voit son attraction réduite au littoral sud. L'avenir du port anglais semble d'autant plus menacé que cette partie de la Chine abonde en ports. En 1897, sur un commerce de 1.500 millions de francs environ, les échanges de la Chine avec Hong-Kong, relevés soigneusement dans les statistiques du service impérial des douanes chinoises, ne montaient qu'à 635 millions. Ainsi, déjà plus de la moitié des échanges de la Chine sont faits directement avec l'étranger. Le trafic direct de Chang-Haï avec l'étranger s'est élevé, cette année-là, à 844 millions, et le port chinois n'a eu de relations avec Hong-Kong que pour 130 millions.

Si Hong-Kong peut voir croître encore l'affluence des navires dans son port, malgré l'ouverture définitive de la Chine, il ne le devra pas seulement à la franchise dont il jouit. L'accès commode et sûr qu'il offre aux plus grands navires, le perfectionnement des moyens de chargements et de déchargements, les installations de ses entrepôts, la puissance de son outillage pour les réparations de toutes sortes avec les 8.000 ouvriers qui travaillent dans les ateliers de ses bassins de radoub, tous les avantages accumulés depuis plus de 50 ans par la prévoyance de la première puissance navale du monde, tout ce qui manque enfin, et manquera longtemps encore, à la plupart des ports chinois, voilà le plus sûr garant de la durée de la prospérité de Hong-Kong. Qu'on y ajoute l'influence des habi-

tudes prises et la considération des frais d'installation
dépensés qui enchainent les compagnies de navigation et
les négociants. Actuellement on peut dire que la franchise est pour Hong-Kong un facteur plus important de
fortune que pour Singapour ; il est loin d'être le seul et
même, sans doute, le plus essentiel.

A leurs anciens ports francs coloniaux, les Anglais en
ont récemment ajouté deux autres, East London et Zanzibar. Au Capland, ils ont voulu donner un débouché à
la partie orientale de la colonie, la plus récemment
annexée et colonisée. La franchise a, sans doute, paru
nécessaire pour attirer les navires et les négociants vers
ce port véritablement déshérité. Situé à l'embouchure de
la rivière Buffalo, fermée par les sables, East London
n'offrait aux navires qu'une rade trop ouverte, un des
mouillages les plus dangereux d'Afrique. Il était passé en
proverbe dans l'Afrique Australe que c'était l'un des
points « choisis de préférence par les armateurs qui voulaient perdre leurs navires pour en toucher le prix d'assurance ». Parfois, seulement, les crues soudaines de la
rivière emportaient la barre et permettaient aux navires
d'y pénétrer.

En donnant la franchise à East London, les Anglais
n'ont pas négligé d'y faire des travaux considérables pour
créer un vrai port. La construction d'une jetée et d'un
wharf, le dragage incessant de la barre et de la rivière,
permettent aux navires de 6 mètres de tirant d'eau de
décharger en sécurité. En même temps, East London a
été uni par chemin de fer au réseau intérieur de la colonie
et aux pays du fleuve Orange. Enfin, la colonisation a
pris un grand essor dans cette partie orientale du
Capland.

Ces efforts multiples des Anglais ont été couronnés de
succès. Le commerce d'East London, qui n'était que de
1.808.000 francs en 1870 et de 15.612.000 en 1874, atteignait 29.929.000 francs en 1886, 112.000.000 en 1898. Il est
devenu le second port d'exportation de la colonie, le

grand débouché des laines avec Port Elizabeth. Il est fréquenté régulièrement par les paquebots de l'Union Castle Mail et de la Deutsche Ost Afrika, qui desservent le Cap, et, au moins, par les bateaux de trois autres lignes secondaires partant de Londres et de Liverpool. Une ville nouvelle s'est formée où les Allemands sont en nombre, parce que des Allemands ont joué un grand rôle dans les débuts de la colonisation de cette partie du Capland.

Mais la fortune d'East London ne peut être que très limitée. C'est un débouché purement local, complétant Port Elizabeth. Le commerce avec les pays de l'intérieur de l'Afrique australe est réservé aux ports mieux situés et mieux desservis par les voies ferrées, à Capetown, à Durban, à Lourenço-Marquès. La franchise a pu favoriser les débuts difficiles d'East-London ; on ne voit pas bien, désormais, quelle peut être son utilité.

Quand l'Angleterre fit reconnaître, en 1890, son protectorat sur Zanzibar par l'Allemagne et par la France, elle rêva, sans doute, pour ce port, des destinées analogues à celles de Hong-Kong. Merveilleusement placé au milieu de la côte orientale d'Afrique, mieux que Hong-Kong situé trop au sud des mers de Chine, Zanzibar n'était-il pas déjà l'escale obligée de toutes les lignes de navigation ? Le port fut donc déclaré franc en février 1892, sauf pour le commerce des armes, des munitions et des spiritueux. Mais, pour la réussite des projets anglais, il eût fallu que l'influence ancienne du sultanat de Zanzibar fût maintenue sur toute la côte ; il eût fallu aussi qu'une active flotte de caboteurs, analogue à celle des jonques chinoises, fît la concentration des produits indigènes et la distribution des marchandises européennes entre les ports d'Afrique et Zanzibar. Mais, ni la situation politique, ni la situation économique, ne sont celles des mers de Chine. Les colonies européennes nouvellement constituées ont tenu à être rattachées directement à l'Europe. Tout en relâchant à Zanzibar, les navires des principales lignes de navigation desservent en même temps un nombre plus ou moins grand de ports côtiers. Au lieu d'être concentré sur un point, le commerce encore bien maigre de toute cette côte est dispersé. Les Anglais n'ont d'ailleurs pas fait la dépense nécessaire de créer un vrai port. Ils n'ont donc pas trouvé dans l'essor du trafic une compensation aux droits de douane, dont ils privaient le budget de leur protectorat (1). Dès 1899, Zanzibar perdit sa franchise : le 1ᵉʳ octobre, un droit de 5 o/o ad valorem fut imposé à toutes les importations, sauf celles des produits d'Afrique en transit. Bien que l'expérience n'ait pas été suffisamment prolongée, Zanzibar peut être cité comme un exemple de l'impuissance de la franchise, là où des circonstances économiques favorables ne viennent pas l'aider à produire ses effets.

Pendant une courte période, la Russie a eu deux ports francs aux deux extrémités de son empire colonial asiatique, Batoum et Vladivostok.

C'étaient les Puissances qui lui avaient imposé l'obligation de laisser ouvert librement au commerce le nouveau port que lui cédaient les Turcs. La franchise de Batoum fut explicitement stipulée au Congrès de Berlin, en 1878, comme condition de son annexion à la Caucasie. Le nouveau port franc pouvait, en effet, rendre d'importants services aux grandes nations commerçantes. La Caucasie a été traversée, de tout temps, par une des grandes routes de l'Asie. Elle est l'une des meilleures voies d'accès pour atteindre la Perse. Or, les Russes avaient maintenu libre le transit à travers la Caucasie. Ce commerce de transit ne pouvait être fait jusque là que par la mauvaise rade de Poti. Il était donc très avantageux pour l'Europe qu'il pût être continué par la rade meilleure de Batoum.

Mais, en 1882, les Russes ont cru plus conforme à leurs intérêts de supprimer le transit du Caucase pour étendre leur propre commerce en Perse et pour supprimer

(1) Commerce de Zanzibar : 1891, 2.589.000 liv. st. ; 1900, 2.283.000 ; 1902, 2.186.000.

l'introduction des marchandises étrangères, qui parvenaient à se glisser dans la consommation de la Caucasie. Dès lors, la franchise de Batoum était rendue à peu près inutile, car sa situation ne lui permet pas d'être un port d'entrepôt et de réexportation. Son avantage le plus marquant était d'offrir des facilités aux négociants pour faire entrer en contrebande des marchandises étrangères dans la colonie russe. Comme elle était étendue à tout le territoire autour de la ville, la surveillance de la douane, reportée à plusieurs kilomètres, était rendue plus difficile. Les tarifs prohibitifs de la Russie promettaient aux fraudeurs des bénéfices tentants. Ils surent largement en profiter et Batoum eut la réputation, comme les anciens ports francs, d'être un centre d'active contrebande. Les Russes s'en plaignaient vivement et finirent par supprimer la franchise de Batoum en 1887, sans que personne songeât à protester.

Depuis, l'essor de Batoum a été beaucoup plus rapide qu'auparavant; mais, il ne peut être question d'en tirer argument pour prouver l'inutilité des franchises. Les raisons du récent développement du port de la Caucasie sont bien connues. Le chemin de fer transcaucasien était terminé depuis 1883, mais les améliorations qui ont été faites à cette ligne, depuis qu'elle est administrée par l'Etat, postérieures à 1887, ont véritablement transformé les conditions du trafic; c'est en 1888 que le Transcaspien a atteint Samarkand. La même année, le Gouvernement russe entreprenait les travaux du port de Batoum, tandis que l'assainissement des marécages devait rendre la ville plus habitable. Enfin, c'est surtout dans les dernières années du xixe siècle que l'industrie du naphte s'est développée en Caucasie, et que les exploitations agricoles ou minières ont reçu une impulsion nouvelle.

A Vladivostok, les Russes ont voulu, comme les Anglais à East-London, compenser des désavantages naturels par les facilités données au commerce. Ils

avaient dû renoncer à attirer un grand trafic à Nico-
laievsk. L'immense baie de Pierre-le-Grand, sur laquelle
ils créèrent Vladivostok en 1860, était beaucoup plus favorisée comme port, mais elle était encore bien loin de
l'Europe et tout à fait à l'écart des grandes lignes de navigation. La Corne d'Or, ainsi qu'on appelait de façon un
peu prétentieuse l'enfoncement du golfe qui donnait accès
à la rade, était embarrassée plus de trois mois par les
glaces. De plus, toutes les installations d'un vrai port
et d'une ville étaient à créer. Enfin, le nouveau port
russe du Pacifique était très éloigné de l'Amour, grande
artère commerciale de la Sibérie orientale, et la mise en
valeur du bassin du grand fleuve n'était, à vrai dire, pas
commencée.

Or, les Russes étaient pleins d'ambition pour celle
qu'ils appelaient la « Dominatrice de l'Orient. » Pour
préparer ses grandes destinées, ils commencèrent par en
faire un port franc en 1862. Cependant, leur libéralisme
en matière douanière n'a jamais été poussé bien loin et
la franchise de Vladivostok a toujours été incomplète.
Certaines marchandises telles que les sucres, les alcools,
les vins, les tabacs, n'ont pas cessé d'être soumises aux
droits. Il en résulte que le commerce est resté nécessairement soumis aux formalités et à la surveillance de la
douane. En revanche, l'exemption des taxes douanières
pour la plupart des marchandises n'a pas été limitée à la
ville; les Russes l'ont étendue à la superficie entière des
provinces du Littoral et de l'Amour.

Malgré cette franchise à la fois restreinte et étendue,
d'un caractère tout particulier, Vladivostok a longtemps
végété. Ce n'est qu'en 1888 qu'elle a paru digne d'obtenir
le rang de ville. Longtemps après, encore, son commerce
demeurait médiocre : il dépassait à peine 5 millions de
roubles en 1887, 15 millions en 1889. C'est que les conditions générales étaient restées défavorables. C'est surtout
après 1890 que les Russes ont travaillé à les améliorer.
Alors seulement furent poussés les travaux du port; en
1900, on terminait à peine les bassins de radoub. Le

12 mai 1891, le tsarewitch Nicolas promulguait, à Vladivostok même, le rescrit ordonnant la construction du Transsibérien et en inaugurait les travaux ; dès 1894, le port était relié par la voie ferrée au point terminus de la navigation sur l'Oussouri ; en 1897, la locomotive allait du Pacifique à l'Amour. Enfin, bien que l'enthousiasme suscité après 1860 par les territoires de l'Amour fût calmé, les efforts tentés de ce côté par la colonisation russe n'avaient pas été sans résultat ; de vraies villes, telles que Khabarovsk, Blagovestchensk, avaient grandi sur les rives du fleuve. Les essais persévérants des navires brise-glaces avaient réussi et les bateaux de la flotte volontaire, tout au moins, profitaient du chenal tenu libre à peu près en tout temps.

Aussi, les progrès de Vladivostok furent-ils rapides depuis 1890. De 22 millions de roubles, cette année-là, le commerce passait rapidement à 47 millions en 1893. Le mouvement des navires à l'entrée, de 66.272 tonnes en 1891, s'élevait à 195.728 en 1897. La ville avait moins de 9.000 habitants en 1880 ; 28.896 étaient recensés en 1897. Son aspect s'était complètement transformé. Bien que les Asiatiques, Chinois, Coréens, Japonais, y fussent en grande majorité, l'élément européen avait pris une importance de plus en plus grande.

La franchise avait certainement eu une influence considérable sur le développement de cette prospérité. Les étrangers, surtout les Allemands, avaient su profiter des facilités que leur donnait l'absence à peu près complète de douane, pour introduire leurs produits dans les vastes territoires de l'Amour. C'était leur initiative qui avait le plus contribué à l'accroissement de la navigation et du trafic. En 1892, sur 109 navires entrés dans le port, 20 étaient russes et 89 allemands. Le commerce de Hambourg tenait la première place, avec la puissante maison Kunst et Albers qui avait établi des succursales dans les villes de l'Amour.

Mais la franchise de Vladivostok ne devait être que transitoire. Les Russes, qui tiennent tant au développement de leurs industries, ne pouvaient admettre qu'une vaste partie de leur empire asiatique fût librement ouverte aux importations étrangères et pratiquement fermée aux produits nationaux. Dès 1898, la soumission de Vladivostok et des territoires de l'Amour au régime douanier de l'empire était chose décidée. D'un autre côté, c'est vers Dalny, nouveau terminus de la grande voie transcontinentale, c'est vers Port-Arthur, leur nouvel arsenal, que se sont portés récemment les regards et les espérances ambitieuses des Russes. Vladivostok ne peut plus songer désormais à justifier son nom de « Dominatrice de l'Orient »; elle restera seulement le débouché local des provinces amouriennes, en même temps qu'un poste avancé des Russes dans la mer du Japon.

Parmi les nouveaux ports francs créés récemment dans les mers de Chine, deux voisinent, à leur extrémité nord, aux abords du golfe de Petchili, Kiao-tchéou et Dalny ; le troisième, Kouang-tchéou-ouane confine au contraire à la limite sud du Céleste Empire. Tous les trois présentent cette analogie qu'ils ont été créés de toutes pièces, dans des rades jusqu'ici ignorées et délaissées, où il s'est agi d'attirer le commerce et les habitants. D'un autre côté, les Européens ont voulu, grâce à la franchise, détourner vers leurs possessions nouvelles le trafic des ports chinois voisins. Enfin, Allemands et Russes ont espéré créer un grand emporium qui ferait le pendant de Hong-kong et de Chang-haï, dans le nord des mers de Chine. Les Allemands ayant, les premiers, transporté en Extrême-Orient l'institution dont ils venaient de faire une heureuse expérience dans leur pays, leurs rivaux auraient cru être en état d'infériorité, s'ils n'avaient pas suivi leur exemple. La franchise n'a jamais été, jusqu'ici, comprise et organisée absolument de la même façon dans deux ports différents ; aussi, ne serait-il pas sans intérêt de savoir de quelle façon l'entendent Allemands, Russes et Français, placés dans des conditions analogues, mais habitués à des conceptions différentes en matière douanière. Cependant, les différences n'existent que dans les détails d'organisation et les trois ports sont soumis à peu près au même régime douanier. Au contraire, ils sont dans des situations très différentes ; si leur fortune est diverse, c'est à l'influence de celles-ci qu'il faudra l'attribuer.

C'est par le traité du 6 mars 1898 que la Chine a cédé à bail à l'Allemagne le territoire qui entoure la baie de Kiao tchéou. Aucune ville importante n'y était située : Kiao-tchéou même, centre secondaire, est resté en dehors. Mais de nombreux villages y étaient dispersés, puisqu'on y comptait environ 100.000 habitants pour 540 kilomètres carrés. La vaste baie, parsemée d'îles, offrait de bons mouillages, mais ne possédait pas de vrai port. Elle était très bien située à la racine de la presqu'île de Chantoung, prolongement de la province de ce nom, l'une des plus riches de l'empire, celle qui nourrit la population la plus dense avec le Fokien (557 habitants par mille carré). Ses 35 millions d'habitants, environ, ne vivent que d'agriculture, mais elle passe pour cacher dans son sous-sol des minerais abondants et variés. Ses gisements de charbon, à moins de 200 kilomètres de la côte, sont de beaucoup les plus rapprochés de la mer parmi ceux de la Chine. Jusqu'ici, les débouchés de la province étaient placés à l'extrémité de la presqu'île du Chantoung, sur le passage des navires qui entrent dans le golfe du Petchili ; Tchéfou concentrait la plus grande partie du trafic. Cependant, Kiao-tchéou a sur les ports de Petchili l'avantage de n'être jamais bloqué par les glaces (1).

Les Allemands avaient acquis Kiao-tchéou surtout pour créer là une colonie commerciale (Handelscolonie), comme l'exposait une note présentée par le gouvernement au Reichstag, au début de 1899. Aussi, proclamaient-ils leur nouvelle possession port franc dès le 2 septembre 1898.

---

(1) En hiver le port gèle parfois, mais la couche de glace est insignifiante.

Par là ils entendaient la baie entière et tout le territoire acquis par eux.

Parmi les impôts prévus au début pour la jeune colonie, on ne fit peser sur le commerce qu'une taxe de 2 1 2 cents, 0 fr. 025, par tonne, à payer par chaque navire entrant dans la baie. On peut bien dire que la franchise est complète. Les Allemands n'ont pas cru y déroger en tolérant dans leur port franc l'existence de la douane. Les bureaux des douanes maritimes chinoises ont été installés dans la ville nouvelle. C'est là que sont acquittés les droits d'entrée pour les marchandises entrant en territoire chinois.

Les Allemands ont déployé une activité extraordinaire pour donner à leur colonie d'autres avantages que la franchise. Leur ambition pour elle n'est pas médiocre ; ils l'appellent volontiers l'Allemagne asiatique. Cette ambition a produit des résultats remarquables. L'initiative privée y a été puissamment soutenue par le gouvernement, qui n'a pas ménagé l'argent : en avril 1902, les sommes dépensées atteignaient déjà 64 millions de francs.

Une ville a été créée à Tsing-tao à l'entrée orientale de la baie. On y voyait, dès 1902, de beaux édifices, de magnifiques résidences particulières, des hôtels de premier ordre ; la nouvelle capitale était pourvue de l'éclairage électrique, d'un réseau téléphonique. En même temps on travaillait activement au port, situé plus au fond de la baie, sur la rive orientale.

Il se compose d'un grand bassin creusé à 11 mètres dans les sables, et d'un petit bassin pour les jonques chinoises. Les digues qui les entourent étaient achevées déjà en 1902. En 1903 a commencé la construction des quais en maçonnerie, qui seront dotés de l'outillage moderne. Déjà, en attendant la création ultérieure de bassins de radoub, des ateliers de réparation dispensent les navires de s'adresser à Chang-Haï ou à Hong-Kong pour des avaries qui n'exigent pas l'entrée en cale sèche.

Un chemin de fer, destiné à détourner le courant commercial du Chantoung vers le port franc et à permettre l'exploitation de riches mines, a été concédé à un syndicat allemand. Il vient d'atteindre Tsi-nan-fou, d'où il sera prolongé ensuite pour atteindre la ligne concédée de Tien-tsin à Chang-haï et celle qui est en construction de Pékin à Han-kéou. Un premier tronçon de 128 kilomètres est exploité depuis le 1er décembre 1901 ; en 1902, les trains atteignaient, 52 kilomètres plus loin, les riches houillères de Weï-Hsien ; les 450 kilomètres de la ligne entière sont en exploitation, en 1904. Enfin, une puissante compagnie minière s'est mise à l'œuvre, s'occupant à la fois de l'exploitation des charbons, du fer, des diamants.

Déjà, les résultats acquis peuvent encourager les Allemands. Dès le 30 juin 1899, vingt-quatre maisons de commerce s'étaient établies à Tsing-tao ; à la fin de 1901, on y voyait 250 Allemands, en dehors de la garnison. En 1899, 205 grands navires, jaugeant 186.596 tonneaux, étaient entrés dans le port ; en 1900, il en a reçu 204, jaugeant 216.580 tonneaux (1) ; en 1901, 311. La valeur du commerce, qui avait été de 15 millions de francs en 1900, s'est élevée à 35 en 1901, à 33.600.000 en 1902 ; les résultats auraient été bien plus satisfaisants sans les troubles des Boxers et la guerre.

On peut prédire à Kiao-tchéou un avenir brillant quand son port et son chemin de fer seront achevés, quand d'autres voies rayonneront à travers la province, quand les exploitations minières seront en pleine activité, quand le courant commercial aura été définitivement établi dans sa nouvelle direction. Mais quelle aura été dans cet essor l'influence de la franchise ? Il faudra se garder de l'exagérer, car Kiao-tchéou aura bénéficié surtout de l'excellence de sa situation commerciale et de l'intelligence déployée par les Allemands pour en tirer parti.

Les Anglais ont acquis Weï-Haï-Weï, située non loin de Tche-fou, sur la côte nord de la presqu'île du Chantoung, pour répondre à l'établissement des Allemands et des Russes à Kiao-tchéou et à Port-Arthur. Il semble que

(1) 143 nav. allem. jaugeant 141.918 tx. 34 anglais jaugeant 53.981 tx.

leur exemple aurait dû les entraîner, d'autant plus qu'ils
ont montré ailleurs comment ils savaient apprécier l'utilité des ports francs. Mais ils venaient trop tard dans le
Chantoung ; les concessions de chemin de fer et de mines
accordées aux Allemands leur interdisaient tout espoir
de faire de leur port le débouché de la province. D'ailleurs,
c'étaient surtout les préoccupations militaires, le désir de
faire échec aux Russes, de surveiller Port-Arthur et de
garder l'entrée du golfe de Petchili, qui les avaient inspirés. A la séance de la Chambre des Communes du 29 avril
1898, M. Balfour avait ainsi expliqué la conduite du gouvernement : « C'est uniquement dans un but diplomatique
et militaire que nous avons pris à bail Weï-Haï-Weï. Ce
n'est pas pour le commerce de la presqu'île du Chantoung... Ce port, même sans aucun canon, serait très
précieux au point de vue diplomatique à Pékin en temps
de paix ; il le serait également, au point de vue stratégique, en temps de guerre, sans qu'il soit nécessaire d'y
consacrer des sommes considérables ou d'y envoyer beaucoup d'hommes. » Li-Hung-Tchang avait créé deux puissantes forteresses pour garder l'entrée du golfe de Petchili ;
les Anglais en occupant l'une d'elles n'ont voulu avoir
qu'une sentinelle avancée en Extrême-Orient.

Les Russes ont eu les mêmes préoccupations exclusives
à Port-Arthur. Mais, à côté de leur arsenal, ils ont senti
la nécessité d'une grande place commerciale et ils ont
créé Dalny, (la « lointaine »), dans la baie de Talienvan.
L'oukaze du 30 juillet-11 août 1899, qui en ordonnait la
construction, proclamait en même temps la franchise du
nouveau port :

« Nous avons porté notre attention sur l'importance de
premier ordre qu'acquerra, une fois la ligne construite,
son point de départ, le port de Talienvan. Ayant déclaré,
après son occupation, que ce port était ouvert aux flottes
de commerce de toutes les nations, nous jugeons utile,
aujourd'hui, de procéder à la construction, près de ce
port, d'une ville à laquelle nous donnons le nom de

Dalny. En même temps, en vue du développement commercial de la future ville, nous lui octroyons pour toute la durée du terme où son territoire est cédé à la Russie par la Chine, en vertu de l'arrangement du 15/27 mars 1898, le droit de libre commerce acquis aux ports francs, aux conditions suivantes :

L'importation et l'exportation en franchise de droits de douane de toute espèce est admise dans la ville, le port et le territoire adjacent, dans des limites déterminées et pouvant être modifiées par le ministre des finances. Le droit de libre commerce ainsi accordé ne concerne pas les taxes de transport, d'ancrage, et autres taxes de dénominations diverses prélevées dans les ports. Les règlements de quarantaine sont observés dans toute leur teneur, par tous les navires entrant dans le port. Les marchandises importées en Russie, qui proviennent du territoire jouissant du droit de libre commerce, sont visitées, acquittent les droits d'entrée et passent dans les limites de l'Empire, dans les conditions générales admises pour l'importation des marchandises étrangères. »

Comme à Kiao-tchéou la franchise est donc étendue non-seulement au port, mais à la ville et à son territoire, d'une certaine étendue. Pour attirer les étrangers, les Russes sont allés plus loin que les Allemands, qui ont surtout voulu créer une ville allemande, tandis que leur ambition est de faire de Dalny un grand emporium cosmopolite, rival de Hong-kong et de Chang-haï. Dalny n'est-il pas le point terminus de la route la plus courte entre l'Europe et l'Extrême-Orient? Placé trop à l'écart pour être comme Kiao-tchéou le débouché des provinces chinoises du Nord, n'a-t-il pas un rôle bien plus brillant à espérer?

Les négociants étrangers qui voudront s'établir à Dalny y trouveront donc les mêmes avantages que s'ils étaient russes. Non seulement ils y jouiront des mêmes droits pour leur commerce, mais ils pourront acquérir avec les mêmes facilités des immeubles et des terrains. Bien plus, les habitants étrangers sont électeurs et éligibles pour le conseil municipal, au même titre que les Russes. En donnant la franchise à Dalny, les Russes ont sans doute été inspirés par les résultats obtenus à Vladivostok, mais ils ont accordé à leur nouveau port des avantages bien plus étendus.

Le spectacle offert par Dalny, quatre ans après l'édit qui ordonne sa création, est plus merveilleux encore que celui de Kiao-tchéou (1). Le but était plus grandiose, l'activité déployée a été plus remarquable. La compagnie du chemin de fer de l'est de la Chine, qui avait été chargée des travaux du port et de la ville, s'est montrée à la hauteur de sa tâche.

D'ici peu, le port complètement terminé devait être un des mieux outillés du monde. Le long des rives de ses bassins, les navires devaient trouver des profondeurs de 28 à 30 pieds. On y voyait des quais spéciaux pour le charbon, pour le pétrole du Caucase, des magasins distincts pour les diverses catégories de marchandises, comme à Anvers ou à Hambourg, des voies ferrées se ramifiant sur les quais et une gare maritime, des chantiers de réparation. Les Russes allaient bientôt construire des bassins de radoub pouvant recevoir les plus gros navires. Ils n'ont pas épargné les millions pour donner, à la plus longue voie ferrée de l'ancien continent, un terminus digne d'elle et capable de répondre aux besoins du plus grand trafic.

En même temps, les ingénieurs ont tracé le plan savamment combiné d'une belle ville européenne, avec son quartier bourgeois, sa cité administrative, sa cité des affaires, quartier luxueux dont les rues, rayonnant autour de la place Nicolas qui en occupe le centre, rappellent le quartier de l'Étoile à Paris. Les Chinois ont leur ville à part, en dehors des Européens. Au centre, une énorme usine électrique distribue sur tous les points la lumière et la force.

Les Russes ont donc compris et réalisé tout ce qu'il

(1) V. Cte Enselme. *A travers la Mandchourie* Paris. Rueff, 1903.

fallait pour que leur grand port du Pacifique pût jouer un rôle de premier ordre. La franchise très étendue qu'ils lui ont donnée, ajoutée à ses autres avantages, ne contribuera sans doute pas peu à sa fortune. Déjà la nouvelle ville commençait à se peupler. On y voyait une colonie de marchands anglais, allemands, français, américains et surtout japonais. Bien que l'électricité éclairât encore de vastes quartiers inachevés, on avait déjà la sensation d'une vie intense.

La perspective de voir les Russes toucher au but depuis si longtemps poursuivi, et le commerce de l'Extrême-Orient prendre une nouvelle voie, a dû effrayer les Japonais, alors qu'ils espéraient devenir les intermédiaires de plus en plus indispensables entre le monde jaune et l'Europe, si les relations continuaient à avoir lieu par mer. Ils ont senti, plus ou moins confusément, que l'établissement des Russes sur le golfe de Petchili était aussi dangereux pour eux au point de vue économique et commercial qu'au point de vue politique et militaire. C'est là une des causes de la guerre actuelle ; espérons qu'elle n'anéantira pas le fruit de tant d'efforts. En attendant, par une cruelle ironie du sort, le port créé à si grands frais par les Russes sert de base d'opérations aux armées japonaises.

C'est aussi dans la même année 1898, par une convention en date du mois d'avril, que la France a obtenu la concession de la baie de Kouang-tchéou-ouane, à la base de la péninsule de Louei-tchéou. On a beaucoup discuté sur la valeur maritime de cette baie, désignée au choix de nos diplomates par l'amiral de Beaumont. Elle est vaste comme la rade de Brest, très profonde, bien abritée des vents et des moussons au fond du bras de mer qui lui donne accès et grâce à la protection d'une île ; mais, on la prétendait peu accessible, le chenal d'accès courant entre des bancs de sable avec des hauts fonds de moins de 3 mètres. Ces craintes étaient exagérées : l'entrée Sud a des profondeurs supérieures à 6 mètres ; à l'entrée Est, les seuils s'abaissent à 18 mètres.

On s'accorde maintenant à reconnaître que cette baie, la meilleure de ces parages, bien placée en face du détroit d'Haïnan, à égale distance des ports de Pakhoï et de Canton sur les côtes sud de la Chine, a une réelle valeur, à la fois stratégique et commerciale. Sans pouvoir prétendre détrôner Hong-kong et Canton, dont la position aux bouches du Sikiang est bien meilleure, nous pouvons attirer vers Kouang-tchéou-ouane, au détriment de ces ports et de Pakhoï, un courant commercial important, de la région avoisinante du Kouang-toung et même du Kouang-si. On ne sait pas encore exactement quel sera le rôle des chemins de fer en Chine, comment ils pourront compléter les voies navigables actuelles, à peu près seules employées, ou se substituer à elles. Aussi, notre nouvelle possession pourrait avoir plus d'avenir qu'on ne le pense si, malheureusement, les provinces méridionales de la Chine n'étaient pas parmi les moins riches.

On a donc heureusement agi en cherchant à attirer les navires vers cette baie inconnue, en lui accordant une entière franchise de tous droits. Celle-ci n'a été stipulée par aucun acte, mais elle existe de fait, par suite de l'organisation donnée à notre établissement. Nous n'avons pas sur Kouang-tchéou-ouane les mêmes grandes vues qu'ont les Allemands et les Russes sur Kiao-tchéou et Dalny, aussi n'y a-t-il pas lieu de s'étonner que nous n'y ayons pas déployé la même activité. Nous n'avons pas opéré ici la même transformation à vue, comme par une sorte de coup de baguette magique. On n'y voit encore ni ville, ni port, ni chemin de fer. Nous nous sommes à peu près bornés à relier notre possession à la métropole par un annexe du service postal des Messageries Maritimes, inauguré en juin 1900. Aussi l'influence de la franchise est-elle peut-être plus nette que dans les deux autres ports. C'est à elle, en grande partie, qu'il faut attribuer les résultats obtenus. Or, ils sont déjà sensibles. Les navires ont appris le chemin de Kouang-tchéou. Une compagnie allemande qui fait un service de transports commerciaux entre Haïphong et Hong-kong y a établi une escale en

1901. Une maison de Hong-kong a fait construire, la même année, un petit vapeur destiné à faire un service régulier entre Canton et Kouang-tchéou. Un courant d'importations a commencé à s'établir et Pakhoï s'en ressent. Les pétroles et surtout l'opium n'arrivent plus dans ce port qu'en quantités très faibles, ayant avantage à entrer librement par Kouang-tchéou. Il est vrai que, si ce courant s'accentuait, les douanes impériales chinoises établiraient un cordon autour de notre possession. Pourtant ces résultats, bien que favorisés par l'absence complète de douanes, restent médiocres. Kouang-tchéou, port franc, ne peut jouer un rôle que s'il devient vraiment un port et s'il est relié à l'intérieur par des voies de communications. Jusque là, nous ne lui aurons fait qu'un cadeau d'une mince utilité.

Cette rapide revue des ports francs coloniaux a montré des types très divers de ports et de franchises. Presque tous, cependant, présentent deux traits communs qui les différencient des ports francs d'Europe. Ils ne font pas partie intégrante de vastes territoires ; ce sont des possessions isolées, îles ou enclaves, étrangères au pays qui les environne. C'est ce qui explique pourquoi, aussi, tous sont de véritables ports francs, du type d'autrefois, où la franchise englobe non seulement tout le port, mais toute la ville et le territoire environnant. La zone franche, partout adoptée en Europe, n'est pas encore représentée aux colonies. Elle y ferait son apparition, s'il s'agissait de donner la franchise à des ports de grandes colonies, telles que notre Algérie ou notre Indo-Chine.

Les ports francs coloniaux donnent, en définitive, le même enseignement capital que ceux de l'Europe. L'exemple de Gibraltar, de Malte, de Saint-Thomas et de leur décadence prouve une fois de plus que la franchise n'est, pour un port, qu'un avantage accessoire qui ne peut en aucune façon remplacer les autres plus essentiels. La fortune brillante de Singapour et de Hong-kong, au contraire, montre que, si ces avantages indispensables existent, la franchise, en s'y ajoutant, peut être très efficace.

La création des derniers ports francs est encore trop récente pour être réellement instructive. C'est leur développement qu'il sera intéressant de suivre de près. Mais déjà on peut dire que leur succès sera dû aux mêmes causes que celui de Singapour et de Hong-kong La franchise y aura sans doute sa part, mais une part secondaire. L'avantage de la situation, la commodité des ports, l'outillage, les moyens de communications, feront beaucoup plus qu'elle pour y attirer navires et marchandises.

Dans nos colonies, il n'est pas difficile de trouver certains ports, peu nombreux, pourvus heureusement de tout ce qui est nécessaire, pour que la franchise y donne d'excellents résultats. A Dakar elle détournerait, sans doute, des iles Canaries et du Cap Vert, le mouvement si important d'escale et de ravitaillement des lignes de l'Amérique du sud et ferait de ce port le grand entrepôt de la côte Occidentale d'Afrique. A Djibouti, elle permettrait, peut-être, de faire plus sérieusement concurrence à Aden. On a vu déjà quel intérêt elle présentait pour Alger, pour Bizerte, pour Saïgon. Mais, si l'on songe à créer des zones franches dans ces ports, qu'on n'oublie pas qu'on fera bien davantage pour leur prospérité en perfectionnant leur outillage, en développant leurs moyens de communications, en y attirant le fret, qui y attirera les navires et le négoce.

CHAPITRE XV

Leçons du passé et du présent : I. *Avantages des franchises pour les ports.*

Les anciens ports francs appartiennent à un passé déjà loin de nous; les conditions politiques et économiques ont changé depuis lors. Les zones franches actuelles sont trop récentes pour avoir produit des résultats définitifs. Les expériences d'autrefois et d'aujourd'hui sont donc impuissantes, à divers égards, pour nous éclairer pleinement; elles n'en sont pas moins instructives. Essayons de profiter des lumières qu'elles jettent sur toutes les obscurités du problème pour examiner brièvement, sans aucun parti pris, les arguments des partisans des ports francs et les objections de leurs adversaires. La franchise est-elle utile aux ports auxquels elle est concédée; est-elle utile ou nuisible aux pays dont dépendent ces ports? Tels sont les deux points de vue très différents auxquels il faut se placer. Partisans et adversaires répondent par des affirmations absolument contradictoires.

Il n'est pas possible de nier que la franchise ne soit très avantageuse aux ports qui la possèdent. Les protectionnistes ont eu grandement raison de railler ceux qui attribuaient entièrement à son influence les progrès de Brême et de Hambourg, mais ils sont souvent allés trop loin pour les besoins de la cause. En fait, nous n'avons pas trouvé un seul port franc qui n'ait tiré profit de sa situation privilégiée. Certains, comme Marseille, y ont gagné une bonne part de leur prospérité; tel, comme Livourne, lui a dû son existence et une longue période de brillant éclat. Aujourd'hui, à Gênes même où les libertés sont réduites à leur minimum, elles ne sont pas sans utilité.

Mais la franchise a toujours été plus ou moins efficace, suivant les ports et suivant l'extension qu'on lui donnait. Une des leçons les plus nettes de l'expérience c'est qu'elle ne peut rendre de grands services qu'à des ports déjà prédestinés à un grand trafic. Elle est pour ceux-ci un très précieux auxiliaire; c'est une illusion dangereuse que de lui attribuer une force d'attraction qu'elle ne possède pas. C'est pour cela que Fiume, port franc, resta pendant deux siècles à peu près ignoré et que, même, la fortune de Trieste resta médiocre. L'exemple actuel de Dantzig n'est pas moins probant. L'impuissance de la franchise, là où le commerce n'est pas attiré par les avantages naturels, est encore démontrée par l'exemple récent du petit port espagnol de Pasajes. Des causes diverses y avaient attiré un important commerce de vins, dont l'exportation atteignait 150.000 tonnes en 1896. Les Espagnols crurent donner une bien plus grande activité à ce mouvement en créant à Pasajes des entrepôts spéciaux pour le coupage, au moment où cette institution était supprimée à Bordeaux, à Marseille et à Cette, à la fin de 1898. Mais, les causes qui avaient créé le trafic ayant disparu, la franchise spéciale accordée au port espagnol n'a pas suffi à le retenir; en 1902, l'exportation des vins était tombée à 11.000 tonnes (1).

Voilà une raison capitale pour ne pas vouloir multiplier inconsidérément les ports francs, dans un même pays. C'est donc très justement que plusieurs chambres de commerce ont demandé qu'on ne renouvelât pas, à propos des ports francs, la faute commise quand on a gaspillé des millions pour l'outillage de 69 ports, au lieu de concentrer nos efforts et nos ressources sur quelques-uns. La Chambre des négociants-commissionnaires et du commerce extérieur a demandé la création de quatre ports francs au maximum : Marseille, Bordeaux, le Havre, Dunkerque. Sans examiner les titres de nos principaux ports, il faut décourager les espérances trompeuses con-

(1) Monit. off. du Commerce, 6 août 1903.

çues par beaucoup de villes secondaires. Si elles s'imposaient de lourds sacrifices pour organiser des zones franches, en croyant ouvrir pour elles une ère de fortune nouvelle, elles s'exposeraient à de fâcheuses déconvenues.

La consultation des chambres de commerce a révélé, à cet égard, de singulières illusions et un fâcheux état d'esprit. Un certain nombre d'entre elles se sont préoccupées, bien moins de discuter l'utilité des ports francs, que de prouver que leur ville était toute désignée pour jouir de leurs avantages (1). Celle de Nantes a même subordonné son adhésion à l'insertion, dans la loi, du principe que les zones franches pourraient être créées dans tous les ports. Nantes, affirme-t-elle, a les mêmes droits que d'autres villes. Sans doute, mais les Nantais auraient dû se demander si leur ville était dans une situation favorable pour que la franchise pût y porter ses fruits. Ces préoccupations mesquines de clocher, tout excusables qu'elles soient, faussent toutes les discussions, empêchent le Gouvernement et le Parlement de rien conclure, ou les entraînent à des concessions fâcheuses, comme on l'a vu trop souvent.

Autrefois, le principal résultat de la franchise était de créer un grand commerce d'entrepôt et de transit, un grand mouvement de réexportations et de distribution de marchandises. Aujourd'hui, elle ne peut plus avoir, au même degré, la même influence. C'est que, sous le régime des prohibitions, elle constituait un avantage beaucoup plus considérable. Les ports francs, avec leur territoire, offraient plus de commodités que les zones restreintes. Surtout, les habitudes du grand commerce maritime étaient tout autres. Les gros navires occupés aux traversées lointaines étaient peu nombreux; les plus grandes compagnies de l'ancien régime n'en avaient que quelques-uns. D'Europe aux Indes occidentales ou orientales, la

____

(1) Voir les rapports des chambres de Nantes, Saint-Nazaire, La Rochelle, Calais, Oran, etc.

fréquence des voyages n'était pas grande et, même, c'était quelques navires seulement que les Anglais ou les Hollandais envoyaient dans les ports du Levant. Ces navires prenaient dans leurs cales toute la variété des denrées et des marchandises des pays où ils chargeaient. Les destinations étaient naturellement très différentes, souvent même elles n'étaient pas connues. Ces cargaisons composites prenaient donc le chemin de ports d'entrepôt, d'où elles étaient distribuées ensuite dans tous les pays voisins, par des caboteurs. Lisbonne, Amsterdam, Londres, Lorient, Marseille, Livourne avaient été ainsi des rendez-vous de navires. La franchise était alors un moyen de fixer le choix de l'entrepôt.

Aujourd'hui, navires et voyages se sont multipliés. Les transbordements occasionnent des frais qu'on cherche à éviter. Chaque pays, chaque port, veut recevoir directement les produits d'outre-mer. Ou bien la cargaison d'un gros cargo-boat, composée d'un seul article, n'a qu'un petit nombre de destinataires, même un seul ; elle est déchargée dans un seul port. Ou bien, les navires des lignes régulières distribuent, le long de leurs escales, les colis de leurs chargements composites. L'Angleterre, grâce à la prépondérance de sa marine, avait joué le rôle de pays distributeur, depuis la fin du xviiiᵉ siècle surtout ; elle le perd de plus en plus. Il ne peut donc plus y avoir de ports d'entrepôt ayant la même influence qu'au xviiᵉ et au xviiiᵉ siècle. Comme l'a bien dit M. Jouet Pastré, dans sa déposition devant la commission parlementaire : « l'ère des grands emporiums d'autrefois paraît passée ».

En revanche, les adversaires des ports francs font trop bon marché des avantages qu'ils peuvent encore produire à ce point de vue (1). Même, au début de la campagne menée en leur faveur, leurs partisans ne semblaient pas faire grand fonds sur le développement à donner au commerce d'entrepôt et c'est pourquoi ils faisaient miroiter,

____

(1) Voir, par exemple, le rapport adopté par la Chambre de commerce de Châlons-sur-Marne.

surtout, la perspective de la création de nouvelles industries d'exportation. Pourtant, le rôle de port distributeur peut encore être grand aujourd'hui : ce rôle, la franchise ne le donnera sans doute pas à un port, mais elle agrandira le cercle et augmentera la puissance de son influence.

Le nombre des ports d'importance mondiale est restreint. C'est là seulement qu'on peut attirer facilement des approvisionnements de toutes sortes. A cause de ces facilités, il peut être plus avantageux et plus commode, pour un port secondaire, d'en tirer telle ou telle marchandise que de la faire venir directement ; malgré les intermédiaires et le transbordement, le prix pourra être plus bas. Telles marchandises comme le café, l'ivoire, le caoutchouc, le coton, etc., n'ont-elles pas dans tels ports leur marché et leur entrepôt préféré ? Donnez de plus à un de ces grands ports l'avantage de la franchise et il deviendra centre de distribution très important. C'est le spectacle que nous donne Hambourg depuis quinze ans. Ne peut-on espérer que Marseille, placée dans une mer qui n'a aucun grand port mondial analogue, car Barcelone et même Gênes ne peuvent lui être comparés comme centres d'attraction, pourrait rendre aux pays du sud de l'Europe des services analogues à ceux que les pays du Nord doivent à Hambourg ?

Le Comité central des Armateurs de France a fait remarquer justement que les affaires d'entrepôt sont déjà considérables chez nous. En 1901, nos ports ont reçu 3.475.000 tonnes de marchandises, valant 683 millions de francs. Sur un commerce général de 40 millions de tonnes valant environ 11 milliards, cela correspond à 9 o/o du poids total et à 6 o/o de la valeur. Ce n'est pas beaucoup, mais ce n'est déjà pas une branche de trafic négligeable. Il n'est pas imprudent de penser que les franchises lui donneraient une tout autre activité. La France, remarque le même comité, a un avantage particulier pour servir de pays d'entrepôt : c'est l'abondance des capitaux disponibles. Pour ne pas immobiliser ses capitaux en laissant de

grandes quantités de marchandises en entrepôt, le négociant crée des warrants et se procure ainsi de l'argent à
un taux qui varie, suivant les disponibilités du pays où il
les émet. En France, ce taux est généralement plus bas
qu'ailleurs et c'est pourquoi nos entrepôts du Havre, par
exemple, renferment parfois plusieurs millions de sacs
de cafés qui ne sont pas destinés à être consommés chez
nous, qui pourraient tout aussi bien attendre à Hambourg
ou ailleurs le désencombrement du marché, mais qui sont
attirés et retenus au Havre par le taux d'escompte de la
Banque de France.

Mais c'est nuire à la cause des franchises que de prétendre que Hambourg, Brême, Copenhague, ont vu leur commerce décupler depuis que ces villes en jouissent. C'est
faire la part trop belle aux adversaires que de s'appuyer
sur de telles exagérations pour « caresser l'espoir de voir la
France, grâce à la création des ports francs, devenir pour
ainsi dire un marché universel (1). »

C'est sans doute même trop d'optimisme que d'espérer
la transformation de nos principaux ports de l'Océan,
Bordeaux, Nantes, le Havre, en grands entrepôts internationaux. Dunkerque est certainement mieux placé pour
cela. On a dit que les ports francs rendraient à la France
son rôle de pays de transit. Oui sans doute, mais, au
moins, à une condition : il faut que des lignes de chemin
de fer commodes et des tarifs de pénétration économiques
changent totalement les conditions des transports entre
nos côtes de l'Océan et les pays de l'Europe centrale.

Les promoteurs de projets de ports francs ont tout
d'abord fait ressortir la nécessité de développer nos
exportations menacées par la concurrence étrangère. Le
principal effet de l'innovation devait être de susciter la
création, dans les enceintes franches, d'industries spéciales d'exportation, dont les produits à bas prix iraient

(1) Rapport de la Chambre des négociants-commissionnaires et du
commerce extérieur à la Commission parlementaire.

maintenir les marques françaises sur les marchés d'où nos rivaux étaient en train de les expulser.

L'exemple du passé semble encourager de telles espérances. Marseille dut à la franchise de devenir un centre industriel de premier ordre ; Livourne, Trieste, eurent aussi des industries actives. Mais il s'en faut qu'on puisse attendre des zones franches actuelles des résultats aussi brillants que ceux qu'avait produits l'ancien port franc de Marseille. Sur son vaste territoire, l'espace n'était pas mesuré aux manufactures. Leur situation, vis-à-vis des industries de l'intérieur, était plus privilégiée encore, l'institution de l'admission temporaire étant inconnue. Leurs produits jouissaient, pour pénétrer dans le royaume, de facilités qu'ils ne pourraient plus espérer aujourd'hui ; le marché national leur était plus ouvert que ceux du dehors. Enfin, la difficulté des communications favorisait encore les industries des ports.

Aussi, il n'est pas étonnant que les zones franches actuelles ne se soient pas couvertes d'usines. Les partisans de leur création en France ont grandement, et bien maladroitement, exagéré les résultats obtenus à Hambourg et à Copenhague. L'activité des industries du Freihafen, aussi bien que du Frihavn, est d'importance très secondaire. Plusieurs de celles qui y sont installées n'y sont même pas attirées par les avantages de la franchise, mais par ceux de l'emplacement ; tels les chantiers de constructions navales à Hambourg. Il fallait s'y attendre ; des inconvénients, sur lesquels nous reviendrons, détournent les industriels de tenter des établissements dans les zones, entreprise aléatoire encouragée seulement par la perspective de ne pas payer de droits de douane sur les matières premières. Pour que les espérances des partisans des ports francs pussent être, en partie, réalisées, il faudrait donc accorder aux industries des zones franches les plus grandes libertés et, en même temps, pour éviter une hausse trop forte des terrains, leur mesurer très largement l'espace.

D'ailleurs, pour des raisons que nous examinerons plus

loin, le gouvernement et la commission de la Chambre ont renoncé aux espérances qui paraissaient, aux premiers auteurs de projets, les plus tentantes. Ils ont déclaré que les ports francs devaient être principalement commerciaux et accessoirement industriels. Il en a bien été ainsi toujours et partout ; mais ils entendent, en réalité, faire la place très petite à l'industrie, si petite qu'on se demande s'ils n'ont pas voulu la bannir complètement. L'article 6 du projet autorise seulement les « chantiers de constructions navales et toutes les industries annexes ». L'exemple de Hambourg a évidemment inspiré cette clause, mais on ne saurait trop répéter que les chantiers de constructions navales prospèrent aussi bien et sont plus nombreux en dehors du Freihafen que dans son enceinte. Ils n'ont, en effet, pas de droits de douane à payer sur les matières premières qu'ils emploient. Les causes générales qui favorisent cette industrie en Allemagne n'existant pas en France, il n'y a pas à attendre pour elle un bien grand essor dans nos zones franches, malgré la prime à la navigation qu'on leur promet.

La Commission parlementaire s'est montrée plus large que le gouvernement en autorisant « également les opérations industrielles auxquelles le bénéfice de l'admission temporaire est accordé par la législation en vigueur ». Mais, cette disposition n'a pu que légitimement décevoir et étonner ceux qui avaient fondé leur espoir sur les industries des zones franches. Ils voient les entreprises permises limitées à la transformation d'un assez petit nombre de produits, une soixantaine environ, tandis que le but qu'ils poursuivaient ne peut plus être atteint. Ils voulaient donner un nouvel aliment au commerce de nos ports en lui fournissant des produits d'exportation. Or, les industries qui jouissent du bénéfice de l'admission temporaire travaillent déjà toutes pour l'exportation. Chose curieuse, on a voulu prévenir une concurrence désastreuse pour les fabricants de l'intérieur et on les mettrait systématiquement en concurrence avec ceux des zones franches pour exporter leurs produits. En réalité, comme l'a fort bien montré la Chambre de Commerce de Marseille dans ses Observations, cette concurrence ne serait pas à redouter, parce qu'aucune des industries de cette catégorie ne s'établirait en zone franche (1).

Ce sont précisément les autres, celles qui ne bénéficient pas de l'admission temporaire que les partisans des ports francs espéraient voir développer. Par suite de notre situation économique, elles se trouvent en état d'infériorité vis-à-vis de l'étranger ; produisant trop cher, il leur est difficile, sinon impossible, d'écouler leurs produits au dehors : ce sont surtout des industries nationales. Etablies dans les zones franches, elles recevraient un très grand avantage par l'éxonération de droits de douane élevés et pourraient lutter à des conditions moins inégales contre nos concurrents, sans nuire aux fabriques similaires de l'intérieur. Telle a été la théorie soutenue jusqu'ici par les partisans des ports francs (2). C'est la seule logique. Elle a été défendue justement par la Chambre de Commerce de Marseille et par M. Artaud dans son intéressante déposition devant la Commission (3). La décision du gouvernement peut étonner, d'autant plus que les adversaires des franchises, eux-mêmes, étaient naguère du même avis. M. Jaubert a écrit dans un rapport, adopté par le Comité de l'association de l'industrie et de l'agriculture françaises : « On nous a dit que les industries. pour être tentées d'aller s'établir dans les zones, devraient remplir trois conditions.... ne pas jouir de l'admission temporaire. Ce dernier point est le seul complètement exact et nous n'y contredirons pas (4) ».

Par une bizarrerie singulière, que la commission propose heureusement de corriger, le gouvernement ne prévoit pas dans son projet la fabrication des allumettes et la manipulation des tabacs étrangers. Ce sont juste-

(1) Rapport Chaumet. Annexes, p. 72.

(2) V. par exemple la thèse Boucher (p. 103) qui reproduit les théories courantes. Cf. le projet Antide Boyer.

(3) Rapport Chaumet, p. 72 et 118.

(4) *Réforme économique*, 1901, p. 117-121.

ment deux des industries qu'on doit désirer le plus voir créer dans les zones franches, puisque leur exportation serait une richesse nouvelle pour le pays, sans nuire aux monopoles de l'État.

Une autre restriction, prévue au projet de loi, c'est que les produits fabriqués dans les ports francs porteront des marques spéciales qui les empêcheront d'être confondus avec les produits de l'industrie française. Nous verrons qu'il y a, en effet, des précautions indispensables à prendre. Mais il faut prendre garde de les trop aggraver, sous peine de mettre les industries des zones en état d'infériorité marquée et de les empêcher de vivre, ou plutôt de se créer. La Chambre de Commerce de Marseille relève même une contradiction évidente : les industries qui profitent de l'admission temporaire, les mêmes que celles des zones franches d'après le projet, n'emploient-elles pas des matières premières étrangères ? Pourquoi auraient-elles seules le droit d'apposer sur leurs produits une marque française ? (1)

En résumé, qu'on n'oublie pas dans la discussion de la loi, ou lors de la constitution des zones franches, que la création d'industries d'exportation est un des deux grands buts qu'on doit poursuivre. Qu'on n'oublie pas que les zones franches actuelles sont moins favorables à sa réalisation que les ports francs d'autrefois. Si l'on veut atteindre des résultats supérieurs à l'insuffisance de ceux qu'on peut constater à Hambourg, à Copenhague, à Trieste, à Fiume, il faut donner aux entreprises industrielles le plus de latitude qu'il sera possible, au lieu de chercher à les gêner par toutes sortes de prescriptions. Il n'y a pas à redouter de les voir pulluler ; il faut craindre de se priver complètement d'un des plus précieux avantages que puisse donner la franchise.

Il ne faut pas confondre avec les industries proprement dites les opérations « de manutention de triage, de mélange, d'assortiment et de manipulation ». Ce sont là

____

(1) Rapport Chaumet, p. 75.

des opérations d'un caractère plutôt commercial. Elles avaient déjà une grande importance dans les ports francs d'autrefois, bien que les documents n'attirent pas l'attention sur elles. Il suffirait d'en donner comme preuve le rôle des *garbelleurs* chargés autrefois, à Marseille, du triage des drogueries et des épiceries. Dans les zones franches actuelles, elles ont une activité tout autre que les industries, là où celles-ci sont autorisées ; à Brême, à Gênes, à Fiume où il n'y a pas d'industries, elles sont un des résultats les plus tangibles de la franchise. Ce n'est pas un avantage négligeable pour nos ports. Ainsi, le syndicat des négociants en cafés de Marseille a exposé à la commission parlementaire que les Génois et les Triestins leur avaient ravi une supériorité, depuis longtemps incontestée, pour l'exportation des cafés dans la Méditerranée. Le nettoyage, le lavage, le glaçage des cafés, malgré les facilités particulières d'entrepôt dont il jouit à Marseille, ne peut être opéré aussi commodément et aussi avantageusement dans ses docks que dans le deposito franco de Gênes, ou dans les magasins du punto franco de Trieste. Il faut donc se féliciter que le projet du gouvernement autorise, sans restriction, toutes les opérations de cette catégorie.

On lit dans l'exposé des motifs : « Ce qui manque à notre marine c'est un fret abondant, et, pour favoriser ce fret, il paraît nécessaire d'avoir recours aux ports francs. » C'est un avantage qui découle naturellement des deux résultats essentiels donnés par la franchise. Si l'on admet que les magasins des zones franches soient remplis de vastes approvisionnements de marchandises en entrepôt, que leurs usines ou leurs opérations de mélange donnent un nouvel essor à nos exportations, on aura ainsi trouvé une solution à l'un des problèmes qu'il importait le plus de résoudre pour assurer le développement de nos ports et de notre marine marchande. L'abondance de ce fret de sortie qui manque serait précieux, mais on ne peut se flatter de l'obtenir que si l'institution des ports francs est tentée sur la plus grande échelle, de façon qu'elle puisse produire tous ses effets.

Un autre avantage, non moins important, résulte du précédent. L'abondance du fret attire les navires. On verrait se multiplier dans nos ports les escales de bâtiments naviguant à la cueillette ou celles des lignes régulières. Ces escales procurent d'abord des bénéfices aux ports où elles ont lieu, par les droits payés, par les dépenses de toutes sortes pour le ravitaillement des navires. Ces bénéfices sont secondaires, mais il ne faut pas trop les mépriser. C'est ainsi que Marseille se félicite d'avoir vu se multiplier ces dernières années, dans son port, les escales des grands paquebots anglais qui font le service de l'Océan Indien et du Pacifique.

De plus, l'affluence des navires dans un port produit le bon marché du fret. L'ensemble du pays en profite : il paiera moins cher ses importations; il pourra étendre le cercle de ses exportations. Nos ports francs d'autrefois, Marseille surtout, ne profitaient pas de cet avantage parce que la franchise était violée pour empêcher les navires étrangers de faire librement concurrence à la marine nationale. Mais les ports francs actuels en bénéficient largement.

Autrefois, une des préoccupations essentielles des fondateurs de ports francs était d'attirer des marchands étrangers qui accroissaient leur population, les revenus et le prestige du prince, donnaient une activité nouvelle au commerce, en même temps qu'ils privaient le pays qu'ils quittaient de leur industrie et de leurs capitaux. Colbert y attachait une importance toute particulière. Livourne était l'exemple typique du port franc rempli d'une population cosmopolite. Aujourd'hui, le principe admis partout en Europe est que les zones franches ne doivent même pas être habitées. Mais la franchise peut encore produire son plein effet dans les colonies. C'est là seulement qu'on la retrouve étendue à toute une ville et même à son territoire. La population de Singapour est plus bigarrée encore que celle de l'ancienne Livourne. Kiao-tchéou, Dalny, Kouang-tchéou-Ouane, pourront présenter plus tard, dans des proportions diverses, un spectacle analogue. La franchise n'attirerait-elle pas des habitants à des centres nouveaux destinés à un grand rôle, tels que Dakar, Djibouti, Bizerte?

En France, les protectionnistes d'aujourd'hui, moins libéraux que Colbert, songent même à écarter le plus possible les étrangers des zones franches. D'après l'article 5 du projet de loi, les concessions de terrains pour l'établissement d'industries « ne pourraient être faites qu'à des Français, à des sociétés ayant dans leur conseil d'administration et de surveillance une majorité de citoyens français ou à des étrangers admis à fixer leur domicile en France. » Les préoccupations qui ont dicté cette restriction sont légitimes, mais l'activité des étrangers pourrait être, à l'occasion, un utile stimulant. Et puis, il ne faut pas perdre de vue que trop d'entraves risquent de compromettre le succès des zones franches.

Tels sont les principaux avantages que l'étude des ports francs, d'autrefois ou d'aujourd'hui, permet d'espérer de la création de zones franches. Il est cependant une expérience, faite en France même, qui rend certains esprits sceptiques au sujet de leur utilité, c'est celle du pays de Gex et de la Haute-Savoie. Le traité du 20 novembre 1815 avait fait du pays de Gex une zone franche en dehors des douanes françaises. Sous ce régime, la prospérité de ce pays périclita au point que le gouvernement de Charles X, par un arrêté du 13 octobre 1828, dut lui accorder la faculté d'importer dans le royaume, en franchise de tous droits, les produits de son sol et de son industrie.

Le traité du 24 mars 1860 a laissé, hors de nos lignes de douane, les parties neutralisées de la Savoie. Il a fallu accorder aussi des facilités d'entrée en France aux produits du sol de la zone savoisienne. Aujourd'hui qu'on s'est aperçu que la zone est d'une richesse exceptionnelle

en houille blanche, les industriels se sont sentis profondément gênés, dans leurs tentatives ou leurs projets d'utilisation de cette force nouvelle, par le régime douanier
qui exclut leurs produits du marché national. La Chambre de Commerce d'Annecy, saisie de leurs doléances,
sollicite, depuis 1899, un règlement particulier pour les
industries de la zone. Les commissions des douanes et du
budget ont accueilli favorablement ces revendications et
adopté, en mars 1902, un projet de loi qui permettrait,
moyennant certaines conditions, aux produits fabriqués
dans la zone, d'être importés en France sans payer de
droits.

Il est bien certain que le régime des zones ne les a pas
toujours favorisées, mais l'exemple ne prouve rien contre
les ports francs, parce qu'il n'y a pas du tout similitude
de situation. En Savoie, les habitants sont désavantagés
pour la vente de tous leurs produits au dehors. Cet inconvénient n'est pas toujours compensé par les facilités qu'ils
ont pour leurs achats. Si la Suisse n'était pas heureusement un pays de bon marché, l'inconvénient aurait sur-
passé de beaucoup les avantages. Comme compensation,
les Savoisiens n'ont aucun des bénéfices qu'on peut espérer pour les zones franches des ports : servir de grands
entrepôts, attirer chez elles un vaste mouvement d'affaires,
recevoir à bon compte les matières premières pour leurs
industries.

Les ports francs, disent encore les adversaires, sont-ils
si utiles puisque, de tout temps, ils ont été très rares ? De
grands pays, dont le rôle commercial est de premier
ordre, comme l'Angleterre, la Hollande, la Belgique, n'en
ont jamais fait l'essai. Tout au moins, ne peut-on en conclure qu'il n'y a pas urgence à adopter une institution si
peu générale ? L'objection a déjà été faite quand on a
discuté le maintien des anciens ports francs, en 1790. La
réponse est bien simple. L'utilité des ports francs dépend
nécessairement du régime et de la situation économique
du pays. L'Angleterre n'a pas eu besoin jusqu'ici d'avoir

recours à des mesures spéciales pour donner de l'essor à son commerce ; des causes puissantes l'ont favorisé. D'ailleurs, son système douanier est tellement libéral que tous ses ports peuvent être considérés presque comme de véritables ports francs.

Les progrès de Rotterdam, d'Anvers, s'expliquent aussi par des conditions économiques très favorables. Ces ports sont les débouchés uniques de pays riches. En outre, par le Rhin, par des canaux, par des chemins de fer aux tarifs réduits, ils attirent à eux le trafic d'une partie de l'Allemagne et de la Suisse. Les navires qui les fréquentent paient des taxes légères, les frais de chargement et de déchargement sont moins lourds qu'à Hambourg et que dans les grands ports anglais. Les négociants bénéficient de taux de fret très réduits. Le régime douanier de la Belgique et de la Hollande, beaucoup moins libéral que celui des Anglais, l'est beaucoup plus que le nôtre. Un certain nombre d'articles, lourdement taxés en France, spécialement les denrées alimentaires, ne paient pas de droits. Les droits sur les bois du Nord sont si peu élevés qu'Anvers a pu en devenir le grand marché.

Cependant, les tendances de plus en plus protectionnistes de la Belgique inquiètent depuis quelques années les Anversois. M. Charles-Roux a signalé le premier qu'à la date du 16 mai 1896 la Chambre de Commerce d'Anvers avait pris une délibération pour réclamer l'application du régime de la franchise. M. Chaumet a pu citer dans son rapport une intéressante brochure d'un Anversois, qui conclut à la nécessité de « l'extension du port d'Anvers et de sa conversion en un port franc (1) ».

En France, tout conspire pour rendre le commerce difficile : la situation précaire de l'industrie et de l'agriculture, les tarifs douaniers, la rareté des navires et du fret et la cherté de celui-ci, les droits de port élevés, les frais de chargement, etc. S'il est un pays pour lequel les ports francs seraient nécessaires, à supposer qu'on les

____

(1) Rapport Chaumet, p. 9.

juge utiles, pour donner de l'essor à quelques-uns de ses ports, c'est bien la France.

En dehors des causes générales qui gênent le développement de notre prospérité, le commerce est particulièrement entravé par notre protectionnisme. On a souvent répété que la franchise était comme une soupape de sûreté nécessaire à ce régime de compression. Cela est vrai. L'institution s'est développée au XVIIe siècle, en même temps que le colbertisme ; elle renaît aujourd'hui avec le néo-protectionnisme. Il est tout naturel que l'Allemagne, où le parti agraire est si protectionniste, en ait fait la première le nouvel essai. Pourtant on peut remarquer que beaucoup de ports francs d'autrefois, et de ceux d'aujourd'hui, ont dû leur franchise en même temps aux traditions de leur passé. Pour Marseille, Dunkerque, Bayonne, Messine, elle fut la consécration de libertés anciennes. Pour Hambourg, Brême, Gênes, Trieste, Fiume, elle est aujourd'hui une compensation à des libertés perdues.

Mais est-il bien juste de parler de la nécessité de remédier aux maux du protectionnisme ? On l'a contesté chiffres en mains. « Il n'est pas vrai de dire que le régime douanier de 1892 ait été une cause de décadence pour nos ports », écrivait M. Domergue dans la *Réforme Économique* du 29 septembre 1901. Notre exportation par mer, de 4.790.000 tonnes en 1892, passait à 6.521.000 tonnes en 1900. En 1892, le tonnage des navires ayant fréquenté les ports français était de 22.282.000 tonneaux de jauge ; il s'est élevé, depuis, à 31.245.000, pour l'année 1900. Marseille n'est pas en décadence, affirment les chambres de commerce d'Armentières et d'Elbeuf, on constate une augmentation de tonnage de 30 o/o dans son port depuis 1892. « Il est absurde de parler de la diminution du trafic commercial de Bordeaux et de la décadence de son port », s'écrie à son tour l'Association syndicale des viticulteurs-propriétaires de la Gironde.

Non, sans doute, ni la France ni ses ports n'en sont déjà à voir diminuer leur commerce, pas plus que nous ne voyons diminuer notre population. Mais, qui songerait à se réjouir des progrès de celle-ci? C'est par comparaison avec ses voisins qu'il faut juger de la situation d'un pays. Comme le constate M. Chaumet, dans la décade 1891-1901 nos exportations n'ont augmenté que de 552 millions, tandis que l'Angleterre en a gagné 1.420, l'Allemagne 2.127, les États-Unis 2.304. Encore notre augmentation vient-elle, pour une large part, de nos échanges avec les colonies. Que ceux qui se déclarent satisfaits lisent les rapports de nos consuls, ceux des consuls étrangers, depuis vingt ans, ils y verront enregistrée, chaque année, l'invasion progressive de tous les marchés par nos concurrents. Pensent-ils donc que le mot de péril allemand, de péril américain, soient vides de sens? En vérité, il est inutile d'insister. Qu'on conteste les causes de notre marasme commercial, mais qu'on ne nie pas son existence.

Admettons donc l'utilité théorique des franchises et même leur convenance toute particulière pour la situation économique de la France. Mais n'avons-nous pas, déjà, dans notre organisation douanière si savante, des institutions plus modernes et plus perfectionnées qui nous permettent d'obtenir les mêmes avantages, sans revenir à l'institution surannée des ports francs? Oui, affirme-t-on. « A l'époque où Marseille et Dunkerque étaient ports francs, dit la Chambre de Commerce de Beauvais, il n'y avait ni entrepôt, ni admission temporaire... Le régime des entrepôts est indéfiniment perfectible... il peut donner les mêmes avantages que les ports francs, puisqu'il permet d'opérer *librement* toutes les manipulations, tous les mélanges pour lesquels on réclame la franchise absolue des droits, et il a sur les ports francs l'avantage d'être à la portée de toutes les régions et non pas seulement d'une région privilégiée (1). »

(1) Cf. Chambre de Commerce de Lille : « Avec le système des entrepôts et celui des admissions temporaires, dont nous réclamons le maintien malgré les critiques qu'il provoque..., nous ne voyons pas ce que notre pays aurait à gagner à l'établissement des ports francs. »

Il y a là deux graves erreurs à redresser. Le régime de l'entrepôt n'était pas inconnu autrefois. C'est précisément Colbert, le créateur de nos ports francs, qui l'a établi en France par la fameuse ordonnance de 1664. Il existait aussi en Toscane à côté du port franc de Livourne.

Quant à dire que ce régime donne au commerce les mêmes libertés que la franchise, toute l'histoire proteste contre une pareille affirmation, qu'il est à peine besoin de réfuter. Les gens des ports francs considéraient autrefois les entrepôts comme un pis aller. C'est bien malgré eux, par exemple, qu'on soumit les Marseillais aux obligations de l'entrepôt réel pour certaines marchandises, objets d'un monopole, telles que le tabac, le café. Lors des discussions sur les ports francs en 1790-91, en 1814, plus tard encore en 1840, on a fait ressortir avec force l'insuffisance de l'entrepôt pour donner toute liberté au commerce (1). Tous les négociants qui ont à en user aujourd'hui savent bien quelle gêne, quels ennuis, leur causent les règlements, la surveillance de la douane, dans les entrepôts. M. Redier n'exagérait guère quand il écrivait récemment : « Ce sont en vérité des régimes de tolérance parfaitement intolérables. » Qu'on perfectionne les entrepôts, le négociant y restera toujours réglementé, surveillé, gêné. Ce serait déjà un grand perfectionnement que la liberté d'y opérer des manipulations et des mélanges, car elle n'existe pas actuellement, sauf à Marseille et à Bayonne, qui jouissent depuis 1817 de faveurs spéciales. L'admission temporaire est une institution précieuse, mais elle offre deux graves inconvénients : elle est restreinte et elle est précaire. Or, les efforts des protectionnistes tendent sans cesse à en limiter de plus en plus la concession.

D'ailleurs, l'exemple de nos voisins n'est-il pas la meilleure preuve que les ports francs ne font pas double emploi avec le système de l'entrepôt et de l'admission ? Partout, en Allemagne, en Autriche, en Danemark, nous

---

(1) V. ci-dessus chap. 4. — Cf. Berteaut. *Marseille et les intérêts.* . t. I⁽ʳ⁾, p. 266-67.

les avons vus fonctionner en même temps. C'est à Hambourg, où les franchises sont le plus étendues, que les autres libertés sont aussi plus complètes. « Pour nous, écrivait récemment M. Jaubert, dans son rapport à l'Association de l'industrie et de l'agriculture françaises, l'éloge des entrepôts n'est plus à faire. La science économique les considère comme un progrès considérable sur le système des ports francs, et c'est en partie au nom de leur maintien que nous avons manifesté une improbation de l'idée des zones franches. » Les entrepôts n'ont pas été créés pour remplacer les ports francs et n'ont pu constituer un progrès sur un système démodé. Mais, que leurs admirateurs se rassurent; les partisans des zones franches tiennent autant qu'eux, non seulement à leur maintien, mais à leur perfectionnement. Donner plus d'extension à ces libertés, en même temps que nous créerions les zones, serait une solution à laquelle ils applaudiraient de grand cœur. Les commerçants et les industriels ne se plaignent jamais d'être trop débarrassés d'entraves.

Enfin, une dernière objection a été faite au sujet des résultats à attendre des zones franches. Les espérances sont illusoires parce que leur création serait prématurée. « Avant de créer des ports francs, il faut outiller nos ports, rendre nos rivières navigables, creuser des canaux, mettre nos ports en communication facile avec l'intérieur du territoire. » Cette thèse a été soutenue en particulier par le Comité central des armateurs de France, dans un rapport des mieux étudiés. Elle ne manque pas de justesse. Nous avons répété que les franchises sont impuissantes par elles-mêmes à créer un grand commerce; elles ne peuvent rendre de grands services que dans des ports déjà favorisés. Mais ces exemples, tels que ceux de Bayonne, de Trieste, de Fiume, montrent aussi que, même dans des conditions défectueuses, elles sont loin de rester inefficaces. La conclusion est qu'il ne faut pas craindre d'envisager, à la fois, tout ce que nous avons à faire. La réalisation de grands travaux publics pour améliorer et outiller nos ports, créer des voies de communication moins coûteuses, est urgente ; elle est évidemment plus nécessaire que l'établissement des zones franches. S'il y avait un choix à faire, il n'y aurait pas à hésiter, mais rien n'oblige à le faire. L'organisation des zones est chose plus rapide à réaliser : quand les 300 millions de travaux du programme Baudin, et d'autres encore, auront été effectués, l'activité des ports francs en recevra une impulsion nouvelle.

L'expérience prouve donc les avantages indéniables des franchises. Ils ne sont pas médiocres comme l'ont trop répété les adversaires : pour des ports favorisés, ils peuvent devenir très considérables. S'il n'est plus permis d'espérer les mêmes brillants résultats que par le passé, il est injuste de juger, dès maintenant, l'essai nouveau des zones franches, dont les plus anciennes datent à peine de 15 ans. Il n'est pas téméraire d'avancer qu'elles commencent à peine à porter leurs fruits. L'expérience prouve encore que les franchises ne peuvent être remplacées par des institutions telles que les entrepôts et l'admission temporaire. Enfin, la situation économique de la France réclame, peut-être plus que celle de tout autre pays, un essai loyal des zones franches.

CHAPITRE XVI

Leçons du Passé et du Présent : II. *Les franchises
et les intérêts nationaux.*

Les avantages des franchises, importants surtout pour
les ports qui les posséderont, seront-ils achetés au prix
de graves inconvénients pour le pays tout entier? Tel est
le grave problème qui reste à examiner. Aujourd'hui,
comme autrefois, les adversaires des ports francs oppo-
sent aux intérêts particuliers de ceux-ci les intérêts nationaux qu'ils déclarent tout à fait contraires. C'est au nom
de l'intérêt général que les ports francs furent supprimés
en France, en Italie, en Autriche, en 1794, 1866, 1891. Il
est vrai qu'ils furent sacrifiés plus encore au nom de
l'unité nécessaire, de l'égalité des droits et des charges
entre les citoyens.

Ce qu'on a toujours reproché aux ports francs, c'est de
porter un tort grave aux industries nationales. L'objection
n'est pas présentée absolument de la même manière
aujourd'hui qu'autrefois.

Les ports francs, disait-on à la fin du xviiie siècle,
encouragent les industries étrangères de deux façons.
D'abord, des étrangers établis sur leur territoire peuvent
installer des fabriques empêchant les nationaux de les
créer dans le pays. Mais on n'insistait guère sur cette
première accusation, parce qu'elle était trop démentie
par les faits. Si des étrangers avaient profité des franchises pour fonder des manufactures, c'était toujours
des industries nouvelles qu'ils avaient introduites, on
n'avait donc qu'à s'en féliciter. C'est ce qu'on pouvait
vérifier à Livourne. Quand le Génois Monfredini avait
été attiré à Marseille pour y installer sa manufacture de
soieries, il n'avait porté tort qu'à sa patrie. Il faisait

d'ailleurs exception : on peut dire que, dans l'ancien port franc de Marseille, toutes les industries étaient françaises.

Les protectionnistes d'aujourd'hui n'insistent pas davantage sur ce premier danger. Quelques chambres de commerce ont cependant cru devoir le signaler. « L'industrie étrangère, écrit celle de Clermont, viendra s'implanter dans les zones franches avec sa main-d'œuvre étrangère et son outillage étranger et fera une concurrence redoutable à nos produits nationaux. » (1)

Cette crainte paraît, au premier abord, assez vaine, car des Anglais ou des Allemands, qui voudraient faire concurrence à nos produits sur les marchés du dehors, seraient au moins aussi bien placés chez eux pour les fabriquer. Autrefois, des étrangers auraient eu beaucoup plus d'avantages à créer des manufactures dans les ports francs, parce que ceux-ci écoulaient en partie leurs produits sur le marché national. Si l'on accorde aux futures zones franches des facilités pour l'importation, on pourrait ne les accorder qu'aux produits fabriqués dans des usines françaises.

En fait, aucune des zones franches qui fonctionnent n'a attiré par ses avantages des industriels étrangers. Il est donc permis de penser que le gouvernement a fait une concession inopportune en mettant dans l'article 5 de son projet de loi des restrictions à l'établissement des étrangers dans les zones. La crainte d'un danger qui paraît peu menaçant pourra priver les zones d'un utile élément d'activité.

Le grand grief qu'on reprochait autrefois aux ports francs c'était la contrebande. Grâce à elle, disait-on, les produits des manufactures étrangères inondent le territoire. Il est incontestable que l'accusation fut très exagérée. Elle fut toujours mal prouvée, combattue énergiquement, même par des gens complètement désintéressés comme Ferrier, ancien directeur des douanes, sous le

(1) Cf. Chambres de Besançon, de Saint-Quentin.

Consulat. On peut remarquer, à ce sujet, que les jugements variaient suivant le courant de l'opinion. En 1790, celle-ci réclamait impérieusement l'égalité, l'abolition des privilèges ; on trouvait aux ports francs tous les défauts. Vers 1800, on niait ou on atténuait ceux-ci, parce qu'il y avait un retour aux anciennes institutions. Quelles qu'aient été les exagérations des accusations, on ne peut nier, cependant, qu'en tout temps et partout les anciens ports francs n'aient été le centre d'une active contrebande.

Beaucoup d'esprits sont hantés par ces vieux souvenirs et les protectionnistes en profitent pour nous menacer encore du péril de la contrebande inévitable (1). Ils vont même jusqu'à dire que les méfaits de celle-ci seraient beaucoup plus désastreux qu'autrefois. La Chambre de Commerce de Châlons-sur-Marne, suivie par d'autres, a écrit : « Si les franchises ont été abolies en l'an III, par la raison qu'elles facilitaient la fraude et la contrebande, que n'aurions-nous pas à redouter aujourd'hui... alors que les droits de douane sont beaucoup plus élevés qu'à la fin du siècle dernier. »

Cette double affirmation n'est qu'une double erreur : la suppression des franchises a eu des causes autrement décisives ; les prohibitions d'autrefois offraient aux fraudeurs une prime que nos droits protecteurs actuels, relativement modérés, sont loin de leur donner. Cependant, les bénéfices de la contrebande restent encore très alléchants. Mais, ce qui doit rassurer les esprits timorés, c'est que les zones franches présenteront autant d'obstacles à la contrebande que les ports francs d'autrefois lui donnaient de facilités. La surveillance de la douane, la nuit, autour des grilles d'une enceinte peu étendue et inhabitée, sera non seulement possible, mais n'offrira aucune difficulté. D'ailleurs, les faits sont là pour calmer les

(1) Chambres de Commerce d'Armentières, Béthune, Bolbec, Châlons-sur-Marne, Clermont, Dijon, Elbeuf, Lille, Orléans, Périgueux, Saint-Quentin, Tourcoing. — Association de l'industrie et de l'agriculture françaises (M. Carmichael) ; Syndicat des négociants de l'Ain.

craintes : les ports francs actuels ne donnent lieu à aucune plainte chez nos voisins.

On a parlé de la quantité considérable de marchandises étrangères introduites par la zone savoisienne. Mais il faut remarquer, une fois de plus, que celle-ci n'a guère que le nom de commun avec une zone franche de port. Sur sa frontière étendue, la contrebande est faite dans les mêmes conditions que sur les frontières douanières voisines. De 1896 à 1899, sur un point spécial, ce honteux trafic avait pris, en effet, un développement inquiétant, mais par suite de circonstances accidentelles et non sous l'influence de la franchise. Il n'y a donc aucune raison valable de tirer argument des souvenirs du passé.

Les défenseurs de l'industrie nationale présentent aujourd'hui deux nouveaux griefs qu'on ne formulait pas autrefois. Les industries de l'intérieur se trouveront dans des conditions désavantageuses pour lutter contre la concurrence de celles des zones franches. Ne pouvant fabriquer à des prix aussi bas, elles ne pourront plus exporter et seront réduites au marché national. Entraînés par leur imagination, les plus timorés vont plus loin encore. Les usines de l'intérieur acculées à la ruine seront peu à peu fermées, les fabricants émigreront vers les zones, où sera concentrée toute la vie industrielle de la France. On ne peut s'empêcher de sourire de ces exagérations. Voit-on les industries françaises contenues dans quelques enceintes de quelques dizaines d'hectares? Mais l'objection, en elle-même, est sérieuse ; les craintes des nombreuses chambres de commerce (1), qui ont demandé l'interdiction de tout travail industriel dans les zones, méritent d'être examinées de près.

Chose curieuse, ce sont les partisans des ports francs eux-mêmes qui, par leurs exagérations premières, ont

(1) Amiens, Armentières, Béthune, Bolbec, Châlons-sur-Marne, Clermont, Douai, Lille, Orléans, Périgueux, Perpignan, Saint-Etienne, Saint-Quentin, Le Tréport, Troyes. — Association de l'industrie et de l'agriculture françaises, (*Réforme économique*, 1901, p. 117).

contribué à leur donner plus de force. A les en croire, les terrains des zones allaient aussitôt se couvrir d'usines prospères, fournissant à nos exportations une masse de produits. Ils disaient bien qu'il s'agissait d'industries nouvelles, mais quelle garantie en donnaient-ils? N'émettaient-ils pas cette théorie qu'il y aurait, désormais, deux grandes catégories d'usines, les unes dans l'intérieur, travaillant surtout pour le marché national, les autres dans les zones, alimentant surtout l'exportation? N'invitaient-ils pas cavalièrement ceux des industriels qui luttent avec tant de difficultés contre leurs concurrents étrangers, pour maintenir leurs exportations, à venir s'établir dans les zones, ou tout au moins à y créer des annexes?

Des adversaires se sont chargés de rabattre leur enthousiasme, en montrant que l'essor industriel dans les zones ne serait pas aussi grand qu'on l'espérait. Cette argumentation tendant à prouver que les espérances des uns étaient illusoires, fait voir tout au moins que les craintes des autres sont très exagérées. « On nous permettra, dit la Chambre de Commerce de Lille, de douter que l'industrie française qui n'a pu, malgré les primes si importantes offertes aux constructeurs de navires, lutter contre la concurrence anglaise et allemande, puisse trouver une grande prospérité du seul fait de l'exonération des droits de douane sur les matières premières. » La Chambre du Havre professe le même scepticisme et l'étend aux autres industries.

Cette opinion est certainement beaucoup plus près de la vérité. Ce qu'il faut redouter, ce n'est pas que les zones franches se couvrent d'usines rivales de celles de l'intérieur, c'est qu'elles en restent vides. Comme contre partie à l'avantage de ne pas payer les droits sur les matières premières, les zones franches offrent toute une série d'inconvénients. L'espace y est très mesuré; on ne peut espérer trouver, autour de nos grands ports, les centaines d'hectares disponibles à Hambourg, en face de la ville. Tous n'auront certainement pas dans leur zone 10 hectares de terrains réservés à des usines en dehors des surfaces d'eau, de quais, de magasins. Or, les grandes industries actuelles, métallurgiques, textiles, chimiques, exigent, pour un seul établissement, de grandes superficies.

Par suite de leur exiguïté et de leur situation même les terrains sont chers dans les zones; les salaires y sont plus élevés à cause de l'assujettissement des ouvriers à ne pas y loger et à ne pas y consommer, sauf dans des cantines peu nombreuses, dont les prix ne seront certainement pas aussi bas qu'au dehors. Ajoutons qu'ayant une exploitation plus coûteuse l'industriel n'est pas assuré de l'avenir, si un minimum de durée d'existence n'est pas assuré à la zone ; ou bien la loi ne lui assurera qu'un avenir limité, dans la durée duquel il devra amortir son capital. Les règlements particuliers de la zone, quelque libéraux qu'ils puissent être, sont une gêne ; le travail de nuit n'y est pas libre. Enfin, si l'on admet que la loi lui accorde la possibilité et même des facilités pour introduire ses produits sur le marché national, l'industriel de la zone est toujours moins favorisé, pour importer, que celui de l'intérieur pour exporter. C'est là une infériorité capitale, sur laquelle nous aurons à revenir, celle qui détournera le plus grand nombre d'industriels de tenter des établissements dans les zones.

Tous ces inconvénients seront certainement un empêchement majeur pour toutes les industries pour lesquelles les droits sur les matières premières sont très faibles, ou qui jouissent de l'admission temporaire. C'est pourquoi l'autorisation accordée pour celles-ci, par l'article 6 du projet de la Commission, restera sans doute une concession purement platonique. Les industries qui auront intérêt à profiter des zones ce sont celles qui ont à payer des droits élevés sur les matières premières, celles dont les produits, trouvant peu d'écoulement au dedans, auraient des marchés assurés au dehors, celles, comme le remarque la Chambre de Commerce de Paris, pour lesquelles les questions de transport jouent un rôle prépondérant; c'est dire que les zones favoriseront un nombre très limité d'industries spéciales, qui n'existent pas, ou sont mal placées, en France.

Au reste, l'expérience est là pour confirmer ces raisonnements. Autrefois, les ports francs offraient aux manufactures bien plus d'avantages que les zones ; c'est pourquoi Marseille devint une ville industrielle de premier ordre. Mais, nous l'avons constaté et le fait est précieux à rappeler, ses progrès ne furent pas du tout ruineux pour les industries provençales, ni pour les manufactures du Languedoc, bien que les deux provinces fussent obligées de recevoir par son intermédiaire les matières premières qu'elles transformaient.

Aucun des ports francs actuels ne présente de vie industrielle active. Partout, à Hambourg, à Copenhague, comme à Trieste et à Fiume, tandis que les bassins, les quais, les magasins sont souvent insuffisants, une partie, souvent la plus grande, des terrains réservés à des usines restait inoccupée. Les industries dont on dresse la liste ne sont souvent que des manipulations d'un caractère plus commercial qu'industriel. En dehors des chantiers de construction de Hambourg, qui vivraient aussi bien sans la franchise, aucune zone franche actuelle ne renferme une seule grande usine appartenant à la grande industrie. De plus, au lieu que ces usines des zones portent tort à celles qui sont placées en territoire douanier, on peut dire, sans paradoxe, que ce sont celles-ci qui empêchent l'essor des autres. Tandis que les terrains des zones restent vides, n'a-t-on pas vu depuis quinze ans les faubourgs de Hambourg, de Trieste, de Fiume se couvrir d'usines ?

Tout permet donc d'assurer qu'il y a beaucoup de chimère dans les craintes de nos industriels. Il faut le répéter : qu'on redoute plutôt l'absence d'industries dans les futures zones franches, si on veut leur imposer trop d'entraves, ou en exclure d'office un trop grand nombre, celles-là même qui pourraient en profiter. Si l'existence et le développement de nos industries ne sont en rien menacés, toutes les objections qui en découlaient sont du même coup ruinées. Qu'on ne parle plus des compagnies de chemin de fer perdant une grande partie de leurs transports, des compagnies houillères privées de leurs clients (1).

L'autre nouveau grief, invoqué par ceux qui parlent au nom des intérêts de nos industries, est dirigé, non plus contre les usines des zones, mais contre les manipulations et mélanges de produits qui y sont opérés. L'absence de surveillance de la douane sur ces opérations encourage la production et l'exportation de produits frelatés et sophistiqués. Il y va de la renommée de nos marques et de nos produits à l'étranger. Réputés jusqu'ici par leur supériorité, qui engage encore les étrangers à les acheter, ils seraient bientôt disqualifiés ; ce serait alors la ruine totale de l'exportation française. En se plaçant à un point de vue plus élevé, il y a une question de moralité à ne pas encourager des pratiques courantes dans les ports francs.

Cet argument est peut-être celui qui a été le plus reproduit, on peut dire ressassé, par les adversaires des ports francs (2). C'est aussi celui qui a peut-être le plus porté, parce qu'on ne s'est pas borné ici à faire des hypothèses, on a invoqué des faits, on s'est appuyé sur l'exemple des

(1) De même, les craintes exprimées par certaines industries, telles que la verrerie de bouteilles et la fabrication des toiles d'emballage ou des sacs de jute, n'ont plus de raison d'être. A supposer même que les embouteillages dans les zones et les emballages seraient faits avec des bouteilles ou des sacs étrangers, ce qui n'est pas inévitable, ces deux industries conserveraient leurs débouchés en France. M. Artaud a très bien montré, dans sa déposition devant la Commission parlementaire, que les doléances des verriers n'étaient pas fondées.

(2) Chambres de Commerce d'Amiens, Armentières, Belfort, Bolbec. Châlons-sur-Marne, Cholet, Dijon, Elbeuf, Lille, Périgueux, Saint-Quentin, Le Tréport, Tourcoing. — Association syndicale des viticulteurs propriétaires de la Gironde. — Association de l'industrie et de l'agriculture françaises. Dépositions Ponnier et Jouet Pastré.— Chambre syndicale des mécaniciens, chaudronniers et fondeurs de Paris. — Société d'économie politique nationale (*Réforme économique*, 1901. p. 293. Cf. p. 109-111).

récentes zones franches. Voyez, nous dit-on, ce qui se passe à Hambourg pour les vins et les cognacs ; et l'on répète les chiffres fournis par M. Aftalion dans la très intéressante étude qu'il a consacrée au Freihafen. Mais, en vérité, il n'y a rien d'inattendu, ni d'effrayant, dans ces révélations de faits bien connus. Il est bien évident que des opérations analogues à celles qu'on a relevées à Hambourg seraient pratiquées dans nos zones franches, et même qu'elles y auraient plus d'ampleur, au grand bénéfice de notre commerce. On peut même ajouter que déjà des industriels français ont su profiter des quelques facilités qui leur sont laissées pour faire concurrence aux Hambourgeois, et pour expédier à la côte occidentale d'Afrique, ou à d'autres clients, plus exigeants pour leur bourse que pour leur palais, des cognacs et des liqueurs à des prix d'un bon marché invraisemblable, sans qu'il y entre aucune substance nocive.

Que penser de ces opérations? Il faut être quelque peu naïf, ou ignorant de ce qu'on voit tous les jours autour de soi, pour s'en indigner à l'excès. La préoccupation de nos producteurs pour sauvegarder leur réputation à l'étranger est légitime. Mais on ne peut s'empêcher de faire une réflexion. Pourquoi ne nous ont-ils pas fait bénéficier depuis longtemps, nous Français, de cet honorable scrupule? Quel est le consommateur qui ne sait que les Saint-Emilion, les Saint-Estèphe, les Saint-Julien, les Sauterne, les Pommard, ou autres grands crus, servis dans les restaurants ou les hôtels, n'ont trop souvent qu'un rapport un peu lointain avec les vignobles qui les produisent ? Des Champagne à 1 fr. 90 ne portent-ils pas des étiquettes pompeuses? On cite l'exemple des rhums de Hambourg, mais qui a la prétention de boire des rhums d'origine? Nos planteurs des Antilles ne cessent de se plaindre de la concurrence que leur font les rhums d'Europe. N'en est-il pas de même des cognacs? Ce nom générique est usurpé souvent par d'abominables mixtures, et la différence ne doit pas être bien grande entre le neger schnaps et le cognac servi dans certains des bars de nos villes. N'y aurait-il pas souvent de l'indiscrétion à révéler le véritable état-civil des huiles d'olive vierges qui figurent sur nos tables? Tout cela existe au vu et au su de tout le monde et les exemples pourraient être multipliés indéfiniment. Qu'ont fait les producteurs jusqu'à présent pour empêcher toutes ces sophistications?

La vérité est que la fraude et la contrefaçon sont une des plaies de l'industrie et du commerce actuel dans tous les pays. Elles sont une conséquence, pourrait-on dire, de la démocratisation du luxe, de la facilité des communications, de l'accroissement énorme de la consommation, de l'ardeur de la concurrence. Les zones franches ne créeraient donc pas le mal; on ne peut même dire qu'elles donneraient plus de facilités à ces pratiques.

On l'a remarqué, en effet, très justement, la franchise ne crée, à cet égard, aucun privilège aux zones. La douane n'y exerce pas sa surveillance, mais toutes les lois y restent applicables. Leur enceinte n'est pas du tout un asile inviolable par ceux qui sont chargés de veiller au respect de leurs prescriptions. « Tous les délits, sans exception, y sont punissables, depuis le vol, dont la contrefaçon est une des formes, jusqu'à l'assassinat (1) ». Rien ne s'opposerait donc à ce que les autorités allemandes, à Hambourg, par exemple, empêchassent l'expédition, sous le nom de Bordeaux, de mélanges de vins portugais, espagnols ou autres. C'est tout à fait à tort que les adversaires des franchises ont répété que la fraude avait son principal centre dans le Freihafen « à cause des facilités que donne la législation ». Il aurait fallu dire, à cause des facilités douanières. C'est pour ne pas payer les droits sur les alcools étrangers, russes principalement, que la fabrication des cognacs et rhums est faite dans le port franc ou dans les trois *usines cadenassées* de Hambourg qui jouissent du même privilège; elles n'y trouvent pas d'autre avantage. A mesure que l'emploi de l'alcool allemand pour cette fabrication se répand, rien n'em-

(1) Redier. *Rev. polit. et parlem.*, p. 15-16,

pêche qu'elle prenne du développement à Hambourg et ailleurs. En fait, le Freihafen n'est, dès à présent, que le principal, mais non le seul exportateur de ces produits (1).

La vérité est qu'en Europe il y a répression sévère et efficace pour la contrefaçon des marques ; on peut dire qu'il n'y en a pas, ou trop peu, pour les tromperies sur la nature des produits. Si les producteurs, aussi intéressés que les consommateurs à ce que le commerce devienne plus moral, sortent de leur léthargie pour défendre la réputation de leurs produits, il faut applaudir des deux mains. L'association syndicale des viticulteurs propriétaires de la Gironde a fait à la commission parlementaire la déclaration suivante : « Pour ramener la prospérité, il faudrait relever les prix. Pour cela, il n'y a qu'un moyen, c'est de rétablir la confiance chez le consommateur en la justifiant par la loyauté de nos pratiques vinicoles et commerciales. » On ne saurait mieux dire. Mais qu'on ne témoigne pas autant d'indignation pour les sophistications opérées dans les zones que d'indulgence ou d'indifférence pour celles qui sont faites au grand jour, dans l'intérieur. La moralité n'y gagnerait rien et notre commerce y perdrait beaucoup, pour le grand profit de nos concurrents.

Quant à la réputation de nos marques et de nos produits, il faut bien se persuader qu'elle ne serait aucunement atteinte par l'exportation des produits des zones. Ceux-ci s'adresseront à une clientèle spéciale, de plus en plus nombreuse malheureusement pour nos producteurs, qui n'apprécie que le bon marché, sans se préoccuper de la qualité ou sans être capable de la reconnaître. La clientèle de luxe que nous possédons, dans les classes riches de tous les pays du monde, les connaisseurs, ignoreront même ces produits inférieurs ; ils savent quelles sont les bonnes marques et ne s'en laisseraient pas donner d'autres par leurs fournisseurs. Ceux-ci se garderont bien,

____

(1) Cf. ci-dessus, chap. 9, p. 258.

pour cette clientèle, de faire leur provision de rhum ou de cognac dans la zone franche de Hambourg, de crus du Médoc, de Bourgogne ou de Champagne, dans celle de Bordeaux.

Le Syndicat du commerce en gros des vins et spiritueux de la Gironde a dit à la commission parlementaire : « Nos liqueurs de marque ont une réputation universelle. Cependant, nos grands liquoristes sont les premiers à demander que la liqueur d'exportation puisse être faite dans les ports francs, parce qu'ils ne redoutent de là aucune concurrence pour leurs produits supérieurs et prévoient, au contraire, un accroissement d'affaires pour les produits secondaires. » Tel est le véritable point de vue. Les industriels ont besoin de se pénétrer de la nécessité de plus en plus grande de produire à bon marché pour la grande masse des clients exotiques.

Conservons précieusement nos produits et notre clientèle de luxe, mais usons de tous les moyens qui s'offrent à nous pour pouvoir fournir aussi la clientèle du bon marché. L'exemple de Hambourg montre que les zones franches sont un des moyens les plus pratiques. Comme l'a remarqué la Chambre de Commerce de Besançon : « l'argument tiré de la statistique de ce port, et qui sert de grand cheval de bataille aux opposants, prouve donc contre et non pour les adversaires des zones franches ».

Ainsi, l'objection relative aux sophistications n'a pas du tout la valeur qu'on lui a prêtée. Avec les précautions proposées par le gouvernement ou par la commission, aux articles 10 et 12 du projet de loi, les craintes formulées n'ont plus aucune raison d'être. Mais, en retour, il y a à redouter que des précautions exagérées ne soient funestes à la prospérité des zones. Si on s'ingénie à disqualifier les produits de celles-ci, où trouveront-ils des acheteurs ?

Les ports francs ont surtout excité des craintes pour l'avenir de nos industries ; cependant, on a pu en exprimer aussi pour notre agriculture, particulièrement pour nos vins. L'Association syndicale des viticulteurs-propriétaires de la Gironde l'a fait avec force et ses arguments ont été reproduits par diverses chambres de commerce, telles que celles de Carcassonne et de Châlons-sur-Marne. L'invasion des vins et des alcools étrangers dans les zones ruinerait l'exportation et, par suite, la viticulture française. Le Syndicat du commerce en gros des vins et spiritueux de la Gironde, le Syndicat national du commerce en gros des vins, spiritueux et liqueurs de France, la Chambre de Commerce de Bordeaux, ont essayé de prouver, non seulement que ces craintes étaient vaines, mais que les coupages de vins étrangers avec les nôtres ne pouvaient que favoriser l'exportation de nos vins de médiocre qualité, prévenir l'accumulation des stocks en France et la mévente. M. Artaud est venu apporter à cette théorie, devant la Commission parlementaire, l'appui de sa compétence particulière. « Le vin commun, a-t-il dit ingénieusement, est un parent pauvre dont on rougit en France... Comme les cadets des anciennes familles à qui nous devons la colonisation ancienne, il sert de propagateur aux vins bordelais dans tous les pays qui s'ouvrent à la consommation du vin ; il fait la culture du palais et, dans les pays ouverts à cette consommation, il maintient le goût du vin dans les périodes critiques ». De même, les spiritueux à bas prix ouvrent la voie aux liqueurs de marque (1).

Aucun des exemples du passé, ni du présent, ne nous fournit d'éclaircissement sur ce point. Nous n'aurions donc pas à y insister, si on n'avait invoqué de part et d'autre une expérience récente faite en France, celle des entrepôts spéciaux, qui ont fonctionné à Bordeaux, à Cette et à Marseille, de 1893 à 1899. Des vins étrangers y étaient admis en franchise pour être mélangés à des vins français, jusqu'à concurrence de 50 o/o. Le mélange devait être réexporté.

Or, disent les adversaires des franchises, de 1892 à 1898, les exportations de vins français n'avaient pas cessé

(1) Rapport C.-Baumet, p. 115-116.

de diminuer. De 1.845.000 hectolitres, elles étaient tombées à 1.636.000. Depuis la suppression des entrepôts, elles n'ont cessé de remonter pour atteindre, en 1902, 2.050.000 hectolitres. Donc, les franchises favorisaient les produits de l'étranger au détriment de ceux de la France.

Cette conclusion serait juste si la création et la suppression des entrepôts avaient été la seule influence qu'ait subie le mouvement de nos exportations. Mais, depuis plus de vingt ans, la crise phylloxérique, la concurrence des anciens pays viticoles, la création de nouveaux vignobles, avaient diminué considérablement nos ventes à l'étranger : de 1875 à 1880, elles avaient baissé de 1.200.000 hectolitres ; de 1880 à 1891, elles perdirent encore 400.000 hectolitres. On comprend que l'institution des entrepôts spéciaux n'ait pas suffi à contrebalancer des influences plus puissantes ; cependant, de 1892 à 1898, la diminution de nos exportations était enrayée. Enfin, la continuité de récoltes abondantes, les bas prix extraordinaires de ces dernières années, ont pu ramener un progrès, malgré la disparition des entrepôts.

De plus, le Syndicat du commerce en gros des vins et spiritueux de la Gironde a pu opposer des chiffres aux chiffres. Il a montré la décadence continue des exportations des vins de la Gironde. De 1.097.000 hectolitres, en moyenne, pour la période 1886-1890, elle est tombée à 753.000 pour les cinq années 1891-1895, à 649.000 pour les sept années 1896-1902. Si on compare les chiffres décroissants des ventes aux quantités croissantes des récoltes, on trouve que la proportion a été successivement pour ces trois périodes de 63, 27 et 19 pour cent. La situation a donc été toujours en s'aggravant, pendant l'expérience trop courte des entrepôts, comme depuis leur suppression. L'exemple de cet essai ne fournit donc aucun argument bien net, ni pour, ni contre l'utilité des mélanges de vins étrangers aux vins nationaux, pour favoriser les exportations de ceux-ci.

D'ailleurs, les viticulteurs semblent s'être rendus en grande partie aux raisonnements des négociants. Plus de

150 communes de la Gironde, parmi lesquelles les centres vinicoles les plus importants, ont émis des vœux favorables à la création d'une zone franche à Bordeaux. La Société d'agriculture de la Gironde, en juillet 1902, le Conseil général, à la presque unanimité, en avril 1903, ont aussi voté des vœux analogues.

La Chambre de Lille, toujours adversaire irréductible des franchises, disait, il y a quelques mois : « Si les associations agricoles avaient été consultées, nul doute qu'elles n'eussent apporté aussi l'appoint de leurs protestations. Comment, en effet, ne seraient-elles pas alarmées des dangers que courrait leur production vis-à-vis de la concurrence apportée dans les ports francs, par les blés étrangers à notre grande culture nationale, par les sucres étrangers à notre fabrication indigène, par l'alcool allemand, primé pour l'exportation, aux produits de nos distilleries agricoles ! »

On peut penser que, si ces alarmes étaient bien fondées, des sociétés qui ont étudié la question des ports francs et qui ont formulé leur opinion à diverses reprises, comme l'Association de l'industrie et de l'agriculture françaises ou la Société d'économie politique nationale, n'auraient pas manqué d'exprimer leurs craintes. Si elles ne l'ont pas fait c'est que, ni les industries agricoles qui exportent, ni les producteurs de nos principales denrées qui n'exportent pas, ne semblent intéressés à la question des ports francs. Que viendraient faire, par exemple, des sucres allemands ou autrichiens en entrepôt dans nos zones franches, au lieu d'être exportés directement des ports d'Allemagne ou d'Autriche ?

Les partisans des zones franches voient en elles un moyen puissant de relèvement de notre marine marchande ; les pessimistes, loin d'entrer dans leurs vues, craignent pour celle-ci une concurrence plus redoutable encore des pavillons étrangers. Sous l'ancien régime, à l'époque des actes de navigation, la franchise d'un port constituait pour les navires étrangers un énorme avantage, parce qu'ils échappaient alors aux taxes très lourdes qu'ils avaient à payer ailleurs. C'est pourquoi les Marseillais, redoutant leur concurrence, avaient obtenu, dans leur port franc, l'établissement du fameux droit de 20 o/o. Aujourd'hui que les surtaxes de pavillon ont été abolies et que tous les navires ont un traitement égal dans chaque port, la franchise ne constitue pas pour les étrangers un nouvel avantage. On ne peut donc plus invoquer contre elle un argument qui avait sa valeur autrefois.

Mais il a été repris sous une nouvelle forme : « On ne peut nier, dit la Chambre de commerce de St-Etienne (1), que le port franc aura une influence sur le tonnage des ports et que des transactions importantes s'y opèreront. Mais ce tonnage ne sera peut-être pas en majorité un tonnage français. Les étrangers profiteront largement des facilités de la zone. Ils y entreposeront des marchandises, comme ils le font déjà dans les entrepôts maritimes. Ils s'assureront un fret de sortie suffisant. Le port franc sera visité fréquemment par leurs navires. » Des protectionnistes de marque ont témoigné plus vivement la même crainte. Quand ils admettent l'efficacité des zones franches pour donner aux ports une nouvelle activité, ils les voient envahies par les navires aussi bien que par les industriels et les négociants étrangers. Attirés dans nos ports en plus grand nombre par l'abondance nouvelle du fret, les bâtiments étrangers achèveraient d'enlever aux nôtres le peu qu'ils leur laissent prendre encore dans la navigation de concurrence.

Ceux qui espèrent favoriser la rénovation de notre malheureuse marine marchande peuvent tout au moins invoquer l'exemple de toutes les zones franches actuelles. Dans aucune nous n'avons constaté d'influence déprimante pour la marine nationale. Partout, au contraire, nous avons constaté des progrès remarquables dans l'armement local, non seulement dans les ports allemands, mais à Copenhague et à Trieste. Les franchises semblent

<hr>

1) Rapport Chaumet, p. 87.

avoir excité l'initiative des armateurs, comme celle des négociants et des industriels. Il est vrai que la situation de la marine française n'est comparable à celle d'aucun de ces autres pays. Elle est incapable de lutter à armes égales contre la concurrence étrangère. Mais elle sera aidée, comme elle l'est maintenant, par les primes à la navigation.

Qu'on ne redoute pas trop l'affluence des navires étrangers dans nos ports, elle pourra être pour nos armateurs un utile stimulant. On peut rappeler, à ce sujet, l'argumentation de M. Guillain, l'ancien ministre, au Sénat, lors de la discussion sur la réforme des droits de quai en 1897 : « Dans notre situation, ne convient-il pas de modifier notre régime fiscal de manière à permettre à la marchandise d'être cueillie dans nos ports, momentanément du moins, par les lignes étrangères ? Une fois qu'elle aurait pris l'habitude de venir dans nos ports, nos armateurs français la prendraient à leur tour et pourraient créer des lignes régulières pour lesquelles ils prétendent aujourd'hui qu'ils n'ont pas de fret. La Chambre des députés a pensé que la première nécessité était d'attirer la marchandise et qu'ensuite l'on pouvait avoir confiance dans l'esprit d'initiative de l'armement français, dans la puissance de ses capitaux, pour profiter de la situation nouvelle qui lui serait ainsi créée (1). » Deux cents ans plus tôt, Colbert avait pensé de même, malgré les craintes que les Marseillais lui exprimaient sur l'avenir de leur marine. M. Guillain, accusé par ses adversaires de plaider la cause des étrangers, ne se doutait pas qu'il pouvait invoquer un pareil patronage.

Les protectionnistes ont parfois résumé tous leurs griefs contre les franchises, en disant que la campagne menée en leur faveur « semblait avoir pour objet de préparer une brèche dans l'édifice de notre législation douanière de 1892 et de faciliter l'assaut final des libre-échan-

1 V. Charles-Roux. *Notre marine marchande*, p. 219 et 228.

gistes (1). » Tout autres paraissent être pourtant les dispositions de ceux-ci. Loin de songer à un assaut final, ils ont une attitude découragée, ou tout au moins résignée.

Ils croyaient d'abord à un retour offensif passager du protectionnisme ; ils ont bien été obligés de reconnaître la force du mouvement et les grandes chances de sa durée. Au lieu de chercher à renverser le régime, les négociants ne songent plus qu'à s'en accommoder le mieux qu'ils peuvent, à trouver des compromis qui sauvegardent leurs intérêts, sans léser ceux de l'agriculture et de l'industrie que les protectionnistes croient attachés au régime inauguré en 1892. De là leur espoir dans l'institution des ports francs qui avait joué un rôle analogue autrefois. Au lieu donc de se sentir menacés par la campagne faite en leur faveur, les protectionnistes devraient y voir un aveu d'impuissance de leurs adversaires. En accédant à leurs désirs, ils pourraient donc, sans aucun risque, leur enlever un de leurs principaux prétextes de plaintes et donner ainsi à notre régime économique plus de solidité et de stabilité.

L'exemple du passé et du présent n'est-il pas fait pour les rassurer? Avons-nous vu un seul pays où l'existence de ports francs ait affaibli le système protectionniste? M. Chaumet a su le constater dans son rapport : « Il n'y a de ports francs que dans les pays protectionnistes.... L'exemple de l'Allemagne, surtout, est caractéristique et décisif. Il n'y a pas d'État où le parti agraire ait montré plus d'exigence.... Eh bien! c'est dans ce pays, où le protectionnisme est à la fois tout puissant et si exigeant, que se trouvent le plus grand nombre de ports francs et de zones franches (2) ». Mais il aurait fallu ajouter : dans aucun de ces pays, l'établissement des zones franches n'a été considéré comme une menace pour le protectionnisme; dans aucun, depuis 15 ans qu'il fonctionne, il n'a été le prétexte d'aucun envahissement, la cause d'aucun progrès des libre-échangistes.

(1) Chambre de commerce de Tourcoing.
(2) P. 12-13.

A côté des dangers pour la prospérité économique du pays, on a fait valoir les intérêts menacés du Trésor. C'était l'un des griefs ordinairement formulés contre les ports francs d'autrefois. Il ne peut plus l'être au même degré. L'État était privé des taxes sur tout ce que consommaient les habitants de ces pays. Aujourd'hui, il est bien entendu qu'on ne doit rien consommer dans les zones franches. Il ne peut donc y avoir d'autre perte pour le Trésor que celle des droits de douane dont seraient exemptées les matières premières qu'on y mettrait en œuvre. Pour que cette exemption amenât une diminution des recettes actuelles, il faudrait admettre un déplacement des usines de l'intérieur vers les zones ou une diminution de leur activité. Nous avons vu plus haut que cette éventualité n'était guère à redouter.

Enfin, on a fait aux ports francs des objections d'un tout autre ordre, qu'on pourrait appeler des objections de principe. « Il ne s'agit de rien moins, a dit la Chambre de Commerce de Dijon, que de créer des privilèges qui ont existé il y a plus d'un siècle et que nos ancêtres ont abolis comme étant incompatibles avec les institutions d'un État libre et démocratique comme le nôtre (1) ». Les zones franches sont donc combattues au nom de l'égalité de tous les citoyens, comme au moment de la Révolution.

Remarquons, d'abord, qu'il n'y a aucune comparaison à établir entre l'étendue des privilèges des anciens ports francs, abolis successivement par tous les pays, et ceux des zones franches. Il ne saurait être question de rétablir les premiers ; les seconds sont bien modestes. Il ne s'agit pas de favoriser toute une population ou une catégorie d'individus, mais de circonscrire un espace de terrain extrêmement limité. Tous les citoyens pourront en bénéficier.

(1) Cf. Chambre de Commerce de Châlons-sur-Marne, Le Tréport, Tourcoing. — Syndicat des négociants de l'Ain.

Quelle que soit l'étendue, le privilège existe. Ici il est inutile d'invoquer l'exemple de nos voisins, car on nous répondrait que la France a toujours été à la tête du mouvement démocratique. Mais, qui a pu s'imaginer que l'égalité absolue régnait en France? Sans chercher ailleurs que dans notre régime commercial, les entrepôts, l'admission temporaire, les primes de toutes sortes, ne sont-elles pas des privilèges dont ne jouissent qu'une catégorie de citoyens? On dira que ces faveurs ont été accordées pour compenser la lourdeur trop grande des charges que supportaient ces citoyens, mais c'est précisément le but poursuivi par l'établissement des zones franches. Qu'on n'oublie pas que le privilège essentiel, l'exemption des taxes douanières, existe aussi bien pour les entrepôts que pour les zones. L'égalité absolue entre des catégories de citoyens, qui remplissent des fonctions sociales si différentes et sont soumis à des charges fiscales si diverses, est un idéal qu'il n'est guère possible de réaliser. Ce que le législateur doit se demander, c'est si telle mesure qui favorise directement un groupe de citoyens doit avoir indirectement des résultats heureux aussi pour l'ensemble de la nation.

C'est à ce point de vue qu'il faut juger les doléances des ports secondaires qui se croient menacés par l'institution des zones. Leur établissement « seulement dans nos grands ports, dit la Chambre de Commerce de Beauvais, serait très préjudiciable aux intérêts de nos ports secondaires... Ce serait enrichir quelques villes maritimes au détriment d'autres villes maritimes et de régions entières dépourvues des mêmes ressources ». On ne saurait trop s'élever contre de pareils raisonnements, inspirés par un sentiment trop exclusif des intérêts locaux. Personne ne conteste que nous n'ayons fait une lourde faute, en dépensant nos efforts et nos capitaux pour aménager 69 ports de notre littoral, au lieu de doter les principaux d'outillages et d'installations équivalents à ceux des grands ports étrangers. Bien que nous assistions à une concentration remarquable des forces économiques dans tous les pays, les

revendications locales continuent, volontairement igno-
rantes de ce mouvement ; elles nous entraîneraient, si on
les écoutait, à perpétuer les mêmes errements. « Que dire
de ces privilèges qu'on ne pourrait octroyer qu'à quelques
grands centres maritimes, écrit la Chambre de Commerce
du Tréport, car il semble inadmissible de concéder des
zones franches aux 69 ports de France. » Pourquoi la
même Chambre ne proteste-t-elle pas contre les millions
projetés encore pour l'amélioration du Havre ?

Même en se plaçant au point de vue exclusif des intérêts
locaux, il ne semble pas qu'il y aurait à faire grand état
des griefs des ports secondaires. Les opérations qu'on
espère voir se développer dans les zones franches n'ont
pas leur place chez eux. Elles sont d'ordre international et
non d'ordre local. Les zones donneront un nouvel essor
au commerce général et les ports secondaires, qui sont les
clients des grands ports, ne pourront qu'en profiter. N'est-
il pas évident que, si le Havre avait l'activité d'Anvers ou
de Rotterdam, les ports caboteurs de Normandie et leurs
armateurs y trouveraient un grand bénéfice ? S'agit-il de
ports plus importants ; ils conserveront leur rôle de débouchés d'une région déterminée. Supposons que des essais
de zones franches aient lieu à Bordeaux et au Havre, ni
les ports bretons, ni Saint-Nazaire, Nantes et la Rochelle,
n'en seront atteints. On verrait même plutôt ce qu'ils
auraient à y gagner qu'à y perdre. Hambourg et Brème,
malgré la concentration remarquable du commerce allemand dans ces deux grands ports, ont-ils ruiné les autres
ports allemands ? Ceux-ci ont progressé moins vite mais
ils ont progressé. Lübeck devra sa renaissance à ses relations avec son ancienne rivale de la Hanse.

M. Marcel Dubois, comme président de la Société d'économie politique nationale, a fait aux zones franches une
autre objection de principe. Avec son éloquence coutu-
mière, il les a vivement accusées d'affaiblir l'unité et, par
conséquent, la force de la nation. « La solidarité matérielle
des divers éléments de la nation, s'est-il écrié,... importe
aujourd'hui à la solidarité morale ; elle en est la condi-

tion, l'ossature même.... Une nation qui se laisse tranquillement internationaliser dans sa richesse en temps de paix est déjà battue en temps de guerre, car tout ce qui est chez elle n'est pas à elle. Il s'agit, précisément, d'exterritorialiser une part du pays, d'amputer un lambeau de notre zone maritime pour y faire économiquement quelque chose comme la transfusion d'un sang de la circulation internationale, les artères qui la reliaient au corps français étant coupées ».

On ne peut se défendre d'une vive impression à la lecture de ce brillant et vigoureux discours. Cependant, est-ce bien l'occasion de jeter un aussi vif cri d'alarme. En quoi aura-t-on « amputé un lambeau de notre zone maritime », parce que quelques dizaines d'hectares de terrain, sur quelques points de notre territoire, auront été entourées de grilles et soustraites à la surveillance des douaniers ? Il viendra des navires, des négociants, des industriels étrangers dans les zones, mais alors il y a longtemps que la transfusion d'un sang international se fait sur notre territoire. Depuis 50 ans, il y a à Marseille une colonie grecque nombreuse, qui occupe dans le commerce de ce port une place très importante. A-t-on jamais senti menacée par là la solidarité matérielle nécessaire à la solidarité morale ? Le vrai résultat c'est que beaucoup de ces étrangers sont Français de cœur et qu'un certain nombre le sont devenus de fait. Les commerçants des zones auront surtout des relations avec l'étranger ; mais, les négociants des grands ports, importateurs ou exportateurs, n'ont-ils pas pour mission de nouer les relations les plus étendues et les plus suivies avec l'étranger ? Que la politique extérieure en soit influencée, c'est incontestable. L'intensité du commerce entre l'Angleterre et la France pèse d'un grand poids sur la politique des deux pays ; rien de plus heureux pour leur prospérité à tous deux. En cas de guerre avec un pays dont les négociants et les industriels seraient établis en grand nombre en France, ce qui serait le plus menacé ce ne serait pas la force défensive de notre pays, mais les intérêts et les capitaux de ces étrangers.

Sans doute, il y aurait péril à laisser internationaliser notre richesse ; l'exemple du Portugal est là pour le prouver, mais nous ne sommes pas le Portugal. Si nous étions dans une profonde décadence économique, nous n'empêcherions pas les étrangers et leurs capitaux de venir faire des entreprises sur notre sol. Pour le moment, ce ne sont pas les zones franches qui leur permettraient de prendre une place prépondérante, ni même une grande place, dans notre vie économique.

L'argument aurait plus de force si on l'appliquait à l'un des ports francs d'autrefois, dont la population, isolée du reste du territoire, n'aurait eu des relations qu'avec l'étranger. Encore ce port franc, vivant d'une vie absolument à part de celle du pays, n'a-t-il jamais existé. Nos ports francs de l'ancien régime, où Colbert et ses successeurs regardaient comme le but le plus important de la franchise d'attirer un grand nombre d'étrangers, ne furent jamais un danger pour la défense nationale. Le rôle de Dunkerque et de ses corsaires dans toutes nos guerres suffirait à faire écarter une telle supposition. Dans la guerre de sept ans ne vit-on pas le plus grand armateur et négociant marseillais, Georges Roux, sacrifier sa fortune pour combattre les Anglais et suppléer à l'impuissance de la marine royale.

Aujourd'hui, les zones franches ouvrent un champ d'action beaucoup plus limité aux entreprises. Vraiment, on ne voit pas en quoi des opérations de réexportation de produits venus du dehors, entreposés, mélangés avec des produits nationaux, manipulés, transformés, même faites par des étrangers, pourraient constituer un danger national et mettre en péril la solidarité morale nécessaire entre tous les citoyens de la nation. Regardons autour de nous. Personne n'a songé, en Allemagne, en Autriche, en Danemark, que la création des zones franches pût être une cause d'affaiblissement pour le pays.

M. Dubois redoute particulièrement l'intrusion des étrangers dans nos colonies. Le péril est ici moins imaginaire. Sans vouloir revenir au pacte colonial il faut désirer, en effet, qu'il s'établisse, par des relations intimes, des liens puissants entre la métropole et son empire extérieur. Que les colonies soient mises en valeur par des Français, que leur commerce soit fait avec la métropole, par des marchands et des navires français, rien n'est plus souhaitable. Si on n'y veillait au début, il est évident que les étrangers et leurs capitaux pourraient prendre une place inquiétante dans ces pays neufs. Cependant, n'oublions pas qu'un port franc exerce son action et son influence au dehors et non sur le pays où il est. Des négociants étrangers, qui seraient les maîtres du commerce dans une zone franche coloniale, auraient peu d'action sur le développement économique de la colonie. La population et le commerce de Singapour sont on ne peut plus cosmopolites, les Anglais ne se sentent pas pour cela menacés dans leurs Straits Settlements.

L'expérience vient donc à l'aide du raisonnement pour répondre à la plupart des objections faites aux zones franches. Plusieurs d'entre elles sont très fortes et suffiraient à elles seules à faire rejeter l'essai de la nouvelle institution, quels que pussent être ses avantages pour les ports. Mais elles reposent sur des hypothèses pessimistes qu'il n'y a aucune raison d'accepter. Les franchises, qui peuvent donner des aliments nouveaux à la vie des ports, susciter l'initiative des négociants, des armateurs et des industriels, ne paraissent pas offrir de dangers pour la prospérité générale. Bien plus, il n'est pas téméraire d'affirmer qu'elles la serviront grandement. Il est très avantageux pour un pays d'avoir de grands ports en pleine prospérité, centres d'un grand trafic international. Plus sûr de trouver des débouchés pour ses produits, il peut se procurer en abondance et à bon marché les matières premières pour ses industries ; il paie moins cher tous les transports qu'il a à effectuer par mer ; il est dans des conditions plus favorables pour posséder une nombreuse et active flotte de commerce.

CHAPITRE XVII

Leçons du Passé et du Présent : III. *L'Organisation
des Franchises.*

L'expérience peut nous renseigner, non seulement sur
la valeur de l'institution des ports francs, mais sur la
meilleure façon dont il faut la concevoir et en tenter
l'essai.

De tout temps les ports francs ont été très différents
les uns des autres par des détails souvent très importants
de leur constitution et de leur organisation. On peut dire
qu'on ne trouve pas dans l'histoire un seul port franc qui
réponde aux définitions qui ont été données, entre autres
à celle de la Chambre de Commerce de Marseille, formulée
dans un mémoire de 1802 et si souvent reproduite depuis.
Partout les franchises ont été et sont limitées, autrefois
suivant la volonté du prince, aujourd'hui suivant les
tendances économiques de chaque État.

Autrefois, la franchise était toujours étendue non seulement au port entier, mais à la ville et même à son territoire ; c'était le temps des vrais ports francs. Ceux-ci
ne subsistent plus qu'aux colonies. Aujourd'hui, aucune
ville, ni même aucun port dans son entier, ne jouit en
Europe de la franchise. Le mot de zone franche exprime
heureusement cette limitation. L'évolution de l'institution,
ainsi grandement restreinte, paraît bien définitive. Les
idées d'unité et d'égalité ont pris partout trop de force
pour qu'on puisse faire revivre les ports francs de l'ancien
régime. Aussi, est-ce par pure illusion que des esprits
trop hantés par les souvenirs du passé ont cru pouvoir
réclamer et obtenir le rétablissement des vieilles franchises.

La distinction entre les zones franches actuelles et les

anciens ports francs n'est pas assez nette dans tous les esprits. Il est regrettable que l'emploi du mot port franc, comme terme générique, contribue à entretenir des confusions qui accroissent injustement les hostilités contre l'institution.

La première expérience de zone franche fut faite, nous l'avons vu, à Bayonne, en 1784. Pour répondre aux attaques dont son port franc était l'objet, Dunkerque réclama aussi, en 1789, la division de son port en deux parties. On ne saurait trop rappeler que la solution parut alors parfaite à ceux qui critiquaient le plus vivement les ports francs, les abus auxquels ils donnaient lieu et le tort qu'ils portaient à l'industrie nationale. Une seule voix s'éleva pour la condamner, celle du député calaisien Francoville, l'adversaire le plus acharné des franchises. « On ne parle pas, dit-il à la séance de la Constituante du 31 octobre 1790, la première où fut agitée la question, du projet d'associer la franchise et le commerce national ; une telle mesure, dans un pays où les manufactures n'ont pas acquis le degré de perfection de celles des peuples voisins, serait une préférence accordée à l'industrie étrangère : un double port dans une même enceinte, deux commerces séparés, opposés, s'exerçant sans confusion, sans substitution, sans soustraction et cela dans un même lieu, sont de ces choses qu'on peut à la rigueur soutenir en théorie, mais qui ne peuvent être réduites en pratique ; il n'est pas de milieu entre des intérêts si différents ; un port doit être tout étranger ou tout national. »

Malheureusement, les ports francs se sentirent assez soutenus pour réclamer le maintien de leur franchise intégrale ; ils l'obtinrent pour la perdre trois ans après. Quand, sous le consulat et sous l'empire, il fut question de donner à Marseille une franchise analogue à celle de Gênes, l'empereur et ses ministres avaient une conception peu différente de celle de la zone franche et ils ne songeaient pas qu'on pût faire à celle-ci les mêmes reproches qu'aux ports francs. Chaptal pensait de même en 1815. (1)

(1) V. Chapitre 4.

Si les Marseillais n'avaient pas cru aveuglément au rétablissement possible de leur ancienne situation, on aurait vu, dès lors, la zone franche succéder au port franc, comme on l'a vu à Trieste et à Fiume en 1891 ; les protectionnistes d'alors, peu suspects cependant de libéralisme, n'y eussent vu aucune objection. Gouvernement, manufacturiers et négociants, trouvaient que ce système conciliait absolument tous les intérêts en présence : ceux des douanes et du fisc, ceux des industries nationales, ceux du commerce maritime. Aujourd'hui que les négociants se contentent de cette franchise limitée, dont ils ne voulaient pas alors, on lui découvre des dangers auxquels personne ne songea jusqu'en 1833, quand le Marseillais Julliany en parla pour la dernière fois. On pensait alors que la zone franche ou quartier franc était le remède absolu aux abus et aux inconvénients que présentait la franchise d'une ville entière. Pourtant, ce sont les objections si souvent faites à cette dernière qu'on reproduit à l'heure actuelle contre les zones franches. Les esprits sont-ils donc plus timorés, ou plus imbus de théories protectionnistes et moins accessibles aux idées de libertés, qu'en 1805 ou en 1815 ? Souvent on a répété récemment qu'on ne peut ressusciter aujourd'hui une institution condamnée il y a cent ans. Qu'on relise de près les discussions d'alors sur les franchises, on y trouvera la justification de la conception des zones.

Une conclusion bien nette se dégage de l'étude des zones franches actuelles, c'est qu'il faut leur donner les libertés les plus étendues pour qu'elles soient fécondes en résultats. Si la sauvegarde de nos intérêts nationaux exige des précautions, il faut songer aussi que chacune des entraves mises à la liberté du commerce dans les zones enlève quelque chose à leur efficacité. A Gênes, où la franchise est réduite à son minimum, ses avantages sont insignifiants ; à Fiume, où le régime est moins libéral, le commerce en bénéficie beaucoup moins qu'à Trieste ; à Dantzig, on ressent l'inconvénient de l'organisation des

Freibezirke. C'est à Hambourg ou à Copenhague que les effets de la franchise ont été les plus heureux ; c'est là aussi qu'elle est le moins limitée.

Dans la conception de l'organisation des futures zones franches en France, un point, surtout, a paru délicat à résoudre. Seront-elles uniquement destinées à la réexportation ? Les marchandises qui y seront entreposées, ou fabriquées, pourront-elles trouver en même temps un débouché sur le marché national ?

La question est d'extrême importance. Sans savoir s'il est possible d'accorder aux produits des zones des facilités d'importation, disons, d'abord, que ce serait infiniment désirable. On pourrait même affirmer, sans exagération, que ces facilités sont une condition *sine qua non* de leur établissement. Sans elles, en effet, le commerce et l'industrie seraient placés dans des conditions telles que les zones seraient désertées à la fois par l'un et par l'autre.

Le négociant serait obligé de choisir à l'avance le port franc ou le port douanier, pour y faire décharger ses marchandises. On lui fermerait par ce choix préalable la possibilité d'opérations ultérieures qu'il ne peut prévoir, les conditions du marché variant à chaque moment et les entrepôts des zones étant créés spécialement pour lui permettre d'en profiter. L'obligation très fréquente de décharger les cargaisons partiellement dans des bassins différents entraînerait des frais et des retards.

Quant aux industries, on a très bien fait ressortir que le marché national, outre les commodités qu'il offrait aux producteurs, était le seul à leur donner toute sécurité, les marchés extérieurs pouvant être fermés par des tarifs douaniers, ou envahis par des concurrents favorisés. La plupart des industries, sinon toutes, seraient donc mieux placées sur le territoire douanier, où elles pourraient travailler à la fois pour les marchés intérieurs et pour ceux du dehors. L'avantage, dans les zones, de ne pas payer les droits sur les matières premières, droits toujours peu élevés, déjà compensé en partie par la cherté des terrains, des installations, de la main-d'œuvre, serait plus qu'annulé par la perspective de ne pouvoir compter que sur les débouchés du dehors. La Chambre de commerce de Marseille a donc eu raison d'affirmer qu'une zone franche ne pourrait pas, sans courir à la ruine, s'isoler du marché national.

Les ports francs d'autrefois ont prospéré parce que celui-ci leur était largement ouvert ; ce fut une des causes essentielles de leur succès. On a vu quel était à cet égard le libéralisme de l'ancien régime. C'était bien plus que le traitement de la nation la plus favorisée qui était accordé aux ports francs. Des droits d'entrée très modérés étaient considérés comme une compensation suffisante à la charge des droits sur les matières premières, que supportaient les industriels de l'intérieur. Les Chambres de commerce étaient chargées de délivrer des certificats d'origine aux produits manufacturés dans les ports francs.

Il est vrai que ce régime donnait lieu à de vives plaintes, à cause des fraudes. On reprochait aux Chambres de commerce de ne pas montrer assez de vigilance et de laisser ainsi pénétrer dans le royaume quantité de marchandises étrangères. C'est pour cette raison que le député Francoville proposait à la Constituante le système qui a été préconisé aujourd'hui : « Un port franc, disait-il, le 31 octobre 1790, est une espèce d'Etat séparé pour ses relations commerciales... le reste du royaume lui est étranger ; les marchandises qu'il y achète sont naturellement étrangères dès qu'elles sont dans son sein... Pour le commerce d'importation, le port franc doit être frappé d'une prohibition absolue, ou du moins être traité comme les nations les moins favorisées. Les traités de commerce n'étant pas universels..., si on n'adoptait pas cette règle, il serait au pouvoir du port franc d'associer toutes les nations au bénéfice de la convention faite avec l'une d'elles». Rappelons que les idées de Francoville n'étaient pas celles de la majorité de l'assemblée.

Si les chambres de commerce paraissent suspectes, il

y a un moyen de couper court à la délivrance de certificats de complaisance, c'est de les faire délivrer par la douane. Mieux vaut faire fléchir le principe que la douane ne peut, sous aucun prétexte, entrer dans la zone franche, plutôt que de priver celle-ci d'un avantage essentiel.

L'exemple des zones franches actuelles montre également la possibilité d'ouvrir le marché national à leurs produits, sans leur imposer des conditions intolérables. On a trouvé des solutions différentes à Hambourg et à Brême. Elles sont appliquées avec grand succès, sans donner lieu à des inconvénients.

Notre régime douanier, dit-on, est malheureusement beaucoup plus compliqué que celui de l'Allemagne et ne permettrait pas d'imiter Hambourg ou Brême. L'objection a été formulée pour la première fois avec force par M. Charles-Roux, dans son beau livre sur *Notre Marine marchande* (1). Il en parlait d'après l'avis d'un homme des plus compétents, connaissant à fond le mécanisme de notre régime douanier. Si on voulait admettre les marchandises de la zone franche à l'importation, il y aurait tant de formalités à établir que la franchise ne constituerait plus un avantage. Souvent reproduite depuis, cette objection est encore regardée par beaucoup de bons esprits comme un obstacle insurmontable.

Mais il faut se méfier de notre formalisme et de notre minutie administrative. On a souvent fait des objections du même ordre à d'heureuses réformes au nom de cas spéciaux, qui se produisent très rarement et peuvent recevoir une solution particulière. En réalité, l'application de nos multiples tarifs douaniers est beaucoup moins compliquée dans la pratique qu'en théorie. Le tarif payé par la plus grande partie des marchandises qui entrent dans nos ports, c'est le tarif minimum. La Chambre de Commerce de Marseille a calculé que, pour les trois années 1899-1901, les marchandises soumises au tarif maximum, entrées dans le port, représentaient 3,88 o/o du mouve-

---

1) P. 247 et suiv. — Cf. Le Sérurier.

ment total, celles ayant payé la surtaxe d'entrepôt, 0,77, soit en tout 4,65 o/o. La proportion est très moindre encore dans d'autres ports, comme l'a montré l'enquête faite par le Comité central des armateurs. Les entrées au tarif maximum représentent 3 o/o du total à Cherbourg, 2,65 à Boulogne, 0,31 à Bayonne, 0,10 à Dunkerque.

M. Cauwès, l'éminent professeur à la Faculté de droit de Paris, protectionniste avéré, a nettement exprimé son sentiment, au sujet de la prétendue impossibilité due à notre tarif douanier, dans une réunion de la Société d'économie politique nationale (1). « Au fond, a-t-il dit, je ne vois pas grande différence entre le régime français et le régime allemand, si nous considérons le régime général, de droit commun, pour ainsi dire. » D'après lui, il y a « prépondérance en Allemagne du tarif autonome (maximum) sur le tarif conventionnel (celui des traités de 1892), prépondérance en France du tarif minimum sur le tarif maximum, et, dans les deux pays, combinaisons ou dosages variables de l'un et de l'autre, suivant les provenances. Il y a donc, en Allemagne, une certaine diversité de tarifs à appliquer aux produits qui, après avoir pénétré dans le port franc, en voudraient sortir pour entrer dans le territoire douanier. »

Il y a, dans les ports francs allemands, des déclarations à l'entrée qui sont qualifiées de déclarations de statistique, mais qui servent aussi à des constatations d'origine. « Eh bien ! a conclu M. Cauwès, si on fait cela en Allemagne, je ne vois pas que ce soit beaucoup plus difficile à faire en France », et il l'a prouvé.

Ainsi, la Chambre de Commerce de Marseille et M. Muzet, dans son rapport, n'avaient pas tort de penser qu'il serait possible de fournir à la douane des justifications d'origine suffisantes, pour que les marchandises sortant des zones franches pussent bénéficier de taxes réduites à l'importation.

Quant aux produits fabriqués dans les zones, on a déjà

(1) V. *Réforme économique*, 1901, p. 293-295.

admis dans un cas analogue qu'ils pourraient bénéficier d'un traitement de faveur et que la douane ne serait pas impuissante à les distinguer des produits étrangers. Les commissions du budget et des douanes de la Chambre ont adopté, en mars 1902, un projet de loi concernant les zones franches du pays de Gex et de la Haute-Savoie, où l'on trouve la clause suivante : les industriels français et les sociétés industrielles françaises qui s'établiront dans ces zones pourront être admis à importer en franchise les produits de leur industrie qui auront été fabriqués avec des matières, un outillage et des combustibles originaires des zones françaises, ou nationalisés par le paiement des droits. Les frais de surveillance nécessités, et, s'il y a lieu, le logement des agents préposés à cette surveillance pourront être mis à la charge des industriels. Pourquoi des constatations admises en Haute-Savoie seraient-elles impossibles dans l'enceinte entourée de grilles d'un port?

Il est donc très regrettable que les auteurs des premiers projets de loi, par un scrupule excessif, aient tous été d'accord pour stipuler que « toutes les marchandises qui sortiraient des zones pour entrer dans l'intérieur du pays seraient soumises aux droits de douane du tarif maximum augmentés de la surtaxe d'entrepôt. » On espérait aussi par là désarmer l'opposition des protectionnistes. Mais c'est par des concessions de ce genre qu'on arrive à faire des lois bâtardes, sans utilité, quand elles ne deviennent pas nuisibles.

Heureusement, on est revenu de cette erreur; le projet de loi déposé par le gouvernement a admis des exceptions à la condition draconienne qui était d'abord proposée; la Commission est entrée plus largement dans cette voie en admettant, dans la nouvelle rédaction de l'article 9, les justifications d'origine, toutes les fois qu'elles seront possibles. La Chambre de Commerce de Lille vient de reprendre, à ce sujet, sous une nouvelle forme, l'ancienne objection de M. Charles-Roux. « Pour bénéficier de ces divers tempéraments, qui seront variables comme les nombreux tarifs que nous possédons, les intéressés devront fournir des justifications, présenter des documents, établir des preuves, réclamer des contrôles et, en somme, associer les agents des douanes à toutes leurs opérations, de sorte qu'il arrivera ce que nous avions prévu : la Douane règnera en maîtresse dans le port franc.... Est-ce donc la peine de légiférer pour nous donner quelque chose d'analogue à ce que nous avons sous la forme des entrepôts réels et fictifs ? » Nous venons de voir qu'on exagère singulièrement les difficultés d'application. De plus, il y aura toujours une différence capitale entre les zones et les entrepôts. Ici, en effet, la Douane est maîtresse ; là, elle n'interviendra que quand elle en sera sollicitée par les négociants ou industriels qui voudront bénéficier des réductions de tarifs.

Ce ne sont pas seulement les libertés qu'il faudra dispenser largement aux zones : il faudra leur donner aussi l'espace. On a vu combien est variable celui qu'elles occupent dans les ports étrangers, depuis les 1027 hectares du Freihafen de Hambourg jusqu'aux quelques hectares de Fiume, de Stettin ou de Neufahrwasser (1). Mais il ne faut pas oublier que partout les zones occupent la partie principale du port : ou la plus grande étendue, ou les espaces récemment aménagés et outillés pour les besoins du grand commerce. Si en regardant les plans de Copenhague, Trieste, Brême, etc., il semble au premier abord que la part faite à la zone franche est restreinte, on constate ensuite que les ports douaniers de ces villes sont tout à fait déshérités et ne répondent en rien aux exigences actuelles. Aussi, le commerce est fait en entier dans la zone comme à Hambourg et à Brême, ou bien celle-ci est destinée à supplanter inévitablement et rapidement l'ancien port, comme à Copenhague ou à Trieste.

C'est une observation qui n'a pas été assez faite. Les

(1) Comparer les différents plans, qui sont dressés à la même échelle.

rapporteurs parlementaires, MM. Muzet et Chaumet, ont proposé comme types des zones à créer chez nous celles de Hambourg et de Copenhague. Ce faisant, ils pensaient à leur organisation et non à leur étendue, ni à leur importance. Au contraire, les partisans les plus déclarés des zones en France, les villes mêmes qui les sollicitent, n'ont jamais songé à leur faire jouer le rôle principal dans aucun de nos ports. On veut les placer en dehors des ports actuels, sur un espace plus restreint, comme un complément accessoire.

Il peut en résulter un double danger. Si les zones réussissent, elles seront aussitôt trop petites pour le trafic qui y affluera. Ou plutôt, l'insuffisance de l'espace et les incommodités de toutes sortes, qui en résulteront, détourneront les négociants et les industriels de chercher à les utiliser. Si l'opinion prévaut qu'il suffit de débuter par des essais modestes, qu'on ne croie pas, en tout cas, faire la même chose que ce qui a été fait à l'étranger et qu'on ne s'étonne pas si on n'obtient pas des résultats analogues.

Par une contradiction bizarre, tout en ayant des visées modestes, au sujet de l'importance à donner chez nous à l'institution, on parle couramment de dépenser des millions. On prévoit des emprunts considérables à réaliser par les chambres de commerce, pour organiser les zones. « Dans la plupart des ports, écrit le Comité central des armateurs, dans tous, peut-être, sauf La Pallice, on ne conçoit pas l'établissement d'une zone franche sans creusement de nouveaux bassins, construction de nouveaux quais. » Même, à en croire le journal des chambres de commerce (1). « il s'agit de créer de toutes pièces de véritables ports entièrement nouveaux dans les anciens, mieux que cela, des villes neuves au cœur des vieilles cités. » Rien de plus dangereux que de pareilles exagérations. Peu importe, comme le spécifie M. Chaumet dans

____

(1) 10 octobre 1901.

son rapport, que l'Etat n'assume aucune part des charges résultant de la création des ports francs. La faute ne serait pas moins grosse, si les chambres de commerce contractaient de lourdes dettes pour cela.

On n'est pas sûr des résultats que pourront produire les zones franches; il n'est pas impossible que leur utilité soit secondaire et disproportionnée avec les sacrifices réalisés. On s'exposerait donc à de graves mécomptes. Ou bien, si on admet l'empressement des négociants et des industriels à utiliser les zones, la rémunération des gros capitaux engagés augmenterait le prix de location des terrains, des magasins, les taxes diverses à percevoir. Ces charges décourageraient bien vite les initiatives et entraveraient l'essor des zones à leur début.

L'exemple de nos voisins, ici encore, est très instructif. Nulle part ils n'ont fait de grandes dépenses pour créer leurs zones. Ce n'est que par une confusion facile à éviter qu'on a pu le croire. Partout, en effet, leur création a coïncidé avec la transformation de ports anciens, défectueux, en nouveaux bassins pourvus d'un outillage perfectionné. Ceux-ci ont coûté de grosses sommes, mais l'institution de la franchise n'y est pour rien. Qu'on n'invoque donc pas les 375 millions dépensés à Hambourg, pour exciter nos ports à de grandes dépenses à propos des zones.

Tout autre est la situation de ceux-ci. Ils ne sont pas parfaits, mais leur outillage est très avancé. Les bassins, les quais existent, pourquoi en créer d'autres à grands frais pour l'usage spécial des zones ? Profitons de l'œuvre accomplie, établissons les zones, au moins en grande partie, dans les installations actuelles. N'agrandissons nos ports que là où ils sont insuffisants ou à peine suffisants pour le trafic. Prévoyons d'autres accroissements pour le cas où le succès des zones réaliserait ou dépasserait toutes les espérances et donnerait à notre trafic un essor très considérable. C'est seulement pour les futures industries des zones qu'il faut se préoccuper de trouver, en dehors des ports actuels, des terrains suffisants.

On a songé à imiter nos voisins en faisant tout autrement qu'eux. On a envisagé des dépenses plus considérables pour un essai plus timide de l'institution. Le contraire semble bien préférable : ayons une conception plus
large du rôle à donner à la franchise, mais dépensons le
moins possible pour la réaliser.

A qui faudra-t-il donner l'administration des zones
franches? A l'étranger, presque partout, elle a été confiée
à des sociétés particulières surveillées par l'Etat. A Trieste
et à Fiume, seulement, les zones ont été mises entre les
mains des chambres de commerce. Celle de Trieste a dû
en abandonner l'exploitation à l'Etat pour des raisons
financières et celle de Fiume est, paraît-il, disposée à en
faire autant. Ces deux échecs ne prouvent rien contre
l'aptitude des chambres de commerce. Le succès des
sociétés constituées à Hambourg, à Brême, à Copenhague,
ne prouve pas non plus l'excellence de ce système.

En France, l'opinion n'est pas favorable aux monopoles
constitués en faveur de grandes compagnies. On redoute
qu'elles sacrifient trop les intérêts généraux à leurs intérêts particuliers. Déjà, M. Charles-Roux demandait que
le soin d'organiser et d'exploiter les zones fût confié aux
chambres de commerce. « Ces corps constitués, disait-il,
n'ont pas la préoccupation de bénéfices à réaliser et n'ont
d'autre intérêt à servir que l'intérêt général ». « Elles
sont plus qualifiées que les autres assemblées, pour défendre les intérêts commerciaux et industriels, ajoute
M. Chaumet; elles sont moins facilement bouleversées
que les conseils municipaux par les fluctuations politiques ; elles offrent plus de stabilité, condition essentielle
pour la bonne marche d'une entreprise financière et
commerciale. » Tout cela est très juste. Mais alors pourquoi établir dans le projet de loi que les décrets créant
la zone franche dans un port ne pourront être rendus
« que sur la demande de la chambre de commerce et
après avis favorable du Conseil municipal ? » Pourquoi
supposer qu'il puisse y avoir conflit entre les conseils

municipaux et les chambres de commerce et, en cas de
conflit, pourquoi accorder aux premiers une sorte de droit
de veto ? Les chambres de commerce sont à la fois plus
intéressées et mieux qualifiées. Quelle inconséquence de
penser que les *fluctuations politiques* empêchent de confier
l'administration des zones aux conseils municipaux et de
faire dépendre la création de celles-ci de ces mêmes
fluctuations !

Enfin, l'histoire des anciens ports francs nous édifie
sur un dernier point. Partout les franchises ont donné
lieu à des luttes. Elles ont sans cesse été attaquées, jamais
entièrement respectées. Sans doute, il y a une différence
profonde entre les ports francs et les zones, et celles-ci ne
peuvent susciter les mêmes hostilités. Sans doute, celles
qui ont été créées depuis 15 ans n'ont pas été menacées ;
mais leur histoire est encore trop courte pour qu'on
puisse en tirer un argument en faveur de leur durée.
Même si celle-ci paraissait assurée, nous ne pourrions
nous flatter qu'il en sera de même en France. Notre
régime économique est trop instable, notre commerce est
trop exposé aux surprises, aux revirements, aux entraîne-
ments du Parlement, pour qu'il soit sage de nourrir trop
d'illusions à cet égard. Donc, comme la Chambre de
Commerce de Marseille l'a fait remarquer justement, si
on veut donner aux négociants la sécurité nécessaire pour
qu'ils fassent des établissements dans les entrepôts des
zones franches, il faut leur en assurer la jouissance pour
un certain temps. Cette garantie est encore plus nécessaire pour que des industriels se risquent à créer des
usines où seraient engagés de gros capitaux. L'incertitude
de l'avenir risquerait, à elle seule, de rendre inutile l'essai
qu'on veut tenter.

Tandis que les théories et les hypothèses conduisent
fatalement à des opinions extrêmes, les leçons de l'expérience inspirent des jugements modérés et une conduite

prudente. C'est pourquoi l'étude des faits nous amène à adopter une opinion moyenne entre celles des partisans enthousiastes et des adversaires déclarés. Il ressort d'abord très clairement que les franchises offrent beaucoup moins d'avantages qu'on a pu le croire imprudemment.

Les ports francs d'autrefois étaient une institution sans doute plus féconde que les zones franches d'aujourd'hui, mais ils ont disparu sans retour, au moins dans nos ports d'Europe. Cette première constatation, de nature à refroidir certaines ardeurs, est cependant heureuse à certains égards. C'étaient les exagérations des promoteurs de la première heure qui avaient soulevé les inquiétudes des protectionnistes et suscité une opposition formidable. Si l'attraction des ports francs avait été aussi grande qu'on le répétait, les arguments des opposants eussent eu beaucoup de force. En ramenant les choses au point, les franchises paraissent moins séduisantes, mais, en même temps, elles ne peuvent plus inspirer les mêmes craintes. Il n'est cependant pas permis de douter de leur efficacité. Il est même remarquable qu'elle semble partout proportionnelle à l'extension qu'on leur accorde.

En revanche, les objections accumulées par les protectionnistes nous ont paru bien moins fortes que ne le croient leurs auteurs, ou même illusoires. Dire que les franchises seront une menace pour notre industrie, pour notre agriculture, pour la réputation de nos produits est une pure hypothèse. Les faits connus la contredisent au lieu de la vérifier et lui enlèvent toute solidité. L'examen de ceux-ci autorise à penser que les zones sont un moyen d'accroître la richesse nationale en même temps que l'activité de nos ports. En maintenant ou en augmentant la clientèle qui consomme nos produits, elles peuvent contribuer aussi à relever notre prestige au dehors.

Les ports francs ne sont pas la panacée rêvée par des gens d'imagination pour nous tirer de notre torpeur économique : il n'existe pas de panacée de ce genre. Ceux qui préconisent l'efficacité plus grande de l'amélioration de nos voies de communication, de l'abaissement de nos tarifs de transports, du perfectionnement de l'outillage de nos ports, n'ont pas tort. Mais ces progrès ne s'excluent pas : nos hommes d'État seraient des politiques à bien courte vue et le pays bien à bout de ressources, si nous ne pouvions pas les poursuivre en même temps. L'institution des zones franches est facile à réaliser ; elle peut l'être rapidement et sans grandes dépenses. Elle peut être féconde, si on en fait l'essai avec prudence. La question a été mûrement étudiée, il est temps de la résoudre.

INDEX DES NOMS DE PORTS

INDEX DES PLANS

TABLE DES MATIÈRES

IMP. DU SÉMAPHORE - BARLATIER - MARSEILLE

TYPOGRAPHIE ET LITHOGRAPHIE BARLATIER

RUE VENTURE, 19, — MARSEILLE

L'impression de ce livre était déjà commencée quand a paru celui de M. Georges Musset (*Les Ports francs*. Etude historique. Paris, Leroux et La Rochelle, Texier, 1904, in-8°, 121 p.). Je regrette de n'avoir pu signaler dans mon *Introduction* l'intéressant travail de l'érudit bibliothécaire de la ville de La Rochelle. On y trouvera d'utiles indications sur l'ancien régime douanier des ports de l'Aunis et de la Saintonge et sur les ports francs français d'autrefois. M. Musset signale les efforts de La Rochelle, Harfleur, Caen, pour obtenir la franchise à la fin du xviiime siècle.